Helmut Maier

Grundlagen der Robotik

W0359694

Diesen Titel zusätzlich als E-Book erwerben und 60 % sparen!

e Book

Als Käufer dieses Buchs haben Sie Anspruch auf ein besonderes Angebot. Sie können zusätzlich zum gedruckten Werk das E-Book zu 40 % des Normalpreises erwerben.

Zusatznutzen:
- Vollständige Durchsuchbarkeit des Inhalts zur schnellen Recherche.
- Mit Lesezeichen und Links direkt zur gewünschten Information.
- Im PDF-Format überall einsetzbar.

Laden Sie jetzt Ihr persönliches E-Book herunter:
- **www.vde-verlag.de/ebook** aufrufen.
- **Persönlichen, nur einmal verwendbaren E-Book-Code** eingeben:

605070WL42XU3SWX

- E-Book zum Warenkorb hinzufügen und zum Vorzugspreis bestellen.

Hinweis: Der E-Book-Code wurde für Sie individuell erzeugt und darf nicht an Dritte weitergegeben werden. Mit Zurückziehung des Buchs wird auch der damit verbundene E-Book-Code ungültig.

UB Erlangen-Nürnberg
Ausgeschieden
028035987972

Helmut Maier

Grundlagen der Robotik

2., überarbeitete und erweiterte Auflage

VDE VERLAG GMBH

ICS 25.040.30

Autor und Verlag haben alle Texte mit großer Sorgfalt erarbeitet. Dennoch können Fehler nicht ausgeschlossen werden. Deshalb übernehmen weder der Autor noch der Verlag irgendwelche Garantien für die in diesem Buch gegebenen Informationen. In keinem Fall haften Autor oder Verlag für irgendwelche direkten oder indirekten Schäden, die aus der Auswertung dieser Informationen folgen.

Das Werk ist urheberrechtlich geschützt. Jede Verwertung außerhalb der engen Grenzen des Urheberrechtsgesetzes ist ohne Zustimmung des Verlags unzulässig und strafbar. Die Wiedergabe von Gebrauchsnamen, Handelsnamen, Warenbeschreibungen etc. berechtigt auch ohne besondere Kennzeichnung nicht zu der Annahme, dass solche Namen im Sinne der Markenschutz-Gesetzgebung als frei zu betrachten wären und von jedermann benutzt werden dürfen. Aus der Veröffentlichung kann nicht geschlossen werden, dass die beschriebenen Lösungen frei von gewerblichen Schutzrechten (z.B. Patente, Gebrauchsmuster) sind. Eine Haftung des Verlags für die Richtigkeit und Brauchbarkeit der veröffentlichten Programme, Schaltungen und sonstigen Anordnungen oder Anleitungen sowie für die Richtigkeit des technischen Inhalts des Werks ist ausgeschlossen. Die gesetzlichen und behördlichen Vorschriften sowie die technischen Regeln (z.B. das VDE-Vorschriftenwerk) in ihren jeweils geltenden Fassungen sind unbedingt zu beachten.

Ausgeschieden

Bibliografische Information der Deutschen Nationalbibliothek
Die Deutsche Nationalbibliothek verzeichnet diese Publikation in der Deutschen Nationalbibliografie; detaillierte bibliografische Daten sind im Internet über http://dnb.dnb.de abrufbar.

ISBN 978-3-8007-5070-2 (Buch)
ISBN 978-3-8007-5071-9 (E-Book)

Alle Rechte vorbehalten.

© 2019 VDE VERLAG GMBH · Berlin · Offenbach
Bismarckstr. 33, 10625 Berlin

Titelbild: Solarzellen werden von einem Löt- und Handhabungsroboter automatisch zu Zellreihen querverschaltet (Bild: ABB).

Druck: Medienhaus Plump GmbH, 53619 Rheinbreitbach
Printed in Germany

2019-10

Vorwort zur 2. Auflage

Das Buch „Grundlagen der Robotik“ soll Studierende technischer Fachbereiche wie der Mechatronik, Elektrotechnik oder Informatik an Universitäten, Hochschulen und Technikerschulen sowie Praktiker aus der Industrie, aber auch interessierte Nicht-Techniker mit den Grundlagen und der Vielseitigkeit der Robotertechnik vertraut machen. Beginnend mit der geschichtlichen Entwicklung der Robotik werden in verschiedenen Kapiteln der grundsätzliche Aufbau von Robotern, ihre unterschiedlichen Typen mit den spezifischen Einsatzmöglichkeiten, die Kinematik von Achsen und Gelenken, die Steuerungen, Antriebe und Lageregelungen, die Verfahren der Programmierung, vor allem die von Industrierobotern, sowie die beteiligte interne und periphere Sensorik leicht verständlich dargelegt. Wesentliche für die Robotertechnik bedeutsame Grundlagen und Kenntnisse der Mechanik, Elektronik, Kinematik, Antriebstechnik, Programmierung und der Sensorik werden so ausführlich wie erforderlich behandelt.

Das Buch verfolgt einerseits das Ziel, dem Leser umfassend die nötigen fachlichen, theoretischen und praktischen Fähigkeiten sowie die speziellen Kenntnisse über die Robotik zu vermitteln, um sich z. B. auf die Wartung oder Programmierung von Robotern vorbereiten zu können. Insbesondere werden die verschiedenen Arten von Industrierobotern (IR) vorgestellt, mit ihrem Aufbau und speziellen Einsatzmöglichkeiten sowie den Methoden ihrer Programmierung. Andererseits wird auch für technisch interessierte Laien das Spektrum der Robotik und ihre über die Industrierobotik weit hinausgehenden Anwendungen anschaulich dargelegt. Es werden Einblicke in verschiedene Fortbewegungsmöglichkeiten mobiler Roboter, ihre Autonomie, die Energieübertragung und –speicherung bis hin zur Kraftübertragung durch Motoren und Getriebe vermittelt. Die in der Robotik unbedingt notwendigen mathematischen Grundlagen bleiben auf das nötige Basiswissen beschränkt.

Zu Beginn werden in einem weit gespannten geschichtlichen Überblick Parallelen gezogen zwischen den Entwicklungsschritten in der Robotik und der allgemeinen technischen Evolution. Dabei wird der Leser über verschiedene Stufen des technischen Fortschritts an den Stand der heutigen Robotik herangeführt. Danach werden heute existierende unterschiedliche Roboterarten mit ihren Einsatzmöglichkeiten kurz vorgestellt. In den folgenden Kapiteln besteht weniger die Absicht, einzelne Robotertypen detailliert zu beschreiben. Vielmehr sollen zunächst grundlegende Prinzipien und Strukturen ihres Aufbaus, ihrer Kinematiken und Koordinatensysteme sowie der Achsen mit ihren Getrieben, Antrieben und der Lageregelung ihrer Positionen vermittelt werden. Es folgen weitere wichtige Themen wie Industrieroboter mit ihrem kinematischen Aufbau, ihren Steuerungen, Greifersystemen und Endeffektoren, den Methoden der Programmierung, Sensorik und Aktorik usw. Das wichtige Thema „Sicherheit und Schutzeinrichtungen“ wird mit einem eigenen Kapitel bedacht. Die letzten Kapitel zu den Themen „Humanoide Roboter“ und „Künstliche Intelligenz“ runden schließlich das weitläufige Gebiet moderner Robotik ab.

In der nun vorliegenden 2. Auflage wurden zahlreiche Abschnitte dem aktuellen Stand der schnelllebigen und durch raschen Wandel geprägten Technik angeglichen. Auch der Robotermarkt war in den letzten 3 Jahren gravierenden Änderungen unterworfen, die in der neuen Auflage berücksichtigt werden konnten.

Utting, im Herbst 2019 *Helmut Maier*

Inhaltsverzeichnis

1 Einführung

Roboter verschiedenster Arten finden sich heute überall, nicht nur in Fabriken, auch in Häusern und Gärten, in Kliniken, Universitäten und Schulen, auf dem Mond und dem Mars, selbst in den geheimnisvollen Tiefen der Ozeane. Roboter werden bei der Bekämpfung von Bränden und der Rettung aus Katastrophengebieten, bei der Herstellung von Produkten, aber auch in militärischen Bereichen eingesetzt. Diese vielseitigen Maschinen haben einen beträchtlichen Einfluss auf viele Aspekte des modernen Lebens, von der industriellen Fertigung bis hin zum Gesundheitswesen, beim Transport ebenso wie bei der Erforschung des Alls und der Meerestiefen. Bald werden Roboter so allgegenwärtig und selbstverständlich sein wie es heute der Personal Computer oder das Mobiltelefon ist. Der uralte Traum, Maschinen zu erstellen, die geschickt, intelligent, konstant zuverlässig und unermüdlich sind, hat die Menschheit von Anfang an begleitet. Dieser Traum ist heute mehr und mehr Realität und Teil unseres täglichen Lebens geworden.

Mit den Begriffen Roboter oder Robotik assoziiert man normalerweise zunächst Bilder oder Vorstellungen von fiktionalen Darstellungen menschenähnlicher technischer Gebilde, die sich mehr oder weniger plump und ungelenk bewegen und sich mit künstlich-monotoner Stimme äußern. Doch diese als humanoide Roboter oder auch als Androiden bezeichneten Roboter, deren Konstruktion der menschlichen Gestalt nachempfunden ist und deren Aktionen von menschlichen Verhaltensmustern geprägt sind, verkörpern nur eine Gattung aus dem vielseitigen Gesamtspektrum der Robotik. Vor allem Industrieroboter (IR) für die automatisierte Fertigung oder Serviceroboter für Dienstleistungen im Haushalt, im Gesundheitswesen oder in Umgebungen mit hohem Gefahrenpotenzial werden in zunehmendem Maße weltweit eingesetzt. Zur Unterstützung von Einsatzkräften bei Unfällen und Katastrophen gelangen Such- und Rettungsroboter (Rescue Robots) zum Einsatz. Diese autonom arbeitenden Rettungskräfte sollen in erster Linie dort betrieben werden, wo der Einsatz eines Menschen entweder eine Gefahr für ihn selbst darstellt oder schlichtweg ineffizient ist. Doch auch Roboter zur Kriegsführung wie autonome oder semi-autonome Militär- bzw. Kampfroboter (Robotic Combat Systems) sowie unbemannte Systeme für den militärischen Einsatz wie Drohnen (UAVs – unmanned aerial vehicles, auch als RPAs – remotely piloted aircraft bezeichnet) fallen unter den Begriff Robotik. Mit derzeit noch überwiegend hypothetischen, autonomen Maschinen im Nano-Kleinstformat, den winzigen Nanorobotern oder so genannten Nanobots, beschäftigen sich zunehmend Forschung und Entwicklung.

1.1 Interdisziplinäre Wissenschaft

Robotik fasst als interdisziplinäres Wissensgebiet die Teilgebiete Regelungs- und Steuerungstechnik, Informatik, Mechanik, Maschinenbau, Mathematik, Elektrotechnik/Elektronik, Sensorik und Bildverarbeitung, Antriebstechnik, Mikromechanik und weitere technische Disziplinen wie die Künstliche Intelligenz (KI) zusammen. Generelles Ziel der Robotik ist es, auf der Basis von Sensoren, Aktoren und Informationsverarbeitung ein durch Programmierung gesteuertes Zusammenarbeiten von Elektronik und spezieller Roboter-Mechanik herzustellen. Ihr breites Themenspektrum macht daher die Robotertechnik zu einem typischen und hochentwickelten Vertreter der als Mechatronik (Mechanical-Electronic) bezeichneten interdisziplinären Ingenieurwissenschaft, die sich hauptsächlich aus den Fachdisziplinen Maschinenbau, Elektrotechnik und Informationstechnik zusammensetzt. Mechatronische Systeme beschäftigen sich mit dem synergetischen Zusammenwirken mechanischer, elektrisch/elektronischer und informationstechnischer Elemente und Module zur Herstellung industrieller Erzeugnisse oder bei der Prozessgestaltung. Die Robotik ist damit einer der wichtigsten Anwendungsbereiche der Mechatronik.

1.2 Definition des Roboters

Es gibt keine einheitliche Definition des Begriffs „Roboter“. Allzu viele Maschinen unterschiedlicher Ausprägung, Mobilität und Autonomie, die Information wahrnehmen, verarbeiten und entsprechend danach handeln, werden bereits als Roboter bezeichnet. Unter solch weitgefassten Definitionen lassen sich autonome Fahrzeuge, mit Sensorik ausgerüstete Baumaschinen etc., aber auch einfachere technische Systeme bereits als Roboter einordnen. Die offiziellen Definitionen gehen daher weit auseinander.

Das „Robot Institute of America – RAI“, definiert einen Roboter wie folgt: *„A robot is defined as a reprogrammable multi-functional manipulator, designed to move materials, parts, and tools or specialised devices, through variable programmed motions for the performance of a variety of tasks.“*

Frei übersetzt heißt dies in etwa: „Ein Roboter ist ein frei programmierbarer, multifunktionaler Manipulator für das Bewegen von Material, Werkstücken, Werkzeugen oder Spezialgeräten. Die diversen frei programmierbaren Bewegungsabläufe machen ihn für viele verschiedene Aufgaben einsetzbar“. Diese Definition trifft offenbar hauptsächlich auf Industrieroboter zu.

Die Definition nach VDI (Verein Deutscher Ingenieure), Richtlinie 2860, hingegen lautet: *„Industrieroboter sind universell einsetzbare Bewegungsautomaten mit mehreren Achsen, deren Bewegungen hinsichtlich Bewegungsfolge und Wegen bzw. Winkeln frei (d. h. ohne mechanischen Eingriff) programmierbar und gegebenenfalls sensorgeführt sind. Sie sind mit Greifern, Werkzeugen oder anderen Fertigungsmitteln ausrüstbar und können Handhabungs- und/oder Fertigungsaufgaben ausführen“. Gemeint sind damit wieder in erster Linie Industrieroboter.*

Auf der Website itwissen.info finden wir die folgende Definition: *„Roboter sind programmgesteuerte Maschinen für Handhabungen ohne menschlichen Eingriff. Die Roboter-Steuerung erfolgt durch Computer, die mit Sensoren und anderen erkennungstechnischen Elementen, Bewegungs-, Greif-, Halte- und Bearbeitungsorganen zusammenwirken.“*

Laut einer Studie von McKinsey zeichnen sich Roboter dadurch aus, dass sie in den Bereichen herausstechen, die übermenschliche Geschwindigkeit, Stärke, Ausdauer und/oder Präzision innerhalb eines kontrollierten Bereichs erfordern.

All diese Definitionen und Aussagen beziehen sich offenbar im Wesentlichen auf industriell eingesetzte Roboter. Im täglichen Sprachgebrauch jedoch versteht man unter „Roboter“ oft eine Maschine oder einen Automaten, die bzw. der einem Menschen täuschend ähnlich sieht und sich auch menschenähnlich (humanoid) verhält und somit Funktionen übernehmen kann, die sonst von Menschen ausgeführt werden. Bei einem humanoiden Roboter mit besonders menschenähnlichem Aussehen spricht man jedoch von einem Androiden.

2 Geschichte der Roboter

Die Geschichte der Roboter spannt einen weiten Bogen von verborgenen Mechaniken in altägyptischen Götterstatuen und Automaten in Theatern der antiken Kulturen über Ideen von Leonardo da Vinci, den ersten vollautomatischen Webstuhl, Automaten und Androiden in Literatur und Film bis hin zu den heutigen Robotern in Industrie und Forschung. All diese faszinierenden Kreationen zeugen vom uralten Wunsch der Menschen, automatische Helfer zu haben, die ihnen die Arbeit abnehmen und das Leben durch Maschinen erleichtern. Bis zum Anfang des 20. Jahrhunderts gab es immer wieder Versuche, solche Maschinen zu bauen. Diese waren oft Wunderwerke der Mechanik, hatten aber nie eine praktische Bedeutung. Bis sich Roboter in bestimmten Lebensbereichen etablieren konnten, dauerte es trotz dieser frühen Versuche noch viele Jahrzehnte.

2.1 Erste Ansätze

Der Traum von selbst arbeitenden Werkzeugen durch den Einsatz von Maschinen reicht also viele Jahrhunderte, ja sogar Jahrtausende zurück. Erste Versuche mit Automaten, die heute das Forschungsgebiet der Robotik tangieren würden, wurden bereits im antiken Griechenland durchgeführt. So gab es etwa Musik- oder Theatermaschinen mit sensationellen Spezialeffekten, die automatisch funktionieren sollten. Große Berühmtheit erlangten hierbei Heron von Alexandria oder Archytas von Tarent. Bekannt sind etwa die fliegende Taube des Archytas oder die automatischen Theater- und Musikmaschinen, erdacht von dem griechischen Ingenieur und Mathematiker Heron von Alexandria (ca. 85 n. Chr.). Er beschrieb Konstruktionen für sich selbstständig öffnende Tempeltüren und schuf angeblich den ersten realen Roboter in der Antike: Mithilfe eines ausgeklügelten Systems aus Seilen, Rollen und Pflöcken hatte er einen Theaterwagen konstruiert, der wie von Geisterhand auf vorprogrammierten Bahnen über die Bühne rollte. Heron hat auch eine Wasserorgel in seinem Traktat „Pneumatika" beschrieben (siehe Bild 2.1). Auch Aristoteles philosophierte über Werkzeuge, die ihre Arbeit ohne menschliche Hilfe verrichten können.

Bereits seit den frühen Hochkulturen war es der Menschen größter Ehrgeiz, Artefakte nach ihrem eigenen Abbild zu erstellen. Die Sage des Titanen Prometheus, der Menschen aus Ton formte, oder die Legende von Hephaistos, dem Gott des Feuers und der Schmiede, vom geschmiedeten bronzenen Giganten Talos, den ein vom Kopf bis zur Ferse reichender „Blutkanal" lebendig machte, sind Zeugen dieses Bestrebens in der griechischen Mythologie. Die in Orakelstatuen der Ägypter versteckten Priester (um 2500 v. Chr.) waren quasi Vorläufer unserer modernen Denkmaschinen. Eine von den Babyloniern eingeführte „Klepsydra"-Wasseruhr nach dem Prinzip der Sanduhr (um 1400 v. Chr.) war eines der ersten automatisierten mechanischen Artefakte. Auch in den nachfolgenden Jahrhunderten hat die menschliche Kreativität weitere geniale Einrichtungen hervorgebracht wie die im „Buch der Erfindungen" (Kitab al-Hiyal) der Banu-Musa-Brüder (drei iranische Gelehrte in Bagdad im 9. Jahrhundert n. Chr.) beschriebenen etwa 100 Apparate, darunter auch viele Automaten und nicht zuletzt die zahlreichen phantastischen Entwürfe von Leonardo da Vinci um 1500.

2.2 Jahrhunderte danach

Die antiken Kulturen gingen verloren und mit ihnen verschwanden temporär auch die wissenschaftlichen Erkenntnisse jener Zeit auf dem Gebiet der Automation. Im 13. Jahrhundert wurde vom arabischen Ingenieur Al-Dschazari das „Buch des Wissens von sinnreichen mechanischen Vorrichtungen“ verfasst, das auch als „Automata“ im westlichen Kulturbereich bekannt wurde. Das Werk enthält Konstruktions- und Funktionsbeschreibungen zu mechanischen Vorrichtungen wie Uhren, Brunnen, Schöpfwerke und andere Mechanismen. Von Leonardo da Vinci sind Aufzeichnungen und Skizzen aus dem 15. Jahrhundert über Androiden bekannt. Tatsächlich technisch umgesetzt werden konnten die Erkenntnisse und Pläne der damaligen Zeit jedoch noch nicht. Um 1740 konstruierte und erbaute Jacques de Vaucanson (1709 bis 1782) bereits einen flötenspielenden Automaten. Vaucanson war von der Idee gepackt, einen künstlichen Menschen zu schaffen. Aber sein Ziel schien zu weit gesteckt. Er reduzierte daher seinen Traum und baute eine automatische Ente, die mit den Flügeln schlug, schnatterte, Wasser trank und Körner pickte (siehe Bild 2.1 rechts). Der Mechanismus der Ente bestand aus über 1000 Teilen.

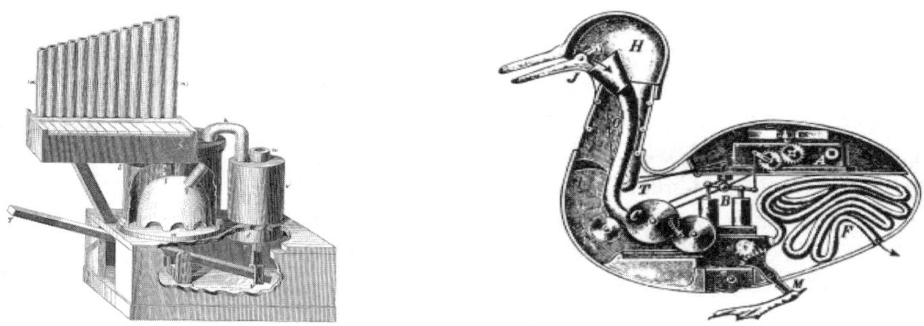

Bild 2.1: Wasserorgel des Heron von Alexandria und automatische Ente von Vaucanson

Außerdem baute Vaucanson den ersten programmierbaren Webstuhl. Aus den zerlegten Resten dieser Webmaschine und auf Basis anderer Vorläufer entwickelte schließlich der französische Erfinder Joseph-Marie Jacquard (1752 bis 1834) den ersten mit Lochkarten programmierbaren vollautomatischen Webstuhl, der 1805 als erster Automat gemusterte Stoffe herstellen konnte. Dieser kann, bei großzügiger Auslegung des Begriffs „Roboter“, als erster Industrieroboter betrachtet werden. Durch das Endlosprinzip der Lochkartensteuerung war der Webstuhl auch die erste „programmierbare“ Maschine, eine frühe Anwendung der Digitaltechnik und zugleich ein Grundstein zur heutigen Automatisierung.

2.3 Die Bezeichnung „Roboter“

Die eigentliche Geschichte der Roboter beginnt, wie bei vielen anderen technischen Erfindungen, mit einer Fiktion. Es war das im Jahr 1920 veröffentlichte Theaterstück „Rossum´s Universal Robots“ des bedeutenden tschechischen Schriftstellers Karel Capek, in dem der Begriff „Roboter“ erstmalig geprägt wurde. Abgeleitet wurde diese Bezeichnung vom tschechischen Wort „robota“, ein slawisches Wort, das sich mit Fron- oder Zwangsarbeit übersetzen lässt. Das Theaterspiel beginnt in einer Fabrik mit als „Roboter“

bezeichneten künstlichen Menschen, denen man heute eher den Begriff „Androiden" zuordnen würde. Der Erfinder Rossum möchte mit diesen künstlichen Geschöpfen maschinelle Diener für seine Familie bauen, führt jedoch letztendlich seine Familie selbst in die Sklaverei.

Richtig populär wurden die Begriffe Robotik und Roboter jedoch erst in den 1940er-Jahren durch den Science-Fiction-Autor Isaac Asimov. In mehreren seiner Science-Fiction-Kurzgeschichten wie „Runaround" (zu deutsch „Herumtreiber") im März 1942 nimmt er sich des Themas humanoider Maschinen an. Etwas später entwickelt Asimov auch drei Robotergesetze, die er schließlich um ein Nulltes Gesetz erweitert. Während damit Roboter zu einem festen Bestandteil fiktiver Welten werden, kommen sie erst gute zwanzig Jahre später in der Realität zum Einsatz.

2.4 Modernere Konzepte

Modernere Konzepte wurden erst realisierbar, nachdem die Industrielle Revolution den Einsatz komplexer Mechanik und später mit Einführung der Elektrizität die Entwicklung kleinerer kompakter Elektromotoren als Antriebe für Maschinen ermöglichte. Der Traum vom eigenständig arbeitenden Werkzeug ging, trotz früher Vordenker, erst in den letzten Jahrzehnten schrittweise in Erfüllung, als universelle Maschinen mit den Mitte des 20. Jahrhunderts aufkommenden und sich rasch entwickelnden elektronischen Rechnern kombiniert wurden. Dadurch wurden die Maschinen befähigt, immer komplexere Arbeitsvorgänge selbsttätig auszuführen. Der erste Einsatz moderner Roboter fand in den Werkhallen als Industrieroboter statt. Es waren zunächst recht einfache Maschinen zur Durchführung von Aufgaben, die Produktionsschritte ohne menschliche Hilfe erlaubten. Digital gesteuerte und mit Vorstufen „künstlicher Intelligenz" ausgestattete Industrieroboter wurden seit Beginn der 1960er-Jahre gebaut. Roboter übernahmen zunehmend diejenigen Arbeiten, die für Menschen zu gefährlich, zu kompliziert, zu schwer und schmutzig oder auch einfach zu stupide und langweilig sind. Dabei sollen natürlich auch Kosten und Zeit eingespart werden. Nachdem insbesondere in der Automobilbranche Roboter längst einen festen Platz in modernen Arbeitsprozessen einnehmen, haben sie sich seit einiger Zeit auch ihren Weg in andere Bereiche wie chemische, pharmazeutische, medizinische und biotechnologische sowie weitere Anwendungsgebiete gebahnt.

2.5 Im 20. Jahrhundert

Zu Beginn des 20. Jahrhunderts wurden im Bereich der Automatisierung besondere Anstrengungen unternommen, unter anderem auch für das Militärwesen mit fernbedienbaren Booten, Torpedosteuerungen etc. Nach dem Ende des Zweiten Weltkriegs machte man im Bereich der Robotik rasante Fortschritte. Ausschlaggebend dafür waren hauptsächlich die Erfindung des Transistors 1947 in den Bell Laboratories, die Integration von Schaltkreisen (ab September 1958) und als weitere Folge die Entwicklung leistungsstarker und platzsparender Computer. Erste NC-Maschinen baute man seit 1955 und 1960 wurde bereits ein hydraulisch betriebener Industrieroboter vorgestellt. Die zunehmende Komplexität der integrierten Schaltkreise führte 1970/71 zur Vorstellung der ersten Mikroprozessoren von den Firmen Intel (Intel 4004) und Texas Instruments (TMS 1000).

2.5.1 Von 1961 bis 1970

Die Entwicklung von Robotern wird nun hauptsächlich mit dem Fortschritt moderner Elektronik und Computer verbunden. Der „Unimate“ bleibt als der erste Industrieroboter in Erinnerung. Der Roboter besaß einen Hydraulikantrieb und wurde ab 1961 von General Motors in der Kfz-Fertigung für Arbeiten am Fließband und für das Schweißen von Druckgussteilen eingesetzt. Die Maschine wurde bereits im Jahr 1954 konzipiert und von der Firma Unimation hergestellt, der weltweit ersten Herstellerfirma für Roboter. 1962 entwickelte man an der Stanford University einen ersten rechnergesteuerten Roboterarm, um damit behinderten Patienten zu helfen.

1965 postuliert Gordon Moore, ein Mitbegründer der Firma Intel, eine „Gesetzmäßigkeit“, die später als das „Moore´sche Gesetz“ bekannt wurde. Es besagt, dass sich die Komplexität bzw. Integrationsdichte von elektronischen Schaltkreisen regelmäßig etwa alle zwei Jahre verdoppelt. Unter Komplexität verstand Moore die Anzahl der Komponenten auf einem integrierten Schaltkreis und unter Integrationsdichte z. B. die Zahl der Transistoren pro Flächeneinheit. Dieser Technologiefortschritt bildet eine wesentliche Grundlage der „digitalen Revolution“. Experten sind der Ansicht, dass das „Moore´sche Gesetz“ noch eine ganze Weile erfüllt werden kann.

1968 erschien der Film „2001 Odyssee im Weltraum“. Der Film dreht sich um den Supercomputer HAL 9000 als eine boshafte künstliche Intelligenz, die ein Raumschiff steuert. Im selben Jahr entwickelte Marvin Minsky, ein bedeutender amerikanischer Forscher auf dem Gebiet der künstlichen Intelligenz, einen „Tentakel-Arm“, der sich wie ein Krakenarm bewegte. Der rechnergesteuerte Arm mit seinen 12 Gelenken wurde durch Hydraulik angetrieben und konnte damit um Ecken herumgreifen (Bild 2.2 links). Dieser durch einen PDP-6-Rechner gesteuerte Arm gilt als erster elektronisch gesteuerter Roboterarm. 1970 erschien die erste 8-Zoll-Floppy-Diskette zur Programmspeicherung. Ebenfalls 1970 wurde im Labor für künstliche Intelligenz des Stanford Research Instituts der erste mobile Roboter „Shakey“ entwickelt. Er konnte über Sensoren seine Umgebung erfassen, sich orientieren und seine eigenen Aktionen planen. Bei seiner Entwicklung kombinierte man Robotik mit mehreren Sensoreingängen für Laser-Entfernungsmessung, TV-Kameras mit Bildverarbeitung zur Navigation, Stoß-Sensoren (bump sensors) und natürlicher Spracherkennung. Im Winter 1970 erforschte die Sowjetunion die Oberfläche des Monds mit dem Mond-Rover Lunochod 1, dem ersten mobilen ferngesteuerten Roboter auf einem anderen Himmelskörper (Bild 3.6).

2.5.2 Von 1971 bis 1980

Wie bereits erwähnt, entstand 1971 der erste Mikroprozessor, der 4004, bei der Firma Intel. Mit seinen Abmessungen 1/8 x 1/16 Zoll war der Chip leistungsfähiger als der historische „Super Computer“ ENIAC (1946 der Öffentlichkeit vorgestellt). Im Jahr 1973 wurde die logische Programmiersprache PROLOG eingeführt, die heute noch in den Bereichen Computerlinguistik und Künstliche Intelligenz Verwendung findet. In Deutschland wurde die Robotik erst seit Beginn der 70er-Jahre wirklich relevant. Die deutsche Firma Kuka baute im Jahr 1973 den weltweit ersten Industrieroboter „FAMULUS“ mit sechs elektromechanisch angetriebenen Achsen. Der Famulus wurde für die Automobilindustrie entwickelt und gefertigt. Er war zugleich der erste Industrieroboter des Maschinenbauunternehmens Kuka. In anderen Ländern, wie etwa in Japan, ging die Entwicklung von Robotern rascher voran. Hier wurde 1973 an der Waseda-Universität der Roboter Wabot-1, ein erster lebensgroßer humanoider Roboter, zum Start gebracht. Er konnte seine Gliedmaßen elektronisch kontrollieren und war mit künstlichen „Ohren" und „Augen" (einer Stereokamera) ausgestattet. Wabot-1 konnte auch gehen, Objekte ergreifen und tragen. 1974 entwickelte David Silver am MIT einen Roboterarm, den so genannten „Silver-Arm", der durch feine Bewegungen die menschliche Hand imitieren und damit Kleinteile zusammensetzen konnte. Die erforderlichen Rückführungen wurden durch Rechnerauswertung von Näherungs-, Berührungs- und Drucksensoren bereitgestellt. 1975 verkaufte man in den USA mehr als 5.000 Computer und es wurde der erste Personalcomputer eingeführt. Basierend auf Studien flexibler Objekte in der Natur (z. B. Elefantenrüssel oder der Rückenwirbel von Schlangen), entwarf der Roboterpionier Prof. Shigeo Hirose vom Tokyo Institute of Technology 1976 den „Soft Gripper" (Bild 2.2 rechts). Dieser Greifer konnte sich flexibel an das zu ergreifende Objekt, z. B. ein Weinglas mit Blumen anpassen. 1978 entstand, ebenfalls in Japan, der SCARA-Roboter (Selective Compliance Assembly Robot Arm) als effizienter 4-Achsen-Roboterarm. Bestens geeignet, um Teile zu greifen und sie an einer anderen Stelle abzulegen (Pick-and-place-Anwendungen), wurde der SCARA ab 1981 massiv in Montagelinien eingeführt.

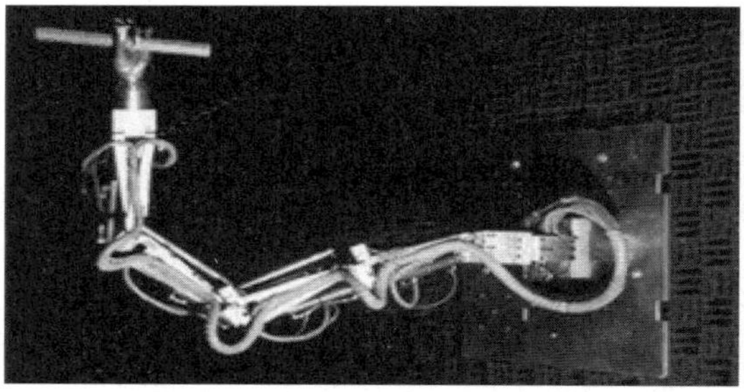

Bild 2.2: Tentakel-Arm von Marvin Minsky und „Soft Gripper" von Prof. Shigeo Hirose

2.5.3 Von 1981 bis 1990

Die 1980er-Jahre waren das Jahrzehnt des Computers. 1981 entstand der erste „Direct Drive Arm", also ein Arm mit direkt angetriebenen Achsen. Die Antriebe werden dabei in den Roboterarm integriert, wobei die Wellen der Gelenke direkt an die Rotoren der Motoren mit hohem Drehmoment und hoher mechanischer Steifigkeit gekoppelt sind. Damit entfallen ausgedehnte Transmissionsmechanismen zwischen den Motoren und ihren Lasten. 1982 wurde in Japan das Projekt „Fünfte Computergeneration" (Fifth Generation Computer Systems – FGCS) gestartet. Seine Ziele waren wissensbasierte Informationsverarbeitung, die Entwicklung von Supercomputern, basierend auf massiver Parallelverarbeitung sowie eine Plattform für Entwicklungen in Richtung künstlicher Intelligenz. 1984 stellte man den humanoiden Roboter Wabot-2 (Bild 2.3) vor als Nachfolger von Wabot-1. Er hatte zehn Finger und zwei Füße und war in der Lage, eine Orgel zu spielen. Wabot-2 konnte die Noten einer Partitur lesen und Musiker bzw. Sänger begleiten. Im Jahr 1985 begann die Firma Kawasaki ihre eigenen Roboter zu produzieren. Ihr erster Roboter erschien ein Jahr später. Die Schach spielenden Programme „HiTech“, auf einem Rechner mit 64-Prozessoren, und Deep Thought, einem Vorgänger von Deep Blue, dem Superschachrechner von IBM, besiegten 1989 diverse Schachmeister. 1986 begann Honda sein Forschungs und Entwicklungsprogramm, humanoide Roboter zu kreieren, die imstande sind, erfolgreich mit Menschen zu interagieren. 1988 wurde ein Supercomputer mit 64.000 parallel arbeitenden Prozessoren gebaut. Das MIT stellte 1989 einen hexapodalen Roboter, den sechsbeinigen Laufroboter „Genghis“, vor. Genghis war berühmt für seine kurze Entwicklungszeit und die kostengünstige Bauweise. Der Roboter benötigte nur 4 Mikroprozessoren, 22 Sensoren und 12 Servomotoren (Bild 2.3 rechts).

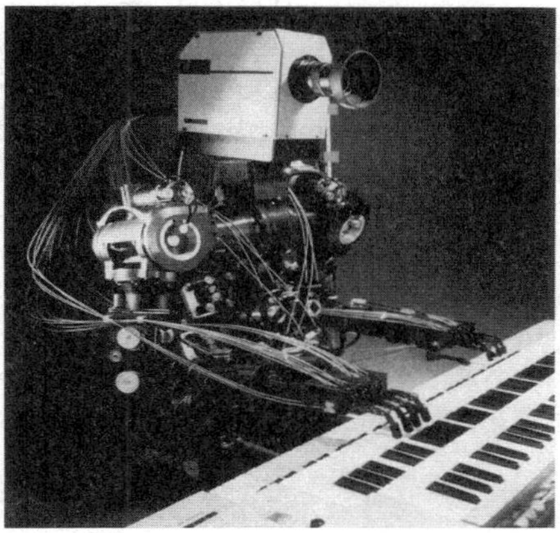

Bild 2.3: Humanoider Roboter Wabot-2 und sechsbeiniger Laufroboter „Genghis“

2.5.4 Von 1991 bis 2000

Im Verlauf eines von der NASA 1993 gesponserten Wettbewerbs verfehlte der von der Carnegie Mellon University gebaute achtbeinige Roboter „Dante“ wegen eines gebrochenen Glasfaserkabels sein Ziel, Gase aus dem Mt. Erebus, einem aktiven Vulkan der Antarktis, zu sammeln. Dante wurde entwickelt, um Hänge hinaufzuklettern und Gase nahe der Oberfläche des vulkanischen Magmas zu sammeln. Der Kabelfehler jedoch verhinderte, dass der Roboter den aktiven Vulkan erreichte. 1994 schaffte es dann „Dante II“ Gasproben innerhalb des Vulkans Mt. Spurr in Alaska zu sammeln. Der Roboter „RoboTuna“ entstand im Jahr 1996 am Massachusetts Institute of Technology (MIT), um zu erforschen, wie Fische im Wasser schwimmen. RoboTuna ist so konzipiert, dass er schwimmend einem Blauflossen-Thunfisch ähnlich ist. 1994 demonstrierte „Cyberknife“, ein Operationen ausführender Roboter, dass er chirurgische Eingriffe schneller und mit höherer Präzision durchführen konnte als es menschlichen Ärzten möglich war. Der humanoide Roboter P2 wurde erstmals 1996 als fester Bestandteil von Hondas Entwicklungsprogramm humanoider Roboter vorgestellt. Etwas mehr als 6 Fuß hoch (ca. 185 cm) war P2 zwar kleiner als seine Vorgänger, doch in seinen Bewegungen erschien er menschenähnlicher.

Im Jahr 1997 führte der erste amerikanische mobile Roboter „Sojourner Rover“ mit einem Gewicht von nur 23 kg als Teil der „Mars Pathfinder“-Mission semi-autonome Erkundungen auf der Oberfläche des Planeten Mars durch. Ausgestattet mit einem Programm zur Umgehung von Hindernissen war Sojourner in der Lage, Routen zu planen und entsprechend zu navigieren, um die Oberfläche des Nachbarplaneten zu erforschen und dort nach Spuren von Leben zu suchen. Die Fähigkeit Sojourners, mit Hilfe weniger Daten über sein Umfeld und die nähere Umgebung zu navigieren, erlaubte es dem Roboter, auf unvorhergesehene Ereignisse und Objekte zu reagieren.

1997 schlug IBMs Schachprojekt „Deep Blue" den damals amtierenden Schachweltmeister Garri Kimowitsch Kasparow auf „Großmeister"-Ebene. Der Super-Computer, eine spezielle Version von IBM, konnte doppelt so viele Züge pro Sekunde verarbeiten wie beim ersten Spiel, das Deep Blue verloren hatte, angeblich 200.000.000 Züge pro Sekunde. Der humanoide Roboter P3 wurde 1998 als Teil von Hondas Entwicklungsprogramm für humanoide Roboter vorgestellt. 1999 führte Sony den Roboterhund AIBO ein, der zur Interaktion mit Menschen fähig ist. Die ersten Modelle waren in Japan in 20 Minuten ausverkauft. Die Robotik erreichte nun immer neue Höhepunkte, wie etwa den humanoiden Roboter „ASIMO" im Jahr 2000, eine Entwicklung im Rahmen von Hondas Humanoidenprojekt. ASIMO kann laufen, rennen und mit Menschen kommunizieren. Er kann Gesichter, Stimmen und Körperhaltung erkennen sowie Merkmale seiner Umgebung erfassen und damit interagieren. Auch Sony zeigte seine „Sony Dream Robots", kleine humanoide Roboter für Zwecke der Unterhaltung. Nach Abschätzungen der Vereinten Nationen gab es im Oktober 2000 weltweit 742.500 Industrieroboter, von denen mehr als die Hälfte in Japan eingesetzt wurden.

2.6 Ab 2001

Im April 2001 wurde der Multifunktionsroboterarm „Canadarm2" in eine Erdumlaufbahn und zur Internationalen Raumstation ISS gebracht. Canadarm2 ist eine größere und leistungsstärkere Version des vorher im Außenbereich des Space Shuttle verwendeten Arms. Ebenfalls im April 2001 machte die „Unmanned Aerial Vehicle Global Hawk", ein unbemanntes Luftfahrzeug (*englisch:* unmanned aerial vehicle – UAV) ihren ersten autonomen Nonstop-Flug über den Pazifischen Ozean von Kalifornien nach Süd-Australien.

Auch in unserem Privatleben haben Roboter in den letzten Jahren vermehrt Einzug gehalten, in Form von Spielzeug oder als Haushaltsroboter, die uns einfache Hausarbeiten abnehmen. Der beliebte Staubsaug-Roboter „Roomba", ein Serviceroboter, wurde erstmals im Jahr 2002 von der Firma iRobot vorgestellt. Roomba wurde zum weltweit erfolgreichsten Dienstroboter. Im Jahr 2004 zeigte die Cornell University einen zur Selbstreplikation fähigen Roboter, also zur autonomen Vervielfältigung ohne äußere Hilfe. Durch Anfügen und Trennen einer Reihe von Würfeln war er als erster Roboter in der Lage, Kopien von sich selbst zu erstellen. Im Januar landeten die beiden Zwillingsroboter „Spirit" (Bild 3.6) und „Opportunity" auf der Oberfläche des Mars. 2003 in Betrieb gesetzt bewältigten die beiden baugleichen Rover (fahrbare Roboter) ein Vielfaches der ursprünglich vorgesehenen Strecke. Erst Anfang 2019, nach ca. 15 Jahren Betriebszeit, erklärte die NASA nach längerer Funkstille offiziell das Ende der Mission von „Opportunity".

Im Jahr 2005 stellte Honda eine neue Version seiner ASIMO-Roboter vor, die mit neuen Verhaltensweisen und Fähigkeiten ausgestattet waren. Selbst in der Welt der Spielzeuge spielen Roboter inzwischen eine Rolle. 2007 brachte der Spielzeughersteller TOMY den Spielroboter „i-Sobot“ auf den Markt. Es handelte sich um einen zweibeinigen humanoiden Roboter, der wie ein Mensch gehen und auch einige unterhaltsame Tricks und spezielle Aktionen ausführen kann. Auch andere Spielzeugfirmen haben Roboter- oder kleine Tierfiguren, die sich die Technik der Roboter zunutze machen, auf den Markt gebracht.

In den USA, Japan und Europa kommt die Entwicklung von Robotern für alle Lebensbereiche immer mehr in Schwung. Innerhalb der privaten Haushalte, von Spielzeugen bis hin zu Staubsaugern, die selbstständig ihre Arbeit verrichten, haben sich Roboter sanft, aber nachhaltig durchgesetzt. In der Medizintechnik sind sie nicht mehr wegzudenken, wenn es beispielsweise darum geht, Mikro-Operationen durchzuführen. In der Astronautik, insbesondere auf Mars und Mond, werden selbstverständlich Roboter eingesetzt, um Missionen ausführen, die für ihre menschlichen Erfinder absolut unmöglich wären. So wurde auch ein humanoider Roboter, der „Robonaut 2“, konzipiert, um Reparaturen oder Außenbordaktivitäten bei Weltraumflügen oder Raumstationen (ISS) gleichwertig oder sogar besser auszuführen als es ein menschlicher Astronaut vermag.

Diese kurze historische Zusammenfassung beschreibt selbstverständlich nur einige wesentliche Errungenschaften und Highlights der Robotik. Daneben gab es nahezu unzählige, teils in Sackgassen landende Zwischenschritte auf dem Weg zur heutigen Robotertechnologie.

3 Roboterarten

Da der Begriff „Roboter“ ein sehr weitgefächertes Gebiet abdeckt, gibt es sehr unterschiedliche Merkmale und Möglichkeiten, Roboter in Kategorien einzuordnen. Gerade beim Roboterbau ist eine Klassifizierung manchmal etwas schwierig und willkürlich, da viele beliebige Kombinationen von Eigenschaften und Antriebsarten möglich sind und besonders die ungewöhnlichen Kombinationen oft hochinteressante Lösungen hervorbringen. Oft wird auch der Begriff „Roboter“ recht großzügig ausgelegt. Dann werden bereits Systeme, die über Sensoren verfügen, aufgenommene Informationen weiterverarbeiten und danach handeln, ebenfalls als Roboter bezeichnet. Nach dieser Auslegung könnte man auch autonome, mit Sensoren ausgestattete Land-, Wasser- oder Luftfahrzeuge oder diverse automatisierte Maschinen in Industrie, Landwirtschaft und Haushalt als Roboter einordnen.

Neben den meist in der industriellen Automatisierung eingesetzten Versionen gibt es eine Vielzahl anderer Roboterarten. Diese können sowohl stationär montiert oder auch mobil sein. Im Haushalt bewegen sich beispielsweise Staubsaug-Roboter selbstständig durch die gesamte Wohnung oder autonome Mähroboter, manche sogar sprach- oder GPS-gesteuert, pflegen den Rasen in markierten Bereichen. Weiterhin gibt es Unterschiede zwischen traditionellen Robotern, die ausschließlich genau das tun, wozu sie programmiert wurden, und neuartigen Robotern, die lernfähig sind und dementsprechend ihre Vorgehensweisen ändern bzw. anpassen können oder sogar zur Interaktion mit Menschen fähig sind

In der Tabelle 3.1 wird dennoch der Versuch unternommen, die Roboter nach Konstruktionsweise, Verwendungszweck oder sonstigen Merkmalen einzuteilen. Allerdings gibt es dabei manche Überschneidungen. So kann man die Industrieroboter mit all ihren Untergruppen sowohl hinsichtlich ihrer Konstruktionsweise als auch nach ihrem Verwendungszweck klassifizieren. Erkundungs-, Militär- oder Rettungsroboter lassen sich ebenso in die Rubrik „autonome mobile Roboter” einordnen. Oder bei medizinischen Robotern handelt es sich meist um stationäre Roboter.

Tabelle 3.1: Einteilung der Roboter nach bestimmten Merkmalen

nach Konstruktionsweise	nach Verwendungszweck	sonstige Roboterarten
stationäre Roboter	**Service-roboter**	**BEAM**
Industrieroboter	Haushaltshelfer	
Gelenkarm-Roboter	„Personal Robot“	
Portalroboter		
SCARA-Roboter		
Delta-Roboter		
autonome mobile Roboter	**Erkundungsroboter**	**Schwarmroboter**
Arbeitsroboter	**Spielzeugroboter**	**Nanoroboter (Nanobots)**
Laufroboter	**Transportroboter**	**bionische Roboter**
rollende Roboter*	**Militär-, Kampfroboter**	
fliegende Roboter	**Rettungsroboter**	
schwimmende/tauchende Roboter		
kognitive Roboter	**medizinische Roboter**	
humanoide Roboter		
Androiden		

* gilt für die meisten mobilen Roboter

In den nachfolgenden Abschnitten werden einige der in Tabelle 3.1 zusammengestellten Roboterarten kurz beschrieben. Bedeutsame Roboterarten wie Industrie- oder humanoide Roboter werden zusätzlich in eigenen Kapiteln ausführlich behandelt.

3.1 Stationäre Roboter

Wie bereits der Name sagt, ist ein stationärer Roboter an eine feste Position gebunden. Er ist fest montiert und kann seinen Standort nicht durch einen eigenen Antrieb wechseln. In diese Sparte fällt somit alles, was sich zwar nicht von der Stelle bewegt, aber dennoch zur Erledigung der gestellten Aufgaben Sensoren und Aktoren benötigt. Zu dieser Kategorie gehören nahezu (denn es gibt auch mobile Industrieroboter) alle Arten von 4-, 5- und mehrachsigen Industrierobotern und Manipulatoren (Roboterarm), die meist für einen eindeutigen und repetitiven Arbeitsablauf ausgelegt sind.

Wesentliche Unterschiede zwischen der stationären und der mobilen Robotik bestehen im Bereich der Sicherheit. In der stationären Robotik sind Arbeitsraum und Kollisionsraum begrenzt, exakt bekannt und daher leicht zu überwachen. Menschen können auf einfache Weise durch Absperren der Arbeitszelle vor den vom Roboter ausgehenden Gefahren geschützt werden. Außerdem findet der stationäre Roboter meist eine wohlbekannte Umgebung vor, die, bis auf die Bewegungen von Werkstücken und Werkzeugen, zeitlich konstant ist. Der stationäre Roboter bewegt sich deshalb auf fest programmierten, vorhersehbaren Bahnen und braucht meist keine Sensoren zur Orientierung. Eine Ausnahme bilden nur mehrere Roboter an einem gemeinsamen Werkstück, die sich innerhalb des Kollisionsraums gegenseitig gefährden könnten.

3.2 Mobile Roboter

Ein Roboter wird mobil genannt, wenn er sich mit Hilfe von Aktoren zur Veränderung seiner Position in seiner Umgebung (Land, Wasser, Luft) mehr oder weniger selbstständig bewegen kann. Er ist also nicht fix montiert und physikalisch nicht an einen festen Standort gebunden. Einschränkungen seiner Beweglichkeit können jedoch beispielsweise durch die Umgebung selbst oder durch begrenzte Energieressourcen des Roboters entstehen. Als autonomen mobilen Roboter definiert man „eine Maschine, die sich in einer natürlichen Umgebung aus eigener Kraft und ohne Hilfestellung von außen bewegen und dabei ein ihr gesetztes Ziel erreichen kann. Dabei erkennt sie die Umwelt, sofern dies notwendig ist, über eigene Sensoren.“ 1968 wurden an der Eliteuniversität MIT (Massachusetts Institute of Technology) unter Mitarbeit des amerikanischen Pioniers auf dem Gebiet der künstlichen Intelligenz, Marvin Lee Minsky, erste Schritte zu mobilen Robotern unternommen. Wie bereits berichtet, baute man um 1970 auch den ersten autonomen mobilen Roboter „Shakey" (der „Zittrige“) am Stanford Research Institute. Dieser konnte sich mit Hilfe einer Kamera und verschiedener Sensoren nicht nur selbstständig innerhalb von Räumen bewegen und zurechtfinden, sondern auch auf gesprochene Befehle reagieren. Heute führen mobile Roboter, z. B. die Langstreckendrohne „Global Hawk“, automatisch und selbstständig Aufklärungsmissionen durch.

Fortbewegung

Das Fortbewegen mobiler Roboter kann auf unterschiedliche Weise und mit einer Vielzahl von Bewegungsarten erfolgen. Voraussetzung ist, dass der Roboter die geeigneten Aktoren zur Veränderung seiner Position in der vorgesehenen Umwelt besitzt. Hierbei bestimmt insbesondere die Art des Terrains die notwendigen Aktoren zur Fortbewegung. Neben zweibeinigen laufenden, schreitenden oder einbeinig hüpfenden humanoiden Robotern findet man häufig dem Tierreich nachempfundene Fortbewegungsarten auf vier oder sechs Beinen (siehe etwa Laufroboter „Genghis“ in Bild 2.3). Auch schwimmende oder sich schlängelnd bewegende Roboter werden für spezielle Aufgaben eingesetzt. Die meisten mobilen Roboter jedoch fahren oder rollen und nutzen dazu vier oder mehr Antriebsräder. Während sich normale Räder für eher ebenes Gelände eignen, sind in zerklüfteten Landschaften und unwegsamen Gebieten, wie bei der Erkundung von Planeten und Vulkankratern oder bei Bergungsrobotern, jedoch Kettenlaufwerke meist die bessere Wahl. Bild 3.1 zeigt hierzu zwei Beispiele.

Bild 3.1: Bergungsroboter und Roboter-Bausatz Mindstorms NXT von LEGO

Aber auch fliegen, schwimmen und tauchen zählen zu den Fortbewegungsarten mobiler Roboter. Ein besonderes technisches Problem ist mit allen mobilen Robotern verbunden: Sie müssen ihre Antriebsenergie mitführen (Akku, Brennstoffe oder andere Versorgungen). Alternativ müssen sie die Energie während der Fahrt gewinnen, z. B. über Solarpanels oder Verbrennen von gesammeltem Material (siehe Abschnitt 4.6 „Energieversorgung mobiler Roboter“).

Mecanum-Räder

Eine Besoderheit der rollenden Fortbewegung stellen die so genannten Mecanum-Räder dar. Sie wurden 1973 bei der schwedischen Firma Mecanum AB entwickelt und erlauben Fahrmanöver in beliebige Richtungen, und das ohne eine mechanische Lenkung. Mecanum-Räder ermöglichen Systeme, die sich, ähnlich wie Luftkissenboote, in zwei Dimensionen völlig frei bewegen lassen. Sie lassen spontane Richtungswechsel in alle Richtungen mit einer stets gleichbleibenden Rollreibung zu.

Anders als konventionelle Räder besitzt das Mecanum-Rad keine geschlossene Lauffläche. Stattdessen sind auf dem Radumfang drehbar gelagerte tonnenförmige Rollen im Winkel von 45 Grad zur Hauptachse des gesamten Rads angebracht (siehe Bild 3.2, links).

Den Kontakt zum Boden stellen ausschließlich diese Rollen her. Die Rollen haben keinen direkten Antrieb und können sich frei um ihre eigene schräge Lagerachse drehen. Form, Größe und Abstände der Rollen sind so gewählt, dass sich damit für das Rad eine durchgehende Abrollfläche ergibt. Drehzahl und Drehrichtung eines jeden Rads sind einzeln ansteuerbar. Wenn sich ein Mecanum-Rad dreht, entstehen zwei Kraftkomponenten: die erste weist in die Drehrichtung des gesamten Rads, die zweite wirkt über die Rollen im rechten Winkel dazu. Da seine Rollen beweglich sind, ist das Mecanum-Rad nicht spurtreu wie ein gewöhnliches Rad. Kommen weitere Kraftvektoren hinzu, kann seine Bewegung in jede beliebige Richtung abgelenkt werden. Durch individuelle Drehrichtungswahl der Räder entstehen gegenüber der Fahrebene Kräfte, die sich durch die beweglichen Rollen in verschiedenen Richtungen ausbilden. In der Summe mit den Kraftvektoren der anderen Räder ergibt sich jedoch eine Gesamtbewegungsrichtung oder auch ein Drehmoment für das gesamte Fahrzeug. Im Extremfall kann damit ein Fahrzeug allein durch gegensätzlichen Drehsinn der Räder von Vorder- und Hinterachse quer verfahren, ohne sich „vorwärts" zu bewegen oder eine Drehung um die Hochachse ausführen zu müssen.

Diese enorme Manövrierfähigkeit wird gerne zum Aufbau von omnidirektionalen Plattformen mit vier Mecanum-Rädern für mobile Roboter genutzt, wie den Mecanum-Roboter MPO-500 der Firma Neobotix oder den Forschungsroboter „youBot" der Firma Kuka (Bild 3.2 rechts).

Bild 3.2: Mecanum-Rad und Kuka-Forschungsroboter „youBot" auf omnidirektionaler Plattform

Sicherheit

Hinsichtlich der Sicherheit gelten bei mobilen Robotern ganz andere Randbedingungen, als sie zuvor für einen stationären Roboter festgestellt wurden:

- Der Arbeitsraum eines mobilen Roboters ist prinzipiell unbegrenzt. Er kann eine Etage, ein ganzes Gebäude oder sogar die unbegrenzte freie Natur sein. Diesen Arbeitsraum muss sich der Roboter mit anderen mobilen Robotern und/oder den Menschen teilen.
- Der Arbeitsraum ist ständigen Änderungen und wechselnden Umweltbedingungen unterworfen. Der Roboter kann somit keine fest vorgegebenen und vorprogrammierten Bahnen abfahren.
- Der Roboter muss selbstständig seine Umwelt erfassen und daher über entsprechend abgestimmte Sensoren verfügen.

- Gemäß seiner jeweiligen Situation muss sich der Roboter seine Bahn selbst planen.
- Wenn er ihnen begegnet, muss der mobile Roboter mit Menschen oder anderen Robotern kommunizieren. Es muss hierzu also eine Art von Schnittstelle (Interface) geben.
- Und schließlich: Bei jeder Bewegung muss der Roboter sicher gehen, keinerlei Schaden anzurichten.

Bezeichnungen

Oft findet man auch spezielle Bezeichnungen für mobile Robotersysteme wie „Autonomous Vehicle“ (AV; selbstständiges Fahrzeug/Gerät). Ein „Autonomous Underwater Vehicle“ (AUV) ist ein selbstständiges unbemanntes Unterwasserfahrzeug oder ein Tauchroboter, während es sich bei einem „Remotely Operated Vehicle“ (ROV) um ein kabelgeführtes, also nicht autonomes Unterwasserfahrzeug für Anwendungen in Wissenschaft und Industrie (Ölindustrie) handelt, das mit einer festen Verbindung zur Energie- und Informationsübertragung an ein Überwasserschiff angeschlossen ist. Ein „Cognitiv Robot“ ist ein Roboter, der seine Umwelt mit Sensoren wahrnimmt und darauf reagiert. Weiterhin gibt es das „Driverless Vehicle“ (fahrerloses Fahrzeug) oder das „Automated Guided Vehicle“ (AGV; ein fahrerloses Transportfahrzeug – FTF), den „Aerial Robot“ (fliegender Roboter) oder „Unmanned Aerial Vehicles” (UAV; unbemanntes Luftfahrzeug, Drohne). Hierin zeigt sich die ganze Bandbreite der mobilen Robotik. Mobile autonome Roboter haben vieles gemeinsam mit den nachstehend beschriebenen Arbeits- und Servicerobotern.

3.3 Arbeitsroboter

Diese Art von meist mobilen und oft autonomen (siehe hierzu Abschnitt „Autonomie bei mobilen Robotern“) Robotern erledigt Aufgaben in unterschiedlichen Bereichen die für Menschen zu anstrengend, gefährlich, nicht möglich oder auch zu langweilig sind. So lassen sie sich für Arbeiten in der Tiefsee, in Kernkraftwerken, im Weltraum oder bei der Kanalreinigung verwenden. Oft gibt es Ähnlichkeiten oder Überschneidungen mit Industrie- oder humanoiden Robotern und anderen Roboterarten. So bauen Montageroboter ähnlich wie Industrieroboter Autos zusammen, schweißen und lackieren sie. Die NASA setzt für Reparaturen in ihren Raumstationen „Robonauten“ ein und im Operationssaal hilft ein mehrarmiger Roboter bei schwierigen Operationen an schwer zugänglichen Bereichen des Körpers. Oft handelt es sich bei dieser Gattung Roboter um autonome selbstfahrende Arbeitsgeräte, die mit Kameras und Arbeitsköpfen, z. B. für Fräs- oder Reinigungsarbeiten, ausgestattet sind. So lassen sich mit derartigen pneumatisch, hydraulisch oder elektrisch angetriebenen Robotern Fräsarbeiten an einer Rohr-Innenwandung durchführen und auch Hindernisse und Blockierungen aus dem Weg räumen (Bild 3.3, links).

Es zeigt sich, dass IT-unterstützte Maschinen immer mehr menschliche Arbeitsfelder besetzen. Nach Muskelkraft kann nun auch zunehmend Geisteskraft maschinell ersetzt werden. So haben Forscher der Münchner Fraunhofer-Gesellschaft einen Arbeitsroboter entwickelt, der sich an jedem modernen Arbeitsplatz in der industriellen Fertigung einsetzen lässt. Der „Workerbot“ besitzt ähnliche Proportionen wie ein Mensch, verfügt über zwei Arme und drei Kameras. Ziel der Forschung ist es, die industrielle Massenfertigung mit Hilfe von Robotern flexibler zu gestalten. Eine 3D-Kamera an der Stirn erfasst die Umgebung des Roboters. Mit den beiden anderen Kameras lassen sich Gegenstände vermessen oder unterschiedliche Oberflächen analysieren. Damit erkennt der Workerbot, z. B. anhand von Reflektionen, ob die Chromschicht auf einem Werkstück makellos aufgetragen wurde. Die beiden Arme erlauben neue Arten von Bewegungsabläufen und befähigen den Roboter, ein Werkstück von einer Hand in die andere zu reichen – etwa um kompliziert gebaute Teile aus allen Winkeln zu untersuchen.

Die Firma Honda, bekannt nicht allein als bedeutender Hersteller von Fahrzeugen, sondern auch als Pionier auf dem Gebiet der Robotik (humanoider Roboter „ASIMO") stellte den Prototyp ihres Arbeitsroboterarms vor, der für Arbeiten an gefährlichen oder für Menschen nicht zugänglichen Orten eingesetzt werden soll (Bild 3.3, rechts).

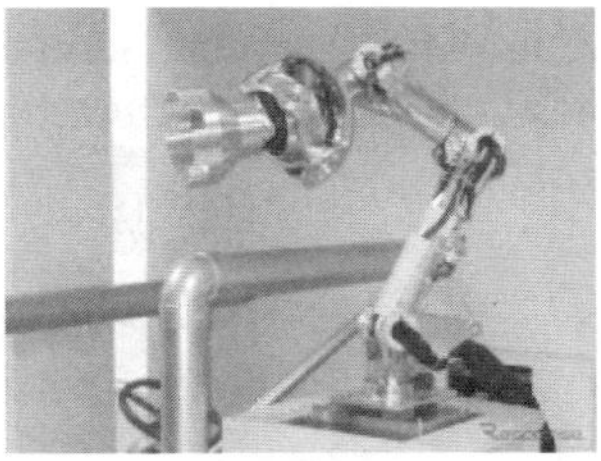

Bild 3.3: Selbstfahrender Arbeitsroboter und Hondas Arbeitsroboterarm

3.4 Serviceroboter

Als Serviceroboter oder Haushaltshelfer bezeichnet man ganz allgemein Roboter, die Dienstleistungen für den Menschen erbringen, also mit dem Ziel entwickelt wurden, den Menschen im Alltag behilflich zu sein. Wesentliche Merkmale von Servicerobotern sind:

- die Verrichtung von Dienstleistungen,
- es erfolgt kein Einsatz in der industriellen Produktion,
- es ist kein speziell geschulter Bediener erforderlich und
- der Einsatz erfolgt in oft gering oder total unstrukturierter Umgebung.

Die vom Fraunhofer-Institut für Produktionstechnik und Automatisierung, IPA, bereits 1996 formulierte Definition für diese Gattung Roboter gilt auch heute noch: *„Ein Serviceroboter ist eine frei programmierbare Bewegungseinrichtung, die teil- oder vollautomatisch Dienstleistungen verrichtet. Dienstleistungen sind dabei Tätigkeiten, die nicht der direkten industriellen Erzeugung von Sachgütern, sondern der Verrichtung von Leistungen für Menschen und Einrichtungen dienen."*

Das IPA in Stuttgart hat seinen eigens entwickelten Serviceroboter „Care-O-bot" bereits im Stuttgarter Pflegeheim „Parkheim Berg" erprobt. Der Care-O-bot fuhr selbstständig in einen Raum mit Wasserspender, holte ein Glas Wasser, stellte es auf ein Tablett und reichte es einem Heimbewohner. Da der Roboter auch mit dem Computersystem der Pflegestation verbunden war, konnte er protokollieren, wer was und wie viel getrunken hatte.

Betrachtet man die täglich anfallenden Arbeiten in Haushalt und Garten, so wird man zugeben müssen, dass Tätigkeiten wie Fußböden wischen, staubsaugen, Fenster putzen und

Rasen mähen nicht nur wertvolle Zeit rauben, sondern auch Nerven kosten und/oder langweilig sind. Es gibt daher inzwischen Roboter, die den Rasen mähen, den Boden putzen oder Getränke servieren können. Derzeit sind solche kleinen Helfer noch ziemlich teuer. Aber die Entwickler sind sich einig, dass in wenigen Jahren Roboter im Haushalt ganz normal sind. Viele Experten sind der Überzeugung, dass Roboter in Zukunft als Serviceroboter immer mehr Aufgaben des Alltags übernehmen werden. Fernziele sind dabei lernfähige Automaten, die nicht nur einprogrammierte Befehle ausführen, sondern wie Kinder selbstständig lernen und danach handeln können. In den letzten Jahren erfreuen sich Staubsaug- und Rasenmähroboter (Gardena, Robomow etc.) immer größerer Beliebtheit und werden längst in den einschlägigen Märkten angeboten. Inzwischen bieten die Hersteller eine große Vielfalt dieser Serviceroboter an. Bild 3.4 zeigt links einen weit verbreiteten Staubsaugroboter und rechts einen autonom arbeitenden Rasenmähroboter. Der Mähroboter ist nicht ferngesteuert, sondern entscheidet selbsttätig, wo gemäht werden muss und wo nicht. Derartige Serviceroboter sind seit Mitte der 1990er-Jahre im Handel erhältlich.

Bild 3.4: Staubsaugroboter „Roomba 960“ von iRobot und ein Mähroboter „Royal Gardineer“

3.5 Personal Roboter

Der „Personal Robot“, kurz PR, ist als „persönlicher Roboter“, „Assistenz-Roboter“ oder „Privatroboter“ eine Spezialversion des Serviceroboters. Im Gegensatz zu einem Industrieroboter kann der Personal Robot in und mit seiner Umwelt agieren sowie mit Personen und anderen Personal Robots z. B. in Netzwerken kommunizieren und interagieren. Personal Robots können von einer einzelnen Person bedient, genutzt und gesteuert werden. Wie beim PC (Personal Computer) macht hier die Personengebundenheit als Abgrenzung zu öffentlich genutzten Robotern oder sonstigen Servicerobotern einen Sinn. Durch ihre abgeschlossene Konstruktion funktionieren diese Maschinen weitgehend unabhängig und selbstständig. Die Personal Robots reagieren mit diversen Sensoren auf äußere Einflüsse wie Berührungen, Töne, Laute, optische Veränderungen usw. und sind zunehmend lernfähig. Um ihre Akzeptanz zu erhöhen, findet man Personal Robots häufig in Gestalt humanoider Roboter.

Carme Torras, eine in Barcelona lebende Informatik-Professorin und Science-Fiction-Autorin, rechnet damit, dass irgendwann einmal jeder einen „Assistenz-Roboter“ haben wird. Sie behauptet: „Wir werden unseren persönlichen Assistenten nutzen, wie wir das heute schon mit unserem Handy oder unserem Laptop machen.“

3.6 Erkundungsroboter

Der Erkundungsroboter findet sich in Tabelle 3.1 zwar unter der Spalte „nach Verwendungszweck“ eingetragen, kann aber ebenso als „autonomer mobiler Roboter“ eingestuft werden. Unter Erkundungsrobotern versteht man Roboter, die zu Zwecken der Erkundung an Orten oder in Umgebungen eingesetzt werden, die für Menschen nur sehr schwer, (lebens-)gefährlich oder gar nicht zugänglich sind, z. B. die Mond- oder Mars-Oberfläche. Dies gilt auch für Gebiete, in denen ein militärischer Konflikt ausgetragen wird. Die Roboter operieren ferngesteuert oder (teilweise) autark. Mit diesen Robotern kann man den Meeresboden oder Vulkankrater untersuchen lassen. Die wohl spektakulärsten Erkundungseinsätze fanden auf dem Mars statt. Mit der am 26. November 2011 gestarteten Mission „MSL“ (Mars Science Laboratory) landete am 6. August 2012 das Roboterfahrzeug „Curiosity“ auf dem Mars. Mit der Mission soll vor allem erforscht werden, ob Leben auf dem Mars jemals möglich war oder zumindest sein könnte. Mit seinem universellen Roboterarm (Bild 3.5, rechts) analysiert „Curiosity“ den Boden, die Atmosphäre und das Wetter. Außerdem funkt der Rover gestochen scharfe Bilder vom „Roten Planeten“ zur Erde. Kaum weniger spektakulär war die historische Landung der chinesischen Sonde Chang'e 4 auf der Mond-Rückseite am 3. Januar 2019. Das mitgeführte Roboterfahrzeug „Jadehase 2“ wird das Terrain um die Landestelle erkunden.

Bild 3.5: Roboter „ASENDRO“ und Mars-Rover „Curiosity“

Zum Thema „Erkundungsroboter“ eine Meldung in der Tagesschau vom 14. April 2015: „Erstmals hat ein Roboter Bilder aus einem der Reaktoren der Atomruine von Fukushima geliefert. Zurück kam er allerdings nicht mehr. Wegen der extrem hohen Strahlung können keine Menschen ins Innere der Atomruine von Fukushima gelangen. Ein Mensch würde bei der von dem Roboter gemessenen Strahlendosis innerhalb kurzer Zeit sterben. Der Roboter lieferte neben Bildern wichtige Daten aus dem Reaktorinneren wie Temperatur und Strahlungsdosis. [Die Betreiberfirma] Tepco hatte wegen der hohen Strahlendosis den Roboter hineingeschickt, der jedoch schon nach wenigen Stunden steckenblieb. Tepco gab das ferngesteuerte Gerät daraufhin auf.“

Auf Bild 3.5 ist links „ASENDRO“ der Firma Robowatch Technologies GmbH, eines führenden deutschen Herstellers für autonom gesteuerte Robotersysteme, mit aufgesetzter

Aufklärungseinheit zu sehen. Das Multitalent kann ABC-Kampfmittel aufspüren, dank seiner Antriebsketten Treppen steigen oder in verwinkelte Verstecke vorstoßen. Zudem folgen Spezialkameras und Manipulatorarm synchron den Kopf- und Handbewegungen.

Mobile Erkundungsroboter wie „Lunochod“ 1 bis 3 des sowjetischen Luna-Programms (1971 bis 1977) wurden bereits kurz im Kapitel 2 „Geschichte der Roboter“ erwähnt. Derartige Roboter (Bild 3.6, links) erkundeten den Mond. Andere, wie das amerikanische Roboterfahrzeug Mars-Rover „Spirit“ der NASA (Bild 3.6, rechts), das am 4. Januar 2004 auf dem Mars landete, betrieben viele Jahre die Erforschung des Roten Planeten. Andere Arten von Erkundungsrobotern wie die Langstreckendrohne „Global Hawk“ führen automatisch und selbstständig militärische Aufklärungsmissionen durch.

Bild 3.6: Mondroboter „Lunochod 1“ und Mars-Rover „Spirit“ (*Quelle:* NASA)

3.7 Humanoide Roboter

Wie die Bezeichnung andeutet, ähneln humanoide Roboter im Aufbau und Aussehen dem Menschen. Oft laufen sie auf zwei Beinen, haben ein „Robotergesicht“ und können sprechen. Wie bereits erwähnt wurde das Bild des humanoiden Roboters in der Literatur maßgeblich durch die Erzählungen Isaac Asimovs in den 40er-Jahren des 20. Jahrhunderts geprägt. Seit Anfang der 50er-Jahre sind Science-Fiction-Filme ein fest etabliertes Genre, in denen humanoide Roboter immer wieder in Haupt- oder Nebenrollen auftreten. Derartige Roboter waren jedoch lange Zeit technisch nicht realisierbar, denn für die Entwicklung humanoider Roboter mussten oder müssen viele komplizierte Probleme, wie etwa die Eigenheiten der menschlichen Fortbewegung gelöst werden. Sie sollen autonom in ihrer Umwelt agieren und möglichst auch interagieren können, wobei ihre Mobilität durch zwei Beine als Fortbewegungsmittel eingeschränkt ist. Außerdem sollen sie durch zwei künstliche Arme und Hände Arbeiten verrichten können. Bild 3.7 zeigt links den humanoiden Roboter „Nao“ des französischen Roboterherstellers Aldebaran Robotics. Er kann so programmiert werden, dass er autonom handelt. Inzwischen werden regelmäßig neue Entwicklungen in diesem Bereich vorgestellt, die sich für verschiedene Aufgaben programmieren lassen. Als Helfer können sich humanoide Roboter zum Beispiel um ältere Menschen kümmern oder allgemein Pflegedienste übernehmen. Zum Thema „Humanoide Roboter“ finden Sie ein eigenes ausführliches Kapitel in diesem Buch.

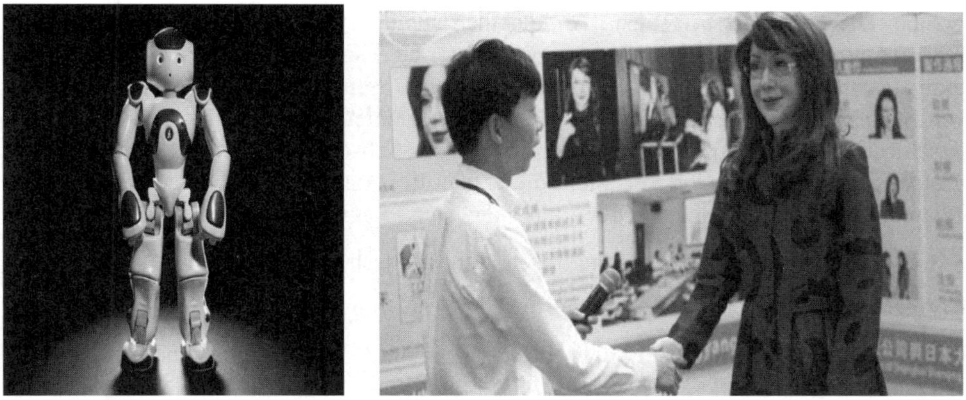

Bild 3.7: Humanoider Roboter „Nao“ und Androidin „Yangyang“

3.8 Androiden

Ein Roboter, der einem Menschen täuschend ähnlich sieht und sich menschenähnlich verhält, wird auch als Androide bezeichnet. Ein Androide ist somit ein spezieller humanoider Roboter und unterscheidet sich von üblichen Humanoiden vor allem durch seinen menschenähnlichen Körperbau und seine menschlichen Gesichtszüge. Der Unterschied zwischen beiden Roboterarten besteht vor allem darin, dass der humanoide Roboter eindeutig als Maschine erkennbar ist, während der Androide einem Menschen äußerlich möglichst ähnlich ist. Im Idealfall besteht der Androide aus einem Material, das menschlichem Gewebe ähnelt, einschließlich einer der menschlichen Haut entsprechenden Hülle, meist in Form einer Silikonhaut. Seit dem 20. Jahrhundert sind Androiden ein beliebtes Thema in der Science-Fiction-Literatur und sie treten in vielen einschlägigen Fernsehserien und Filmen auf, z. B. in Raumschiff Enterprise, Star Trek oder Terminator. Bild 3.7 zeigt rechts die vom Intelligent Robot Science Service Centre in Shanghai entwickelte Androidin „Yangyang“ (weibliche humanoide Roboter werden auch als „Gynoide“ bezeichnet). Etwa 40 Motoren halten die Androiden-Dame in Bewegung und dank einer Kamera im Kopf kann sie mit den Augen ihren Gesprächspartnern folgen. Das menschliche Gesicht besteht aus Frubber, einem fleischfarbenen, gummiartigen Material, das sich ähnlich verformt wie die menschliche Haut und sogar realistische Poren enthält. Yangyang kann Menschen sogar per Handschlag begrüßen.

3.9 Industrieroboter

Die Gruppe der Industrieroboter (IR) darf wohl zu Recht als die Königsklasse der Robotik bezeichnet werden. Es sind auch (derzeit) die am häufigsten eingesetzten Roboterarten, der Großteil davon in Japan, gefolgt von Deutschland und den USA. 2011 waren weltweit bereits ca. 1,2 Millionen IR im Einsatz, 2017 waren es 2,1 Millionen. Ein Industrieroboter ist im Prinzip eine universelle, programmierbare Maschine zur Handhabung, Montage oder Bearbeitung von Werkstücken. Diese Roboter sind primär für den Einsatz im industriellen Umfeld konzipiert, für Arbeiten in Fabriken und Montagehallen wie der Automobilfertigung, wo sie ihre Arbeit als Schweißroboter, Lackier- oder Montageroboter verrichten. Die Maschine besteht im Allgemeinen aus dem Manipulator (Roboterarm), der Steuerung und einem Effektor (Werkzeug, Greifer etc.) am Ende des Arms. Meist werden Industrieroboter auch mit verschiedenen peripheren Sensoren ausgerüstet. Die Vielfalt von Industrierobotern ergibt sich vor allem aus Varianten ihrer Kinematik sowie der unterschiedlichen Art, Anzahl und Anordnung von Achsen/Gelenken mit verschiedenen Freiheitsgraden. Dabei sind vor allem die ersten drei Achsen, die Hauptachsen von Bedeutung. Den Typ der Kinematik beurteilt man nach folgenden Kriterien:

- Bewegungsform der Achsen (rotatorisch, translatorisch),
- Anzahl und Anordnung der Achsen sowie
- den daraus resultierenden Formen des Arbeitsraums (kartesisch, zylindrisch, kugelig oder sphärisch).

Industrieroboter sind meist nicht autonom und nicht mobil, also stationär. Bei Bedarf müssen sie an neue Produkte von Menschen angepasst, also umprogrammiert werden. Dafür erledigen sie stupide Fließbandarbeiten schneller und wesentlich genauer als ein Mensch. Außerdem brauchen sie fast keine Pausen, können rund um die Uhr arbeiten, werden (selten) „krank“ und streiken nicht. Eine eingehende Beschreibung von Industrierobotern und ihren Sonderbauformen finden Sie zusammen mit vielen Bildern in einem eigenen Kapitel „Industrieroboter“.

3.10 Militär- und Kampfroboter

Militär- oder Kampfroboter sind Roboter, die zu militärischen Aufklärungs- und Kampfzwecken eingesetzt werden. Man bezeichnet sie auch als „unbemannte militärische Systeme“ (UMS) oder „Robotic Combat Systems“. Auch wenn nur wenige Staaten tatsächlich bewaffnete unbemannte Systeme einsetzen, sind UMS heute weit verbreitet und existieren in vielen Erscheinungsformen und Varianten. Die vermutlich fortschrittlichsten und meist verbreiteten Vertreter sind Luft-Systeme, die so genannten Drohnen (auch „Unmanned Aerial Vehicles“, UAV). Autonome, semi-autonome oder ferngelenkte mobile Systeme wurden und werden für den militärischen Einsatz entwickelt und können sich in der Luft, zu Land oder auf und unter dem Wasser selbstständig, also autark bewegen. Zu ihren Aufgaben gehören unter anderem Beobachtung, Aufklärung, Spionage, Minenräumung, Wachaufgaben und Zielbekämpfung. Beispiele hierfür sind die luftgestützte Global Hawk, eine Drohne als hochfliegender Langstreckenaufklärer oder das landgestützte „SWORDS” und sein Nachfolger „MAARS“ (Modular Advanced Armed Robotic System) der Firma Foster-Miller, USA. Diese Systeme können sowohl zur reinen Selbstverteidigung wie auch zum aktiven Angriff auf Ziele Waffen mit sich führen.

Beim Militär werden bewaffnete Roboter als „Soldaten“ eingesetzt. So ein „Soldat“ hat keinen Hunger, kriegt keinen Sold und er kennt vor allem keine Angst. „Lethal Autonomous Robot“ (LAR) ist die Bezeichnung für einen derartigen autonomen Roboter mit der „Lizenz zum Töten“. So ist beispielsweise das „SWORDS“ (Special Weapons Observation Reconnaissance Detection System) das erste am Boden eingesetzte ferngesteuerte bewaffnete Robotersystem (siehe Bild 3.8, links). Als Bewaffnung sind entweder automatische Waffen oder Raketen vorgesehen. Der Einsatz im Irak fand breites und vor allem kritisches Medienecho, obwohl es (noch) zu keinem Kampfeinsatz kam. Unbestritten dürfte jedoch wohl sein, dass der zunehmende Einsatz unbemannter Systeme, künstlicher Intelligenz und neuer Waffensysteme die Art zukünftiger Kriegsführung beeinflussen wird. Dies nicht zuletzt, weil auch die Kosten für Herstellung und Betrieb unbemannter Systeme sich weit unter denen bemannter Komponenten bewegen.

Militärische Roboter sind keinesfalls Objekte der letzten Jahrzehnte. Bereits Mitte des 19. Jahrhunderts wurden unbemannte, mit Sprengstoff beladene Ballons zur Bombardierung herangezogen. Später wurden ferngesteuerte Bomben mit Sprengköpfen entwickelt und in weiterer Folge von Deutschland die allgemein bekannte „Wunderwaffe" V1 und die „Vergeltungswaffe 2", die V2, zur Bombardierung Englands eingesetzt. Aufbauend auf diesen Konzepten entwickelte man in den darauf folgenden Jahrzehnten die modernen Cruise Missiles. Auch im Bereich militärischer Landfahrzeuge konnten in den 1930er-Jahren erste Durchbrüche erzielt werden. Die von der Sowjetunion entwickelten Teletank-Modelle waren zur Funkfernsteuerung umgebaute Panzer und von Deutschland wurden in großer Stückzahl die Zwergpanzer „Goliath" als per Kabel gesteuerte mobile Sprengladungen eingesetzt (siehe Bild 3.8).

Bild 3.8: Kampfroboter SWORDS und Zwergpanzer Goliath der deutschen Wehrmacht, ein Vorläufer der Kampfroboter

Bisher war die militärische Roboterentwicklung vor allem darauf ausgerichtet, umzusetzen, was machbar war, ohne nähere Berücksichtigung von ethischen und rechtlichen Gesichtspunkten. Gegen autonome Kampfroboter, die vollständig selbst entscheiden, ob auf einen Menschen geschossen wird oder nicht, regt sich jedoch inzwischen Widerstand. So möchte die britische Initiative „Landmine Action", die auch für eine Ächtung von Landminen und Streubomben eintritt, dass auch autonome Kampfroboter international geächtet werden. Sie begründet dies damit, dass die Entscheidung über die Tötung eines Menschen in einer Kampfhandlung nie automatisiert von einer Maschine getroffen werden sollte.

Dass sich dennoch die Verteidigungsstrategen, vor allem in den USA, längst Gedanken machen über eine Weiterentwicklung der robotergestützen Kriegsführung, bezeugt allein der Begriff „Future Combat Systems" (FCS) mit den Komponenten „Manned Ground

Vehicles“ (MGVs), „Unmanned Systems“ (z. B. „Unmanned Ground Vehicles“ (UGV) oder „Unmanned Aerial Vehicles“ (UAV)), „FCS Network“ und „Soldiers“. Das „FCS Network” verfügt über die Kommunikations- und Automatisierungseinrichtungen, die für eine elektronische Militär- und Kampfführung erforderlich sind.

3.11 Rettungsroboter

Rettungsroboter oder „Rescue robots“ sind autonome oder ferngesteuerte Robotersysteme, die in Katastrophenszenarien, wie sie sich beispielsweise nach einem Erdbeben, Bergwerksunfall, Großbrand oder einem Tsunami ergeben, in den Trümmern nach verschütteten Menschen suchen können. Sie sollen vor allem in Situationen betrieben werden, in denen der Einsatz eines Menschen entweder eine ernste Gefahr für ihn darstellt oder aus verschiedenen Gründen einfach nicht möglich ist. Vom Roboter wird erwartet, dass er seine Umwelt wahrnehmen und verstehen kann, um seine Mission erfolgreich ausführen zu können. Die zu diesem Zweck entwickelten Roboter sollen Rettungskräfte in echten Krisenszenarien bei der Suche und Bergung von Verletzten und Toten unterstützen. Wenige Wochen nach dem Reaktorunglück in Fukushima bemühten sich Teams aus der ganzen Welt, mit Robotern in das Innere des Reaktorgebäudes vorzudringen, um Bilder sowie Ergebnisse von Strahlenmessungen zur Bewertung der Lage zu liefern. Die bei Steuerungsalgorithmen für derartige Roboterplattformen auftretenden Problemstellungen sind derzeit ein aktuelles Forschungsgebiet, mit dem sich weltweit Institute und Hochschulen intensiv beschäftigen, auch im Rahmen von Wettbewerben wie etwa der „Rescue League“ bei den internationalen RoboCup-Weltmeisterschaften.

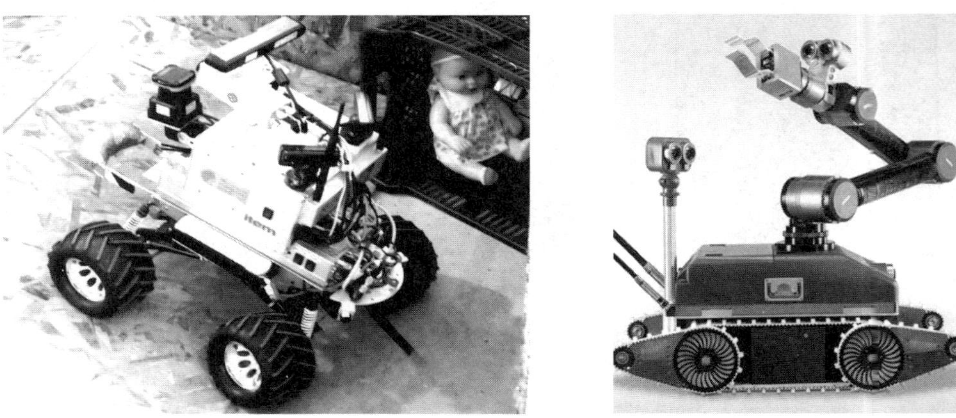

Bild 3.9: Rettungsroboter mit einer zu findenden „Person“ und Roboter ASENDRO mit Greifarm als Entschärfungsroboter

Bei der „Rescue League“ müssen die Roboter einer Linie folgen und schließlich ein „Opfer“ erkennen und bergen. Erschwert wird die Suche durch Rampen, Lücken und andere Hindernisse auf und neben der Linie. Mit Hilfe vielfältiger Sensoren, wie Video-Kameras, Infrarot-Sensoren, 3D-Kameras, Laser-Scannern, Ultraschallsensoren, Gassensoren und Mikrofonen, suchen die Roboter möglichst autonom, also ohne Fernsteuerung, nach den in der Rescue-Arena versteckten, simulierten Opfern und Objekten (siehe Bild 3.9, links). Um möglichst realistische Bedingungen zu schaffen, liegen die versteckten Puppen auf Heizdecken, um die Körperwärme zu simulieren. Außerdem sprechen sie, bewegen sich und strömen Kohlendioxid aus, um das Atmen nachzubilden.

Die Forschungsschwerpunkte bei diesen praxisnahen Anwendungen sind:

- Konstruktion möglichst geländegängiger und robuster Roboter,
- Entwicklung von Verfahren zur gleichzeitigen Lokalisation und Kartierung in 2D- und 3D-Ansicht,
- automatische Auswertung der verschiedenen Sensordaten,
- Verbesserung der autonomen Fähigkeiten der Roboter sowie
- Realisierung neuer Mensch-Maschine-Schnittstellen, die den Bediener bei der Steuerung unterstützen.

Mit ähnlichen Aufgaben betraut sind sogenannte „Entschärfungsroboter". Hierbei handelt es sich um mobile Einheiten, die zum Aufspüren, Entschärfen oder Sprengen von Bomben oder Minen eingesetzt werden. Hier dient wieder der ASENDRO von Bild 3.5 als Beispiel – diesmal mit aufgesetztem Greifarm zum Hantieren der gefährlichen Zielobjekte (Bild 3.9, rechts).

3.12 Roboter in der Medizin

Schon lange helfen Roboter und Computer, medizinische Diagnosen zu stellen, Behandlungen zu planen und auch durchzuführen. Mechatronische Assistenten tragen dazu bei, die Autonomie und Lebensqualität von Patienten und hilfsbedürftigen Menschen zu verbessern. Derartige Roboter im Bereich medizinischer Anwendungen weisen Kinematiken und Technologien auf höchstem technischem Niveau auf und finden Einsatz in verschiedenen medizinischen Bereichen:

- Radiologie/bildgebende Systeme,
- Strahlentherapie,
- Patientenpositionierung,
- Rehabilitation,
- Chirurgie, hier vor allem bei minimal invasiver Chirurgie,
- Urologie (Prostata-Operationen),
- Laser-Osteotomie (Operationsverfahren, bei dem ein oder mehrere Knochen gezielt durchtrennt werden)
- etc.

Roboter in Operationssälen sind längst medizinischer Alltag. Sie werden heute in diesem Bereich weltweit erfolgreich eingesetzt. Ein großer Vorteil von Robotern in der Medizin ist ihre Unabhängigkeit von mentalen Einflüssen und natürlich die stets konstante und präzise Arbeitsverrichtung. Noch gehen sie den Ärzten meist nur zur Hand und können den erfahrenen Mediziner vorerst nicht ganz ersetzen. Doch es wird eifrig an Systemen geforscht, die voll eigenständig arbeiten können. Denn Roboter sind zu Leistungen fähig, die selbst versierte Chirurgen nicht vermögen. Neben der erzielten Präzision wird auch die Operationszeit verkürzt und damit die Belastung der Patienten verringert. Die rechnergestützte Chirurgie ist ein hochaktuelles Forschungsgebiet in der Medizin. Dennoch steht die Entwicklung hin zu voll automatisierten Operationen erst am Anfang. Doch viele Experten sind sich einig: Die Chirurgie entwickelt sich in Zukunft immer mehr zu einer technischen Disziplin. Der technologische Fortschritt dringt zunehmend in die Operationssäle vor und wird wohl bald von dort nicht mehr wegzudenken sein, denn Roboter und Computer werden immer mehr zu unverzichtbaren Assistenten für die Ärzte. Oft werden für derartige medizinische Assistenzsysteme Operationsroboter mit „Stabkinematik" eingesetzt (siehe Abschn. 6.7.2 „Parallelkinematik"). Die Bauform dieser „Hexapoden" mit sechs Antriebselementen ermöglicht eine Beweglichkeit in allen sechs Freiheitsgraden (also drei translatorische sowie drei rotatorische) und erzielt damit extreme Genauigkeiten bis in den Mikrometerbereich bei dennoch hoher mechanischer Steifigkeit und vergleichsweise kleinem Bauraum. In Kombination mit der Endoskopie lassen sich damit hochpräzise Eingriffe erzielen, die zugleich schonender für den Patienten sind als herkömmliche Operationsverfahren. So wird es mit Hilfe von Robotersystemen möglich, komplizierte Operationen noch sicherer und mit reduzierten Belastungen für den Patienten durchzuführen. Derartige Systeme werden unter anderem in der Gynäkologie, Urologie und allgemeinen Chirurgie eingesetzt.

Computerassistierte Chirurgie

Je nach Art des Systems arbeiten Arzt und Roboter auf unterschiedliche Weise zusammen:

- *Telerobotik:* Der Chirurg steuert das Gerät über Joysticks, Masterarme, Sprache etc. Der Roboter kann sich dabei nicht selbstständig bewegen.
- *Automatische Systeme:* Der „Roboter" führt die Operation oder andere Tätigkeiten so durch, wie sie der Chirurg vor dem Eingriff geplant hat. Beim Auftreten von Schwierigkeiten kann der Arzt eingreifen und den sofortigen Abbruch der Operation bewirken.
- *Interaktive Systeme:* Der Chirurg führt das System. Der Roboter erweitert und verbessert die Fähigkeiten des Chirurgen, vor allem hinsichtlich kleinster präziser Bewegungen. Das ermöglicht dem Arzt vor allem punktgenaues Arbeiten.

All diese Systeme fallen unter den Sammelbegriff „Computerassistierte Chirurgie" (*englisch* CAS – „computer assisted surgery" oder auch „computer aided surgery"). CAS repräsentiert chirurgische Konzepte und Methoden, bei denen Computer- bzw. Roboter-Technologie zur Operationsplanung und zum Leiten oder zur Ausführung chirurgischer Eingriffe genutzt wird. CAS ist daher ein wichtiger Faktor bei der Entwicklung der Roboterchirurgie.

Da-Vinci-OP-Roboter

Eine besondere Rolle im Bereich der OP-Roboter nimmt das „Da-Vinci-System" ein. Hierbei handelt es sich um eine ausgereifte Roboterplattform, die darauf ausgelegt ist, als

Telemanipulator die Möglichkeiten der Chirurgie zu erweitern, um minimalinvasive Alternativen für schwierige Eingriffe zu bieten. Im Verbund mit hochauflösenden 3D-Kameras ermöglicht es „Da-Vinci“ miniaturisierte Instrumente über kleine Körperschnitte einzuführen. Diese so genannten „Schlüsselloch-Operationen“ bieten den großen Vorteil einer geringeren Invasivität mit minimalem Blutverlust, weniger Schmerzen und rascherer Rehabilitation der Patienten. Der operierende Chirurg sitzt dabei an einer Steuerkonsole des Da-Vinci-Systems und arbeitet mit Instrumentengriffen für jede Hand und mit mehreren Fußpedalen. Zugleich beobachtet er die übertragenen Bewegungen mittels einer vergrößerten, hoch aufgelösten 3D-Darstellung der Eingriffsstelle. Die größeren Handbewegungen des Chirurgen werden von der Roboter- und Computertechnologie skaliert, gefiltert (um das Zittern der menschlichen Hand zu unterdrücken) und in präzise Mikrobewegungen der Instrumente umgesetzt (Bild 3.10). Die feineren, exakten Bewegungen der Mikro-Instrumente führen zu einer wesentlich größeren Präzision als es bei herkömmlichen Verfahren gelingt. Das System selbst kann weder programmiert werden noch eigenständige Entscheidungen treffen. Es ist vielmehr zur Durchführung von Operationsschritten auf die direkte Eingabe des Arztes angewiesen. Somit erreicht das System nur dann den besten Nutzen, wenn es von wirklich erfahrenen und ausgebildeten Spezialisten angewendet wird. Es entspricht somit der obigen Definition eines „Interaktiven Systems“.

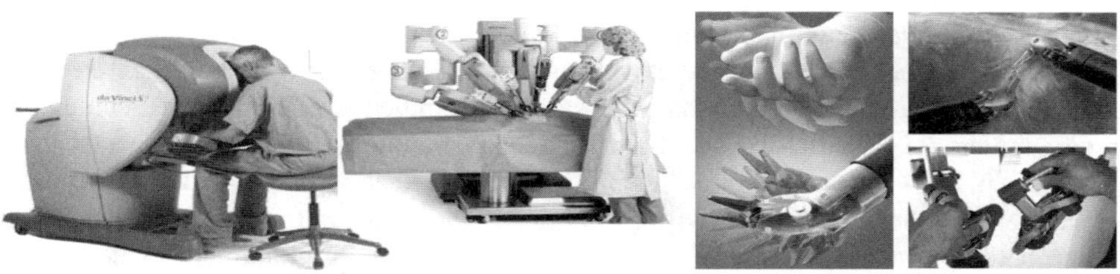

Bild 3.10: Das Da-Vinci-System und über dem Patienten platzierte Instrumentenarme

Es gibt noch eine ganze Reihe von mehr oder weniger erfolgreichen Beispielen für den Einsatz von Robotern in der Medizin. Hieraus seien nachfolgend zwei Systeme kurz vorgestellt.

AESOP und ZEUS

Das CAS-System AESOP ist ein Vorgänger des ZEUS-Roboters, der jedoch noch das AESOP-Modell beinhaltet. Der ZEUS-Roboter (genauer: ZEUS Robotic Surgical System) benutzt drei Arme zu minimal-invasiven Operationen. Der erste Arm ist das AESOP-System; er dient nur dazu, die Operationsumgebung per Kamera einzusehen. Auf den Beobachtungen des ersten Arms basieren die weiteren Schritte der beiden anderen Arme. Die beiden Roboter wurden von der amerikanischen Firma „Computer Motion Inc.“ (inzwischen Zusammenschluss mit Intuitive Surgical, Inc., dem Entwickler des Da-Vinci-Systems) entwickelt. AESOP wurde schon 1994 von der FDA, der amerikanischen Food and Drug Administration (der Lebensmittelüberwachungs- und Arzneimittelzulassungs-Behörde der Vereinigten Staaten) als Medizinroboter anerkannt. Die Anerkennung von ZEUS dauerte bis 2001. Nach dem Zusammenschluss der beiden Unternehmen wurde ZEUS zugunsten des Da-Vinci-Systems aufgegeben.

ROBODOC

Das ROBODOC-System wurde seit 1992 eingesetzt und besteht aus einem entsprechend angepassten Industrieroboter, der die zur Implantation von künstlichen Hüftgelenken notwendigen Fräsungen des Hüftknochens vornimmt. Angeblich fräst der Operationsroboter den Hüftknochen präziser aus als jeder Arzt. Das System ist mittlerweile jedoch sehr umstritten, denn nach seiner Einführung im normalen Krankenhausbetrieb hat sich eine höhere Komplikationsrate als bei herkömmlichen Methoden gezeigt und eine Reihe von Patienten haben dauerhafte Schädigungen davongetragen. Daher sind nach den ersten Einsätzen inzwischen viele dieser Automaten wieder aus den Kliniken verschwunden.

3.13 Spielzeugroboter

Auch die Spielzeugindustrie hat sich der Robotik angenommen. Als Spielzeugroboter bezeichnet man Roboter, die zum Spielen für Kinder als auch für Erwachsene gebaut wurden. Aktuelles Beispiel für derartige Erzeugnisse ist die „Lego Mindstorms-Serie", ein Produkt des Spielwarenherstellers Lego (siehe auch Bild 3.1). Die Serie wurde zusammen mit dem Massachusetts Institute of Technology (MIT) entworfen. Sie ermöglicht es, mit programmierbaren Moduln, Sensoren, Elektro-Antrieben und sonstigen Technik-Teilen Roboter und andere autonome, auch interaktive Systeme zu konstruieren und zu programmieren. Dabei reicht die Spanne von einfachen Roboterfiguren bis hin zu frei programmierbaren, komplexen autonomen Systemen. In Indien wurde 2009 für Schulen das programmierbare „iPitara"-Roboter-Bausystem entwickelt und eingeführt. In Deutschland gibt es seit 2004 die häufig in Schulen (Gymnasien, Real-, Berufs- und Hochschulen) eingesetzten Roboterbausätze der qfix-Robotics-Reihe. Programmiert werden die Spielzeugroboter meist am PC mit einer einfachen grafischen Programmiersprache. Damit lassen sich verschiedene Verhaltensmuster des Roboters aktivieren oder Sequenzen von Aktivitäten ähnlich einem Programmablaufplan festlegen. Bild 3.11 zeigt rechts eine qfix-Roboterplattform mit vier Antriebsmodulen, die einzeln angetrieben und gelenkt werden können.

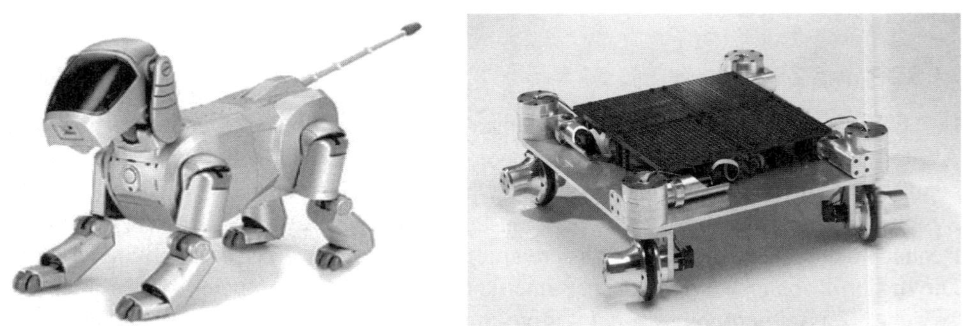

Bild 3.11: Roboterhund AIBO von Sony (*Quelle:* Wikimedia) und qfix-Plattform mit vier Antriebsmodulen (*Quelle:* qfix-Robotics)

Andere Produkte, wie der weithin bekannte Roboterhund Aibo (japanisches Wort für „Partner") der Firma Sony sind Unterhaltungsroboter („Entertainment robots") oder dienen den Kindern als Spielzeug (Bild 3.11). Jeder Roboter hat seine eigenen speziellen

Funktionen, die für aufregende Unterhaltung sorgen. Viele Roboter lassen sich mit einer Fernbedienung, andere wiederum durch Sprachbefehle steuern. Manche dieser Roboter können so viel, dass es nie langweilig wird, sich mit ihnen abzugeben. Mit dem Aibo leistete Sony Pionierarbeit für die Einführung von Robotern in Haushalten. Spielzeugroboter sind nicht nur als Spielzeug relevant, sondern werden gerne innerhalb der Robotik als günstige Ausgangsplattformen für Forschung und Lehre eingesetzt.

Auch im sozialen Sektor können Roboter eine große Unterstützung und Hilfe sein. In diesem Bereich tut sich sehr viel – und nicht immer sind die niedlichen kleinen Roboterhunde von Sony nur als Spielzeug da. Hinter all diesen „Spielereien" verbergen sich oft harte Arbeit, Wissenschaft und Forschung, zudem unglaublich viel Teamgeist und innovative Entwicklungen mit dem Ziel: dem Menschen zu dienen, ihn zu erfreuen und ihm sein Leben zu erleichtern. Allerdings sind auch viele der roboterähnlichen Spielzeuge keine eigentlichen Roboter, da ja ansonsten sämtliche sich selbst bewegenden Gegenstände als Roboter anzusehen wären.

3.14 Schwarmroboter

In vielen Bereichen der Industrie handelt es sich bei Robotern meist um äußerst komplexe und teure Maschinen. Der neue Ansatz „Swarm Robotics" setzt hingegen auf viele kleine und vergleichsweise einfach gebaute Roboter, die jeweils für spezifische Aufgaben entwickelt wurden und miteinander kommunizieren. Diese Sparte der Robotik hat sich die Natur zum Vorbild genommen. Beobachtet man beispielsweise soziale Insekten wie Ameisen, Termiten oder Bienen beim Bau ihrer Staaten oder beim gemeinsamen Beutezug, so beeindruckt dies durch eine enorme Leistungsfähigkeit. Dabei verfügt ein einzelnes Insekt nur über ein sehr begrenztes Verhaltens- und Reaktionsrepertoire, mit teils dürftig ausgestatteten Sinnesorganen und nur schwach ausgeprägtem Nervensystem. Als Individuen sind diese Lebewesen eher hilflos und irren scheinbar ziellos umher. Ein Ameisenvolk ist dagegen ein hocheffizientes System, das Aufgaben verteilt, den kürzesten Weg zur nächsten Nahrungsquelle nutzt und schnell auf Ereignisse in seiner Umwelt reagiert. Um gemeinsam ein intelligentes Ergebnis („Schwarmintelligenz") zu erzielen, arbeiten die Insekten in der Gruppe ohne fremde Anweisungen rein intuitiv zusammen. Diese autonome Arbeitsweise sowie die effiziente Arbeitsteilung sollen nun auch Roboter übernehmen und nachahmen.

Angeregt von diesen Beobachtungen aus der Biologie beschäftigen sich seit einiger Zeit Wissenschaftler weltweit damit, das Konzept der Schwarmintelligenz auf Roboter zu übertragen. Die Schwarmrobotertechnik, oder sogenannte „Swarm Robotics", befasst sich mit der Koordination einer Vielzahl kleiner, einfacher Roboter. Diese sind jedoch, wie ihre biologischen Vorbilder, aufgrund einfacher individueller Verhaltensregeln in der Lage, komplexe Aufgaben gemeinsam „im Schwarm" auszuführen. Die autonomen Mini-Roboter verstehen sich dabei auf das Prinzip der Arbeitsteilung und sollen in ganzen „Schwärmen" eingesetzt werden, um bestimmte Aufgaben zu erfüllen. Wie in einem Termitenvolk weiß jedes Mitglied „intuitiv" was zu tun ist. Eine Grundvoraussetzung für das gemeinsame Agieren ist, dass sie miteinander kommunizieren, um so ihr Verhalten aufeinander abzustimmen. Hierfür sind die einzelnen Einheiten mit Einrichtungen zur Kommunikation wie Funk- oder Infrarotsendern/-empfängern sowie einer speziellen Software ausgestattet. Auf diese Weise sind die Miniroboter in der Lage, relativ komplexe Aufgaben gemeinsam und ohne Eingriff von außen durchzuführen. Somit besagt das Prinzip der Schwarmrobotik: das Ganze ist mehr als die Summe seiner einzelnen Teile. Der einzelne Roboter kann nicht viel, aber im Schwarm können sie komplexe Aufgaben erledigen. Eine der Herausforderungen für die Entwickler besteht allerdings derzeit darin, die Einheiten noch kleiner und damit kostengünstiger zu machen, denn für einen Roboterschwarm benötigt man eine sehr große Anzahl dieser Miniroboter.

Für die Wissenschaft sind Schwarmroboter von zunehmendem Interesse. So arbeiten Forscher an der berühmten Harvard University mit so genannten „Kilobots", millimetergroßen dreibeinigen Schwarmrobotern. Das Ziel ist, deren soziales Verhalten sowie die Schwarmalgorithmen zu testen, um sie dann auf größere Roboter übertragen zu können. Anhand der winzigen Kilobots werden Kommunikationsmittel, z. B. Infrarotsonden getestet. Über diese tauschen die Schwarmroboter Signale und Informationen aus, ehe sie später als größere Modelle in Serie gehen. Die Vorzüge des Schwarmkonzepts aus einfachen Robotern mit einfachen Regeln liegen neben den Kosten vor allem in der höheren Fehlertoleranz. Der Ausfall einzelner Einheiten kann relativ schnell und unkompliziert durch andere gleichartige Roboter ausgeglichen werden, ohne dass dabei Informationen über den vorgesehenen Gesamtplan verloren gehen.

Aufklärung mit Schwarmrobotern

In den USA haben Wissenschaftler kleine Aufklärungsroboter gebaut, die autonom Gebäude erkunden sollen. Dabei erstellt ein Roboter eine Karte seiner Umgebung, z. B. von einem Raum oder Flur in einem Gebäude, und ortet zugleich seine Position auf dieser Karte. Die Roboter sind etwa 30 cm mal 30 cm groß und bestehen aus einer Plattform, die sich auf Ketten fortbewegt. Eine Videokamera auf der Plattform erfasst Türen und Fenster, während der Laserscanner die Wände vermisst. Ein Trägheitsnavigationssystem liefert Informationen über Position und Weg des Roboters und dient auch zu dessen Stabilisierung. Dieses Kartierungsverfahren kann überall dort eingesetzt werden, wo GPS nicht zur Verfügung steht, wie beispielsweise in geschlossenen Räumen.

Entstanden sind die Roboter im Rahmen eines Programms mit dem Ziel, kleine, autonome Roboter zu entwickeln, die im Schwarm Aufklärung betreiben sollen. Die Roboter agieren dabei gleichberechtigt und es gibt keinen Führungsroboter. Doch jeder Roboter kann einem anderen Anweisungen erteilen, um sicherzustellen, dass alles erkundet wird. Künftig könnten die Roboter noch mit weiteren Sensoren ausgerüstet werden. Mit Radar könnten sie beispielsweise durch Wände hindurch Gegenstände oder Menschen in Nachbarräumen ausmachen und mit Infrarotsensoren Wärmequellen erfassen. Außerdem entwickeln Wissenschaftler einen Sensor, mit dem ein Roboter wie mit einem Schnurrhaar (whisker) bei Dunkelheit die Wände ertasten kann. Feuerwehr oder andere Rettungskräfte könnten davon profitieren. Man könnte bei einem Einsatz in einem unbekannten Gebäude zunächst die Roboter hineinschicken. Nachdem diese schnell das Gebäude erkundet und einen Lageplan erstellt haben, wissen die Einsatzkräfte, was sie erwartet und können ihre Aktionen besser vorbereiten.

3.15 BEAM

BEAM ist ein Sammelbegriff für eine bestimmte Sorte von Robotern, die primär anstelle von Mikrocontrollern analoge Schaltkreise nutzen, um das Verhalten natürlicher Organismen zu kopieren. Die vier Buchstaben der Abkürzung BEAM stehen für:

- **B**iologie, **E**lektronik, **A**esthetisch und **M**echanisch oder
- **B**auen, **E**volution, **A**narchie und **M**odularität oder
- **B**iotechnologie, **E**thnologie, **A**nalogie und **M**orphologie.

Bei BEAM-Robotern werden elektrische Schaltkreise oder Neuronale Netze als künstliche Neuronen benutzt, um damit biologische Nervenzellen zu simulieren. Im Verbund mit Sensoren ist ein nach dem BEAM-Prinzip konstruierter Roboter daher fähig, auf bestimmte äußere Reize wie Licht oder Wärme zu reagieren. Der Roboter versucht, durch sein reaktionsbasiertes Verhalten die Merkmale eines natürlichen Organismus nachzuahmen. Es besteht die Vermutung, dass die Leistungen sogenannter biomorpher[1] Techniken, die natürliche Systeme kopieren, gegenüber traditionellen Techniken erheblich besser sein könnten. So gibt es viele Beispiele dafür, dass winzige Insektengehirne wesentlich größere Leistungen erbringen als die meisten modernen Mikrocomputer. Die bei BEAM-Robotern eingesetzten elektrischen Schaltungen verzichten meistens auf digitale Komponenten. Aufgrund der Tatsache, dass sie über keine Microcontroller verfügen und somit nicht programmierbar sind, gehören sie streng genommen gar nicht zu den Robotern, werden jedoch in der Hobbyrobotik dort mit eingegliedert. Viele Zweige von BEAM haben eine große Anzahl verschiedener BEAM-Roboter hervorgebracht. Die wohl bekanntesten sind die sogenannten Lichtsucher (Photophile – sie bewegen sich auf Lichtquellen zu) oder Lichtflüchter (Photophobe – sie entfernen sich von Lichtquellen). Ähnlich wie die auf Licht reagierenden Typen gibt es BEAM-Roboter, die auf Töne (Audiotrope), Funksignale (Radiotrope) oder Wärmestrahlung (Thermotrope) reagieren.

Neben einigen grundlegenden Mechanismen brachte BEAM eine Menge nützlicher Werkzeuge und Anregungen für Roboteringenieure hervor, so z. B. Schaltkreise für Solar-Motoren, verkleinerte Steuergeräte für Motoren und Entwürfe für mechanische Sensoren. Obwohl die Forschungen auf diesem Gebiet noch längst nicht abgeschlossen sind, wurden bereits viele Techniken dokumentiert und von der BEAM-Gemeinschaft verbreitet, etwa um Roboter von den Abmessungen einer Hand zu konstruieren.

3.16 Nanoroboter

Als Nanoroboter, auch „Nanobots“ oder „Naniten“ (abgeleitet von griechisch nánnos = Zwerg), werden alle Roboter bezeichnet, deren Größen sich im Grenzbereich der Mikrotechnologie bewegen. Im Gegensatz zu den im Abschnitt „Schwarmroboter“ erwähnten Mini-Robotern können die Nanobots vom menschlichen Auge nicht mehr wahrgenommen werden. Der Name ist allerdings etwas irreführend, insofern er auch für Roboter verwen-

[1] von den Kräften des natürlichen Lebens geformt oder den natürlichen Lebensvorgängen beeinflusst

det wird, deren Größe weit über einem Nanometer (ein Milliardstel Meter) liegt. Als eine der Entwicklungsrichtungen der Nanotechnologie handelt es sich bei den Nanorobotern um – meist noch hypothetische – autonome Maschinen im Kleinstformat.

Wissenschaftler wie auch Autoren der Science-Fiction haben schon lange über Nanomaschinen nachgedacht. Der berühmte Physiker und Nobelpreisträger Richard P. Feynman hat bereits 1959 in seiner viel beachteten visionären Vorlesung „There's Plenty of Room at the Bottom" (ganz unten ist eine Menge Platz bzw. es gibt viel Spielraum nach unten) über die Grenzen der Miniaturisierung von Maschinen und Datenspeichern spekuliert. Er gilt daher als einer der Gründer der Nanotechnologie. Feynman stellte fest, dass die physikalischen Gesetze bis hinab zu molekularen Dimensionen gültig bleiben. Daher gebe es keinen prinzipiellen Hinderungsgrund für den Aufbau entsprechend kleiner Automaten und sogar den Bau von ganzen „Fabriken", um Nanomaschinen mit atomarer Genauigkeit in Massenproduktion herzustellen.

Nanobots sind somit bereits seit Jahrzehnten zumindest Gegenstand von Phantasien. Darin sind die Anwendungsgebiete von Nanorobotern sehr vielfältig, derzeit allerdings erst in Geschichten und Filmen der Science-Fiction. Hierin können unter anderem Mikromaschinen feingewebliche Schäden reparieren, die sich mit herkömmlichen Methoden nicht behandeln lassen, z. B. in Organen oder schwer zugänglichen Hirnregionen.

Das heutige Bild einer lebenden Zelle mit ihren vielen kooperierenden Nanomotoren ist wohl die molekulare Fabrik, die dem genialen Physiker Feynman damals vorschwebte. Sie nutzt Nanomaschinen, um ihre Gestalt zu ändern, für Kopieren und Teilung der Chromosomen, zum Zusammenbau von Proteinen, für Nahrungsaufnahme und Verwertung oder den Transport chemischer Stoffe etc. All diese „Motoren", z. B. für die Kontraktion der Muskeln oder die korkenzieherähnliche Bewegung der Geißeln von Bakterien, wandeln nach dem gleichem Prinzip die in ATP (Adenosintriphosphat) gespeicherte chemische Energie in mechanische Energie um.

Hypothetische Roboter im Nanoformat, die zur Manipulation einzelner Atome und Moleküle fähig sein könnten, werden auch „Assembler" genannt. Damit könnten molekulare Strukturen erstellt werden, die nicht in der Natur vorkommen. Im Zusammenhang hiermit steht auch die Idee einer Möglichkeit zur künstlichen Selbstreplikation, also der autonomen Vervielfältigung ohne äußere Hilfe, in Analogie zur natürlichen Replikation mit Hilfe des Erbinformationsträgers DNA. Diese Roboter könnten mit den korrekten Bauplänen und unter entsprechender Rohstoff- und Energiezufuhr beliebig viele komplette Kopien ihrer selbst herstellen. Bereits der Kybernetik-Pionier John von Neumann stellte aus Sicht der Informatik in den 1940er-Jahren wissenschaftlich fundierte Überlegungen an hinsichtlich eines hypothetischen, replikationsfähigen Roboters und entwickelte 1953 die Theorie selbstreproduzierender Automaten. Dieses rein theoretische Konzept war natürlich zu damaliger Zeit praktisch (noch) nicht umsetzbar. Während einige Wissenschaftler diese Roboter als eine der wichtigsten Zukunftstechnologien ansehen, bestreiten andere, dass die Realisierung solcher Technologien überhaupt möglich ist.

Derzeit realisierbare Prototypen hätten etwa die Größe eines Streichholzkopfs. In Zukunft, so die Vision, sollten sie jedoch auf die Größe von roten Blutkörperchen oder darunter schrumpfen. Sie können dann mit Greifarmen einzelne Atome oder Moleküle zu Produkten zusammensetzen und zur autonomen Fortbewegung befähigt sein. Auf diese Weise könnten komplexe Produkte aus leicht verfügbaren Stoffen wie Kohlenstoff, Silizium oder Wasserstoff montiert werden. Diese Erzeugnisse wären, so behaupten Nanotech-Visionäre, ohne die aufwendige Gewinnung von Rohstoffen herstellbar und somit kostengünstig. Zudem wären sie sehr fest und dauerhaft, dank der stabilen chemischen Bindungskräfte zwischen ihren Bausteinen, den Atomen bzw. Molekülen.

Auch in der Medizin wird solchen Maschinen eine große Zukunft vorausgesagt, da sie selbsttätig, z. B. im menschlichen Organismus auf der Suche nach Krankheitsherden wie frühen Stadien von Krebszellen patroullieren und ggf. zu deren Eliminierung unterwegs sein könnten. In den Zellen selbst könnten sie beschädigte Biomoleküle, etwa die Erbgutsubstanz DNS, reparieren. Für medizinische Anwendungen wären auch lange, dünne, faserförmige Nanobots geeignet, die sich zwischen den Körperzellen oder in den Blutgefäßen bewegen. Dadurch würde es möglich, einem Patienten gezielt Medikamente oder Substrate zuzuführen, um Informationen über den Status Quo von Zellen oder Geweben zu erhalten. Diese Anwendung der Nanobots wäre eine direkte Weiterentwicklung der minimal-invasiven Chirurgie.

Anwendungsgebiete und -möglichkeiten sind somit unter anderem in folgenden Bereichen denkbar:

- *Medizin:* Krebsbeseitigung, Nachbau von Knochen, Muskeln und Organen, Hilfe bei Operationen, Beseitigung von Ablagerungen in Arterien oder im Gehirn (Alzheimerkrankheit) etc.
- *Produktion:* Herstellung von Produkten, wobei nur die richtigen Atome vorliegen müssen und auch Müll als Rohstoff vorstellbar ist.
- *Militärische Bereiche:* Naniten könnten nicht nur zur Überwachung und Spionage eingesetzt werden. Auch die Herstellung benötigter Produkte und der Einsatz als Waffen wären – leider – nicht auszuschließen.
- *Weltraumforschung:* Z. B. als Von-Neumann-Sonden (ein hypothetisches Konzept für selbstreplizierende Raumschiffe) oder die Nanobots könnten mit modifizierten Teilchenbeschleunigern im Vakuum aus der Erdumlaufbahn gestartet werden und/oder den Lichtdruck als Antrieb nutzen.

Einschränkungen

All diese Visionen sind jedoch derzeit noch sehr umstritten. Die Argumente dagegen betonen meist, dass in der Nanowelt völlig andere Bedingungen herrschen als in der Makrowelt. So findet man in der Größenordnung lebender Zellen oder darunter denkbar ungünstige Voraussetzungen vor für eine gezielte oder autonome Fortbewegung. Luft und Wasser sind für Vehikel im Nanoformat so zäh wie Honig. Der Grund hierfür ist die „brownsche Bewegung“ oder „brownsche Molekularbewegung“, womit die Wärmebewegung von Teilchen in Flüssigkeiten oder Gasen bezeichnet wird. Die Gas- oder Flüssigkeitsteilchen vollführen dabei eine scheinbar regellose Zitterbewegung. Verursacht durch ungeordnete Stöße aus allen Richtungen durch einzelne Moleküle des umgebenden flüssigen oder gasförmigen Mediums macht es die brownsche Bewegung den leichten Nano-Teichen nahezu unmöglich, einen bestimmten Kurs einzuhalten. Sie führen vielmehr eine völlig regellose, nur statistisch zu beschreibende Zickzackbewegung aus. Dabei kommt rein zufällig mal die eine Richtung, mal die andere Richtung stärker zum Tragen. Es zeigt sich, dass unterhalb einer Ausdehnung von etwa 50 nm bis 100 nm die brownsche Bewegung die Oberhand behält und so jeden Versuch vereitelt, in Flüssigkeiten gezielt einer Richtung zu folgen. Nach heutiger Erkenntnis bilden mikrometergroße Bakterien die kleinsten freien Schwimmer in der Natur.

Dennoch wird in Labors weltweit intensiv an Nanorobotern gearbeitet. Forscher haben schon viele Einzelkomponenten für diese Roboter gebaut, z. B. nanometergroße Motoren, Räder oder Sensoren. Allerdings gibt es noch keine nennenswerten Bemühungen, diese Bauteile zu einem Ganzen zu verbinden. Kritiker sagen, diese Forschung sei zu unkoordiniert und richte sich zu wenig an einer gemeinsamen Vision aus.

3.17 Bionische Roboter

Der Begriff der Forschungsrichtung „Bionik" oder *englisch* „bionics" setzt sich aus der ersten Silbe des Wortes „Biologie" und der zweiten Silbe des Wortes „Technik" zusammen. In der Bionik steht das Lernen der Technik von der Natur im Vordergrund. Daher wird versucht, Verfahrensweisen, Konstruktions- und Entwicklungsprinzipien der Natur auf die Technik zu übertragen und so in technische Anwendungen umzusetzen. Es findet also ein (Erkenntnis-)Transfer von der Biologie in die Technik statt. Dabei sind identische Kopien von der Natur zur Technik weder möglich noch angestrebt. Es handelt sich vielmehr um ein über mehrere Abstraktions- und Modifikationsebenen laufendes kreatives Umsetzen von Prinzipien der Natur („von der Natur als Vorbild lernen") in die Technik, quasi um ein durch die Natur angeregtes „Neuerfinden". Wie für andere technische Bereiche, so gelten bionische Prinzipien auch bei vielen Gestaltungsprozessen der Robotik, wobei man nicht von eigentlichen „bionischen Robotern", sondern vielmehr von „bionischer Robotik" spricht.

Menschliche „Erfindungen" wurden vermutlich überwiegend von Beobachtungen und Erfahrungen aus der belebten und unbelebten Natur angeregt. Als historischer Begründer der Bionik wird häufig (wieder mal) Leonardo da Vinci genannt. So hat er z. B. die Formveränderung von Vogelflügeln beim Flügelschlag funktionell analysiert und, basierend auf diesen Beobachtungen, versucht, mit den Mitteln seiner Zeit Schlagflügel für den menschlichen Flug zu konstruieren. Aufgrund biophysikalischer Randbedingungen konnte dies jedoch nicht funktionieren.

Es gibt eine Reihe von Ansatzmöglichkeiten für bionische Vorgehensweisen in verschiedenen Bereichen von Forschung und Entwicklung. So werden in der *Bewegungsbionik* Untersuchungen angestellt zu Strömungsverhältnissen und Antriebsmechanismen von schwimmenden und fliegenden Tieren, mit dem Ziel der Verbesserung technischer Konstruktionen, z. B. hinsichtlich Wirkungsgrad und Strömungswiderstand von Tragflächen oder Flugzeugrümpfen. Die Bewegungsanalyse des Laufens von Menschen oder Tieren mit unterschiedlicher Beinzahl dient oft als Grundlage für den Bau von laufenden Robotern. Die Ergebnisse der Untersuchungen von Mechanik und Steuerung der Beinbewegungen laufender Lebewesen werden so in der bionischen Robotik auf die Konstruktion technischer Laufapparate übertragen. Verwendungsmöglichkeiten solcher auf unwegsamem Gelände einsetzbarer Laufroboter sind neben der Land- und Forstwirtschaft vor allem Wartungsarbeiten in gefährlichem Terrain wie in Kernkraftwerken, Katastrophengebieten und bei der Erforschung von fremden Planeten. Siehe hierzu auch die Abschnitte: Rettungsroboter, Erkundungsroboter, mobile Roboter.

In der *Neurobionik* geht man aus von Anregungen aus den Bereichen Neurobiologie und biologische Kybernetik zur Weiterentwicklung von Informationsverarbeitung und Steuerungen. Daraus resultierten z. B. die Verschaltung vieler Prozessoren zu Parallelrechnern, neuronale Schaltkreise, Biochips oder neuronale Netzwerke. Auch hier ist es das Ziel der Bionik, der Natur Anregungen für technische Neuentwicklungen abzugewinnen, um so die vielfältigen in der Natur verwirklichten Lösungsprinzipien als Ideenreservoir zur Optimierung technischer Gebilde zu nutzen.

Die in den letzten Jahrzehnten geradezu explosionsartige Zunahme an Wissen über Aufbau und Funktionsweise biologischer Strukturen und ganzer Organismen sowie die Möglichkeit, komplexe biologische Konstrukte in die Technik umzusetzen, eröffnet der Bionik hervorragende Chancen für die Zukunft. Die Nachahmung und Umsetzung natürlicher Technologien zur Lösung komplexer technischer Probleme in einer bionischen Robotik steht allerdings derzeit noch ganz am Anfang. Die Bionik dürfte jedoch zunehmend an Bedeutung gewinnen und helfen, eine Vielzahl von Roboter-Komponenten und -Funktionen zu optimieren.

4 Autonomie bei mobilen Robotern

Nachdem im vorhergehenden Kapitel die Begriffe „autonom“ und „Autonomie“ recht oft verwendet wurden, ist es an der Reihe, diese Begriffe und ihre technische Umsetzung etwas näher zu erläutern.

Das Wort „autonom“ setzt sich aus den zwei griechischen Wörtern „autos“ (für selbst) und „nomos“ (für Gesetz) zusammen. Es bedeutet demnach soviel wie „eigengesetzlich handelnd“ und ist mit Begriffen wie Selbstbestimmung, Selbstständigkeit, Unabhängigkeit, Selbstverwaltung oder Entscheidungsfreiheit assoziiert. Im Bereich der Robotik versteht man unter „autonom“, dass der Roboter sich ohne externe Unterstützung in seiner Umgebung orientieren kann und über den Einsatz seiner Funktionen selbstständig entscheidet. Ein autonomer Roboter handelt also nach eigenen Gesetzen, allerdings nach Gesetzen bzw. Regeln, die seiner von Menschen erstellten Software genügen. Diese Software bedient sich externer Sensorik, um auf veränderte Umweltbedingungen reagieren zu können. Denn eine der Hauptaufgaben eines mobilen Roboters ist das selbstständige, also autonome Bewegen, Agieren und Navigieren in bekannten wie auch in unbekannten Umgebungen.

Zunächst ist jedoch erst einmal festzustellen, dass zwar ein autonomer Roboter in der Regel auch mobil ist, ein mobiles System hingegen noch längst nicht ein autonomer Roboter sein muss. Mobilität bedeutet noch lange nicht Autonomie. So sind Fahrerlose Transportfahrzeuge (FTF, *englisch:* Automated Guided Vehicles, AGV) automatisierte spurgebundene Fahrzeuge mit eigenem Fahrantrieb, die über optische, magnetische oder induktive Leitspuren geführt werden und in teilweise (bekannten) angepassten Umgebungen arbeiten. Sie müssen zwar mit Sensorsystemen, z. B. zur Personenerkennung und zum Auffahrschutz, wie berührend wirkende sog. „Bumper“ oder berührungslose Laserscanner oder Ultraschalltaster, ausgestattet sein; dennoch sind sie relativ unflexibel und unempfindlich gegenüber Veränderungen der Umwelt – können also nicht als autonom bezeichnet werden.

4.1 Grade der Autonomie

Bezüglich der Autonomie eines Roboters existieren verschiedene Grade bzw. Abstufungen. Mobile Roboter werden oft schon als autonom eingestuft, wenn sich die steuernde Einheit aus Software und Elektronik auf dem Roboter befindet. Der Roboter ist dann solange autonom, wie seine Energieversorgung dies zulässt. Vollständig autonom ist ein Roboter aber erst dann, wenn er auch hinsichtlich seiner Energieversorgung unabhängig ist, z. B. durch Versorgung mit Energie zum Laden seiner Akkus über Solar- oder Brennstoffzellen.

Zur Entwicklung autonomer Systeme, die eine gewisse Eigenständigkeit, beispielsweise bei der Wegfindung bzw. Navigation oder der selbstständigen Erkundung ihrer Umgebung aufweisen, werden zunehmend weitere wissenschaftliche Disziplinen in die Robotik integriert. Der für einen bestimmten Roboter notwendige Grad an Autonomie lässt sich näherungsweise aus den für ihn vorgesehenen Aufgaben ableiten. Werden dem Roboter Anweisungen für die zu erledigenden Aufgaben übermittelt, so hat dies keinen Einfluss

Technische Universität Erlangen Zweigbibliothek

auf den Grad seiner Autonomie. Fernziele der Autonomie sind lernfähige Systeme, die nicht nur einprogrammierte Befehle ausführen, sondern, ähnlich Kindern, selbstständig aus Erfahrungen lernen und ihr Handeln danach bestimmen. Solche Systeme sollten dann in der Lage sein, bereits Gelerntes eigenständig zur Bewältigung neuer Aufgaben einzusetzen. Hier liegt ein Schwerpunkt bei der Integration von Konzepten der Künstlichen Intelligenz als Teilgebiet der Informatik und ihrer biologischen Vorbilder in der Biokybernetik bzw. der Bionik.

4.2 Fähigkeiten und Forderungen

Wie bereits im Abschnitt 3.2 „Mobile Roboter" sinngemäß festgestellt wurde, ist der Roboter einerseits im Raum mehr oder weniger frei beweglich, so dass er auch in angrenzende Umgebungen vordringen kann. Andererseits soll er nicht nur in abgesperrten Bereichen, sondern oft auch direkt zwischen den Menschen agieren. Da die Menschen natürlich selbst ihre Positionen und zusätzlich die Umgebung durch Umordnen von Gegenständen verändern, muss der Roboter selbstständig seine Umwelt erfassen und daher unter anderen folgende Fähigkeiten aufweisen:

- Orientierung und flexible Navigation in bekannter und fremder Umgebung,
- selbstständige Planung des optimalen Wegs zu einem Ziel,
- Kollisionsvermeidung auf intelligente Weise durch rechtzeitige Hinderniserkennung und Ausweichen oder zumindest Anhalten.

Zusätzlich werden in punkto Sicherheit folgende Erwartungen gestellt:

- Die freie Fahrt darf nicht zu erhöhten Verletzungsgefahren führen und
- der Roboter sollte nur dann stoppen, wenn es wirklich notwendig ist.

Die Umsetzung dieser Forderungen gelingt über folgende Ansätze:

- In der eingelernten Umgebung wird automatisch nach dem besten Weg gesucht,
- das Fahrverhalten wird automatisch an die Umgebungsbedingungen angepasst,
- Kollisionen werden durch vorausschauendes Fahren verhindert,
- Hinzufügen von Orientierungspunkten über Mensch-Maschinen Schnittstellen,
- verschiedene Möglichkeiten, den Weg anzupassen, z. B. durch Bereiche für Langsamfahren.

4.3 Weltmodelle

Die nötige Autonomie und Intelligenz eines solchen Roboters wird von der Informatik mit ihrem Teilgebiet der Künstlichen Intelligenz geliefert. Mit komplexen Algorithmen lassen sich Aktionsfolgen planen, die auf manchen Gebieten dem Menschen sogar überlegen sind, wie es z. B. im Schach oder bei Platinen-Layouts der Fall ist. Das Problem liegt hier jedoch zunächst in der Beschaffung eines ausreichend präzisen Weltmodells. Weltmodelle für die Navigation mobiler Roboter sind meist zweidimensionale geometrische Karten.

Unter geometrischen Weltmodellen versteht man hier positionsbezogene Modelle. Die Eigenschaften der Umwelt werden jeweils zusammen mit Positionsangaben gespeichert, so dass sie sich in einer zweidimensionalen geometrischen Karte mit Hilfe geeigneter Koordinaten lokalisieren lassen.

Eine wesentliche Komponente im Weltmodell ist die aktuelle Position des Roboters selbst. Folglich befassen sich viele Forschungsarbeiten mit der präzisen Lokalisierung mobiler Roboter. Obwohl hierbei schon Lösungen existieren, ist die Modellierung der Umwelt bei weitem noch nicht präzise und vollständig genug. Ist die Umwelt komplex, dynamisch und nicht explizit für autonome Roboter ausgelegt, so wird das Problem der präzisen Weltmodellierung nahezu unüberwindlich. Da viele Sensoren ungenau sind, lassen sich Gegebenheiten der Umwelt nur über unsichere Sensorik erfassen. Das macht eine präzise Modellierung fast unmöglich. Um die Umwelt präzise und vollständig zu erfassen, müssten gleichzeitig Unmengen von Sensordaten verarbeitet werden. Doch die hierfür benötigte Rechenzeit ist meist nicht vorhanden, weil Echtzeitbedingungen gefordert sind.

Angesichts dieser Problematik verlagert sich der Fokus der Anstrengungen in der autonomen mobilen Robotik vom möglichst präzisen Modell der Umwelt auf andere Bereiche wie Datenselektion oder Vereinfachung des Weltmodells. Statt perfekte Pläne zu berechnen, muss die Steuerung in anderem Sinn intelligent sein. Sie soll wesentliche Sensordaten und Berechnungen von weniger wichtigen trennen und optimierte Lösungen gegen zeitgerechte Reaktionen und sicheres Verhalten abwägen. Die Planungsalgorithmen müssen sich daher mit unvollständigen und unsicheren Weltmodellen begnügen und nach vereinfachten Regeln ad hoc schnelle und effektive Entscheidungen treffen können. Die Zeitkriterien für Planungsverfahren sind sehr unterschiedlich: Manche Aufgaben sind streng an Echtzeitforderungen geknüpft, andere in dieser Hinsicht unkritisch. Manche Verfahren benötigen sofort nur die wichtigsten aktuellen Sensordaten, andere hingegen erfordern möglichst vollständige Datenaufzeichnungen.

4.4 Sensoren

Sensoren dienen zur Erfassung von Eigenschaften der Umgebung und des Roboters selbst. Daher kann man Sensoren danach klassifizieren, ob sie interne oder externe Signale erfassen. Interne Sensoren ermitteln Eigenschaften an Bord des Roboters und versorgen die Steuerungssoftware mit Daten über den Roboterzustand, z. B. den Ladezustand der Batterien. Externe Sensoren hingegen liefern Messwerte aus der Umgebung, wie Daten über Art und Entfernung von Hindernissen. Zu den wichtigsten Eigenschaften seiner Umwelt zählt für mobile Roboter die befahrbare Fläche, also der Raum, in dem sich der Roboter ohne Kollisionen und andere Risiken bewegen kann. Hierbei genügt es meist, die Bewegung des Roboters nur zweidimensional zu betrachten. Um sich in der Umgebung orientieren zu können, benötigt der Roboter jedoch Sensordaten zum Abgleich mit seinem Weltmodell. Sensoren messen hierbei nur sehr selten die gefragte Größe direkt, sondern ermitteln sie anhand einer damit zusammenhängenden physikalischen Eigenschaft. So werden z. B. Abstände basierend auf den Ausbreitungs- und Reflektionseigenschaften von Ultraschallwellen, Infrarot- oder Laserlicht ermittelt. Dies führt bei Objekten, die nicht die passenden Reflektionseigenschaften aufweisen, zu systematischen Messfehlern. Um Fehlmessungen zu erkennen und zu korrigieren, werden oft Sensoren redundant eingesetzt, d. h., mehrere Sensoren messen die gleichen Größen nach unterschiedlichen Methoden. Insbesondere bei der Erstellung und Aktualisierung eines Weltmodells können Messfehler und daraus resultierende widersprüchliche Sensordaten zu erheblichen Problemen führen.

Als Sensoren kommen Kameras, Triangulationssensoren (nach dem Prinzip der Lasertriangulation), Laserscanner oder Ultraschall- und Infrarot-Entfernungsmessgeräte in Frage. Auch Hallgeber zur Messung von Magnetfeldern und Temperatursensoren (Temperaturfühler) zur Erfassung von Temperaturen und Wärmequellen können je nach Anwendung erforderlich sein. Nachfolgend seien einige typische bei autonomen Robotern eingesetzte Sensoren aufgelistet:

- *Abstandssensoren:* Als Signalträger kommen hier nur Schall/Ultraschall und elektromagnetische Wellen verschiedener Frequenzen, also einschließlich Licht, in Frage, da nur diese die Möglichkeit einer kontaktlosen Übertragung bieten.
- *Bumper:* Dies sind unmittelbare (taktile, berührende) Kollisionssensoren, die durch den direkten Kontakt mit einem Hindernis aktiviert werden, also Kontaktsensoren.
- *Kameras:* Eine Kamera ist ein sehr vielseitiger Sensor. Der Einfall des Lichts wird aus verschiedenen Richtungen erfasst, so dass ein zwei- oder dreidimensionales Bild der Umwelt entsteht.
- Sensoren für „Dead-Reckoning“ (Odometrie – Wegmessung eines mobilen Systems anhand der Daten seines Vortriebsystems).

Mit Geschwindigkeitsüberwachung, Hindernis- und Abgrunderkennung wird die freie Fahrt für mobile Roboter generell möglich. Kritisch zu betrachten ist auch die Auswertung der Sensordaten. Da Sensorwerte immer mit Fehlern behaftet sind, ist ihre Auswertung im Regelfall kompliziert. Man muss mit Messfehlern aller Art rechnen, wie:

- Artefakten, also völlige Falschwerte,
- Rauschen (unterschiedliche Werte bei mehrmaliger Messung der gleichen Größe),
- Fehlern durch Bauteil-Toleranzen,
- systematischen Messfehlern durch Umgebungseinflüsse, z. B. durch Störlicht. Die Folge sind widersprüchliche Messwerte.

Genauere Beschreibungen diverser Sensoren finden sich im Kapitel 14 „Sensoren und Aktoren für Roboter“.

4.5 Navigation

Jede Aktivität des mobilen Roboters benötigt ein Ziel. Ist es nicht fest vorgegeben, so muss er selbst Routinen zur Generierung eines Ziels nach übergeordneten Gesichtspunkten durchführen. Daher ist die Navigation eine der wichtigsten Aufgaben für einen mobilen Roboter. Er sollte jederzeit fähig sein, sich zu einem vorgesehenen Zielort zu bewegen. Der Zielort kann auf unterschiedliche Weise beschrieben werden: Er könnte einfach durch ein Koordinatenpaar definiert sein oder durch Koordinaten plus Ausrichtung des Roboters, eine Richtung, eine Position relativ zu einem anderen Ort oder Objekt.

Es könnte auch eine Landmarke, ein Raum oder sonst etwas anderes gemeint sein. Wie für den Roboter, so stellt sich auch für Menschen oft das Problem, eine Route zu planen und danach entsprechend zu navigieren. Die sich dabei stellenden zentralen Fragen sind stets:

- Wo befinde ich mich im Moment?
- Wohin will ich? (die Frage nach dem Ziel) und
- Auf welchem Weg oder welchen Wegen komme ich dorthin?

Die zuvor genannten verschiedenen Beschreibungen eines Zielpunkts führen auch zu verschiedenen Lösungsansätzen für die Navigation des Roboters. Daher stellt sich das Problem der Orientierung auf unterschiedlichen Ebenen, denn die Navigation kann zerlegt werden in eine lokale und eine globale Navigation.

Bei der *lokalen Orientierung* wird ein lokales Navigationsziel angestrebt. Dazu muss der mobile Roboter innerhalb seines Segments, also in unmittelbarer Umgebung bzw. innerhalb der Reichweite seiner Sensoren, genau wissen, wo sich seine momentane Position befindet und wie seine derzeitige Ausrichtung (Drehwinkel) ist. Um das zu ermöglichen, muss der Roboter zumindest Teile seines Segments kennen und auch wiedererkennen. Die Orientierung kann dann anhand der erfassten Umgebungsstruktur und einem Vergleich mit dem bekannten Grundriss des Segments erfolgen. Damit lassen sich erkannte Teile der Umwelt einordnen und mögliche Verbindungswege zu anderen Segmenten bestimmen. Wichtig ist auch, die Passierbarkeit von Wegen in unmittelbarer Umgebung zu beurteilen. Wege können z. B. blockiert oder eng sein und der Roboter muss wissen, ob und wie er diese Stellen passieren kann.

Die *globale Orientierung* ist als Navigation „im Groben" zu verstehen. Der mobile Roboter muss zunächst ermitteln, in welchem Abschnitt seines erweiterten Arbeitsraums er sich befindet, also in welchem Zimmer einer Etage, in welcher Etage des Hauses usw. Dazu bedarf es einer Vorinformation über den Aufbau und die Gliederung des globalen Arbeitsraums, die dem Roboter zuvor per Programm übermittelt wird und ihm hilft, Umwege und Sackgassen auf dem Weg zum Ziel zu vermeiden. Die globale Orientierung kann z. B. dadurch unterstützt werden, dass beim Wechsel von einem Segment in ein anderes gezielte Informationen durch RFID-Systeme (radio-frequency identification) oder durch Barcodes bzw. QR-Codes übermittelt werden. Diese globale Orientierung bezieht sich meist auf ein Weltmodell und ist nur lose an die Sensorik gekoppelt, da hier auch entfernte, nicht von den Sensoren erfassbare Regionen betrachtet werden müssen.

4.6 Steuerungsarchitekturen autonomer Roboter

Unter Steuerungsarchitektur versteht man generell die Softwarestruktur eines Steuerungssystems. Dabei sollte die Steuerungsstruktur für mobile Roboter auf deren spezielle Anforderungen zugeschnitten sein. Hierzu gehören die Berücksichtigung der Probleme durch ungenaue Sensorik und Aktorik sowie durch Zeitbedingungen bei den Interaktionen mit der realen Umwelt. Zur Realisierung des autonomen Verhaltens existieren folgende verschiedene Ansätze für die Steuerungsarchitektur:

- verhaltensbasierte (reaktive) Architekturen,
- funktionsorientierte (deliberative) Architekturen,
- hybride Architekturen,
- kognitive Architekturen sowie
- Subsumption-Architekturen.

In Tabelle 4.1 sind die wesentlichen Merkmale, Vor- und Nachteile dieser Architekturen zusammengestellt.

Tabelle 4.1: Steuerungsarchitekturen mobiler Roboter

Architektur	Eigenschaften	Vor- und Nachteile
verhaltensbasiert (reaktiv)	Roboter handelt direkt als Reaktion auf seine Wahrnehmung Ansammlung von Stimulus-Response-Regeln: **Sense → Act** Ergebnisse der Regeln bestimmen die Reaktionen des Roboters einfachste Softwarearchitektur für autonome Roboter	*Vorteile:* hohe Reaktionsgeschwindigkeit; Roboter reagiert sofort auf unvorhergesehene Ereignisse kein Weltmodell ist notwendig *Nachteile:* Roboter lernt nicht; er erstellt kein internes Weltmodell und kann keine optimalen Routen oder Langzeitstrategien planen
funktionsorientiert (deliberativ)	Erstellung eines mehr oder weniger akkuraten internen Weltmodells Planung der Aktionen nach dem Weltmodell im Hinblick auf das Erreichen der Ziele Ausführung der geplanten Aktionen **Sense → Plan → Act** genaues Gegenteil zur reaktiven Architektur	*Vorteile:* Planung der Aktionen Auf Grundlage des Weltmodells lassen sich optimale Lösungen finden. *Nachteile:* veraltete Weltmodelle können Fehler verursachen rein seriell arbeitend Erstellung des Weltmodells benötigt Zeit, Rechen- und Speicherkapazität System ist langsam in der Praxis kaum zu finden, da fast immer nebenläufige Prozesse in Robotern ablaufen.
hybrid	versucht Vorteile von reaktivem und deliberativem Modell zu vereinen; besteht aus mehreren Ebenen: - Planungskomponente (verfügt über ein Weltmodell); - Sequencer als Bindeglied; - reaktive Schicht: für reaktives Verhalten, um zu dem von der Planungskomponente gewählten Ziel zu gelangen	*Vorteile:* Zusammenführung von Planung (deliberativ) und Ausführung (reaktiv) und deren gleichzeitiger Ausführung Roboter verfolgt auch längerfristige Ziele schnelles reaktives Verhalten *Nachteile:* schwierige Koordination der verschiedenen Ebenen des Modells Bei Hybrid-Lösungen kann es leicht zu Konflikten kommen. Nachteile beider Lösungen können sich kombinieren.

kognitiv	Basis: Lernfähigkeit des Roboters, Hinzufügen von neuem Handlungswissen Vorbild: kognitive Prozesse des Menschen	*Vorteile:* Modellierung von Eigendynamik Erweiterbarkeit und Generalisierung
Subsumption	basiert auf der Unterteilung des Gesamtverhaltens in einzelne Komponenten (Module) voneinander unabhängiges Verhalten wird über kurze Sensor-Aktor-Schleifen implementiert Entscheidungen höherer Ordnung unterdrücken die von niederer Ordnung (Subsumption)	*Vorteile:* es wird kein Weltmodell benötigt Sensordaten wirken unmittelbar und schnell auf Aktoren einfacher Entwurf und Implementierung robustes Verhalten, da Ebenen voneinander unabhängig. *Nachteile:* keine Kommunikation zwischen den Modulen

Sense, Plan, Act

Unter „sense“ versteht man alles, was mit den Sensoren erfassbar ist, also mit der Wahrnehmung der Umgebung zu tun hat (sensorische Inputs). Mit der Funktion „plan“ werden die Sensordaten mit schon vorhandenen Informationen (z. B. dem Weltmodell) verknüpft und daraus ein Plan erstellt, der die Aktionen, z. B die Fortbewegung des Roboters bestimmt. Die Funktion „plan“ ist dafür zuständig, geeignete Lösungswege für Aufgaben zu finden. Unter der dritten Funktion „act“ versteht man die Handlung bzw. Reaktion des Roboters. Sie bestimmt das nach entsprechenden Regeln ausgelöste Verhalten, wodurch sich z. B. der Roboter bewegt.

Eine Voraussetzung für die Anwendung der funktionsorientierten (deliberativen) Architektur ist, dass der Roboter die kausalen Konsequenzen seiner Handlungen („act“) kennt. Mit Hilfe von Aktion-Konsequenz-Paaren lässt sich ein Aktionsbaum aufbauen, der mittels Suchalgorithmen nach einem Aktionspfad zum gewünschten Ziel durchsucht werden kann.

Beim (modularen) Subsumptions-Modell beinhaltet jedes Modul ein Verhalten für eine spezifische Aufgabe, z. B. „Folge einer Wand“, „Folge einer Lichtquelle“ oder „Vermeide Kollisionen“. Die Module werden in hierarchische Schichten untergliedert, die verschiedene Kompetenzlevel repräsentieren. Das Verhalten auf höheren Kompetenzstufen kann auf Inputs und Outputs von Modulen niederer Kompetenz zugreifen, um daraus neue Verhaltensweisen zu bilden.

4.7 Energieversorgung mobiler Roboter

Die Energieversorgung ist ein wesentliches Kriterium für die Autonomie eines mobilen Roboters. Bereits eingangs wurde festgestellt: „Vollständig autonom ist ein Roboter aber erst dann, wenn er auch hinsichtlich seiner Energieversorgung unabhängig ist.“ Nachfolgend sollen verschiedene Wege und Lösungen zur Versorgung mit Energie aufgezeigt werden.

Bei der Energieversorgung mobiler Roboter sieht man sich prinzipiell vor eine ähnliche Herausforderung gestellt wie bei der Energieversorgung und -speicherung für elektrische Fahrzeuge bzw. alle Arten mobiler Anwendungen. Bei Robotern ohne eigenständige Energieversorgung wird die erforderliche, meist elektrische, Energie über flexible Kabel zugeführt. Dieser triviale Fall soll jedoch nicht weiter betrachtet werden. Für eine (kabellose) Energieversorgung von mobilen Robotern hingegen muss die notwendige Energie im Roboter selbst gespeichert oder gar erzeugt werden. Hierzu werden überwiegend folgende (elektrische) Energiespeicher bzw. Energieerzeuger eingesetzt:

- Akkumulatoren,
- Doppelschichtkondensatoren,
- Brennstoffzellen,
- Solarzellen bzw. Photovoltaik sowie
- Strom von Mikroben.

Wichtige Kriterien für die Energieversorgung mobiler Roboter sind die Kapazität der jeweiligen Energiespeicher sowie ihre gravimetrische Energiedichte. Diese liefert eine Aussage dazu, wieviel Energie der Speicher pro Masseeinheit bereitstellen kann. Nur Speicher mit hoher Energiedichte ermöglichen den Aufbau leichter Roboter mit entsprechend moderaten Antriebsleistungen.

4.7.1 Akkumulatoren

In den meisten derzeitigen mobilen (auch humanoiden) Robotern kommen Akkumulatoren für die Energieversorgung zum Einsatz. Ein Akku ist ein wiederaufladbarer (*englisch:* rechargeable) Speicher für elektrische Energie auf elektrochemischer Basis. Er ist somit eine Ausführungsform galvanischer Zellen wie es auch (nicht wiederaufladbare) Batterien sind. Letztere werden jedoch im Unterschied zu Akkus auch als „Primärzellen“ bezeichnet. Wie alle Stromquellen können Akkumulatoren miteinander kombiniert werden, entweder in Reihenschaltung zur Steigerung der erzielbaren elektrischen Spannung oder in Parallelschaltung zur Steigerung der nutzbaren Kapazität und Belastbarkeit mit hohen Strömen. Da bei den einzelnen Akkumulatorzellen die Kapazität und die mögliche Stromstärke durch ihre Baugröße recht einfach skalierbar sind, die Zellspannung dagegen nur durch den verwendeten Akkumulatortyp, also die verwendeten Materialien, festgelegt ist, wird häufiger die Reihenschaltung angewendet. Wichtige Parameter von Akkus sind:

- Schnellladefähigkeit,
- Energiedichte,
- Hochstromfähigkeit,
- Selbstentladung sowie der
- Preis pro kWh.

Energiedichte

Die Ladungsmenge (*Achtung:* nicht Energiemenge!), die ein Akku speichern kann, wird in Amperestunden (Ah) angegeben und als seine „Kapazität“ bezeichnet. Die bereits erwähnte gravimetrische Energiedichte hingegen sagt aus, wie viel elektrische Energie ein Akkumulator pro Masseeinheit, z. B. pro Kilogramm, liefern kann. Sie wird in den Einheiten MJ/kg (Mega-Joule/kg) oder Wh/kg angegeben (Umrechnung: 1 MJ = 278 Wh). Dieser Wert ist besonders interessant für elektrisch angetriebene mobile Geräte oder Fahrzeuge. Je höher er ist, umso mehr Energie lässt sich in einem Akku je Massen- bzw. Gewichtseinheit speichern. Herkömmliche Bleiakkumulatoren erreichen hier rund 30 Wh/kg, Lithium-Ionen-Akkus dagegen bis zu 210 Wh/kg. In der Tabelle 4.2 finden Sie eine Zusammenstellung der Energiedichten für eine kleine Auswahl heute einsetzbarer Akkumulatoren. Zum Vergleich wurde in der letzten Reihe eine (nicht wiederaufladbare) Lithiumbatterie eingefügt, die eine deutlich höhere Energiedichte aufweist, als die meisten Akkus.

Tabelle 4.2: Energiedichten einiger gebräuchlicher Akkumulatoren

Akku-Typ	Energiedichte MJ/kg	Energiedichte Wh/kg	Bemerkung
Li-Ionen-Akku	0,5	120 – 210	auf Basis von $LiCoO_2$
Li-Polymer-Akku (eine Art Li-Ionen-Akku)	0,54	140	bis 180 Wh/kg
Nickel-Zink-Akku		50	1,6 V Zellenspannung
Lithium-Schwefel-Akku (noch in der Forschung)	1,3	350	theoretisch bis 3500
Bleiakkumulator	0,11	30	
Natrium-Schwefel-Akku		120 – 220	Betriebstemperaturen von 270 °C bis 350 °C
Nickel-Cadmium-Akku	0,14	40 – 60	giftiges Schwermetall, EU-Verbot von Cadmium
zum Vergleich: Lithiumbatterie (nicht wiederaufladbar!)	0,9		Lithium/Eisendisulfid (Li/FeS_2)

4.7.2 „Supercaps“

Bei diesen Energiespeichern handelt es sich um Doppelschichtkondensatoren, den so genannten Ultra- oder Supercaps. Diese „Superkondensatoren“ gehören zu einer relativ neuen Gruppe von Kondensatoren. Sie weisen die größte Energiedichte und die höchsten Kapazitätswerte pro Bauvolumen aller Kondensatoren auf. Große Superkondensatoren mit einer Kapazität von mehreren 1.000 Farad lassen maximale Spitzenströme von über 1.000 A zu. Ihre spezifische Kapazität kann bis zu 10.000-mal größer sein als die von Elektrolytkondensatoren. Sie erreichen jedoch im Vergleich zu einem Akkumulator gleichen Gewichts nur etwa 10 % von dessen Kapazität. Superkondensatoren werden mit Kapazitätswerten bis zu 12.000 F bei einer Spannung von 1,2 V hergestellt. Sie vertragen schnelle Lade- und Entladezyklen und eignen sich als Ersatz von Akkumulatoren. Ihre weiteren Vorteile sind lange Lebensdauer, Zuverlässigkeit, hoher Wirkungsgrad und Wartungsfreiheit. Sie haben mit >95 % einen besseren Wirkungsgrad als Akkumulatoren. Ihre gravimetrische Energiedichte liegt bei 10…25 Wh/kg (im Vergleich: Lithium-Ionen-Akku: 120…210 Wh/kg).

4.7.3 Brennstoffzellen

Eine Brennstoffzelle ist eine Art galvanischer Zelle, mit der die chemische Reaktionsenergie eines kontinuierlich zugeführten Brennstoffs und eines Oxidationsmittels (meist Sauerstoff) in elektrische Energie umgewandelt wird. Im allgemeinen Sprachgebrauch steht Brennstoffzelle meist für die Wasserstoff-Sauerstoff-Brennstoffzelle. Das Prinzip der Brennstoffzelle basiert auf der simplen chemischen Reaktion:

$$2\,H_2 + O_2 \rightarrow 2\,H_2O$$

Viele Brennstoffzellentypen nutzen heute diese Reaktion als „kalte Verbrennung“ zur Gewinnung elektrischer Energie. Die Energie wird demnach geliefert durch eine Reaktion von Sauerstoff mit dem Brennstoff, der Wasserstoff sein kann, jedoch ebenso aus organischen Verbindungen, wie Methan oder Methanol, bestehen kann. Beide Reaktionspartner werden der Reaktionszelle über die Elektroden kontinuierlich zugeführt. Im Gegensatz zum Akku ist eine Brennstoffzelle jedoch kein Energiespeicher, sondern ein Energiewandler. Die Energie zur Stromproduktion wird mit den Brennstoffen in chemisch gebundener Form zugeführt.

Vorteile

Brennstoffzellen sind leichter als Akkumulatoren und auch deutlich zuverlässiger. Ihre besonderen Stärken sind außerdem ihr hoher Wirkungsgrad (70 % bis 80 %) und eine hohe Energiedichte. Mehrere Automobilfirmen, wie Volkswagen, Toyota, Daimler, Ford, Honda etc., forschen bereits seit vielen Jahren an Automobilen, deren Treibstoff Wasserstoff ist und die zur Energieumwandlung Brennstoffzellen für den elektromotorischen Antrieb nutzen. Honda will künftig noch mehr in die Entwicklung der Brennstoffzelle investieren. Dort hält man die Brennstoffzelle für den Antrieb der Zukunft und normale (Akku-) Elektroautos könnten mit Brennstoffzellenautos nicht mithalten. Auch Ethanol, Methanol oder andere Kohlenwasserstoffe, aus denen kurz vor Gebrauch der Wasserstoff durch katalytische Verfahren gewonnen wird, lassen sich als Treibstoffe einsetzen.

Nachteile

Brennstoffzellen erzeugen zwar ohne Verbrennung und Schadstoffemissionen direkt elektrische Energie durch chemische Umwandlungen. Zu beachten ist dabei jedoch, dass die Energieabgabe einer Brennstoffzelle kaum variiert werden kann. In Systemen mit schwankendem Leistungsbedarf, wie es bei Robotern der Fall sein kann, müssen deshalb immer zusätzlich auch Akkumulatoren zur Pufferung mitgeführt werden. Dies bleibt jedoch in Vergleichen mit anderen Energieträgern oft unberücksichtigt.

4.7.4 Photovoltaik

Die Photovoltaik (PV) ist ein Teilbereich der Solartechnik und ermöglicht die direkte Umwandlung von Lichtenergie, meist Sonnenlicht, mittels Solarzellen in elektrische Energie. Die Energiewandlung der Solarzellen basiert auf dem inneren photoelektrischen bzw. dem photovoltaischen Effekt zur Umwandlung von Licht- in elektrische Energie. Dabei werden Ladungsträgerpaare am p-n-Übergang (Grenzschicht) einer Photodiode durch die Energie der Photonen (Lichtquanten) in p-leitende (Defektelektronen als positive Ladungsträger) und n-leitende (Elektronen als negative Ladungsträger) Bereiche getrennt. Dadurch entsteht eine elektrische Potentialdifferenz und somit eine Spannung, die einen Strom, den Photostrom, gegen die Durchlassrichtung des p-n-Übergangs bewirkt. Inzwischen wird die Photovoltaik überwiegend auf der Erde zur Stromerzeugung, z. B. auf Dachflächen eingesetzt. Sie findet aber auch zunehmend Anwendung im mobilen Bereich, so bei Solarfahrzeugen und Solarflugzeugen, z. B. „Solar Impulse 2“. Bereits seit 1958 wird die PV in der Raumfahrt genutzt, insbesondere zur Energieversorgung von Satelliten („Sonnensegel“).

Der Einsatz von Photovoltaik zur Energieversorgung mobiler autonomer Roboter ohne Zugang zu Stromleitungen empfiehlt sich überall da, wo sich über längere Weg- oder Zeitabschnitte keine Möglichkeiten zum Aufladen der Energiespeicher ergeben. Ohne solare Energie per Photovoltaik in Form von Sonnensegeln wären Missionen der semi-autonomen Erkundung auf dem Mond oder auf Planeten mit mobilen autonomen Robotern wie „Sojourner Rover“ oder „Mars Pathfinder“ nicht denkbar. Letztlich ist jeder Weltraum-Satellit im Orbit eine Art Roboter mit Solarenergie zur Versorgung aller Funktionen an Bord. Doch auch hier müssen zusätzlich Akkumulatoren oder Supercaps zur Pufferung eingesetzt werden, um Zeiten ohne Sonneneinstrahlung zu überbrücken.

4.7.5 Strom von Mikroben

Möglicherweise könnten Roboter künftig mit von Bakterien produzierter elektrischer Energie versorgt werden. Hierzu haben Forscher der US-Marine eine Brennstoffzelle entwickelt, in der Mikroorganismen der Art „Geobacter sulfurreducens“ (eine schwefelreduzierende Bakteriengruppe) Wasserstoff erzeugen, der dann als Treibstoff für die eigentliche Brennstoffzelle genutzt wird. Diese Biobrennstoffzelle („Microbial Fuel Cell – MFC“) ist derzeit zunächst als Energiequelle für einen Miniroboter vorgesehen. Die Vorteile eines solchen Systems seien eine höhere Energiedichte als die eines Lithium-Ionen-Akkus und die Fähigkeit der Bakterien, sich zu reproduzieren, was eine lange Lebensdauer verspricht. Überschüssige elektrische Energie kann wiederum in einem Akku oder einem Supercap gespeichert werden. Ziel sei es, eine effiziente und verlässliche Energiequelle für Roboter zu entwickeln, die auch dort eingesetzt werden kann, wo kein Mensch mehr helfen kann, z. B. im Weltraum. Dabei wird auch angestrebt, die MFC besonders kompakt und leicht zu gestalten. In Kombination mit Antrieben und elektronischen Bauteilen, die wenig Leistung aufnehmen, könnten solche MFC-Biobrennstoffzellen künftig als Energiequellen für mobile robotische Systeme, vor allem natürlich auch für Weltraumroboter, eingesetzt werden.

„MBZ“

Eine andere Form der Erzeugung elektrischer Energie durch Mikroben findet in „mikrobiellen Brennstoffzellen“ (MBZ) statt. Hierbei werden lebende Mikroorganismen, sogenannte „exoelektrogene Mikroorganismen“, die im Rahmen ihres Energiestoffwechsels nahezu jede Art organischer Substanzen verarbeiten, unmittelbar zur Energiegewinnung genutzt. Die beim Stoffwechselprozess entstehenden Elektronen werden von den Mikroorganismen direkt auf eine Elektrode übertragen. Sie erzeugen damit an der Elektrode

(Anode als Elektronenakzeptor) eine Potentialdifferenz und ermöglichen so die Gewinnung elektrischer Energie aus biologisch abbaubaren organischen Substanzen. Als Oxidationsprodukt entsteht Kohlendioxid. Hierbei erfüllen die Mikroben in der MBZ die Funktion eines Biokatalysators. Derzeitige Anwendungen von mikrobiellen Brennstoffzellen liegen hauptsächlich in der Energiegewinnung aus Abwässern und Abfällen. Die aktuell erreichbaren Stromdichten erlauben jedoch noch keine ökonomisch sinnvolle Nutzung in größerem Umfang, auch – noch – nicht für Roboter.

5 Die Robotergesetze

Wie eingangs bereits erwähnt, wurden von Isaac Asimov erstmals 1942 drei Robotergesetze als „Grundregeln des Roboterdienstes" beschrieben. Sie prägen seither die Auffassung, was und wie ein Roboter sein sollte. Diese asimovschen Gesetze lauten:

1. *Ein Roboter darf kein menschliches Wesen (wissentlich) verletzen oder durch Untätigkeit gestatten, dass einem menschlichen Wesen Schaden zugefügt wird.*
2. *Ein Roboter muss den ihm von einem Menschen gegebenen Befehlen gehorchen – es sei denn, ein solcher Befehl würde mit Regel eins kollidieren.*
3. *Ein Roboter muss seine eigene Existenz beschützen, so lange dieser Schutz nicht mit Regel eins oder zwei kollidiert.*

Konkrete Regeln für die tatsächliche Programmierung heutiger Industrie- und Haushaltsroboter können daraus allerdings kaum abgeleitet werden, da diese „Gesetze" mehr aus der Perspektive eines Schriftstellers und Visionärs zu betrachten sind. In der Realität gelten vielmehr verschiedene nationale und internationale Sicherheitsnormen sowie Maschinenrichtlinien zur Unfallverhütung (siehe Kapitel 11: „Sicherheit, Schutzeinrichtungen"). Roboter im militärischen Bereich, also automatische Waffensysteme, Kampfroboter, sogenannte „Smart Bombs" oder Drohnen beachten diese Gesetze vermutlich ohnehin nicht. Es gibt Schätzungen, denen zufolge in den USA bereits in wenigen Jahren jeder dritte Soldat durch Kampfroboter ersetzt werden soll. Und was sonst weltweit in den geheimen militärischen Forschungszentren ausgebrütet wird, das mag man sich lieber gar nicht erst vorstellen.

5.1 Nulltes Gesetz

In späteren Veröffentlichungen wurde ergänzend ein „Nulltes Gesetz" definiert. Die anderen drei Gesetze wurden dementsprechend modifiziert und darauf ausgerichtet, wobei nicht das einzelne menschliche Wesen als die höchste zu beschützende Instanz gilt, sondern die gesamte Menschheit zu schützen ist.

0. *Ein Roboter darf die Menschheit nicht verletzen oder durch Passivität zulassen, dass die Menschheit zu Schaden kommt.*
1. *Ein Roboter darf keinen Menschen verletzen oder durch Untätigkeit zu Schaden kommen lassen, außer er verstieße damit gegen das nullte Gesetz.*
2. *Ein Roboter muss den Befehlen der Menschen gehorchen – es sei denn, solche Befehle stehen im Widerspruch zum nullten oder ersten Gesetz.*
3. *Ein Roboter muss seine eigene Existenz schützen, so lange dieses sein Handeln nicht dem nullten, ersten oder zweiten Gesetz widerspricht.*

Besonders hier wird ein hierarchischer Aufbau der Gesetze deutlich, da ein Roboter die Unversehrtheit einer Masse von Menschen derjenigen eines einzelnen Individuums vorziehen muss. Die Einführung des nullten Gesetzes erscheint deshalb als kritisch und widersprüchlich, da es Robotern die Möglichkeit gibt, einzelne Personen absichtlich zu verletzen oder gar zu töten, um dadurch die Menschheit zu beschützen. Die Robotergesetze können daher zu Paradoxien, also zu unauflösbaren Widersprüchen führen, wenn sie nicht in ihrer Gesamtheit betrachtet werden. Scheinen die Gesetze auch klar und logisch zu sein, so sind sie doch nicht „narrensicher", insbesondere, weil sie vom Menschen eben menschlich und damit unvollständig betrachtet werden.

In einem industriellen Betrieb werden weitergehende Sicherheitsforderungen an Roboter gestellt, denn es dürfen auch keine Schäden an Anlagen und Sachen entstehen. Ein Roboter muss daher unterbrechungsfrei in kurzen Abständen seine Umwelt mit Sensoren abscannen, um Kollisionsvermeidungen zu gewährleisten. Derartige Tasks haben höchste Priorität und erfordern hohe Abtastraten. Dabei stellt sich auch die Forderung nach sicherer Software und fehlerfreien Algorithmen. Da jeder Sensor auch einen gewissen Anteil fehlerhafter Informationen liefert, sind hier sehr fehlertolerante Algorithmen notwendig. Ausfallsicherheit und Redundanz sind auch für das Prozessorsystem, die Sensoren und das Betriebssystem gefordert.

5.2 Zukünftige Herausforderungen

Was Isaac Asimov zu seiner Zeit nicht wissen und noch kaum erahnen konnte, sind gesellschaftliche Herausforderungen, die sich im Zusammenhang mit „intelligenten" Robotern bereits heute und noch vielmehr in Zukunft stellen. In der Zukunft alternder Gesellschaften und im Verbund mit den zu erwartenden zahlreichen Umwelt- und Naturkatastrophen werden Roboter immer mehr an Bedeutung für die Menschheit gewinnen, für die sie nutzbringend eingesetzt werden können. Im Gegensatz zu üblichen industriellen Maschinen werden kognitive Roboter in der Lage sein, aus Beobachtungen ihrer Umgebung adaptiv zu lernen. Derartige Systeme können ihre auf künstlicher Intelligenz basierenden Fähigkeiten zu Wahrnehmung, Denken und Lernen mit dem Treffen selbstständiger Entscheidungen kombinieren und ihre Handlungen danach richten. Somit werden sie interaktiv zwischen ihrer Umgebung und dem Menschen operieren. Allerdings werden die zu erwartenden rasanten Entwicklungen auch Gefahren mit sich bringen, so z. B. der mögliche und höchstwahrscheinliche Einsatz von Robotern zu Militärzwecken wie Drohnen im Bereich der Militärtechnologie. Auf derartige sich im Bereich der kognitiven Robotik anbahnende Herausforderungen und notwendige Regulierungen ist die aktuelle Gesetzgebung noch nicht oder nur sehr unzureichend vorbereitet. Die Schnittstelle von Robotik und künstlicher Intelligenz konfrontiert Gesellschaft wie Forschung mit gesetzlichen und ethischen Grenzfragen, z. B. „Wie kognitiv darf ein Roboter überhaupt sein?"

6 Mechanische Komponenten eines Roboters

Da sich aus der Technik von Industrierobotern (IR) und Manipulatoren auch andere verwandte Roboterbereiche entwickelten, wie Roboter im Bauwesen, in der Medizintechnik, Militär- und Rettungsroboter oder Serviceroboter für Dienstleistungen etc., erscheint es angebracht, sich bei den mechanischen Komponenten zunächst auf typische Bestandteile der Industrierobotik zu beschränken. Schließlich finden sich, mit Ausnahme der Elemente zur Fortbewegung mobiler Roboter, die meisten Komponenten eines IR direkt oder in abgewandelter Form in anderen Gattungen von Robotern wieder. Weitere Komponenten wie Steuerungen, Bedien- (HMI) und Programmiereinrichtungen, externe Sensoren etc. werden in eigenen Kapiteln behandelt.

6.1 Mechanischer Aufbau

Die wichtigste Aufgabe eines Industrieroboters besteht darin, einen „Effektor“ an seinem letzten Armglied geeignet im Raum zu führen. Der Effektor kann ein Greifer, die Spitze einer Messeinrichtung, ein Bearbeitungswerkzeug etc. sein (siehe Kapitel 10, „Endeffektoren und Greifer“). Der Effektor ist somit dasjenige Teil des Roboterarms, das mit der Umgebung in Kontakt tritt, um Werkstücke aufzunehmen, sie zu bearbeiten und vieles mehr. Ein charakteristischer Punkt des Effektors, z. B. die Werkzeugspitze, wird als Tool Center Point (TCP) bezeichnet. Damit wird für jedes Werkzeug ein Werkzeugmittelpunkt definiert. Die Steuerung des Roboters wird oft so eingestellt, dass sich die Spezifikationen aller Bewegungen auf den TCP beziehen.

Der Roboter besteht somit aus einer Aneinanderreihung von Armteilen, die durch Gelenke oder Achsen miteinander verbunden sind und mit dem Effektor als letztem Armteil enden. Die Bewegungsmöglichkeiten des Effektors sind im Wesentlichen durch die mechanische Konstruktion des Roboters bestimmt, d. h. durch die Größenverhältnisse der Armteile sowie Typ und Anordnung der verbindenden Gelenke. Man spricht hierbei auch von der Roboterkinematik. Im Bild 6.1 ist links der Industrieroboter RV60-40 der Firma Reis Robotics mit sechs rotatorischen Gelenken (Drehgelenken) bzw. Achsen abgebildet. Bei den Achsen handelt es sich um drei Hauptachsen und drei Neben- oder Handachsen.

Die Hauptachsen sind für die Position des TCP im Raum verantwortlich, während die Nebenachsen hauptsächlich die Ausrichtung des Effektors, seine Orientierung, bestimmen. Der im Bild gezeigte häufig verwendete IR-Typ wird als vertikaler Knickarmroboter bezeichnet und kann wegen seiner universellen Kinematik sehr vielseitig eingesetzt werden. Bild 6.1 zeigt rechts das Prinzip eines Knickarmroboters mit 4 Drehachsen.

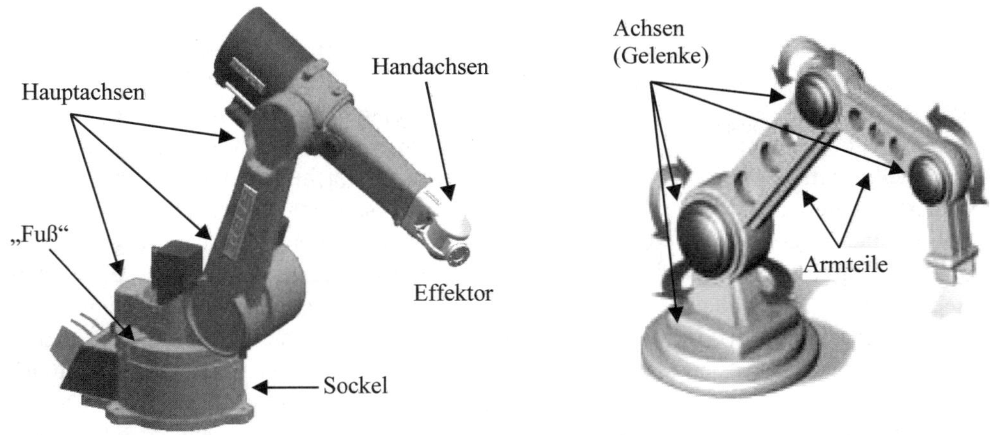

Bild 6.1: Vertikal-Knickarm-Roboter RV60-40 der Fa. Reis mit 6 Achsen (links, *Werkbild:* Reis Robotics) und Schema eines Knickarmroboters mit 4 Achsen (rechts)

6.2 Roboterkinematik

Die Kinematik ist allgemein die Lehre der Bewegung von starren Körpern im Raum. Sie wird beschrieben durch die Größen Weg, Geschwindigkeit und Beschleunigung, jedoch ohne deren Ursachen, die Kräfte oder Drehmomente, zu betrachten. Im Gegensatz hierzu beschreibt die Kinetik in der Technischen Mechanik die Bewegung von beschleunigten Körpern unter der Einwirkung von Kräften. Die Roboterkinematik befasst sich mit der Realisierung der mechanischen Strukturen eines Roboters, insbesondere der des Gelenkarms und ermöglicht damit die Bestimmung der räumlichen Zuordnung zwischen Effektor (TPC) und der Fertigungsumgebung. Die Kinematik beschreibt somit den mechanischen Aufbau des Roboters. Kernstücke der Roboterkinematik sind rotatorische und translatorische Achsen (siehe Abschnitt 6.4 „Gelenke und Achsen“). Aus den Gelenkwinkeln der Armelemente eines Industrieroboters lassen sich sowohl die Position als auch mit drei Drehwinkeln die Orientierung des Endeffektors in Bezug auf ein Basiskoordinatensystem bestimmen. Position und Orientierung des Effektors wird in der Fachsprache auch „Pose“ genannt. Normalerweise genügen sechs Achsen ($f = 6$), um die Pose des Effektors zu bestimmen: drei Hauptachsen und drei Drehachsen für die Orientierung. In Sonderfällen werden Roboter mit mehr als sechs Achsen ($f > 6$) eingesetzt. Das führt, ab der 7. Achse, zu so genannten redundanten Kinematiken, mit dem Ziel, die Feinbewegungen zu verbessern. Damit sind jedoch höhere Kosten, ein größerer Steuerungsaufwand sowie Mehrdeutigkeiten in der Rückwärtstransformation verbunden. Roboter mit mehr als sechs Achsen sind daher Ausnahmen.

Transformationen

Wie bereits festgestellt besteht das kinematische System eines Roboters aus einer Folge von Armteilen, die mit Gelenken verbunden sind. Das erste Armglied (Fuß) ist fest mit dem Boden oder Sockel verbunden (Ausnahme: Roboter auf mobiler Plattform) und am letzten Armglied ist der Effektor angebracht. An jedem Armglied befinden sich zwei Gelenke, eines, mit dem das vorhergehende Armglied verbunden ist, und eines für das nachfolgende Glied. Zur Ermittlung der Gesamtbewegung des Roboterarms und als Basis für die Steuerungssoftware wird jedem Arm bzw. seinen Gelenkstellungen ein Koordinatensystem fest zugeordnet. In der Roboterkinematik geht es letztlich um die Transformationen zwischen diesen Koordinatensystemen. So lässt sich beispielsweise durch eine Folge von Transformationen aus den Gelenkstellungen, beginnend vom ersten Armglied, die Handstellung des Roboters im „Weltkoordinatensystem“ (siehe Kapitel 8, „Koordinatensysteme“) berechnen. Man bezeichnet dies als Vorwärtsrechnung oder Vorwärtstransformation. In Gegenrichtung werden bei der Rückwärtsrechnung aus der vorgegebenen Handstellung im Weltkoordinatensystem die Stellungen (Drehwinkel) der beteiligten Gelenke berechnet. Dabei ist die Vorwärtstransformation vergleichsweise einfach zu berechnen. Die Rückwärtskinematik ist hingegen wesentlich schwieriger und die erforderlichen Rechenverfahren sind häufig sehr komplex. Oft ist die Lösung nicht eindeutig, d. h., es gibt mehrere Gelenkstellungen, die zur gleichen Effektorstellung führen, oder aber es gibt gar keine exakte Lösung. Es existiert auch kein für alle Fälle anwendbares Lösungsverfahren. Erschwerend kommt hinzu, dass die Rückwärtsrechnung mit der Bewegung des Roboters Schritt halten, also in Echtzeit erfolgen muss.

Damit die Transformationen zwischen diesen Koordinatensystemen etwas einfacher werden, gibt es Regeln für die Festlegung der Lage der Koordinatensysteme bezüglich der einzelnen Achsen. Diese sogenannten Denavit-Hartenberg-Regeln sowie vertiefende Betrachtungen zur Roboterkinematik werden in eigenen Abschnitten vorgestellt.

6.3 Freiheitsgrade

Unter dem Freiheitsgrad (DOF – degree of freedom) eines physikalischen Systems versteht man eine Koordinate bzw. Bewegungsrichtung, mit der sich die Kinematik des Systems beschreiben lässt. In der Technik drückt die Anzahl der Freiheitsgrade „*f*“ die translatorischen und/oder rotatorischen Bewegungsmöglichkeiten eines Körpers oder Massenpunkts aus. So hat das in Bild 6.2 links gezeigte Scharniergelenk mit seiner Rotationsachse nur einen Freiheitsgrad. Das Kugelgelenk in der rechten Bildhälfte kann in drei Richtungen gedreht werden und besitzt somit drei (rotatorische) Freiheitsgrade.

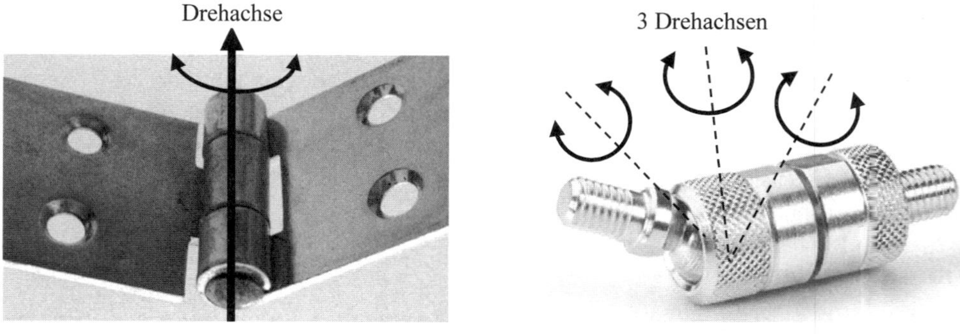

Bild 6.2: Links: Scharnier-Bewegung um eine Achse → 1 Freiheitsgrad ($f = 1$)
rechts: Kugelgelenk-Bewegung um 3 aufeinander senkrecht stehende Achsen→ 3 Freiheitsgrade ($f = 3$)

Die Zahl der Freiheitsgrade entspricht der Anzahl voneinander unabhängiger Bewegungsmöglichkeiten im Bezugskoordinatensystem eines mechanischen Körpers und ist die Basis zur Beschreibung der Stellung bzw. Lage eines Objekts. So hat ein idealer Massenpunkt (ohne räumliche Ausdehnung) drei Translations-Freiheitsgrade, also seine drei Raumkoordinaten, z. B. die kartesischen Koordinaten x, y und z. Ein starrer Körper hingegen besitzt insgesamt sechs Freiheitsgrade im dreidimensionalen Raum. Zu den drei genannten Translations-Freiheitsgraden kommen noch drei Rotations-Freiheitsgrade hinzu, die den Drehwinkel bzw. die räumliche Ausrichtung des Körpers beschreiben. Betrachtet man die Bewegung eines Körpers, z. B. eines Fahrzeugs, in einer Ebene, so hat dieser Körper lediglich drei Freiheitsgrade, nämlich zwei Translations- (auf der Bodenfläche in x- und y-Richtung) und einen Rotations-Freiheitsgrad (Drehung um die senkrecht zur Bodenfläche stehende z-Achse). Die Zahl der Freiheitsgrade eines Systems, das sich aus mehreren Teilsystemen zusammensetzt und so eine kinematische Kette bildet, ergibt sich als Summe der Freiheitsgrade aller einzelnen Teilsysteme, sofern keine Einschränkungen durch Zwangsbedingungen bestehen. Um jeden Punkt in einem dreidimensionalen Raum erreichen zu können, benötigt man in der Regel mindestens drei Freiheitsgrade ($f = 3$), was mindestens drei Bewegungsachsen erfordert.

6.4 Gelenke und Achsen

Robotergelenke (*englisch:* joints) sind bewegliche Verbindungspunkte zwischen den Armgliedern eines Roboters. In der Roboterterminologie werden die Glieder der kinematischen Kette des Gelenkarms als Achsen bezeichnet. Benachbarte Achsen sind über ein Drehgelenk (rotatorische Achse) oder ein Schubgelenk (translatorische Achse) miteinander verbunden. Im Unterschied zu menschlichen oder tierischen Gelenken existieren in der Technik neben den Gelenken für Drehungen zusätzlich auch Gelenke für die translatorische Verschiebung, auch Schiebe- oder Schubgelenke genannt. Bei den Gelenken beschreibt der Freiheitsgrad die Anzahl und Art der möglichen Bewegungen, die das Gelenk ausführen kann. Daher werden in der Technik Gelenke nach Art ihrer Relativbewegung und der Anzahl der Freiheitsgrade „f" unterschieden Dabei können in einem Gelenk auch Drehungen und Schiebungen miteinander kombiniert auftreten. Ein Schubgelenk hat grundsätzlich nur einen Freiheitsgrad, ebenso ein reines Drehgelenk bzw. Scharnier ($f = 1$). In der Roboterkinematik sind für die Achsen folgende Kriterien ausschlaggebend:

- Bewegungsformen der Achsen (rotatorisch, translatorisch),
- Anzahl der Freiheitsgrade und Anordnung der Achsen,
- Formen des erreichbaren Arbeitsraums.

6.4.1 Rotations- und Translationsachsen

Wie bereits im Abschnitt „Roboterkinematik" festgestellt sind rotatorische und translatorische Achsen die Kernstücke der Kinematik. Wenn man sich nochmal die Gelenke bzw. „Achsen" im anatomischen Bereich der Tierwelt vergegenwärtigt, so stellt man fest, dass im Gegensatz zu technischen Gelenken, zumindest bei den Wirbeltieren, nur rotatorische, jedoch keine translatorischen Gelenke zu den „Erfindungen" der Evolution gehören; vielleicht kann man bei der Fortbewegung von Würmern oder anderen Wirbellosen eine Art translatorischer Bewegungsstrukturen ausmachen. Bild 6.3 zeigt schematisch die Grundformen von Gelenken (Schub-, Dreh- und Kugelgelenk) mit ihren Freiheitsgraden (f).

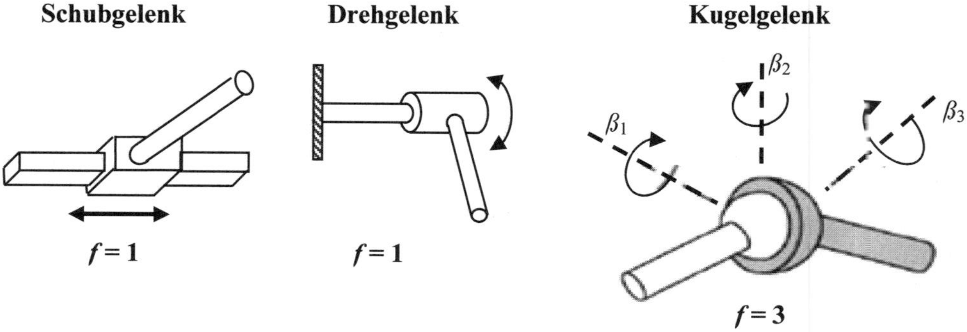

Bild 6.3: Gelenke und ihre Freiheitsgrade

6.4.2 Gelenkbauformen

Die verschiedenen Kinematiken der Industrieroboter lassen sich immer aus den drei Grundbauformen für Gelenke aufbauen:

- den rotatorische Achsen,
- den Linearachsen, also translatorischen bzw. Schubachsen und
- den zwangsgekoppelten Achsen.

Wird z. B. bei einem Gelenkarmroboter mit Bewegen einer Achse die Winkelstellung einer anderen Achse durch zusätzliche Verstrebungen verändert, so sind diese Achsen „zwangsgekoppelt". Dies betrifft oft Sonderausführungen zur Kosteneinsparung, womit jedoch meist eine Reduzierung der Bewegungsfreiheiten einhergeht. Derartige Achsen sollen daher hier nicht näher betrachtet werden. Tabelle 6.1 zeigt eine Gegenüberstellung der charakteristischen Eigenschaften für die Gelenkbauformen von Hauptachsen.

Tabelle 6.1: Wesentliche Eigenschaften von Rotations- und Translationsachsen

Eigenschaften	**Rotationsachsen** (Rotationsgelenke)	**Linearachsen** (Translationsgelenke)
Arbeitsraum	kostengünstig für kleine Arbeitsräume	Arbeitsraum frei konfigurierbar und beliebig erweiterbar
Kinematik	vorteilhafte Kinematik für Bearbeitungsaufgaben	Kinematik besonders geeignet für Handhabungs- und Palettieraufgaben einfache Koordinatentransformationen
Sonstiges	schnelle Bewegungen hohe Arbeitsgeschwindigkeit gute Steifigkeit kleines Gelenkspiel	steife Gesamtkonstruktion durch mechanische Entkopplung der Achsen
Freiheitsgrade f	$f_R \leq 3$	$f_T = 1$

6.4.3 Symbole für Roboterachsen

Zur Darstellung der Struktur eines kinematischen Systems und des Aufbaus von Industrierobotern wurden von der VDI 2861[2] (Kenngrößen für Industrieroboter) Symbole für die verschiedenen Roboterachsen eingeführt. In Tabelle 6.2 finden Sie eine Auswahl der wichtigsten Symbole hierzu.

Tabelle 6.2: Symbole zur Darstellung von Roboterachsen

Achsen	Symbole	Beispiele, Bemerkungen
Translationsachse		
fluchtend nicht fluchtend	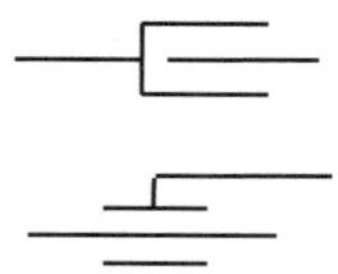	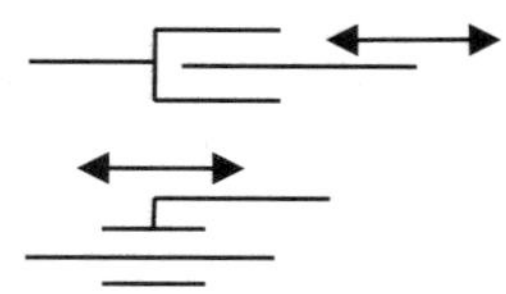
Rotationsachse		
fluchtend nicht fluchtend	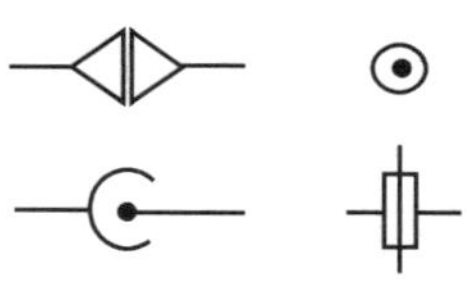	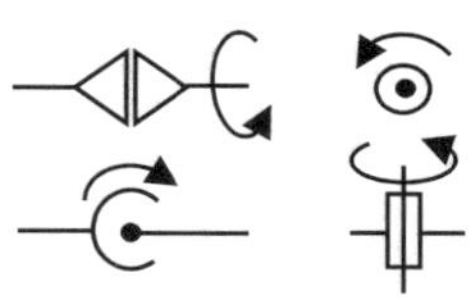
Greifer	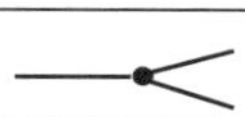	Nebenachse, Zangengreifer

Knickarm-Roboter

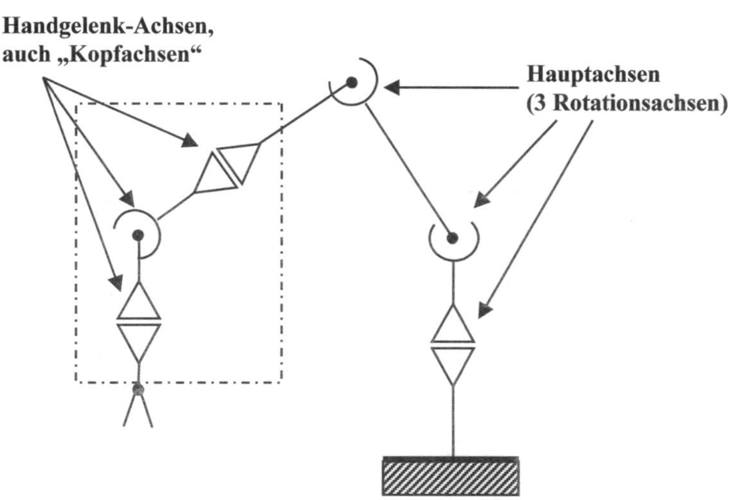

Bild 6.4: Kinematischer Aufbau eines Knickarm-Roboters

[2] In der Richtlinienreihe VDI 2861 – Montage und Handhabungstechnik – werden technische Begriffe und Kenngrößen für Industrieroboter definiert (u. a. Achsbezeichnungen) und Verfahren zu ihrer Prüfung vorgeschlagen. Die vorgeschlagenen Messverfahren und -anordnungen sollen auf eine Vergleichbarkeit der Ergebnisse hinwirken.

Unter Anwendung der in Tabelle 6.2 gezeigten Symbole zur Darstellung von Roboterachsen zeigt Bild 6.4 das Schema des kinematischen Aufbaus eines RRR-Roboters (RRR – drei Rotationsachsen als Hauptachsen). Roboter mit dieser Kinematik werden auch als „Knickarm-Roboter“ bezeichnet und stellen den in Industrieanwendungen am häufigsten eingesetzten Roboter-Typ dar.

6.5 Rotatorische Achsen

An die Übertragungselemente und Getriebe für die verschiedenen Bewegungen der Roboterachsen werden sehr hohe Ansprüche gestellt. Insbesondere die Präzision, mit der Roboter in der industriellen Produktion arbeiten müssen, setzt Eigenschaften der Getriebe voraus, die in anderen technischen Bereichen keine oder nur eine untergeordnete Rolle spielen. Es sind vor allem folgende aufgelistete Faktoren und Kriterien, die Bahn- und Wiederholgenauigkeit, Geschwindigkeit und Belastbarkeit eines Robotersystems bestimmen:

- Verdrehspiel,
- Positionsfehler,
- Hysterese,
- Wirkungsgrad und Reibung,
- Steifigkeit der Getriebe,
- Übertragungsfehler,
- Schwingungsneigung,
- Über-/Untersetzungsrate ($i = 1 \ldots 100$),
- Gewicht und Massenträgheit sowie
- Abmessungen.

Für die Präzision eines Getriebes ist außer dem Verdrehspiel und dem Positionsfehler die Steifigkeit von besonderer Bedeutung. Hierunter versteht man das Torsionsverhalten eines Getriebes im Verhältnis zur Belastung. Die Steifigkeit wird bestimmt durch den Einfluss des Drehmoments auf die Summe der Verformungen aller Getriebeelemente, die sich miteinander im Eingriff befinden. Weitere wichtige Forderungen an Robotergetriebe sind hohe Übersetzungen bei geringem Gewicht und kleinen Abmessungen sowie geringe Reibungsverluste und eine lange Lebensdauer.

6.5.1 Kompaktgelenke

Auch die Bauform eines Getriebes spielt für die Verwendung in Roboterachsen eine wesentliche Rolle. Da mehr und mehr koaxiale Typen im Roboterbau Verwendung finden, haben sich die Anforderungen entsprechend entwickelt. Getriebe sollen möglichst wenig Raum benötigen und sich direkt zwischen Antriebsmotor und der zu drehenden Achse einbauen lassen. Mit dieser Art Bauraum zu sparen lässt sich auch eine Reduzierung der

Gelenkteile und des Gewichts erreichen. Die Reduktion von Bauteilen spart nicht nur Kosten und Gewicht, sondern verhindert auch Reibungsverluste und erhöht die Steifigkeit der Gelenke. Koaxiale Getriebe lassen sich vollkommen in die Armstrukturen der Roboterachsen integrieren und somit als Kompaktgelenk verwenden. Die gebräuchlichste Gelenkausführung ist daher die Anordnung einer Motor-Getriebe-Einheit direkt am Gelenk. Diese Version erfordert nur eine geringe Anzahl von Bauteilen, da die Momentenübertragung unmittelbar auf das Gelenk erfolgt. Sofern sich aus Platzgründen der Motor nicht direkt am Getriebe anflanschen lässt, kann er versetzt angebracht und die Drehbewegung über eine Riemenstufe in das Getriebe übertragen werden. Hinsichtlich der Genauigkeit (Positionsfehler, Wiederhol- und Bahngenauigkeit) bietet diese Gelenkversion optimale Eigenschaften.

6.5.2 Konstruktive Maßnahmen

Neben Positionier- und Bahngenauigkeit sind vor allem die Beschleunigung und erreichbare Geschwindigkeit der Roboterachsen weitere wesentliche Leistungskriterien. Damit sind die Konstrukteure gefordert, insbesondere die bewegten Massen und damit die Massenträgheit der vorderen Glieder von Roboterarmen zu reduzieren. Daher ist es für die Konstruktion von Vorteil, die Masse von Motoren und Getrieben möglichst gering zu halten. Eine Lösung, die vorderen Achsen von den Massen der Antriebsmotoren zu entlasten, ist der Antrieb des Gelenks über eine Parallel- oder Schubstange (Parallelstangen-Antrieb). Hierbei wird der Motor auf der davor angeordneten Achse montiert und treibt das nachfolgende Gelenk der Roboterkinematik über eine Schubstange an (wie in Bild 6.5 links dargestellt). Dennoch werden bis auf die Grundachse des Roboters, bzw. bei Lösungen mit Schubstangen auch darauf aufbauende Achsen, alle weiteren Achsen und die dazugehörigen Komponenten mitbewegt. Jedes dieser Teile trägt zum Massenträgheitsmoment bei und reduziert so die Dynamik der Maschine. Folglich werden Getriebe für Roboteranwendungen stets mit dem Ziel einer möglichst leichten Bauweise entwickelt (siehe auch Abschnitt „Leichtbauroboter" im Kapitel 9 „Industrieroboter").

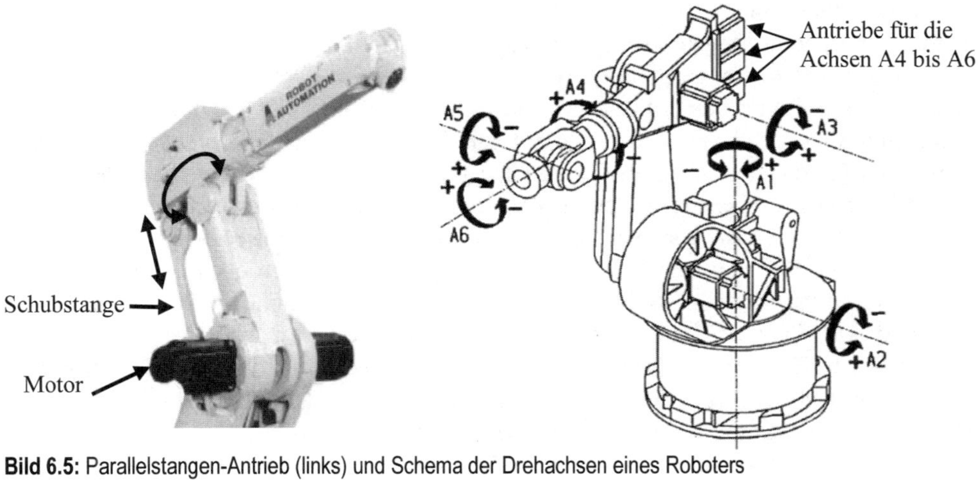

Bild 6.5: Parallelstangen-Antrieb (links) und Schema der Drehachsen eines Roboters

Zum Weiterleiten von Drehbewegungen und Drehmomenten finden Wellen und Hohlwellen als stabförmige Maschinenelemente Verwendung. Hohlwellen werden vor allem da eingesetzt, wo aus konstruktiven oder funktionalen Gründen Gewichts- und/oder Platzeinsparung unbedingt erforderlich ist. Im Inneren von Hohlwellen lassen sich auch andere Bauteile wie weitere Wellen oder Achsen unterbringen. Diese Art der Fernübertragung von Drehbewegungen wird oft zum Antrieb der Handachsen genutzt, um sie von den Massen der Motoren und Getriebe zu entlasten. Wie im Teilbild 6.5 rechts gezeigt, befinden sich die Antriebe der Handachsen A4 bis A6 hinter dem Drehpunkt der Hauptachse A3. Sie wirken somit als ausgleichendes Gegengewicht zur Masse des vorderen Teils des Roboterarms.

Ein weiteres wichtiges Kriterium für Robotergetriebe ist das Untersetzungverhältnis. Bei der Auslegung von Robotern können Untersetzungen vom Faktor 50 bis 300 erforderlich werden. Spezielle Getriebebauarten bieten solche Untersetzungen bei geringer Masse und kleinem Bauvolumen.

6.5.3 Getriebearten

Die Aufgabe eines jeden Getriebes ist die Übertragung und Wandlung von Drehzahlen, Drehmomenten, Kräften und Drehrichtungen. Als Getriebe für rotatorische Roboterachsen eignen sich insbesondere folgende Getriebearten:

- Planetengetriebe,
- Kegelradgetriebe,
- Zahnriemengetriebe,
- Zykloidgetriebe und
- Harmonic Drive Getriebe.

Planetengetriebe oder auch „Umlaufrädergetriebe“ (die sich auf den umlaufenden Achsen drehenden Räder umkreisen ein zentrales Rad) sind hinsichtlich der Achsen koaxial und damit raumsparend angeordnete Zahnradgetriebe. Ein Planetengetriebe besteht in der Regel aus einem zentral gelagerten „Sonnenrad“ als Antrieb (Drehzahl n_1), einem Hohlrad und mehreren Planetenrädern, die zwischen Sonnenrad und Hohlrad kreisend abrollen, siehe Bild 6.6. Die Planetenräder sind auf dem in der Mitte laufenden sogenannten Steg bzw. Planetenträger als Abtrieb (Drehzahl n_2) gelagert und rollen innerhalb der Innenverzahnung des feststehenden Hohlrads ab. Aus diesem Aufbau erklärt sich der Begriff Planetengetriebe, da die Planetenräder das Sonnenrad so umkreisen wie im astronomischen Sinn die Planeten eine Sonne. Der Vorteil von Planetengetrieben ergibt sich durch die Lastverteilung auf mehrere Planetenräder. Dadurch ist es möglich, hohe Drehmomente bei kompakter Bauweise zu übertragen. Die einfachste und am meisten verwendete Bauform ist die im Bild 6.6 dargestellte Version mit stillstehendem Hohlrad und Abtrieb über den Steg. Bei anderen Bauarten dreht sich das außenliegende Hohlrad, während der Planetenträger/Steg fixiert ist. Die Untersetzung des Umlaufrädergetriebes $n_1 : n_2$ ergibt sich als Drehzahlverhältnis zwischen den beiden Zentralwellen von Sonnenrad und Steg. Bei fixierter Stegwelle haben die beiden gleichachsigen Zentralräder gegensätzliche Drehrichtungen und die Standübersetzung ist daher negativ.

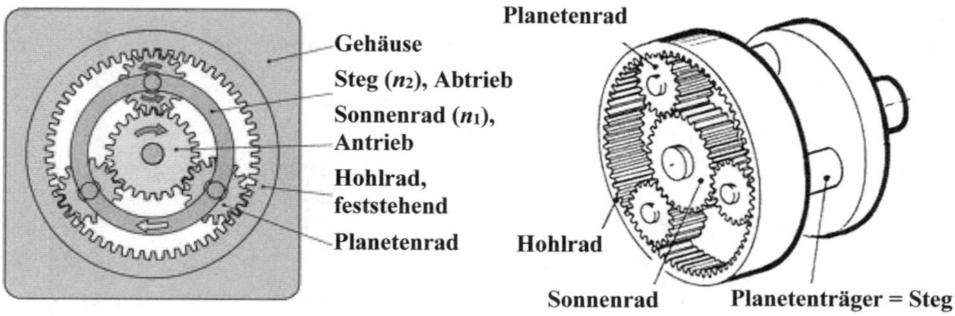

Bild 6.6: Planetengetriebe: Funktionsschema und 3D-Ansicht

Kegelradgetriebe sind Zahnradgetriebe mit rechtwinklig zueinander stehenden Getriebewellen, deren Mittelachsen sich schneiden. Der Antrieb erfolgt über das Kegelritzel, das in das Tellerrad als Abtrieb eingreift. Das Untersetzungsverhältnis ergibt sich aus dem Quotienten der Zähnezahlen. Es gibt hierbei unterschiedliche Zahnformen:

- gerade verzahnte Kegelräder,
- schrägverzahnte Kegelräder und
- bogenverzahnte Kegelräder.

Gerade Kegelradgetriebe haben gerade Zähne für die Verzahnung. Grundsätzlich laufen schräg- und bogenverzahnte Kegelräder ruhiger als gerade verzahnte (Bild 6.7, Mitte). Spiralkegelradgetriebe verfügen über spiralförmig angeordnete Zähne. Dadurch sind eine tiefere Verzahnung und damit höhere Belastungen sowie größere Präzision möglich. Eine spezielle Form von Kegelradgetrieben sind die Kegelrad-Schraubgetriebe oder Hypoid-Kegelräder. Der prinzipielle Unterschied besteht darin, dass Ritzel- und Tellerradachse nicht in einem Punkt zusammentreffen, sondern in der Höhe versetzt sind (Bild 6.7, rechts).

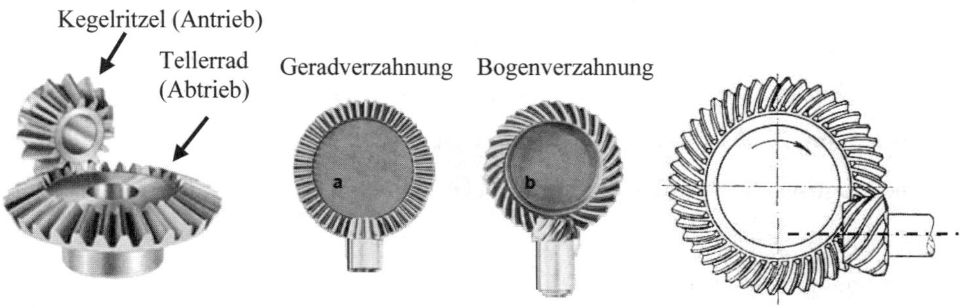

Bild 6.7: Kegelradgetriebe: diverse Verzahnungen und Hypoid- Kegelräder (rechts)

Einsatzgebiete dieser Winkelgetriebe findet man dort, wo hohe Untersetzungen und Drehmomente gefragt sind. Meist erfolgt der Antrieb über das Kegelritzel; beide Drehrichtungen sind möglich. Das Untersetzungsverhältnis ist der Quotient der Zähnezahl z_2 des Tellerrads durch die Zähnezahl z_1 des Kegelritzels. Diese Getriebe werden als Leistungsgetriebe überall dort eingesetzt, wo Bewegungen und Kräfte winklig übertragen werden, so auch in der Automation. In den letzten Jahren wurden verschiedene marktgängige Robotertypen in den Kopfachsen mit diesem Getriebetyp ausgerüstet. Ein Vorteil dieser Getriebe ist die damit erzielbare leichte und kompakte Bauweise von Kopfachsen, wenn man Ritzel und Tellerrad direkt in das Gehäuse integriert.

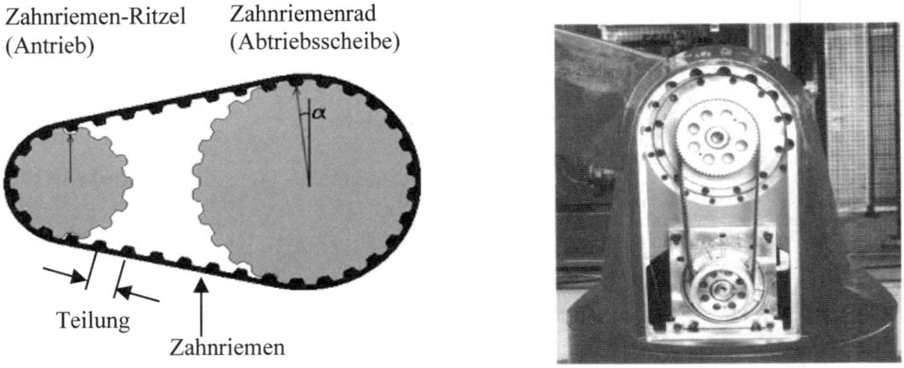

Bild 6.8: Zahnriemengetriebe: Prinzip und Getriebevorstufe in einer Roboter-Hauptachse (rechts)

Zahnriemengetriebe zählen zu den Riemengetrieben (vgl. Bild 6.8). Sie bestehen aus dem Zahnriemenritzel, dem Zahnriemenrad und dem eigentlichen Zahnriemen. Die Zahngeometrien (das Zahnprofil) sind exakt aufeinander abgestimmt. Ein wesentlicher Parameter ist der als Teilung bezeichnete Abstand von Zahn zu Zahn (Bild 6.8, links). Große Werte für die Teilung sind eher für Schwerlastantriebe, kleinere für Anwendungen in der Gerätetechnik vorgesehen. Die bekannteste Anwendung dieser Getriebeart stellt wohl der Nockenwellenantrieb in Kfz-Motoren dar. Hierbei erfolgt eine drehwinkeltreue Kraftübertragung von der Kurbelwelle auf die Nockenwelle sowie auf weiterere Nebenaggregate. In der Automatisierungstechnik werden Zahnriemengetriebe auch in so genannten Linearantrieben (Translationsachsen) eingesetzt. In der Regel werden diese Getriebe bei rotatorischen Achsen nur als Getriebevorstufe genutzt (Bild 6.8, rechts). Zahnriemengetriebe weisen u. a. folgende Vorteile auf:

- synchrone und schlupffreie Bewegungsübertragung,
- keine Schmierung notwendig, daher praktisch wartungsfrei,
- geräuscharm im Vergleich zu Kettengetrieben,
- hohe Momentenübertragung bei geringem Gewicht,
- hohe Riemengeschwindigkeiten möglich, bis 40 m/s,
- schwingungsdämpfend,
- Wirkungsgrad bis 99 % bei Nennlast.

Zykloidgetriebe sind Exzentergetriebe, bei denen das Drehmoment wälzend durch Kurvenscheiben übertragen wird. Daher kommen diese Getriebe ohne Zahnräder aus und sind auch keinen Scherkräften ausgesetzt. Sie zeichnen sich insbesondere durch einen hohen Wirkungsgrad (Rollreibung), eine kompakte Bauform, leisen Lauf, geringes Getriebespiel, einen verschleißarmen Betrieb und daher eine hohe Lebensdauer aus. Bild 6.9 zeigt verschiedene Ausführungen.

Bild 6.9: Zykloidgetriebe: verschiedene Bauformen

Die Funktionsweise dieser Getriebe ist etwas komplex: Eine Exzenterwelle als Antrieb treibt zwei gegeneinander versetzt laufende Kurvenscheiben mit n Kurvenabschnitten an, die sich über die Bolzen eines fest stehenden Bolzenrings mit n+1 Bolzen abwälzen, vgl. Bild 6.10. Je Umdrehung der Antriebswelle bewegt sich die Abtriebswelle um einen Kurvenabschnitt weiter. Hat die Exzenterwelle eine volle Drehung durchlaufen, so haben sich die mit dem Abtrieb gekoppelten Kurvenscheiben außermittig um eine Teilung weiter gedreht. So entstehen reduzierte Drehzahlen entgegen der Antriebsrotation. Zykloidgetriebe erlauben Untersetzungen von 30:1 bis mehr als 300:1 ohne zusätzliche Vorstufen.

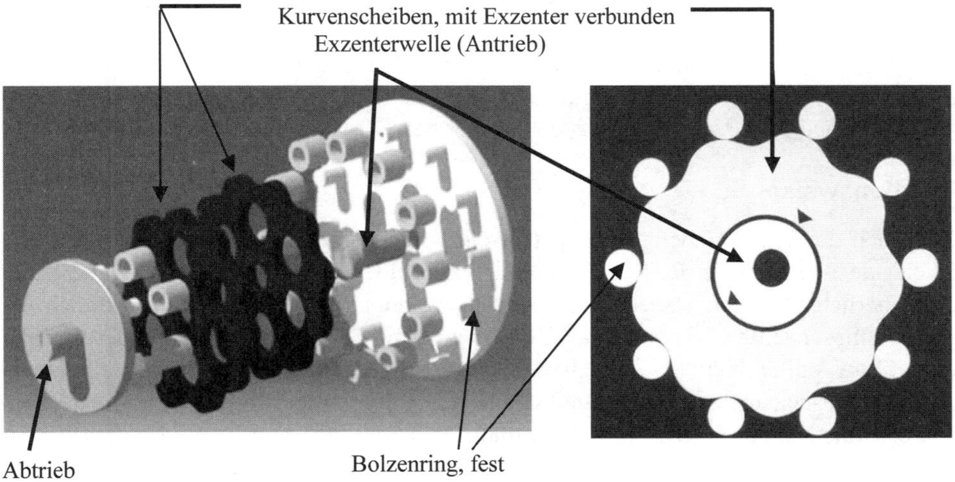

Bild 6.10: Funktionsprinzip eines Zykloidgetriebes

6.5.4 Harmonic Drive Getriebe

Ein sehr effizientes und daher im Roboterbau gerne eingesetztes Getriebe ist das Harmonic Drive Getriebe. Es besteht, wie in Bild 6.11 dargestellt, im Wesentlichen aus den drei Hauptkomponenten:

- Wave Generator,
- Circular Spline und
- Flexspline.

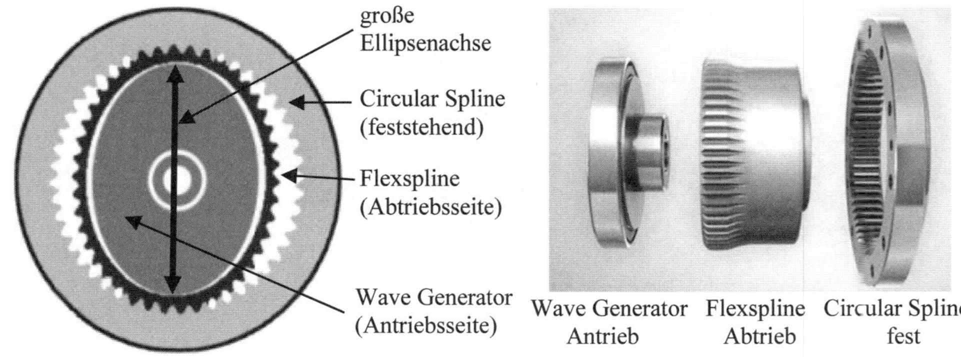

Bild 6.11: Funktionsprinzip und Komponenten des Harmonic Drive Getriebes

Komponenten

Der Wave Generator ist eine ellipsenförmige Stahlscheibe mit zentrischer Nabe und einem aufgezogenen verformbaren Dünnring-Kugellager. Dieses Bauteil bildet im Untersetzungsbetrieb, also bei Anwendungen im Roboterbereich, die Antriebsseite des Getriebes. Die feststehende äußere Circular Spline ist ein innenverzahntes Hohlrad. Sie wird in der Gehäusestruktur des Gelenks befestigt. Eine zylindrisch-topfartige verformbare Stahlbüchse mit Außenverzahnung wird als Flexspline bezeichnet. Die Flexspline liegt über dem Wave Generator und dem dazwischen verlaufenden Dünnring-Kugellager. Sie ist aufgrund ihrer geringen Wandstärke und Materialbeschaffenheit in radialer Richtung verformbar und passt sich daher stets der elliptischen Form des Wave Generators an.

Funktionsweise

Dreht sich der Wave Generator, so wird wegen seiner elliptischen Verformung die eng anliegende Flexspline in Richtung große Ellipsenachse nach außen gedrückt und damit kontinuierlich verformt. Daher ist die Außenverzahnung der Flexspline im Bereich der großen Ellipsenachse (Bild 6.11, links) im Eingriff mit der Innenverzahnung der Circular Spline. Eine Volldrehung am Antrieb, d. h. am Wave Generator, bewirkt ein Weiterbewegen der Ellipsenhauptachse und damit der beiden Eingriffsbereiche zwischen den Zahnrädern. Aufgrund einer geringen Zähnezahldifferenz entsteht eine Relativbewegung zwischen der Circular Spline und der Flexspline, so dass sich nach einer vollen Umdrehung des Wave Generators die mit dem Abtrieb gekoppelte Flexspline relativ zur Circular Spline um einige Zähne weiterbewegt hat. Da die Circular Spline fest im Gehäuse verankert ist, erfolgt die Drehung zwischen Antrieb und Abtrieb in entgegengesetzter Richtung.

Untersetzung

Die Anzahl der Zähne der Circular Spline ist geringfügig höher als die Zähnezahl der Flexspline. In der Regel wählt man eine Differenz von 2 Zähnen, also

$$Z_{\text{Circular Spline}} = Z_{\text{Flexspline}} + 2$$

Der Untersetzungsfaktor n errechnet sich dann aus den Zähnezahlen nach folgender Beziehung:

$$n = (Z_{\text{Flexspline}} - Z_{\text{Circular Spline}}) \;/\; Z_{\text{Flexspline}}$$

Weist beispielsweise die Circular Spline 202 Zähne und die Flexspline 200 Zähne auf, so ergibt sich ein Untersetzungsfaktor von $n = (200 - 202) / 200 = -0{,}01$, also ein Drehzahlverhältnis von 1:100. Das Minuszeichen deutet den Wechsel der Drehrichtung an.

Eigenschaften

Dieses Funktionsprinzip ermöglicht Untersetzungen bis zum Faktor 300 in einer Getriebestufe, was mit konventionellen Getrieben, wie Planeten- oder Kegelradgetrieben, nur bei mehrfacher Größe und höherem Gewicht erreichbar ist. Auch andere Qualitäten wie Positionier- und Wiederholgenauigkeit, Spielfreiheit (nahezu Null), hoher Wirkungsgrad und geringer Verschleiß zeichnen das HD-Getriebe aus.

6.6 Translatorische Achsen – Linearantriebe

Als Linearantriebe oder Linearmotoren werden alle Antriebssysteme bezeichnet, die der Ausführung einer translatorischen Bewegung dienen, z. B. für Schub-/Linearachsen. Linearantriebe ermöglichen die Bewegung von Maschinenelementen in Richtung einer geraden Linie. Normalerweise werden bei einem Schub- bzw. Linearantrieb die Vorschubkräfte von einem rotierenden (Elektro-) Motor erzeugt und mit Hilfe eines geeigneten Getriebes in eine translatorisch-lineare Bewegung umgesetzt. Bild 6.12 zeigt hierzu das Prinzip eines Spindelantriebs. Die lineare Bewegung wird in diesen Fällen also indirekt herbeigeführt. Linearmotoren ermöglichen es jedoch, eine translatorische Bewegung direkt auszuführen, also ohne Zwischenschaltung eines Getriebes. Man nennt sie deshalb auch Direktantriebe.

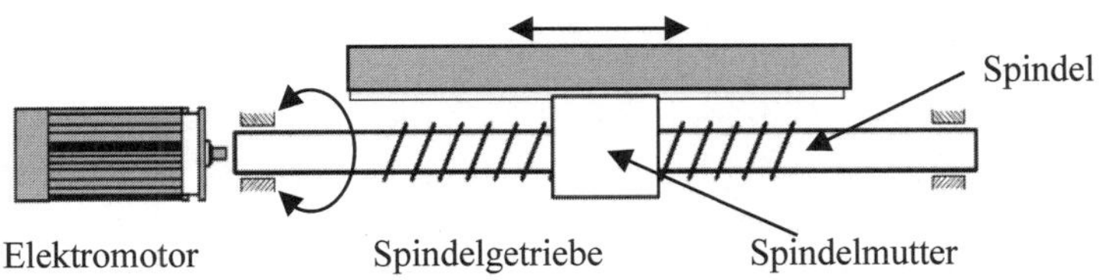

Bild 6.12: Funktion eines Spindelantriebs

Ähnlich wie bei rotatorischen Achsen wird an translatorische Robotergetriebe eine Reihe von Anforderungen gestellt:

- hohe Übersetzungsraten ($i = 1 \ldots 100$),
- geringes Gewicht und kleine Abmessungen,
- große Steifigkeit,
- geringes Getriebespiel,
- lange Lebensdauer,
- günstige Kopplung zum Antrieb,
- geringe Reibungsverluste (hoher Wirkungsgrad) und
- ausreichende Stellwege.

Ein wesentlicher Parameter von Linearantrieben ist der Stellweg. Der maximale Stellweg kann durch eine serielle Kopplung von mehreren Antrieben, wie etwa in Teleskopantrieben, erweitert werden. Mit Linearantrieben lassen sich außerdem nichtlineare Bewegungen erzeugen, so z. B. über spezielle Kurbelwellen oder mit Hilfe von sog. „Hexapoden"[3].

6.6.1 Antriebskonzepte und Eigenschaften

Tabelle 6.3: Zusammenstellung indirekter und direkter Linearantriebe

Hauptgruppen	Antrieb	Eigenschaften
indirekt	Zahnstangen-Stirnrad-Antrieb	einfach, kostengünstig
	Gewindespindeln (Gewindestangen-Antriebe)	Gleitreibung, für unkritische Anwendungen
	Spindelantriebe: Kugelgewindetrieb	hohe axiale Schubkräfte und Genauigkeit, geringe Reibung und Verschleiß, hohe Positioniergenauigkeit, jedoch teuer
	Rollengewindetrieb	hohe Belastung, Drehzahlen und Lineargeschwindigkeiten
	Planetenrollengewindetrieb	hohe Drehzahlen, kleine Gewindesteigungen möglich
	Trapezgewindetrieb	trapezförmige Gewindegänge
	Zahnriementrieb	kostengünstig, schnelle Linearbewegung, aber hohe Schwingneigung
	„Elektrozylinder"	Ersatz für Pneumatik- oder Hydraulikzylinder, hohe Lebensdauer
direkt	Hydraulikzylinder	zum Bewegen schwerer Lasten
	Pneumatikzylinder	unkompliziert, kostengünstig, schnell
	Linearmotoren (elektrodynamisches Wirkprinzip)	hohe Beschleunigungen und Verfahrgeschwindigkeiten, hohe Kosten.
	Linearaktoren (piezoelektrisches, elektrostatisches oder anderes Wirkprinzip	hohe Auflösung und Genauigkeit, äußerst geringer Platzbedarf, für spezielle Anwendungen.

Zur technischen Umsetzung von Linearantrieben existiert eine Reihe von Getriebearten und Antriebskonzepten, die in Tabelle 6.3 zusammengestellt sind. Dabei unterscheidet man die Hauptgruppen indirekte und direkte Linearantriebe. Bei der ersten Hauptgruppe handelt es sich um elektromechanische Linearantriebe.

6.6.2 Zahnstangen-Stirnrad-Antrieb

Eine der einfachsten und kostengünstigsten Linearantriebe ist die Lösung mit einer Zahnstange und einem Stirnrad bzw. Ritzel, das mit seinen Zähnen in die Zahnstange eingreift (siehe Bild 6.13, links). Die Zahnstange ist mit dem beweglichen Teil der Schubachse fest verbunden. Das Antriebssystem mit (Elektro-) Motor, Getriebe und Stirnrad ist feststehend. (Im Gegensatz dazu bleibt bei einer Zahnradbahn die Zahnstange fest auf dem Boden und die Fortbewegung erfolgt über die mit der Bahn verbundene Ritzel-Motoreinheit). Der Motor treibt über ein vorgeschaltetes Getriebe oder eine Zahnriemenstufe das Stirnrad bzw. Ritzel an. Die hohen Drehzahlen der Servomotoren erfordern diese

[3] Hexapoden sind Parallelkinematikmaschinen, die über sechs Antriebselemente mit Beinen veränderlicher Länge verfügen. Sie ermöglichen Bewegungen in sechs Freiheitsgraden, drei translatorischen sowie drei rotatorischen.

zusätzliche Untersetzung, da die eigentliche Untersetzung der Zahnstangen-Ritzel-Verbindung in der Regel nicht ausreicht, um bei üblichen Verfahrgeschwindigkeiten der Linearachsen von max. 1,5…6 m/sec den Drehzahlbereich des Antriebsmotors voll auszunutzen. Den Abstand von einem zum nächsten Zahn bezeichnet man als die Teilung der Zahnstange (Bild 6.13, rechts). Der Antrieb lässt sich auch in umgekehrter Richtung betreiben zum Erzeugen einer Drehbewegung des Ritzels aus einer linearen Verschiebung, z. B. durch Verbinden der Zahnstange mit dem Kolben eines Pneumatikzylinders.

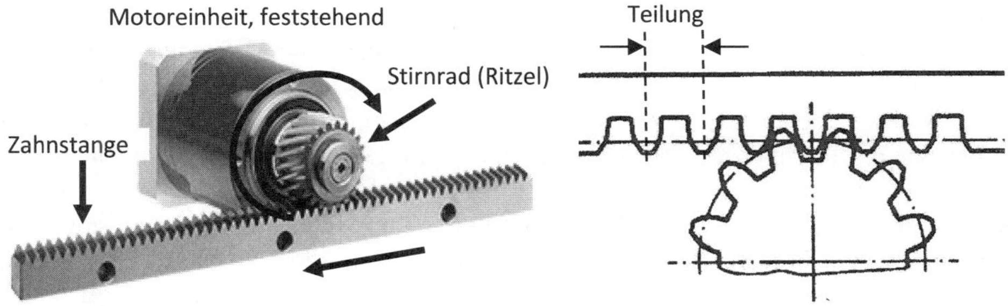

Bild 6.13: Zahnstangen-Stirnrad- (Ritzel-) Antrieb

6.6.3 Spindelantriebe

Gewindespindeln, auch Bewegungsschrauben genannt, sind generell Schraubgetriebe, die über ein Gewinde eine drehende in eine translatorische Bewegung umwandeln. Sie bestehen aus einer Gewindestange, also einem zylindrischen Rundstab, auf dem bei einfachen Anwendungen ein Gewinde aufgebracht ist. Die lineare Längsbewegung wird an der auf der Spindel aufgefädelten Spindelmutter (Bild 6.14, rechts) oder „Bewegungsmutter" abgegriffen. Das zu bewegende Teil, z. B. die Linearachse eines Roboters, ist mit der Spindelmutter fest verbunden und wird zugleich über Linearführungen gelagert und stabilisiert. Ein Motor treibt die Spindel entweder direkt oder über ein Vorschaltgetriebe an. Das Antriebssystem steht in der Regel fest.

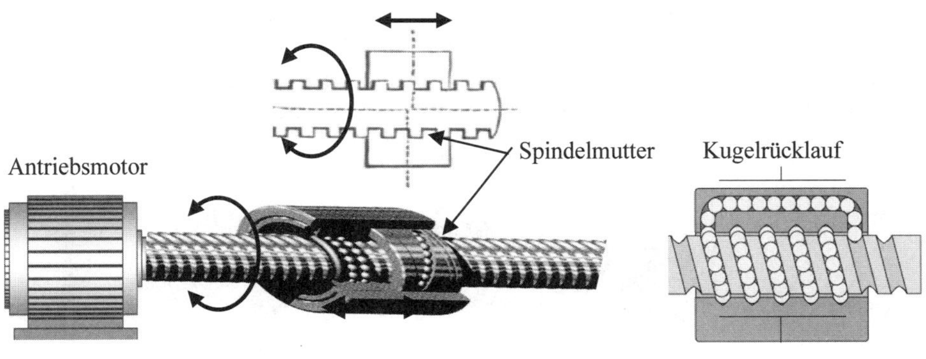

Bild 6.14: Kugelgewindetrieb als Linearantrieb, Spindelmutter im Detail (rechts)

Kugelgewindetrieb

Anwendungen wie moderne Werkzeugmaschinen und Roboter erfordern eine hohe Genauigkeit, Spielfreiheit und Verfahrgeschwindigkeit. Sie verwenden daher fast ausschließlich Kugelgewindetriebe (Kugelrollspindeln) mit gegeneinander verspannten Kugel-Umlaufmuttern. Hierbei erfolgt die Kraftübertragung zwischen den Gewindegängen von Spindel und Spindelmutter durch Kugeln, die in einem geschlossenen System umlaufen. Die Kugeln rollen oder wälzen sich zwischen Spindel und Mutter in Laufrillen ab und bewegen sich dabei mit der Mutter beim Drehen der Spindel axial fort (Bild 6.14). Ein Rückführkanal in der Spindelmutter befördert die Kugeln wieder zurück und schließt damit den Kreislauf der Kugeln (Bild 6.14, rechts). Die Spindel wird wieder entweder direkt oder über ein Untersetzungsgetriebe von einem Motor angetrieben. Gegenüber normalen Gewindespindeln zeichnen sich diese Antriebe durch eine deutlich kleinere Reibung (Rollreibung anstatt Gleitreibung) und daher geringen Verschleiß der Laufbahnen aus. Die Antriebe genügen daher insbesondere Anwendungen, die hohe Genauigkeit und Spielfreiheit fordern. Der Kugelgewindetrieb wird vor allem da eingesetzt, wo große Lasten bei hohen Drehzahlen bewegt werden müssen. Auch hier ist der bewegliche Teil der Achse mit der Gewindemutter gekoppelt. Die Wiederhol- und Positioniergenauigkeit der Antriebsachse wird durch die Qualität von Spindel und Spindelmutter bestimmt.

6.6.4 Zahnriementrieb

Der Zahnriementrieb kann auch als Linearantrieb eingesetzt werden und ist zunächst grob vergleichbar mit der Version Zahnstange-Stirnrad. Beim Zahnriementrieb erfolgt die Kraftübertragung mit Riemenscheiben, die in den Zahnriemen eingreifen. Die translatorische Bewegung wird durch den sich zwischen den Riemenscheiben linear bewegenden Zahnriemen mit fest darauf montiertem Schlitten generiert. Auch hier ist es normalerweise erforderlich, der Antriebsscheibe ein Getriebe zur Drehzahluntersetzung vorzuschalten. Zahnriemen-Antriebssysteme lassen sich relativ kostengünstig realisieren. Für große Hublängen ist jedoch der Zahnriemenantrieb aufgrund seiner Schwingneigung nicht mehr optimal geeignet. Bild 6.15 zeigt das Schema eines Zahnriementriebs mit seinen wichtigsten Komponenten. Mit einer hohen Teilungsgenauigkeit zwischen Riemen- und Scheibenverzahnung erhält man auf der Antriebsscheibe eine gleichmäßige Lastverteilung über die eingreifenden Zahnflanken und damit hohe Leistungsfähigkeit und Genauigkeit. Mit der Wahl der Teilung und Zähnezahl der Antriebsscheibe wird der Verfahrweg pro Scheibenumdrehung festgelegt.

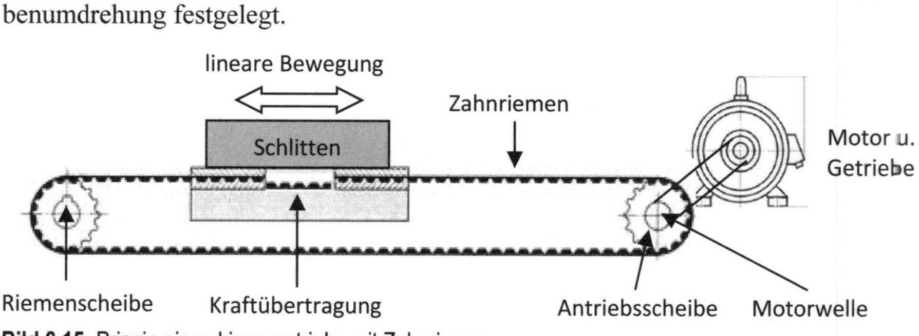

Bild 6.15: Prinzip eines Linearantriebs mit Zahnriemen

6.6.5 Elektrozylinder

Elektrozylinder sind mechanisch selbsthemmende, elektromotorisch betriebene Linearantriebe. Sie benötigen daher im Stillstand keine Energie. Gut regelbar, mit hoher, reproduzierbarer Positionierung und geringem Installationsaufwand, sind sie, vor allem im mittleren Leistungsbereich, eine interessante und wirtschaftliche Alternative zu Pneumatik- und Hydraulikzylindern. Elektrozylinder sind Verstellaggregate, die ein Schubrohr linear aus- und einfahren können. Sie zählen zu den elektromechanischen Maschinenbaukomponenten und es gibt sie in unterschiedlichen Größen für verschiedene Kräfte und Anwendungen. Als Antrieb dient ein meist mit einem Getriebe gekoppelter Elektromotor. Je nach Anwendung wird der Elektrozylinder mit einem Gleich- oder Wechselstrommotor, einem Schritt- oder Servomotor ausgestattet. Der Abtrieb ist über eine Kupplung mit einer Gewindespindel verbunden. Mit dieser wird eine mit dem Schubrohr verbundene Spindelmutter zur Erzeugung der Linearbewegung angetrieben. Die Verwendung von Kugelgewindetrieben garantiert einen hohen Wirkungsgrad. Kräftige Kolbenstangengleitlager nehmen die Seitenkräfte auf und die antriebsseitigen Stützlager die hohen Axialkräfte der Spindel. Das Ein- und Ausfahren des Schubrohrs wird über den Rechts-/Linkslauf des Motors bewirkt. Innerhalb der Hublänge des Elektrozylinders kann jede Position stufenlos angefahren werden. Mit Hilfe integrierter Endschalter lässt sich der Hub der Schubrohrbewegung in den jeweiligen Endlagen begrenzen. Die so erzeugten Signale können z. B. einfach in den Steuer- oder Regelkreis einer übergeordneten SPS integriert werden. Weitere Sensoren, wie Drehimpuls- und Weggeber oder Hall-ICs zur Positionserkennung, lassen sich je nach Anwendung hinzufügen.

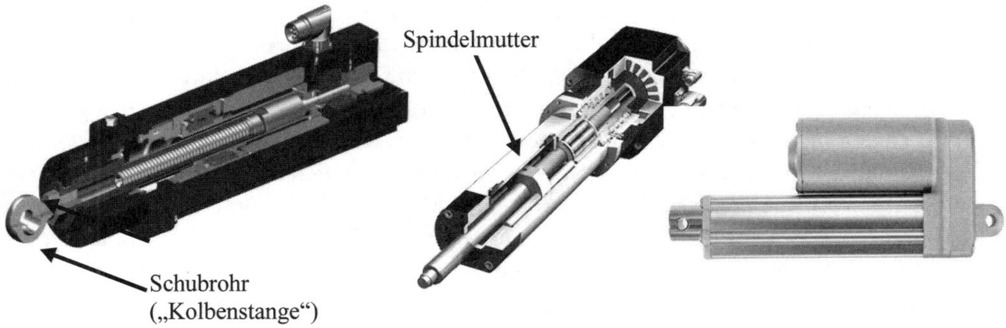

Bild 6.16: Elektrozylinder: verschiedene Bauformen; Motor und Getriebe (rechts)

Die wichtigsten Elemente eines Elektrozylinders (Motor, Getriebe, Spindel, Endschalter) sind in einer kompakten Bauform zusammengefasst und erlauben dadurch meist die unkomplizierte Integration in eine Gesamtkonstruktion. Da zum Anschluss lediglich Stromleitungen benötigt werden, gestaltet sich die Installation recht einfach. Somit entfallen Luftschläuche wie bei Pneumatikzylindern oder Hochdruckschläuche für Hydraulikzylinder. Auch Leckagen, wie sie bei Pneumatik und Hydraulik auftreten können, sind bei Elektrozylindern konstruktionsbedingt nicht zu befürchten. Im Gegensatz zu Elektrozylindern erfordert der Einsatz von Pneumatik- und Hydraulikzylindern mit seinen komplexen Steuerungsventilen einen erheblich höheren Steuerungsaufwand. Bild 6 16 zeigt Elektrozylinder in verschiedenen Ausprägungen.

6.6.6 Hydraulik und Pneumatik

Die ein- und ausfahrenden Kolben von Hydraulik- oder Pneumatikzylindern führen unmittelbar, also direkt und ohne jegliche Umsetzung, lineare Bewegungen aus. Sie werden jedoch selten für die Hauptachsen von Robotern eingesetzt. Nur bei der Hantierung sehr schwerer Lasten können sich hydraulisch angetriebene Achsen als vorteilhaft erweisen. Nachteilig ist der Aufwand zur Erzeugung und Aufbereitung des Öldrucks, für Zuleitungen, Steuerventile und die exakte Lageregelung der Achsen. Kompakte Pneumatikzylinder mit kurzen Hublängen finden sich jedoch oft im Bereich der Handachsen, Greifer oder Werkzeuge. Beim Einsatz in Greifern zum Halten von Objekten oder beim Spannen von Werkstücken erweisen sich pneumatische Antriebe vielfach als unkompliziert, kostengünstig und sehr schnell. Ein anderer Einsatz der Pneumatik nutzt Unterdruck zum Ansaugen von Objekten mit glatten Oberflächen oder das Klemmen von Werkstücken mit dem Luftdruck. Aufnehmen und Ablegen der Teile lassen sich mit Ein- oder Ausschalten der Druckluft durch einfache binäre Pneumatikventile steuern.

6.6.7 Linearmotoren

Linearmotoren finden zunehmend Anwendung als Antriebe in Werkzeugmaschinen und Handling- bzw. Robotersystemen zur Realisierung translativer Bewegungen. Normalerweise wird ein linearer Vorschub indirekt von einem rotierenden Elektromotor erzeugt und in einem Getriebe in eine geradlinige Bewegung der mit ihm verbundenen Objekte umgesetzt. Linearmotoren ermöglichen es jedoch, die translatorische Bewegung direkt herbeizuführen, weshalb man sie auch Direktantriebe nennt. Die Motoren folgen demselben Funktionsprinzip wie ein Drehstrommotor, wobei lediglich die ursprünglich kreisförmig angeordnete elektrische Erregerwicklung, der Stator, auf einer ebenen Strecke „abgewickelt" ist. Der „Läufer", also der im Drehstrommotor sich drehende Rotor, wird beim Linearmotor von einem sich längs bewegenden Magnetfeld über die Fahrstrecke gezogen (Bild 6.17). Linearmotoren zeichnen sich insbesondere durch hohe Beschleunigungen und Verfahrgeschwindigkeiten aus. Ein Linearmotor kann in beliebiger Länge gebaut werden, so dass sich damit große Hübe realisieren lassen. Übliche Linearmotoren arbeiten nach dem elektrodynamischen Wirkprinzip. Andere, auf piezoelektrischen, elektrostatischen, magnetischen, magnetostriktiven oder thermoelektrischen Wirkungsprinzipien basierende Linearaktoren werden in der Robotik nur für Sonderanwendungen eingesetzt und sollen daher zunächst nicht näher betrachtet werden.

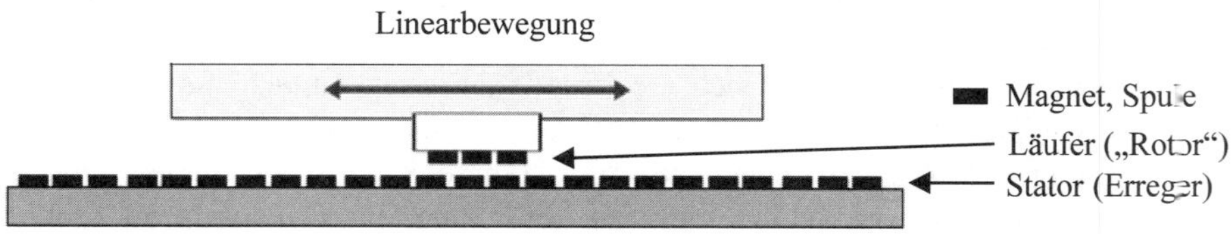

Bild 6.17: Prinzip eines Linearmotors

Aufbau und Funktionsweise von Linearmotoren gehen aus Bild 6.18, links, hervor. In einem Linearmotor nach dem elektrodynamischem Wirkprinzip besteht der „Läufer“ (Translator) aus mehreren Magnetspulen mit Eisenkern in einer Spuleneinheit. Er bewegt sich über eine Bodenplatte mit Dauermagneten (oder Elektromagneten) über die gesamte Distanz (siehe Bild 6.17 und Bild 6.18, links). Die Länge dieser Bodenplatte bestimmt die Reichweite (Hub) des Linearmotors. Der Läufer wird dadurch fortbewegt, dass die Stromphasen und damit die Magnetfelder in aufeinanderfolgenden Spulen wechseln. Die Wechselgeschwindigkeit der Stromphasen steuert die Geschwindigkeit des Motors. Zudem besteht natürlich ein Zusammenhang zwischen der Stomstärke in den Spulen und der daraus resultierenden Bewegungskraft (die wirkende Lorentzkraft).

Bei einer anderen Version mit zwei Statoren enthält der Motor neben dem die Permanentmagneten tragenden Translator zwei mit Elektromagneten versehene Teilstatoren, die in Bewegungsrichtung um eine halbe Polteilung versetzt sind (Bild 6.18, rechts). Die Statorwicklung besteht aus einfachen Spulen, die jeweils einen Statorzahn umschließen. Die beiden Teilstatoren werden entsprechend ihrer räumlichen Versetzung (Polteilung) mit um 90° elektrisch gegeneinander verschobenen Stromphasen gespeist.

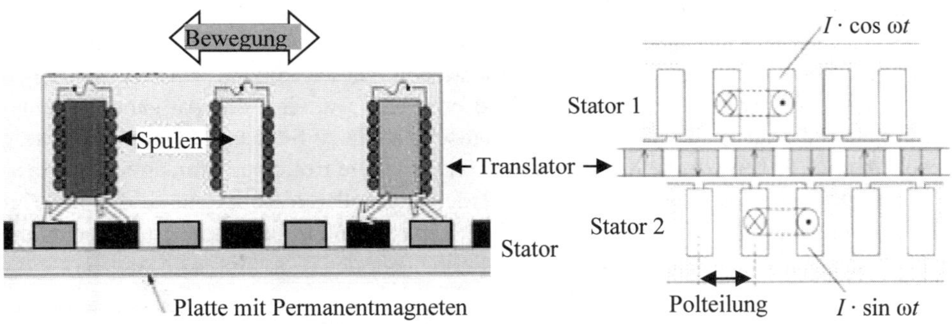

Bild 6.18: Prinzip eines Linearmotors mit Permanenterregung und zwei Statoren

In Tabelle 6.4 finden Sie abschließend eine Zusammenstellung von Vor- und Nachteilen der diversen zuvor beschriebenen Konzepte für Linearantriebe.

Tabelle 6.4: Vergleich diverser Konzepte für Linearantriebe

Kriterium	Zahnstange/ Ritzel	Kugelroll-Spindel	Zahnriemen	Linearmotor
Motoranbau	Motor feststehend	Motor feststehend	Motor feststehend	Aktivteil feststehend/mitfahrend
Realisierung großer Hübe	einfach	nicht möglich	nur bedingt möglich	gut möglich
Schwingungsneigung bei großen Hüben	gering	hoch	hoch	gering
Kosten bei kleinen Hüben	gering	hoch	gering	hoch
Kosten bei großen Hüben	gering	nicht realisierbar	nur bedingt realisierbar	sehr hoch

6.7 Die kinematische Kette

Bei der Kinematik unterscheidet man in der Robotertechnik grundsätzlich zwischen den Hauptklassen der seriellen und der parallelen Kinematik. Während die serielle Kinematik aus einer Aneinanderreihung von Armteilen besteht, wirken bei der Parallelkinematik mehrere Schubgelenke direkt auf den Werkzeugträger.

6.7.1 Serielle Kinematik

Als serielle Kinematik bezeichnet man den klassischen Aufbau der bereits mehrfach erwähnten kinematischen Kette, bei welcher die einzelnen Bewegungsachsen der Reihe nach aufeinander aufbauend, also in Serie, angeordnet werden. Unter der „Kinematischen Kette“ versteht man somit eine Aneinanderreihung von mehreren starren Körpern (den Gliedern der Kette), die miteinander durch Gelenke beweglich verbunden sind. Das Gelenk verbindet genau zwei Glieder und kann unterschiedliche Freiheitsgrade aufweisen. Ein Glied kann mehrere Gelenke haben und zwei Glieder können wiederum durch mehrere Gelenke verbunden sein. Eine kinematische Kette besteht aus mindestens drei Gliedern. Die Anordnung und Art der Gelenke sowie der Glieder haben Einfluss auf die Bahnkurven, die von den einzelnen Gliedern beschrieben werden können. Diese Bahnkurven werden über Methoden der Getriebeanalyse ermittelt, während die Aufgabe, zu einer bestimmten Bahnkurve eine geeignete kinematische Kette zu finden, der Getriebesynthese vorbehalten ist. Kinematische Ketten spielen eine wichtige Rolle bei Planung und Berechnung der möglichen Bewegungen von Industrie- und anderen Robotern. Bild 6.19 zeigt links das Schema einer offenen kinematischen Kette mit 3 Freiheitsgraden und rechts die kinematische Kette eines Roboterarms mit 6 Freiheitsgraden (6 rotatorische Achsen).

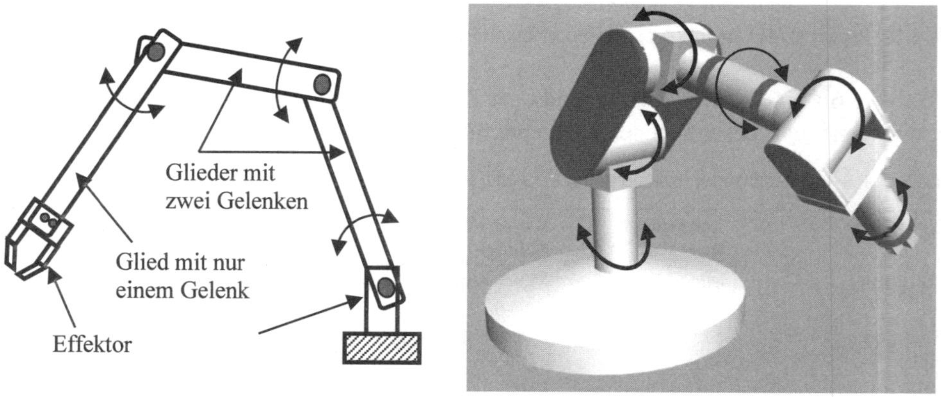

Bild 6.19: Kinematische Ketten: offene kinematische Kette mit 3 Freiheitsgraden (links) und kinematische Kette eines Roboters mit 6 Freiheitsgraden (rechts)

Eine kinematische Kette heißt einfach, wenn kein Glied mit mehr als zwei anderen Gliedern verbunden ist; andernfalls bezeichnet man sie als zusammengesetzt. Wenn jedes Glied der Kette mit wenigstens zwei anderen Gliedern verbunden ist, also zwei Gelenke besitzt, so ist die kinematische Kette geschlossen, andernfalls ist sie offen (Bild 6.19, links). Vollzieht jedes Glied einer kinematischen Kette eine bestimmte Bewegung in Bezug auf jedes andere Glied, so nennt man sie eine zwangsläufige Kette. Es bewegen sich dann die Punkte eines jeden Gliedes in Bezug auf jedes andere Glied in bestimmten Bahnen.

6.7.2 Parallelkinematik

Als Parallelkinematik bezeichnet man eine Kinematik mit parallel verlaufenden Bewegungsachsen. Häufig werden hier parallele Stabkinematiken eingesetzt. Hierbei ist jeder Antrieb direkt mit dem Werkzeugträger bzw. der zu bewegenden Plattform verbunden. Dadurch werden die Antriebe nicht wie bei einer seriellen Kinematik mit den Massen aller folgenden Glieder und Antriebe belastet. Da alle Antriebe gleichzeitig, also parallel zueinander, bewegt werden, teilen sich die Belastungen gleichmäßig(er) auf alle Führungselemente auf. Die daraus resultierenden geringen bewegten Eigenmassen ermöglichen eine extreme Dynamik mit hohen Geschwindigkeiten und Beschleunigungen bei gleichzeitig hoher Präzision der Mechanik. Ein weiterer wesentlicher Unterschied zu seriellen Mechaniken besteht darin, dass bei der Parallelkinematik alle Antriebe, insbesondere die Motoren und Getriebe, ortsfest bleiben. Dies optimiert nicht nur die Dynamik und Leistung derartiger Roboter, sondern auch deren Energiebilanz. Parallelkinematik-Roboter werden eingesetzt, wenn einfachere Bewegungsabläufe mit hoher Wiederholgenauigkeit und Geschwindigkeit gefordert sind. Typische Vertreter der parallelkinematischen Roboter sind die spinnenähnlichen so genannten Delta-Roboter. Deren Anwendungsschwerpunkte sind schnelle Pick-and-Place-Anwendungen oder Handhabungs-, Montage- und Verpackungsaufgaben mit Fließbandverfolgung. Die Parallelkinematik verbindet in der Regel eine feste Grundplattform mit einer bewegten Arbeitsplattform über mehrere parallele kinematische Glieder, wie im Bild 6.20 zu sehen. Mehr zu diesem Thema finden Sie im Kapitel 9 „Industrieroboter“.

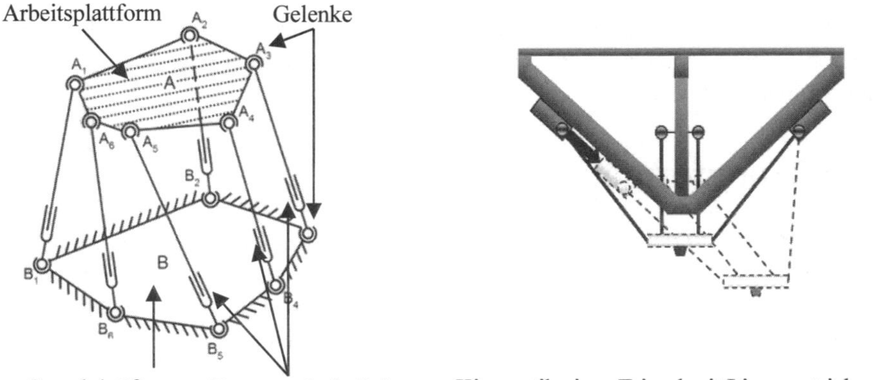

Kinematik eines Tripod mit Linearantrieben (FESTO)

Bild 6.20: Parallelkinematik eines Hexapod (links) und eines Tripod (rechts)

Roboter mit Parallelkinematik zeichnen sich durch folgende wesentliche Vorteile aus:

- optimales Verhältnis zwischen bewegtem Eigengewicht und Traglast erzielt maximale Dynamik bei sehr hoher Präzision,
- extreme mechanische Steifigkeit,
- hohe Energieeffizienz,
- kompakte Bauweise,
- platzsparende Deckenmontage möglich.

Als nachteilig erweisen sich ein geringer Arbeitraum sowie eine recht aufwendige Steuerung.

6.7.3 Hexapoden, Tripoden

Ein Hexapod (*griechisch:* hexa = sechs, pod = Fuß) ist eine spezielle Form einer Parallelkinematikmaschine. Sie verfügt über sechs Antriebselemente für sechs Beine veränderlicher Länge (Bild 6.20 links). Die typische Konstruktion des Hexapods ermöglicht eine Beweglichkeit in sechs Freiheitsgraden, drei translatorischen sowie drei rotatorischen. Durch die parallele Anordnung der Antriebe besitzen Hexapoden im Vergleich mit seriellen Robotern ein besseres Verhältnis von Nutzlast zu Eigengewicht. Entsprechend der Anzahl von Achsen ist die Bezeichnung „Tripod-Roboter" für dreiachsige Roboterkinematiken mit parallelen Linearachsen gängig (Bild 6.20 rechts).

Parallelkinematiken mit hoher Steifigkeit und Bahntreue, wie bei den auch als Delta-Roboter bezeichneten Hexapod- oder Tripod-Robotern, eignen sich für schnelle Pick-and-Place-Aufgaben und zur Handhabung von Werkzeugen oder Werkstücken für Bearbeitungsaufgaben wie Bohren, Schleifen, Trennen oder Schweißen. Auch bei den Tripoden wird die Bewegung des TCP nicht über drei serielle Grundachsen realisiert, sondern über drei Linearachsen in paralleler Anordnung. Damit besitzen auch Tripoden eine Bewegungsfähigkeit in sechs Freiheitsgraden.

6.8 DH-Transformation

Die Denavit-Hartenberg-Transformation ist ein mathematisches Verfahren, das mit Hilfe der Matrizenrechnung die Koordinatentransformation innerhalb von kinematischen Ketten ermöglicht und so die Berechnung der „direkten Kinematik" oder sog. Vorwärtskinematik erleichtert. Wie bereits im vorhergehenden Abschnitt angedeutet, bildet ein (serieller) Roboter eine offene kinematische Kette von Gliedern bzw. Armteilen. An jedem Armteil ist ein weiteres Armteil über ein Gelenk beweglich angebracht, bis beim Effektor das Ende der Kette erreicht ist. Die Lage jedes Armteils wird durch ein Koordinatensystem beschrieben. Die aktuelle Stellung zweier Armteile zueinander lässt sich mit Hilfe einer Transformationsmatrix mathematisch festlegen. Damit kann man also den Übergang von einem Armteil-Koordinatensystem zum nächsten beschreiben. Am Ende der Transformationskette gelangt man zur eindeutigen Position und Orientierung (Pose) des Effektors. Im Bereich der Roboterkinematiken wird diese Transformation als Standardverfahren genutzt.

Inverse Kinematik

Die „inverse Kinematik" oder Rückwärtstransformation hingegen ermöglicht bei einem Industrieroboter die Bestimmung der Gelenkwinkel einzelner Armelemente anhand von Position und Orientierung des Endeffektors bzw. des TCPs. Wenn die Steuerung also einen kartesisch festgelegten Punkt des TCPs anfahren soll, muss sie von den kartesischen Koordinaten auf die Gelenkkoordinaten der einzelnen Roboterachsen transformieren bzw. umrechnen. Diese Transformation ist das logische Gegenstück zur direkten Kinematik und spielt eine wichtige Rolle bei der Bewegungssteuerung von Industrierobotern. Bei der inversen Kinematik wird das letzte Glied der kinematischen Kette, also der Endeffektor, zunächst in eine gewünschte Lage gebracht. Alle übrigen Glieder der Kette müssen dann entsprechend den Freiheitsgraden ihrer Gelenke passende Lagen einnehmen. Die eigentliche DH-Transformation zwischen Objekt- und Ortskoordinatensystemen besteht in der Hintereinanderausführung von einzelnen Transformationen auf der Basis von Matrizen-Algorithmen (Additionen, Multiplikationen). Doch, wie bereits zuvor festgestellt, sind die Lösungen hierzu oft mehrdeutig oder aber es existiert gar keine exakte Lösung.

Armteile

Unbedingte Voraussetzung für die DH-Transformationen ist zunächst die Festlegung der erforderlichen Koordinatensysteme. Diese umfasst die Nummerierung der Armteile, das Legen eines Koordiantensystems in jedes Armteil und die Beschreibung der relativen Lage dieser Koordinatensysteme in Bezug zum jeweiligen Vorgänger. Dabei ist der festgeschraubte Fuß (Basis) das Armteil 0, das erste drehbare Armteil ist Armteil 1 usw. Das letzte Armteil der Kette ist der Effektor. Die Transformationen erzeugen dann jedes weitere Koordinatensystem (außer dem ersten) aus dem vorhergehenden. So ergibt sich für Roboter mit 6 Freiheitsgraden eine kinematische Kette nach folgendem Schema:

$$\mathrm{AT0} \rightarrow \mathrm{AT1} \rightarrow \mathrm{AT2} \rightarrow \mathrm{AT3} \rightarrow \mathrm{AT4} \rightarrow \mathrm{AT5} \rightarrow \mathrm{AT6} \quad (\text{mit AT = Armteil})$$

Daraus folgt: Dreht sich beispielsweise eine Achse A2 um ihre vorangehende Achse A1 (Rotationsgelenk), so dreht sich nicht nur die Achse A2, sondern der mit ihr verbundene gesamte restliche Roboterarm um diese Achse A1.

Vom Prinzip her sind diese Transformationen recht einfach zu verstehen. Die Bewegungsachsen können entweder Linearachsen (Schubachsen) oder Rotationsachsen (Drehachsen) sein. Legt man als Koordinatensystem die kartesischen Koordinaten x, y und z zugrunde (kartesische Koordinaten sind ohnehin die bevorzugten Koordinaten für den Menschen beim Programmiervorgang), so entspricht die Translation einer Linearachse der Verschiebung von einer oder mehreren Koordinaten. Die Rotation einer Drehachse hingegen wird durch die Drehung des Koordinatensystems um die Raumwinkel Φ_x, Φ_y, und Φ_z ausgedrückt.

Die Berechnung einzelner oder weniger Transformationen ist relativ einfach. Man versucht mit Hilfe trigonometrischer Funktionen aus den beteiligten Winkeln und Abständen der Gelenke die resultierenden kartesischen Koordinaten des Roboters zu ermitteln. Wenn die Zahl der Achsen klein oder die Geometrie des Roboters einfach ist, gelangt man so recht gut zum Ziel. Diese Vorgehensweise kann auch als Bildung einer Kette von Vektoren aufgefasst werden, die von der Basis bis zum Effektor reicht. Mit der Anzahl der Achsen, also der Länge der kinematischen Kette, ergeben sich jedoch zunehmend komplizierte und schwer handhabbare mathematische Ausdrücke.

Bei einem anderen Verfahren, der Matrizenmethode, definiert man für jedes Armteil des Roboters ein eigenes Koordinatensystem und beschreibt mit Hilfe der Multiplikation von Matrizen den jeweiligen Übergang von einem Armteil zum nächsten. Vollzieht man dann nacheinander alle Transformationen vom ersten bis zum letzten Armteil und zum TCP, so hat man unter Einbeziehung der Gelenkkoordinaten die gesamte kinematische Transformation vom Roboterfuß bis hin zum TCP realisiert. Auf die zugrunde liegenden recht aufwendigen mathematischen Verfahren soll hier jedoch nicht weiter eingegangen werden.

6.9 Menschliche Gelenke

Da bei der Konstruktion und kinematischen Gestaltung von Robotern, insbesondere von humanoiden Robotern, dem Menschen und den tierischen Organismen in vielerlei Hinsicht eine Modellfunktion zukommt, erscheint es angebracht, einen Vergleich zwischen den Gelenken von Lebewesen und Robotern anzustellen. Konzepte für die kinematische Gestaltung von Robotern orientieren sich häufig am Aufbau des menschlichen Bewegungsapparats (Positionen, Orientierungen), vor allem des menschlichen Arms. So ist der menschliche Arm ein treffendes Beispiel für eine kinematische Kette. Das erste Glied, die Basis, ist der Oberkörper. Der über das Schultergelenk angehängte Oberarm bildet das nächste Glied. Weitere Glieder in der Kette sind der Unterarm, die Hand und die Finger mit ihren Fingergliedern. Da an der Hand mehrere Finger vorhanden sind, handelt es sich hier um eine Parallelverzweigung der Kette.

Aus anatomischer Sicht ist ein Gelenk eine bewegliche Verbindung von zwei oder mehreren Knochen. Nach Form und Aufbau der Gelenkflächen lassen sich menschliche Gelenke (Dreh- bzw. Rotationsgelenke) in folgende Hauptgruppen untergliedern:

- Kugelgelenke, z. B. das Schulter- oder Hüftgelenk, lassen sich um die drei senkrecht aufeinander stehenden Raumachsen bewegen. Dies erfolgt durch Beugung oder Streckung (Ab- und Adduktion) sowie Außen- und Innenrotation. Diese Gelenke besitzen somit drei Freiheitsgrade.
- Scharniergelenke, z. B. das Ellenbogengelenk oder die Fingergelenke (mit Ausnahme der Fingergrundgelenke) sind einachsig, lassen sich nur beugen (Flexion) und strecken (Extension) und besitzen folglich nur einen Freiheitsgrad.

Kaum ein anderes Gelenk erlaubt einen ähnlich großen Bewegungsumfang wie die Schulter (Bild 6.21, links). Selbst Knie- und Ellenbogengelenk sind recht komplexe Gebilde und erscheinen nur in erster Näherung Scharniergelenke zu sein. Das Ellenbogengelenk ist auch zunächst ein reines Scharniergelenk mit nur einem Freiheitsgrad und verbindet den Oberarm mit dem Unterarm. Es ermöglicht als einzige Bewegung das Heranklappen des Unterarms an den Oberarm und die Streckung des Arms. Direkt daneben schließt sich jedoch noch ein Drehgelenk zwischen Elle und Speiche an, das bei der Drehbewegung des Unterarms und der Hand mitwirkt. Genau besehen besitzt somit der Ellenbogen in Verbindung mit den Unterarmknochen Speiche und Elle mehr als nur einen Freiheitsgrad (siehe Bild 6.21, rechts).

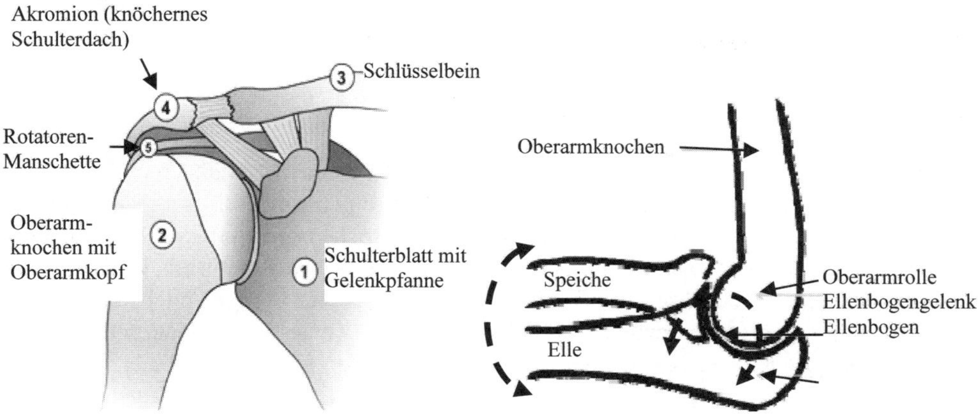

Bild 6.21: Schultergelenk und Ellenbogen

Die menschliche Hand verfügt alleine über 20 Freiheitsgrade, denn jeder Finger besitzt vier Freiheitsgrade, nämlich zwei Scharniergelenke und das Fingergrundgelenk mit zwei Freiheitsgraden. Nimmt man noch das Handgelenk mit seinen zwei Freiheitsgraden hinzu, so ergeben sich insgesamt 22 Freiheitsgrade für die menschliche Hand. Es bedarf keiner großen Phantasie sich vorzustellen, wie komplex und aufwendig sich eine funktionsgetreue technische Nachbildung der menschlichen Hand gestaltet.

6.9.1 Experiment

Um sich eine genauere Vorstellung über die Freiheitsgrade zu verschaffen, kann man einen kleinen Versuch anstellen. Nehmen Sie einen Stift oder Schraubenzieher, quasi als Roboterwerkzeug oder Endeffektor, fest in die Hand. Versuchen Sie nun, mit dem Stift in alle möglichen Richtungen zu zeigen und beobachten Sie dabei Ihre Armgelenke. Sie werden feststellen, dass all diese Bewegungen bereits aus dem Schultergelenk gelingen. Bedingt durch ihre drei Freiheitsgrade können Sie aus der Schulter heraus den Stift sogar etwa 90° um seine Achse drehen. Bei einem weiteren Versuch halten Sie nun die Schulter steif und bewirken die Richtungsänderungen des Stifts mit Hilfe von Ellenbogen und Handgelenk. Auch jetzt gelingt eine Drehung der Stiftachse um ca. 180° durch Drehen der Hand. Dies wird durch eine gelenkige Verbindung zwischen der Speiche und der Elle des Unterarms ermöglicht. Diese Verbindung, die auch als Teil des Ellenbogengelenks aufgefasst werden kann, stellt ein Drehgelenk für die Umwendebewegungen der Hand dar.

Sie werden bei den Versuchen erkennen, dass die Lage der einzelnen Glieder bzw. Armelemente nicht eindeutig sein muss. Es kann und wird im Allgemeinen stets mehrere Konfigurationen geben, die zur gewünschten Lage Ihres „Endeffektors“ führen. Schulter- und Armgelenke verfügen schließlich in der Summe über deutlich mehr Freiheitsgrade als es die gewünschten Drehungen erfordern. Aus den vorhandenen Möglichkeiten muss also jeweils eine sinnvolle Konfiguration ausgewählt werden. Damit gelangen wir wieder zur oben erwähnten inversen Kinematik einer kinematischen Kette, die der menschliche Arm mit all seinen Gelenken darstellt. Bringt man beispielsweise die Hand in eine gewünschte Lage, so nehmen Handgelenk, Ellenbogen und Schulter automatisch ebenfalls bestimmte Stellungen ein. Genau diese Gelenkwinkel-Stellungen lassen sich über die inverse Kinematik oder Rückwärtstransformation bestimmen.

6.9.2 Rotationsbewegungen

Sie haben mit diesem Experiment die drei möglichen Rotationsbewegungen eines Körpers im Raum nachvollzogen. Diese Drehbewegungen erfolgen um drei raumfeste Achsen, also mit drei Freiheitsgraden: Die Gierachse ist die Hoch- oder Vertikalachse und Drehungen um diese Achse nennt man „gieren" (*engl.:* yaw). Die Rotationsbewegung eines Körpers um seine Nickachse oder Querachse wird als „nicken" (*engl.:* pitch) bezeichnet. „Rollen" (*engl.:* roll) nennt man schließlich die Bewegung eines Körpers um seine Längsachse. Große Bedeutung haben diese Rotationsachsen zur Lagebeschreibung von Flugzeugen, Schiffen oder sonstigen Fahrzeugen. In Bild 6.22 finden Sie eine Darstellung der drei Rotationsachsen am Beispiel eines Flugzeugs.

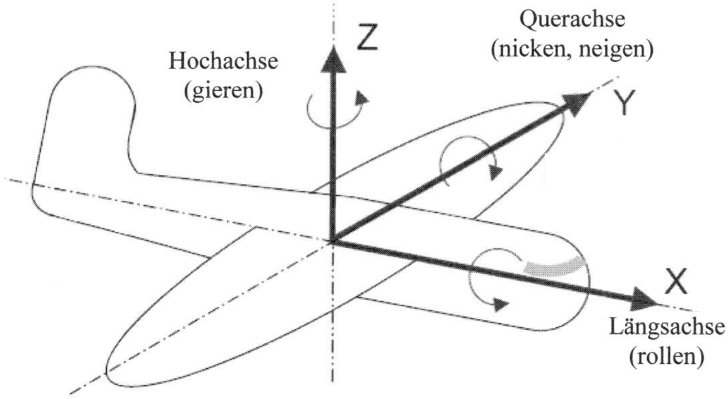

Bild 6.22: Die drei Rotationsachsen eines Körpers im Raum

7 Lageregelung und Wegmessung

Lageregelung bedeutet allgemein die automatische Steuerung der Position eines Systems, z. B. einer Maschinen- oder Roboterachse. Diese Steuerung kann sich auf eine einzelne Achse oder auf die komplette kinematische Kette bis hin zum Endeffektor eines Industrieroboters erstrecken. Bei der Lage- oder Positionsregelung einer Roboterachse werden alle für die Bewegung der Achse relevanten Parameter in Form geschlossener Regelkreise durch die beteiligten Rechner bzw. Prozessoren überwacht, damit die programmierten Positionen präzise und mit der richtigen Geschwindigkeit angefahren werden können. Dabei vergleicht der Regler ständig die gemeldete Ist-Position x_i der Achse und die aktuelle Drehzahl n_i des Antriebs mit den vorgegebenen Sollwerten x_s und n_s und bestimmt daraus die Stellgröße zum Antrieb der Achse (siehe Bild 7.1).

7.1 Lageregelkreise

Die Struktur der Regelkreise besteht häufig aus einer ziemlich komplizierten Ineinanderschachtelung von Regelschleifen für Lage (Position x), Drehzahl n (des Motors) und Motorstrom i, was man auch als Kaskadenregelung bezeichnet. Dabei handelt es sich um eine Kaskadierung mehrerer Regler, deren zugehörige Regelkreise ineinander geschachtelt sind. Die Ausgangsgröße eines Reglers, des Führungsreglers, dient dann als Führungsgröße für einen anderen als Folgeregler. Dadurch wird die Gesamtregelstrecke in kleinere, besser regelbare Teilstrecken untergliedert. Gegenüber einem direkt wirkenden Regler erhöht sich zudem die Regelgenauigkeit und die Regeldynamik. Derartige Regelungen werden gerne bei der Lageregelung von Robotern und CNC-Maschinen eingesetzt.

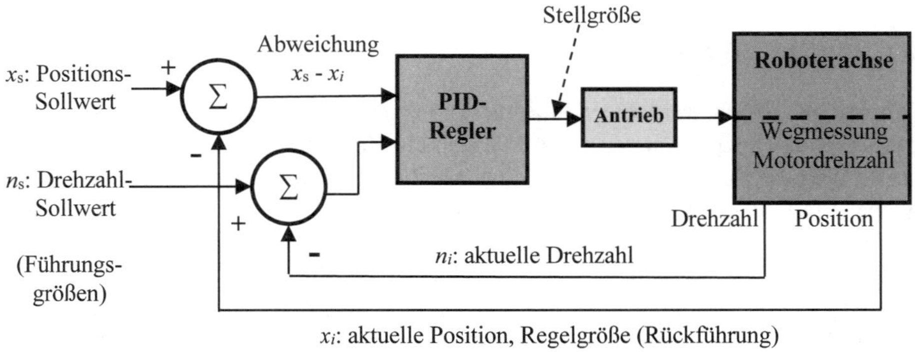

Bild 7.1: Schema der Positionsregelung einer Roboterachse (Lageregelkreis)

Das Blockdiagramm in Bild 7.1 zeigt einen sehr vereinfachten Regelkreis für eine Roboterachse mit einem Standard-PID-Regler (Proportional-Integral-Differential). Zur kontinuierlichen Überwachung der Roboterachsen werden die aktuellen Achspositionen und die Motordrehzahl mit Sensoren zur Erfassung von Weg x und Drehzahl n ermittelt, um auf die Regelungskomponenten für Position und Geschwindigkeit einzuwirken. Wie Bild 7.1 zeigt, liefert der Weggeber über den Rückführungszweig den jeweiligen Istwert der Achsposition x_i, der mit dem programmierten und abgespeicherten Sollwert x_s als Führungsgröße verglichen wird. Ebenso wird die gemessene Motordrehzahl n_i mit ihrem Sollwert n_s verglichen. Unterscheiden sich Soll- und Istwerte, sind also die Regelabweichungen für Position und Drehzahl nicht Null, so erzeugt der Regler bzw. ein Mikrocontroller eine daraus abgeleitete Stellgröße für den Antrieb der Achse.

7.2 Wegmessung

Eine wesentliche Komponente für die Lageregelung ist die Wegmessung. Durch Wegmesssysteme werden die zurückgelegten Verfahrwege der Achsen ermittelt und im Lageregelkreis der numerischen Steuerung mit den programmierten Sollwerten x_s verglichen. Die Position bzw. die Verfahrstrecke einer numerisch gesteuerten (Roboter-) Achse muss präzise und zuverlässig erfasst werden. Die Messsysteme werden nach dem Verfahren, der Messwerterfassung und der Messwertabnahme unterschieden. Bei den Verfahren unterscheidet man zwei Messverfahren: die direkte und die indirekte Wegmessung. Bei beiden Verfahren kann die Messwerterfassung absolut oder inkremental erfolgen und zudem die Messwertabnahme translatorisch (linear, geradlinig) oder rotatorisch (kreisförmig) (siehe Schema in Bild 7.2).

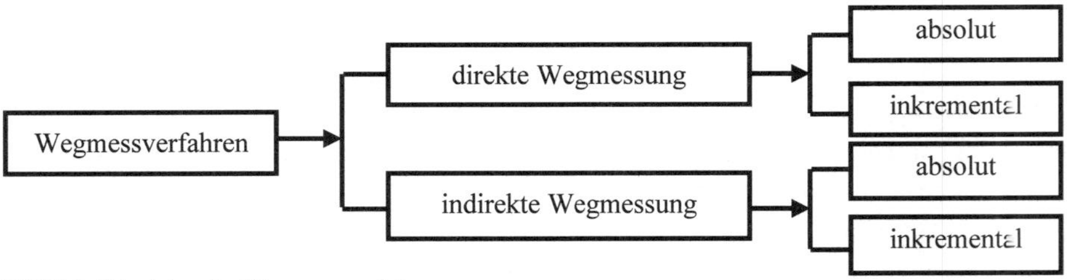

Bild 7.2: Prinzipien der Wegmessverfahren

7.2.1 Direkt und indirekt

Die direkte Wegmessung an einer Linearachse nutzt ein Längenmessgerät, das meistens über einen photoelektrisch abgetasteten Maßstab als Maßverkörperung verfügt. Die Messgröße als Weg des Spindelschlittens wird unmittelbar mit der Bezugsgröße, dem Maßstab, verglichen. Der sich ergebende Vorteil dieser Messung ist eine hohe Langzeit-Messgenauigkeit. Die indirekte Wegmessung hingegen bestimmt den Verfahrweg einer Achse über die Spindel und den Dreh- bzw. Winkelgeber, der direkt mit der Vorschubspindel verbunden ist. Hier wird die Messgröße aus der Erfassung einer Hilfsgröße, dem Winkel des Drehgebers bzw. der Drehung der Vorschubspindel und der Spindelsteigung berechnet. Bild 7.3 verdeutlicht den prinzipiellen Unterschied zwischen direktem (oben) und indirektem Wegmessverfahren (unten).

Die Art der Wegmessung entscheidet über die Messgenauigkeit, die sich auch auf die Qualität gefertigter Werkstücke auswirkt. Bei der zwar unempfindlichen und kostengünstigen indirekten Wegmessung beeinträchtigen beispielsweise die Ungenauigkeiten der mechanischen Übertragungselemente, wie Gewindespindel oder Zahnstange (Temperaturdehnung, Fertigungsungenauigkeiten der Spindel, Gewindespiel etc.), die Messgenauigkeit.

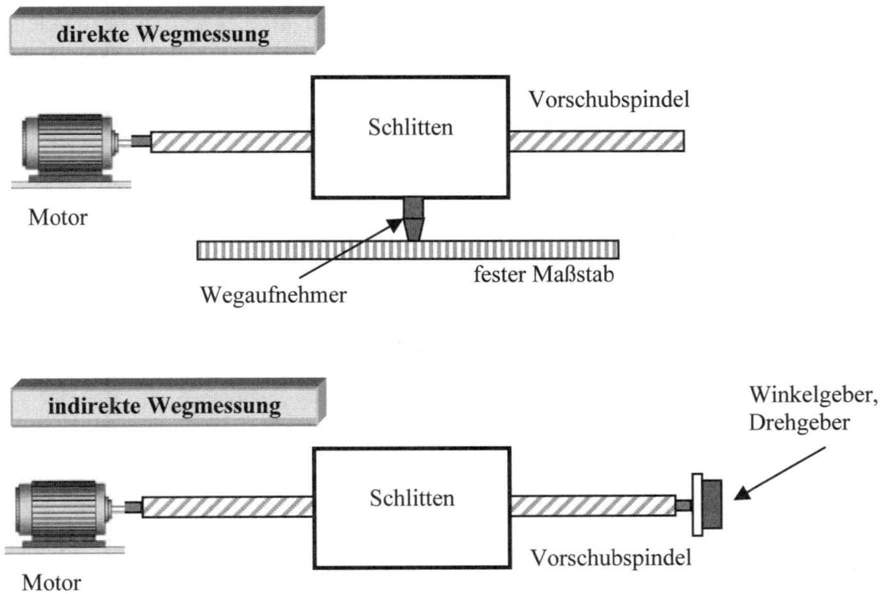

Bild 7.3: Direkte und indirekte Wegmesssysteme

7.2.2 Absolut oder inkremental

Für die Wegmessung in Werkzeugmaschinen, wie Fräsmaschinen, Bohrwerke, Dreh- und Schleifmaschinen, oder für Industrieroboter werden im Allgemeinen Linearmaßstäbe für translatorische Achsen oder rotierende Scheiben (Dreh-Encoder) für Drehachsen eingesetzt. Hierbei wiederum ist zu unterscheiden zwischen absoluter oder inkrementaler Messung.

Inkrementale Wegmessgeräte wandeln die Bewegung einer Achse in (elektrische) Zählimpulse um. Jeder Zählimpuls entspricht, je nach Auflösung, einem Weg- oder Winkelsegment (Inkrement). Die so erzeugten Signale lassen sich mit einfachem elektronischem Aufwand, in der Regel mit Zählbausteinen, auswerten. Im Gegensatz zu den absoluten Messsystemen arbeiten inkrementale Verfahren relativ und meist bezogen auf eine Referenzposition als festgelegtem Punkt im Maschinenkoordinatensystem. Diese kann durch einen externen Sensor, im einfachsten Fall einen Mikroschalter, festgelegt werden. Ausgehend vom Referenzpunkt werden die Zählimpulse, d. h. die Inkremente als Weg- oder Winkelschritte, von einem Zähler gezählt. Die Zählrichtung lässt sich bei Inkremental-Encodern durch zwei um 90° versetzte Signale (A und B) erkennen (siehe Bild 7.4). Die Summe der Zählimpulse entspricht dann der Anzahl zurückgelegter Winkelsegmente, also dem gesamten Drehwinkel oder dem zurückgelegten Weg. Zur Ermittlung der eigentlichen Messgröße werden die Zählergebnisse mit den mechanischen Parametern des Untersetzungsgetriebes verrechnet und liefern so die translatorischen oder rotatorischen Koordinaten der Roboterachse.

Die inkrementale Wegmessung ist wegen ihrer Einfachheit und Wirtschaftlichkeit weit verbreitet. Allerdings ergeben sich Fehler daraus, dass durch äußere Einwirkungen (elektromagnetische Störungen, Überspannungen etc.) entweder einzelne Impulse auf dem

Übertragungsweg zur Zähleinheit verloren gehen oder mehr als tatsächlich vorhandene Impulse vorgetäuscht werden. In beiden Fällen bedeutet das den Verlust der wahren Positionsinformation. In jedem Fall muss dann nach einer Störung bzw. auch nach jedem Spannungsausfall oder Einschalten der Referenzpunkt erneut angefahren werden, damit das System weiß, wo es steht.

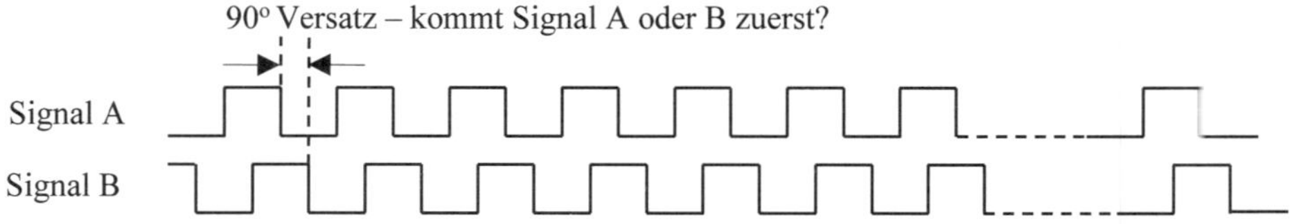

Bild 7.4: Inkrementale Codierung (Inkrementalgeber)

Absolute Wegmessgeräte übergeben der Steuerung die Position des Maschinenschlittens oder der Roboterachse als absoluten Wert. Jedem Teilungsschritt ist ein exakter Zahlenwert eindeutig zugeordnet. Dadurch ist die Maschine nach dem Wiedereinschalten sofort einsatzbereit und es muss kein Referenzpunkt angefahren werden. Eine meist optische Abtasteinrichtung erfasst durch lichtdurchlässige und lichtundurchlässige Markierungen auf dem Maßstab die Stellung der Achse. Dabei konvertiert ein Dreh-Encoder (Winkelcodierer) eine Drehbewegung, also eine Winkel-Position, in ein digitales Bit-paralleles Signal. Ein Linear-Encoder wandelt auf ähnliche Weise lineare Positionen ebenfalls in einen digitalen Zahlenwert um. Die Längen- oder Winkelauflösung und damit die Bitbreite des digitalen Messwerts wird durch die Anzahl der Spuren auf dem Codemaßstab bestimmt. Der in Bild 7.5 dargestellte Maßstab hat nur 4 Spuren. Das entspricht einer Wortbreite des Digitalwerts von 4 Bit oder $2^4 = 16$ Messwerten – eine für die Praxis total ungenügende Auflösung. Allgemein erhält man für n Spuren 2^n Messwerte als Anzahl unterschiedlicher Weg-/Winkelpositionen. Soll beispielsweise ein Maßstab mit der Länge 500 mm mit einer Auflösung von 2 µm ausgelesen werden, so sind 18 Bit, also 18 parallele Spuren erforderlich ($2^{18} = 262.144$). Bild 7.5 zeigt das Prinzip der absolut codierten Wegmessung mit 4 Spuren. Die Spuren des Codelineals entsprechen dem dualen Zahlencode. Jede Spur wird mit Hilfe einer Lichtquelle (LED) und einem optischen Empfänger (Fotodiode, Fototransistor) abgetastet und liefert ein binäres Signal (Bild 7.5, rechts).

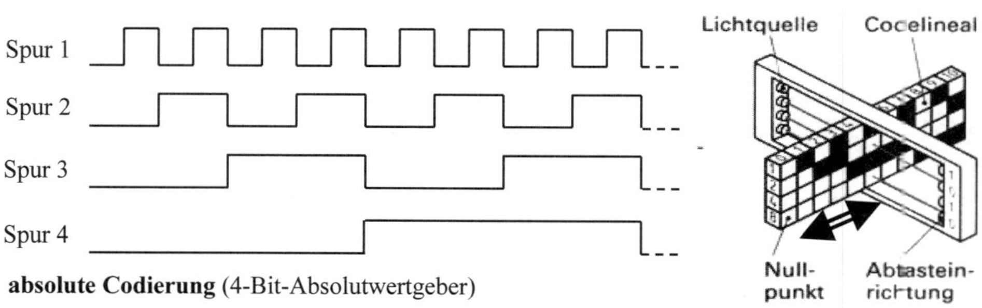

Bild 7.5: Prinzip (links) der absolut codierten Wegmessung und Realisierung (rechts)

Die Auflösung ist die kleinste erfassbare Änderung des Winkels oder der Lage einer Roboterachse. Da nur Änderungen von dieser Größenordnung nachweisbar sind, bestimmt die Auflösung die Genauigkeit, mit der eine Messung vorgenommen wird. Übliche industrielle Codegeber besitzen Auflösungen zwischen 8192 Werten → 13 bit und 65536 Werten → 16 bit. Spezialausführungen gehen jedoch weit über diese Auflösungen hinaus. Manche absoluten oder inkrementellen Maßstäbe bieten Auflösungen bis auf wenige Mikrometer und stoßen mit nachfolgenden Interpolationen und optischen Tricks sogar bis in Nanometerbereiche vor.

7.2.3 Gray-Code

Betrachtet man die Codeübergänge bei Dualcode-Signalen bzw. Signalgebern, so findet man benachbarte Dualwerte, bei denen sich mehrere oder gar alle Bitstellen ändern können. So sind bei einem dualen 8-Bit-Code beim Übergang von $0111\ 1111_2$ (= 127_{10}) auf $1000\ 0000_2$ (= 128_{10}) zugleich alle acht Bitstellen betroffen. Theoretisch sollten sich bei einem neuen Messwert alle Bits exakt gleichzeitig ändern, doch dies ist in der Praxis meistens nicht der Fall. Bei kleinen Schwankungen oder Ungenauigkeiten der Ablesung eines Messwerts zwischen 127_{10} und 128_{10}, z. B. verursacht durch Bauteilstreuungen oder Asymmetrien bei Winkelcodierern, könnten kurzzeitig beliebige Binärzustände zwischen den beiden Messwerten auftreten, was zu falschen Ergebnissen führen würde. Dies vermeidet der Gray-Code, dessen Besonderheit darin besteht, dass sich beim Übergang von einem auf den benachbarten Zahlencode stets nur genau ein Bit ändert. Der Gray-Code wird daher auch als ein „stetiger" oder einschrittiger Code bezeichnet. In Tabelle 7.1 finden Sie eine Gegenüberstellung von Dual- und Gray-Code mit 4 Stellen.

Tabelle 7.1: Gegenüberstellung eines vierstelligen Dual- und Gray-Codes

Dezimalzahl	Dualzahl	Gray-Code
0	0000	0000
1	0001	0001
2	0010	0011
3	0011	0010
4	0100	0110
5	0101	0111
6	0110	0101
7	0111	0100
8	1000	1100
9	1001	1101
10	1010	1111
11	1011	1110
12	1100	1010
13	1101	1011
14	1110	1001
15	1111	1000

Spiegelung der 2 unteren Stellen (zwischen 3 und 4)
Spiegelung der 3 unteren Stellen (zwischen 7 und 8)
Spiegelung der 2 unteren Stellen (zwischen 11 und 12)

Betrachtet man die Gray-Code-Folgen in Tabelle 7.1, so kann man eine Spiegelung der drei unteren Bitstellen in der durch eine dicke Linie markierten Mitte erkennen – daher auch die Bezeichnung „reflektierter Code". Beide Hälften unterscheiden sich nur durch das höchstwertige Bit „0" bzw. „1". Weitere Spiegelungen für die zwei unteren Bitstellen findet man beiderseits der gestrichelten Linien. In Bild 7.6 sind ein 5-stelliger Dualcode und ein 5-stelliger Gray-Code gegenübergestellt. Die starke Mittellinie im Dualcode markiert den Übergang der Zahlen 15 und 16. Man erkennt, dass sich bei diesem Übergang alle fünf Bits ändern.

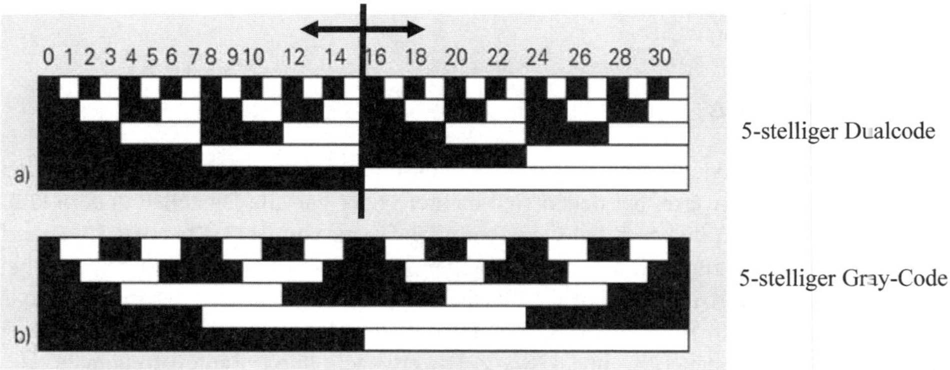

Bild 7.6: Linear-Encoder mit Dualcode (a) und Gray-Code (b)

Da es sich beim Gray-Code um einen „nicht-gewichteten“ Code handelt, also den einzelnen Bitpositionen keine feste Wichtung zukommt, ist dieser Code ungeeignet für weitere Bearbeitungen wie arithmetische Berechnungen. Daher ist es meist erforderlich, den Gray-Code in einen Dualcode zu konvertieren.

Codescheiben

Bild 7.7 zeigt links die Gray-Code Scheibe eines Drehwinkelgebers mit vier Spuren, also vier Bitstellen für 16 Winkelpositionen sowie rechts das Schema eines 5-Bit-Winkelcodierers im Gray-Code mit optischer Ablesung. Es handelt sich hierbei um Absolutwertgeber. Die Codescheiben optischer Drehgeber bestehen meist aus Glas oder Kunststoff mit optisch transparenten und undurchlässigen Bereichen. Eine Anordnung mit Lichtquellen (sichtbares oder Infrarot-Licht oder Laserdioden) und Fotoelementen liest die optischen Spuren als einen der Geberposition entsprechenden Code aus. Der Absolutwertgeber erzeugt einen eindeutigen binären Code, der einem absoluten Winkel der Welle zugeordnet werden kann. Dieser Code wird vom Steuergerät, z. B. von einem Mikrocontroller, verarbeitet, um die aktuelle Winkelposition einer Achse zu bestimmen.

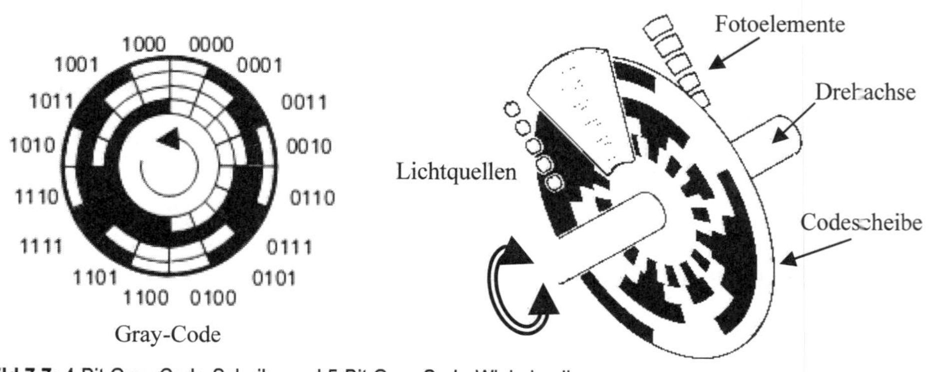

Bild 7.7: 4-Bit Gray-Code-Scheibe und 5-Bit Gray-Code-Winkelcodierer

7.3 Drehzahlmessung

Zur Geschwindigkeits- oder Drehzahlmessung für die unterlagerte Regelung der Motordrehzahl verwendet man meist einen Tachogenerator, der mit der Vorschubspindel oder der Motorwelle direkt mechanisch verbunden ist. Durch die Drehung wird vom Generator eine Spannung induziert, die proportional zur Winkelgeschwindigkeit ist. Am Ausgang des Gebers liegt dann ein elektrisches Signal an, das den Istwert der Drehzahl repräsentiert. Sehr langsame Drehungen können damit jedoch nicht erfasst werden. Daher werden Tachogeneratoren zunehmend durch die ohnehin vorhandenen preiswerten Inkrementalgeber oder Winkelcodierer ersetzt, die bis zum Stillstand arbeiten können. Schließlich ist Geschwindigkeit nichts Anderes, als gemessene Weg- oder Winkelinkremente pro Zeiteinheit.

8 Koordinatensysteme

Bei der Programmierung eines Roboters, insbesondere eines Industrieroboters, müssen die Bewegungen und Positionsfolgen aller Roboterachsen einschließlich der Ausrichtung des Endeffektors als Folgen von Koordinatenwerten gespeichert werden. Das erfordert für jeden Punkt der Roboterbahn normalerweise sechs Koordinatenwerte, jeweils drei für die Lage des Roboterarms (die Hauptachsen) und drei für die Ausrichtung des Endeffektors oder Werkzeugs (die Handachsen). Wie bereits in vorhergehenden Kapiteln dargelegt wird die Werkzeugposition eines Industrieroboters über seinen sogenannten TCP (Tool Center Point) beschrieben. Dies ist ein gedachter Referenzpunkt, der sich an geeigneter Stelle am Werkzeug befindet. Ursprünglich hatte man bei Industrierobotern eine Elektrode einer Punktschweißzange als TCP definiert. Stillschweigend wurde damit allgemein das Tool- oder Werkzeugkoordinatensystem definiert. Sein Koordinatenursprung ist damit deckungsgleich mit dem TCP. Die *Z*-Richtung weist zur anderen Elektrode und die *X*-Richtung steht orthogonal auf der durch die Elektrodenarme gebildeten Fläche. Um zu beschreiben, welche Lage ein Werkzeug einnehmen soll, genügt es, Position und Orientierung des TCP im Raum zu definieren. Bevor wir uns mit den verschiedenen bei Robotern verwendeten Koordinaten- und Bezugssystemen näher befassen, erscheint es angebracht, sich zunächst mit den hierzu eingesetzten Koordinatensystemen etwas vertraut zu machen.

8.1 Koordinaten

Ein Koordinatensystem dient ganz allgemein zur eindeutigen Festlegung der Position von Punkten oder Objekten in einem geometrischen Raum. Dabei ist eine Koordinate selbst eine Zahl, mit der man die Lage eines Punkts für eine Dimension in einer Ebene oder im Raum angibt. Jede der zur Lagebeschreibung erforderlichen Dimensionen wird durch eine Koordinate auf einer Achse, der Koordinatenachse, ausgedrückt. So wird beispielsweise ein Ort in einer (zweidimensionalen) Ebene durch zwei Koordinaten beziehungsweise einem „Koordinatenpaar“ beschrieben. Den Punkt, an dem alle Koordinaten den Wert Null annehmen, bezeichnet man als Koordinatenursprung oder auch Nullpunkt des Koordinatensystems. In diesem Ursprung kreuzen sich in der Regel die Koordinatenachsen. Das einfachste Beispiel eines Koordinatensystems stellt die Identifikation von Punkten auf einer Geraden mit durch reale Zahlen nummerierten Abschnitten dar. Dies entspricht der so genannten Zahlengeraden oder dem „Zahlenstrahl“, auf dem alle reellen Zahlen als Punkte dargestellt werden. Von einem willkürlich gewählten Nullpunkt „0“ ausgehend setzt sich die Zahlengerade in beide Richtungen, also mit positiven und negativen Vorzeichen, theoretisch bis ins Unendliche fort. Die Koordinate eines Punkts *P* ist definiert als der vorzeichenbehaftete Abstand von *P* zum Nullpunkt „0“ („Ursprung“), je nachdem, auf welcher Seite von „0“ dieser Punkt liegt. Im Bild 8.1 besitzt der Punkt *P* den Koordinatenwert +6. Die am häufigsten verwendeten Koordinatensysteme sind kartesische sowie Polarkoordinatensysteme.

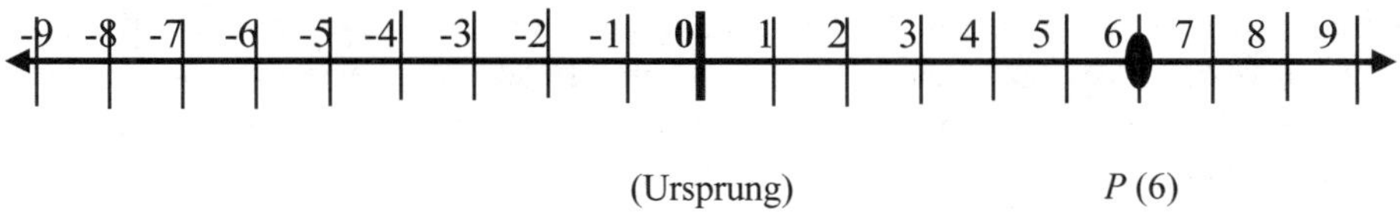

Bild 8.1: Der Zahlenstrahl als eindimensionales Koordinatensystem

8.1.1 Kartesische Koordinaten

Beim kartesischen Koordinatensystem stehen alle Richtungsachsen senkrecht (orthogonal) aufeinander und schneiden sich daher im 90°-Winkel. In der Ebene besteht das Koordinatensystem aus einer horizontalen x-Achse und einer vertikalen y-Achse, die sich im Nullpunkt „0“ schneiden. Jede Position in den vier Quadranten I bis IV der Ebene ist durch ihren x-Wert (auch Abszisse genannt) und ihren y-Wert (Ordinate) festgelegt. x- und y-Wert sind die jeweiligen (vorzeichenbehafteten) Abstände zu den Y- bzw. X-Koordinatenachsen. Bild 8.2a zeigt ein kartesisches Koordinatensystem in der Ebene. Im dreidimensionalen Raum kommt noch eine weitere (räumliche) Achse hinzu: die auf der x-y-Ebene senkrecht stehende Z-Achse oder Hochachse (siehe Bild 8.2b). Meistens liegen hier X- und Y-Achsen in der Ebene und die Z-Achse dient der Höhenanzeige.

a) Kartesische Koordinaten in der Ebene b) Kartesische Koordinaten für 3 Dimensionen

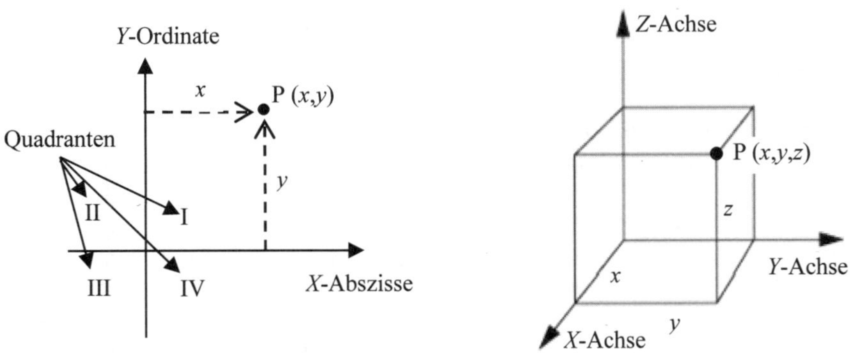

Bild 8.2: Kartesische Koordinaten für 2 und 3 Dimensionen

Neben den geradlinigen gibt es auch krummlinige Koordinatensysteme, die jedoch in der Robotik kaum eine Rolle spielen und auf die daher hier nicht eingegangen werden soll.

Linearroboter

Linearroboter, auch Linearachsroboter oder „kartesische Roboter“, sind in ihrer Kinematik so aufgebaut, dass die drei Hauptachsen durch drei aufeinander senkrecht stehende Linearachsen (translatorische Achsen bzw. Schubgelenke) realisiert werden (siehe Kinematik-Diagramm in Bild 8.3). Diese drei Achsen sind so angeordnet, dass die Achse 1 die x-Achse des so genannten „Weltkoordinatensystems“ (siehe „Bezugssysteme am Roboter“) bestimmt, die Achse 2 dessen y-Achse und die Achse 3 die Bewegung in (vertikaler)

z-Richtung des kartesischen Koordinatensystems widergibt. Linearroboter können mit weiteren Freiheitsgraden ausgestattet sein. So wird zum Beispiel häufig eine vierte Achse installiert, die eine Drehung des Werkzeugs um die z-Achse ermöglicht. Der Arbeitsraum des Linearroboters ist durch diese Bauform kubisch oder quaderförmig, wie Bild 8.3, rechts zeigt. Durch Anpassung der Verfahrwege der einzelnen translatorischen Achsen kann der Arbeitsraum beliebig der Aufgabenstellung angeglichen werden. Mit dieser übersichtlichen mechanischen Anordnung vereinfacht sich auch die Aufgabe der Steuerung des Roboterarms.

Kinematik-Diagramm eines Linearroboters Arbeitsraum des Linearroboters

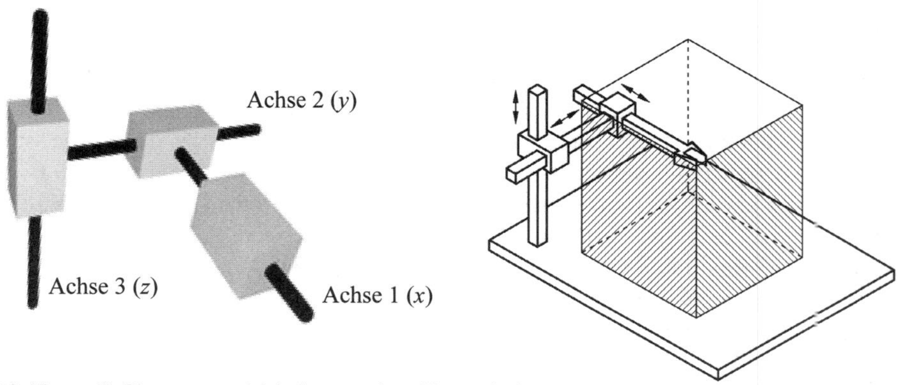

Bild 8.3: Kinematik-Diagramm und Arbeitsraum eines Linearroboters

8.1.2 Polarkoordinaten

Unter einem Polarkoordinaten-, auch Kreiskoordinatensystem, versteht man ein zweidimensionales Koordinatensystem, in dem jeder Punkt auf einer Ebene durch einen Winkel (φ) und einen Abstand vom Ursprung (r) definiert wird. Hilfreich ist dieses Koordinatensystem dann, wenn sich das Verhältnis zwischen zwei Punkten leichter durch Winkel und Abstände (vom Ursprung) beschreiben lässt als es mit kartesischen Koordinaten möglich wäre. Es kann also jeder Punkt P der Ebene durch ein Koordinatenpaar (r, φ) beschrieben werden: seine Radialkoordinate r und die Winkelkoordinate φ, auch als Polar- oder Azimutwinkel bezeichnet (siehe Bild 8.4, links). Die Radialkoordinate bezeichnet den Abstand, den ein Punkt P von einem zentralen Punkt besitzt. Letzterer wird als Pol bezeichnet und ist gleichbedeutend mit dem Ursprung „0“ im kartesischen System. Die Winkelkoordinate gibt den mathematisch positiven (also gegen den Uhrzeigersinn linksdrehenden) Winkel an, den der Fahrstrahl des Punkts P mit der 0°-Geraden (entsprechend der positiven X-Achse in der kartesischen Koordinatenebene) oder Polarachse einschließt. Dieses Koordinatenpaar (r, φ) ist jedoch mehrdeutig, denn auch (r, $\varphi\pm2\pi$), ($-r$, $\varphi+\pi$) oder allgemein (r, $\varphi\pm2n\cdot\pi$) sind ebenso Polarkoordinaten für denselben Punkt. Der Polarwinkel wird entweder in Winkelgraden oder in Radian angegeben (2π rad entspricht 360°). Eine Umwandlung der Polarkoordinaten r und φ in kartesische Koordinaten und umgekehrt erfolgt gemäß nachfolgender trigonometrischer Beziehungen:

$$x = r \cdot \cos\varphi \qquad r = \sqrt{x^2 + y^2}$$

$$y = r \cdot \sin\varphi \qquad \varphi = \arctan\left(\frac{y}{x}\right)$$

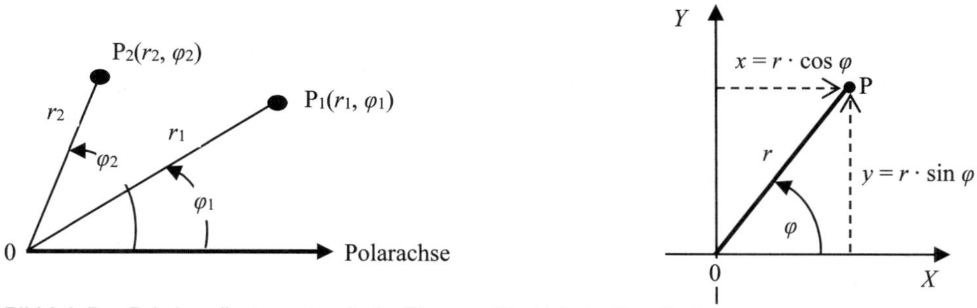

Bild 8.4: Das Polarkoordinatensystem in der Ebene und kartesische Koordinaten

8.1.3 Zylinderkoordinaten

Zylinderkoordinaten sind im Wesentlichen ebene Polarkoordinaten, die um eine dritte Koordinate bzw. Dimension zu räumlichen Polarkoordinaten ergänzt werden. Diese dritte Koordinate beschreibt die Höhe eines Punkts senkrecht über (oder unter) der Ebene des Polarkoordinatensystems (als Referenzebene) und sie wird mit „*Z*" bezeichnet. Die Radialkoordinate *r* beschreibt jetzt nicht mehr den Abstand eines Punkts vom Koordinatenursprung, sondern seine Distanz zur *Z*-Achse. Das Resultat ist ein dreidimensionales Koordinatensystem, das jede Position durch die zwei Abstände *r* und *z* sowie die Winkelkoordinate φ festlegt. Alle Koordinaten haben ihren Ursprung „0" im Schnittpunkt der *Z*-Achse mit der Referenzebene (Bild 8.5, links). Der rechte Teil von Bild 8.5 stellt den Arbeitsraum eines Roboters mit zylindrischen Koordinaten dar. Man erkennt die zentrale Drehachse *Z* zur Realisierung der Winkelkoordinate φ sowie zwei Linearachsen, eine in radialer Richtung (Radialkoordinate *r*) und eine vertikale Linearachse in Richtung der *Z*-Achse.

Eine Umrechnung der Zylinderkoordinaten *r*, φ und *z* in kartesische Koordinaten wird sehr einfach, wenn man das kartesische Koordinatensystem so ausrichtet, dass die *z*-Achsen zusammenfallen, die *x*-Achse in Richtung $\varphi = 0$ zeigt und der Winkel φ von der *x*-Achse zur *y*-Achse ansteigt. Dann ergeben sich folgende Umrechnungsformeln:

$$x = r \cdot \cos\phi \qquad y = r \cdot \sin\phi \qquad z = z$$

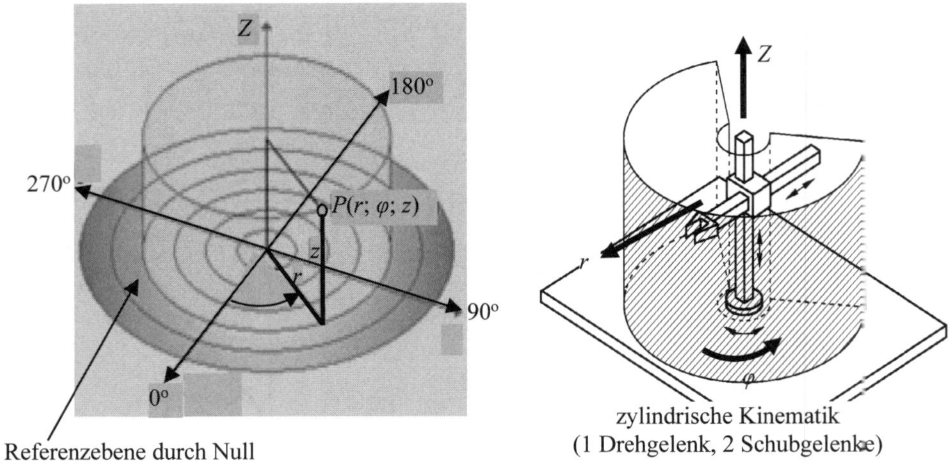

Bild 8.5: Zylinderkoordinatensystem und zylindrischer Arbeitsraum eines Roboters

8.1.4 Kugelkoordinaten

Runde Körper, wie beispielsweise die Erde oder andere Himmelskörper, lassen sich am besten durch sphärische Polarkoordinaten oder Kugelkoordinaten beschreiben. Auch dieses Koordinatensystem basiert auf den oben beschriebenen ebenen Polarkoordinaten, die um eine dritte Koordinate, nämlich um einen Winkel, erweitert werden. In Kugelkoordinaten wird daher ein Punkt P durch seinen Abstand r vom Ursprung und durch zwei Winkel φ und δ angegeben[4]. Bei den beiden Winkelkoordinaten handelt es sich einerseits um den in der Referenzebene der Zylinderkoordinaten festgelegten und bereits bekannten Winkel φ sowie um einen Höhenwinkel δ zwischen r und der z-Achse. Alle Koordinaten haben wieder ihren Ursprung „0“ im Schnittpunkt der z-Achse mit der x-y-Referenzebene (siehe Bild 8.6). Der Winkel φ ist wiederum nur bis auf ein Vielfaches von 2π bestimmt.

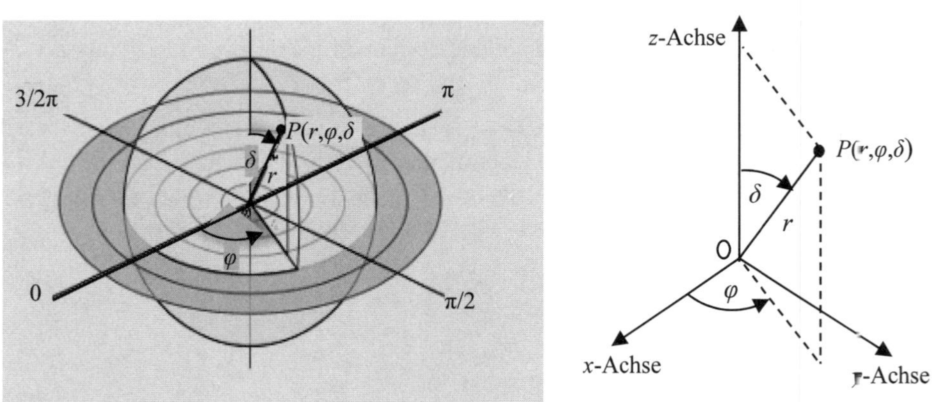

Bild 8.6: Kugelkoordinaten und ihre Relation zu kartesischen Koordinaten

[4] In der Astronomie wird φ auch als Azimut und $(90^\circ - \delta)$ als Elevation bzw. δ als Zenitwinkel bezeichnet.

Ist der Abstand r vom Ursprung konstant, wie es auf einer Sphäre (= Kugeloberfläche) der Fall ist, so benötigt man nur die beiden Winkel, um einen Punkt eindeutig zu bezeichnen. Man spricht dann von sphärischen Koordinaten. Der Begriff „Kugelkoordinaten" kann somit als Oberbegriff für diese Fälle betrachtet werden.

8.2 Bezugssysteme am Roboter

Die Position eines Roboterarms kann nur achsbezogen beschrieben werden, d. h. für jede einzelne, lineare oder rotatorische Roboterachse wird angegeben, in welcher Stellung sie sich befindet. Zusammen mit den konstruktiven Maßen der Glieder ergibt sich daraus deren eindeutige Position. Damit lässt sich die Stellung oder Konfiguration der kinematischen Kette des Roboters beschreiben. Um jedoch alle Komponenten eines Robotersystems festlegen zu können, ist die Einführung verschiedener Bezugssysteme oder Bezugsrahmen, so genannter „Frames", erforderlich (Bild 8.7).

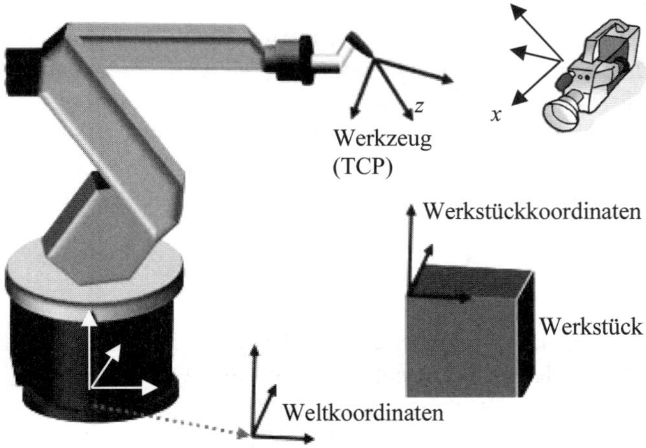

Bild 8.7: Verschiedene Bezugssysteme einer Robotereinheit

8.2.1 Raumbezug

Das Koordinatensystem des Endeffektors, Werkzeugs oder TCPs kann nur raumbezogen beschrieben werden. Die Basis für raumbezogene Koordinatensysteme bildet das kartesische Koordinatensystem. Um zwischen der raumbezogenen und der achsspezifischen Beschreibung eines Roboters zu wechseln, sind verschiedene Transformationen zwischen den Koordinatensystemen erforderlich. Der Programmierer bestimmt, an welche Position im Arbeitsraum der Endeffektor gefahren werden und wie er ausgerichtet sein soll. Daraus errechnet die Robotersteuerung mit Hilfe der Denavit-Hartenberg-Transformationen und der bereits im Abschnitt „Roboterkinematik" erwähnten „inversen Kinematik", welche Positionen, also Winkelstellungen, die einzelnen Roboterachsen dazu einnehmen müssen. Für die raumbezogene Beschreibung der Roboterstellungen stehen dem Programmierer verschiedene Koordinatensysteme zur Verfügung.

Weltkoordinatensystem

Das Weltkoordinatensystem („WORLD“) ist das unveränderlich im Raum liegende Hauptkoordinatensystem. Sein Ursprung liegt normalerweise im Rotationszentrum der ersten Achse bzw. der Grundachse der Roboterbasis (im Fuß des Roboters). Das Weltkoordinatensystem wird durch orthogonale Achsen beschrieben, also ein kartesisches Koordinatensystem repräsentiert. Es verbleibt als Hauptkoordinatensystem unveränderlich im Raum bestehen und wird mit anderen, relativen Koordinatensystemen über Transformationen verknüpft. Auf dieses Koordinatensystem beziehen sich demnach alle anderen Systeme. Es wird deshalb auch als „globales“ oder „absolutes“ Koordinatensystem bezeichnet und ist generell unabhängig von den Bewegungen des Roboters.

Basiskoordinaten

Das lokale Basiskoordinatensystem („BASE“) wird meistens für das Werkstück oder die Werkstückaufnahme verwendet, um der Robotersteuerung die Punktkoordinaten im Bezug auf das Werkstück einzugeben (beim sog. „teachen“). Dabei kann der Ursprungspunkt des Basiskoordinatensystems im Raum verschoben bzw. frei im Raum positioniert oder gedreht werden. Lage und Orientierung sind unabhängig von anderen Koordinatensystemen, beziehen sich aber rechnerisch auf das Weltkoordinatensystem. Im Anfangszustand ist das Basiskoordinatensystem ohnehin deckungsgleich mit dem Weltkoordinatensystem. In einer Robotereinheit lassen sich mehrere dieser Koordinatensysteme anlegen und unter frei wählbaren Namen speichern. Beim Programmieren kann zwischen den verschiedenen Basissystemen umgeschaltet werden.

Werkzeugkoordinaten

Der Ursprung des Werkzeugkoordinatensystems wird durch den TCP (Tool Center Point) definiert, der sich an geeigneter Stelle des Werkzeugs befindet. Seine Orientierung wird durch die so genannte Stoßrichtung des Werkzeugs (Richtung *Z*-Achse) sowie eine zweite, frei wählbare Werkzeugachse bestimmt. Da sich das Werkzeugkoordinatensystem zusammen mit dem Werkzeug bewegt, nimmt es immer dessen Lage ein, auch wenn sich diese im Raum ändert. Bei sinnvoller Festlegung des TCP kann der Programmierer das Werkzeug um seinen Arbeitspunkt drehen oder lineare Verschiebungen, passend zur Werkzeuglage, durchführen. Das kommt der menschlichen Arbeitsweise entgegen und erleichtert somit das Programmieren.

Bei manchen Anwendungen ist es erforderlich, mehrere verschiedene Werkzeuge einzusetzen. Diese sind entweder gleichzeitig am Roboter angebaut (selten) oder können über ein Werkzeugwechselsystem ausgetauscht werden. Für diese Fälle lassen sich mehrere Werkzeugkoordinatensysteme festlegen, je eines pro Werkzeug. Das Programm wählt das zugeordnete Koordinatensystem über seine Werkzeugnummer aus.

Externe Koordinatensysteme

Weitere Varianten sind externe Koordinatensysteme. Dabei wird das Koordinatensystem entweder mit dem Werkstück gekoppelt oder auch mit einem Sensorsystem, wie beispielsweise einer Videokamera („Machine Vision“), wie in Bild 8.7 dargestellt. Externe Koordinatensysteme ermöglichen auch den gleichzeitigen Zugriff von mehreren Robotern auf ein- und dasselbe Werkstück. Wenn mehrere Roboter dasselbe Werkstück bearbeiten, so ist ohnehin eine enge Kommunikation zwischen den beteiligten Robotern unerlässlich.

8.2.2 Achsenbezug

Jede einzelne lineare oder rotatorische Achse des Roboters ist individuell steuerbar. Über die jeweilige Konfiguration der Achskoordinaten wird angegeben, in welcher Stellung sich die Roboterachse befindet. Zusammen mit den konstruktionsbedingten Längen aller Achsen der kinematischen Kette erhält man eine eindeutige Position des Roboterflansches bzw. der Roboterhand. Dies ist die einzige Möglichkeit, die Stellung oder Konfiguration des Roboters exakt zu beschreiben.

Die Bewegung des Roboterwerkzeugs per inverser Kinematik führt zu einigen Besonderheiten. Während sich aus bestimmten Achsstellungen eindeutig eine Position des Werkzeugs ergibt, ist die Stellung der Achsen für eine bestimmte Werkzeuglage nicht immer eindeutig: Das System ist rechnerisch mehrdeutig. Je nach Lage des Zielpunkts und der Mechanik des Roboters gibt es oft mehrere Achskonfigurationen, die zur gewünschten Werkzeugposition führen. Die Auswahl der bestgeeigneten Konfiguration ist Aufgabe des Programmierers. Die Steuerung muss dann sicherstellen, dass diese Konfiguration während der Bewegung möglichst lange beibehalten wird. Der Wechsel zwischen zwei Konfigurationen kann sonst dazu führen, dass für eine minimale Werkzeugbewegung eine sehr große Bewegung des gesamten Roboterarms stattfindet. Diese unerwartete Bewegung kostet Zeit und ist manchmal nicht kollisionsfrei möglich.

Singularitäten

Bei manchen Roboterkinematiken (z. B. bei einem 6-achsigen Gelenkarmroboter) gibt es Raumpunkte oder Achskonstellationen, die zu sogenannten Singularitäten führen. Eine Singularität ist dadurch gekennzeichnet, dass zwei Achsen des Roboters „fluchten“, d. h. eine Achse liegt genau in der Verlängerung der anderen. Für den seriellen Manipulator bedeutet dies beispielsweise, dass zwei Gelenke auf einer Linie liegen und sich so ihre Rotationen gegeneinander aufheben (Bild 8.8). Beide Gelenke bewegen sich dann, der Endeffektor allerdings nicht. Das führt im Umkehrschluss dazu, dass man für diese Effektor-Position unendlich viele Lösungen für die beiden an der Singularität beteiligten Gelenke findet. Es handelt sich bei Singularitäten ganz allgemein um Konfigurationen, in denen bestimmte Bewegungsrichtungen ausgeschlossen sind. Eine typische Konfiguration mit Singularität ist die Überkopfstellung des Werkzeugs. Hier fluchten Achse 1 und Achse 6. Die Steuerung kann in diesem Fall eine auszuführende Rotation um die Senkrechte nicht eindeutig der Achse 1 oder Achse 6 zuordnen. Eine weitere Konstellation ist beim Nulldurchgang der (Hand-) Achse 5 gegeben. Hier fluchten Achse 4 und Achse 6 und es gibt unendlich viele Achsstellungen, die zur gleichen Ausrichtung des Werkzeugs führen bzw. Bewegungsbahnen, bei denen mehrere Achsen mit unendlicher Geschwindigkeit gegeneinander bewegt werden müssten. Singularitäten ergeben sich auch für Situationen, in denen Gelenkbewegungen zu keinen Änderungen am Endeffektor führen. Manche Steuerungen brechen ihr Programm beim Durchfahren eines solchen Punkts ab.

Achsen sind kollinear und parallel, Achsen A4 und A6 „fluchten"

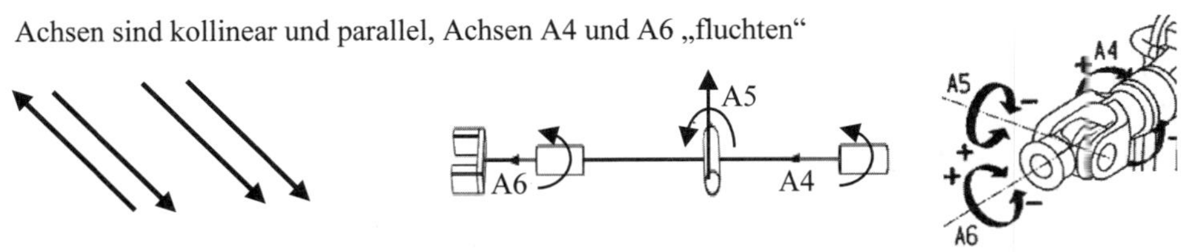

Bild 8.8: Kollineare, parallele und fluchtende Handachsen

8.2.3 Transformationen

Unter Transformationen versteht man bei der Roboterprogrammierung die Überführung von Position und Orientierung („Pose") eines Objekts (Werkzeug, Werkstück) von einem Bezugs- bzw. Koordinatensystem in ein anderes. So kann man beispielsweise eine im Weltkoordinatenssystem definierte Lage und Orientierung des Endeffektors bzw. Werkzeugs, die Effektorstellung, in das Werkstückkoordinatensystem überführen. Mit der Hin- oder Vorwärtstransfomation (siehe Denavit-Hartenberg, „direkte Kinematik" bzw. „Vorwärtskinematik") wird die Endposition des Roboterflansches zur Anbindung eines Werkzeugs aus den Koordinaten der Roboter-Achswerte eindeutig in das System der Weltkoordinaten überführt.

Die Rück- oder inverse Transformation hingegen wandelt nach Denavit-Hartenberg eine durch Weltkoordinaten gegebene Position und Orientierung des Effektors in die einzelnen Achswerte um. Sie ermittelt also aus vorgegebenen kartesischen Koordinaten und Orientierungswerten des Handflansches (x, y, z, Φ_x, Φ_y, Φ_z) die zur Steuerung der Roboterantriebe erforderlichen Gelenkkoordinaten (Gelenkwinkel, Linearkoordinaten) des Roboters. Wie bereits in vorhergehenden Abschnitten festgestellt liefern die Berechnungen der Rücktransformation in vielen Fällen keine numerisch eindeutigen Lösungen. All die erforderlichen komplexen Drehungen, Verschiebungen und trigonometrischen Operationen zur Harmonisierung der verschiedenen Koordinatensysteme gehören zu den wesentlichen Aufgaben einer Robotersteuerung.

9 Industrieroboter

Trotz früher Vordenker ging der Traum von eigenständig arbeitenden Maschinen und Werkzeugen erst seit einigen Jahrzehnten in Erfüllung. Um immer komplexere Arbeitsvorgänge selbsttätig auszuführen, wurden universelle Maschinen mit der rasch voranschreitenden Datentechnik kombiniert. Heute stellt sich jedoch mehr und mehr die Frage: Können Roboter dank der wachsenden Rechnerleistungen sowie der verbesserten Kinematik und Sensorik demnächst Arbeiten übernehmen, die bisher nur gut geschulten Fachkräften möglich waren? Schließlich gibt es in der industriellen Produktion fast nichts mehr, was ein Roboter nicht erledigen kann. Es muss hierzu nur jeweils das Verhältnis von Aufwand zu Nutzen geprüft werden. In einer amerikanischen Studie wurde vorausgesagt, dass in Zukunft etwa 47 % der Beschäftigten in den USA von Robotern ersetzt werden könnten. Sind Roboter also Job-Killer? Viele Vorbehalte und Ängste hinsichtlich der Robotik sind allzu menschlich. Doch wer sich etwas eingehender mit den Themen rund um die Robotik beschäftigt, wird feststellen können, dass viele dieser Ängste unbegründet sind. Schließlich nehmen Roboter dem Menschen oftmals schwere, gefährliche oder gesundheitsschädigende Tätigkeiten ab (z. B. giftige Lösungsmittel bei manuellen Lackierarbeiten etc.). Zudem ergeben sich aus dem Einsatz von Robotern auch wieder neue Tätigkeitsfelder und es entstehen neuartige anspruchsvolle Arbeitsbereiche mit hoher Wertschöpfung. Vielleicht wären auch ohne die geschickten und unermüdlichen technischen Helfer viele Arbeitsplätze bereits längst verloren. Denn die Herstellung manch hochwertiger technischer Produkte ist ohne die hochpräzise Arbeitsweise von Robotern undenkbar.

9.1 Erste Industrieroboter

Ab etwa 1955 kamen die ersten NC-Maschinen auf den Markt und bereits 1954 meldete der Amerikaner George Devol in den USA ein Patent für einen programmierbaren Manipulator mit Wiederholspeicher an. Dieses Datum gilt als Geburtsstunde für die Entwicklung moderner Industrieroboter. Devol war auch Mitbegründer der Firma Unimation, die 1960 den ersten hydraulisch angetriebenen Industrieroboter „Unimate“ vorstellte (Bild 9.1). Der tonnenschwere Unimate, der hauptsächlich aus einem beweglichen, stählernen Arm bestand, konnte schweißen und auch Objekte von einem Ort zum anderen bewegen. Er wurde mittels verschiedener Programme, die zu dieser Zeit noch auf einer Magnettrommel gespeichert waren, nach dem Prinzip der NC-Technik gesteuert. Ab 1961 setzte ihn General Motors als ersten Roboter in der Kfz-Fertigung ein. Dort bestand seine Aufgabe zunächst darin, heiße Metallteile aus Gussformen zu entnehmen und sie aufzustapeln. Bild 9.1 zeigt den ersten Industrieroboter „Unimate“ und ein späteres Nachfolgeprodukt der Firma Unimation, den von Stäubli gefertigten Roboter „Unimate PUMA 200“.

Der anfänglich nur zögerliche industrielle Robotereinsatz in den USA und in anderen Industrieländern wandelte sich erst als Japan 1968 massiv in das Geschäft mit Industrierobotern einstieg. Seitdem gehen Entwicklung und Einsatz dieser Roboter steil bergauf. In Deutschland wurde 1971 bei Daimler-Benz der erste Industrieroboter eingesetzt. Das in einem späteren Abschnitt beschriebene SCARA-Prinzip (Selective Compliance Assembly Robot Arm) eines Horizontal-Knickarmroboters wurde 1979 an der japanischen Yamanaski-Universität entwickelt. In den letzten Jahren hat die Technik der Industrieroboter eine stürmische Entwicklung durchgemacht. Erste einfache programmgesteuerte Manipulatoren mutierten mittlerweile zu sensorbestückten, sehenden und tastenden Robotern in den verschiedensten Anwendungsbereichen und kinematischen Ausführungen.

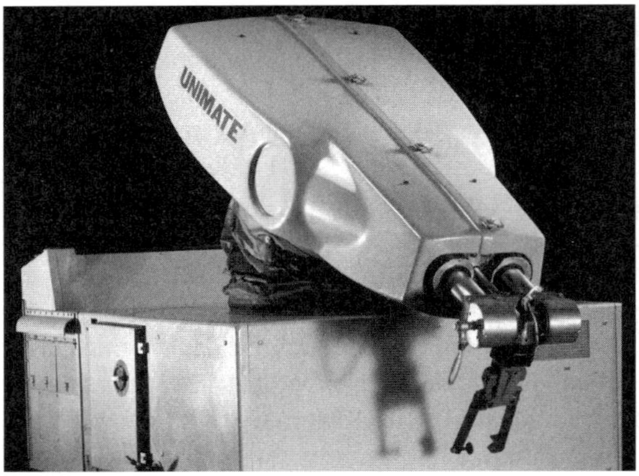

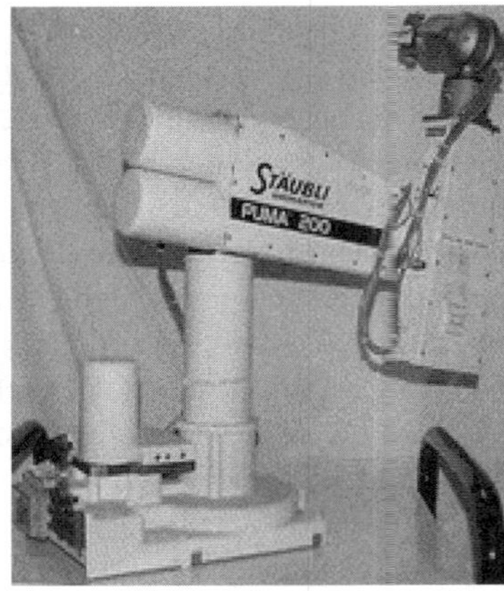

Bild 9.1: Der erste Industrieroboter „Unimate" und der von Stäubli gefertigte PUMA 200 (*Werkbilder* Stäubli)

9.2 Definitionen, Kenngrößen und Anwendungen

Die wesentliche Aufgabe eines Industrieroboters besteht darin, einen Effektor (Greifer, Werkzeug, Messspitze) am Ende des Roboterarms geeignet im Arbeitsraum zu bewegen, um einen vorgesehenen Arbeitsvorgang auszuführen. Der Roboterarm setzt sich aus mehreren über Gelenke bzw. Achsen verbundenen Armteilen zusammen. Der Effektor kann dabei als letztes Armteil aufgefasst werden. Wie bereits beschrieben, wird die Roboterkinematik, und damit die Bewegungsmöglichkeit des Effektors, durch Art und Anordnung der Armteile und Gelenke bestimmt.

9.2.1 Definitionen

Im 1. Kapitel wurden bereits einige Definitionen des Begriffs „Roboter" angeführt. So vom „Robot Institute of America, RAI" oder von der inzwischen zurückgezogenen Richtlinie 2860 des VDI. In der europäischen Norm EN 775 „Industrieroboter – Sicherheit" (inzwischen durch DIN EN ISO 10218 ersetzt) wird nun ein Industrieroboter wie folgt definiert:

„Industrieroboter sind universell einsetzbare Bewegungsautomaten mit mehreren Achsen, deren Bewegungen hinsichtlich Bewegungsfolge und Wegen bzw. Winkel frei programmierbar oder sensorgeführt sind. Sie sind mit Greifern, Werkzeugen oder anderen Fertigungsmitteln ausrüstbar und können Handhabungs- und/oder Fertigungsaufgaben ausführen."

Mit fast identischen Worten ist nach der ISO-Regelung TR 8373 (Manipulating Industrial Robots) der Industrieroboter ein automatisch gesteuertes, frei programmierbares und universelles Handhabungsgerät mit mindestens 3 Achsen, das entweder ortsfest oder beweglich in automatisierten Fertigungsanlagen eingesetzt wird.

Nach der VDI-Richtlinie 2860 gehören Industrieroboter als Untergruppe zu den Handhabungseinrichtungen. Unter Handhabung versteht man alle Vorgänge, bei denen Objekte in eine definierte Lage gebracht und dort vorübergehend gehalten werden (Werkstückhandhabung) oder bei denen mit dem Objekt eine definierte Bewegung ausgeführt wird, um so eine bestimmte Aufgabe auszuführen (Werkzeughandhabung). Zu den Hauptaufgaben von Industrierobotern zählen somit die Handhabung von Werkstücken und/oder Werkzeugen sowie die Montage.

9.2.2 Kenngrößen von Industrierobotern

Neue Anwendungsgebiete, steigende Anforderungen und der hohe Konkurrenzdruck in der Robotik verlangen die stetige Verbesserung von Schnelligkeit und Genauigkeit von Industrierobotern. In der VDI-Richtlinie 2861 (Montage- und Handhabungstechnik, Kenngrößen für Industrieroboter) werden verschiedene Kenngrößen definiert und Verfahren zu ihrer Prüfung vorgeschlagen, um Herstellern und Anwendern einheitliche Kriterien zur Bewertung unterschiedlicher Robotersysteme zur Verfügung zu stellen. Die VDI-Richtlinie teilt die Kenngrößen eines Industrieroboters nach der in Tabelle 9.1 gezeigten Systematik auf.

Tabelle 9.1: Wichtige Kenngrößen für Industrieroboter nach VDI 2861 / Blatt 2

Kenngrößen für Industrieroboter			
geometrische Kenngrößen	**Belastungs-kenngrößen**	**Genauigkeits-kenngrößen**	**kinematische Kenngrößen**
mechanische Systemgrenzen Raumaufteilung Arbeitsraum Bewegungsraum Kollisionsraum	Nennlast maximale Nennlast Maximallast Nennmoment Traglast Nenn-Massenträgheitsmoment	Positioniergenauigkeit Positionierfehler Wiederholgenauigkeit (Position und Orientierung) Wiederholgenauigkeit (Bahngenauigkeit) Positionsauflösung allgemeine Kenngrößen	Geschwindigkeit Beschleunigung Überschwingweite Ausschwingzeit Verfahrzeit Zykluszeit

Einige der in Tabelle 9.1 aufgeführten Kenngrößen seien nachfolgend etwas näher erläutert. Detaillierte Informationen sind der VDI-Richtlinie 2861 zu entnehmen.

Kenngrößen der Geometrie

Die Geometrie eines Roboters sowie die Parameter Genauigkeit und Arbeitsraum werden hauptsächlich von der kinematischen Konstellation der Hauptachsen, also der Anordnung und Anzahl von Rotations- und Schubgelenken bestimmt. Zu den Kenngrößen der Geometrie des Roboters werden folgende Angaben gemacht:

- Wie ist der Raum (Bewegungsraum) aufgeteilt, der von allen bewegten Elementen des IR, inklusive Effektor und Handhabungsobjekt, mit der Gesamtheit aller Achsbewegungen beschrieben wird?
- Wie und innerhalb welcher Bereiche grenzt sich das System mechanisch ab?

- Wie viele Freiheitsgrade besitzt der Flansch zum Endeffektor?
- Wie groß und wie geometrisch gestaltet ist der Arbeitsraum, d. h. der Raum, der von der Schnittstelle Bewegungsachsen/Effektor gebildet wird, indem man alle Haupt- und Nebenachsen in ihre jeweilige Maximal- und Minimalstellung bringt?

Je nach Bauform des IR kann der Arbeitsraum ein Quader, ein Hohlzylinder, eine Hohlkugel etc. sein. Die Anforderungen an den verfügbaren Arbeitsraum sind durch Größe und Form der zu bearbeitenden Werkstücke vorgegeben. Im Allgemeinen gilt: Der Bewegungsraum ist größer als der Arbeitsraum. Daher unterscheidet man auch bei der Aufteilung des Bewegungsraums einen nicht nutzbaren Raum, der durch Gelenke oder Achsbauteile entsteht, die beim Verfahren im Raum mitbewegt werden müssen. In diesem Bereich können Komponenten des Roboters mit dem Umfeld (Mensch oder Hardware) kollidieren und somit eine erhebliche Gefahr darstellen. Als Kollisionsbereich gilt generell der Raum, der vom Roboter insgesamt bei Ausführung aller Bewegungen und unter Berücksichtigung aller Teile, einschließlich Werkzeuge oder Werkstücke, genutzt werden kann.

Kenngrößen der Belastung

Greifen und Transport von Werkstücken sind oft mit großen Traglasten verbunden. Beispiele dafür sind das Beladen von Paletten oder der Transport von Karosserieteilen in der Automobilfertigung. Hinzu kommt die Forderung nach einer hohen Genauigkeit der am Ende der Bewegungsbahn erreichten Position. Die relevanten Kenngrößen informieren über maximal mögliche Belastungen (Nutzlast, Traglast) am Flansch zum Endeffektor durch Masse und die daraus resultierende Trägheit gegenüber Beschleunigungen bzw. die Massenträgheitsmomente von Werkzeugen oder Werkstücken. Die zulässige Traglast entspricht den am Flansch auftretenden Kräften und Drehmomenten. Bedeutsam ist auch, bis zu welcher Belastung die maximale Verfahrgeschwindigkeit und Beschleunigung der Bewegungsachsen bzw. des Effektors noch möglich sind. Für hohe Ansprüche sind massearme Konstruktionen, leistungsstarke Antriebe und hoch entwickelte Regelungsverfahren erforderlich, um die Abweichungen zwischen Soll- und Istwerten möglichst klein zu halten.

Kenngrößen der Genauigkeit

Hierbei geht es generell um die Frage, welche Bahn- und Positionsgenauigkeiten erreichbar sind. Die Bahngenauigkeit besagt, wie genau die durch ein Anwenderprogramm vorgegebene Bahnkurve abgefahren wird. So muss z. B. beim Bahnschweißen oder dem Schneiden von Blechen das Werkzeug mit hoher Bahngenauigkeit und möglichst gleich bleibender Geschwindigkeit geführt werden. Die Kenngröße Positioniergenauigkeit (position accuracy) gibt an, wie genau ein vom Programm numerisch vorgegebener Zielpunkt angefahren wird.

Unter der Wiederholgenauigkeit (repeatability) versteht man den mittleren Abstand zwischen angefahrenen Zielpunkten, wenn der Roboter in mehreren Versuchen denselben Zielpunkt anfährt. Die Kenngröße sagt aus, mit welcher Positioniergenauigkeit der Effektor an eine bestimmte Raumposition zurückkehren kann. Die Wiederholgenauigkeit ist vor allem ein Qualitätsmerkmal der Mechanik und wird beeinträchtigt durch Reibung oder Getriebespiel. Sie kann sich sowohl auf die anzufahrende Position und Orientierung des

Effektors beziehen als auch auf eine abzufahrende Bahn. Abweichungen von Soll- und Istpositionen sind Positionierfehler. Eine weitere damit verbundene Kenngröße ist die Positionsauflösung (position resolution) als kleinstes messbares Positionsinkrement.

Kenngrößen der Kinematik

Wie bereits im Abschnitt 7.1 „Lageregelkreise" beschrieben, handelt es sich beim Verfahren der Roboterachsen um geregelte Antriebssysteme. Die Sprungantwort eines Reglers ist mit einem Einschwingvorgang verbunden, wie es Bild 9.2 zeigt. Dem Bild sind neben dem Verfahrweg die dynamischen Kenngrößen Überschwingweite, Ausschwingzeit und Verfahrzeit zu entnehmen.

Weitere Kenngrößen betreffen die möglichen Verfahrgeschwindigkeiten und Beschleunigungen der Achsen. Dabei ist zu beachten, dass die Kenngrößen für Genauigkeit, Dynamik (wie Verfahrzeit) und der Belastung (wie Nutzlast) stark voneinander abhängig sind. Beim Anfahren einer Position durch einen Roboter kommt es zunächst zum Überschwingen. Je schneller sich ein Roboter bewegt, desto mehr Vibrationen treten auf und desto stärker schwingt der Roboter in seine Endposition ein. Das System pendelt sich innerhalb einer erforderlichen Stabilisierungszeit dann immer exakter auf die endgültige Zielposition ein (siehe Bild 9.2). Die Angabe der Genauigkeit eines Roboters ist somit erst in Verbindung mit der Zykluszeit aussagekräftig.

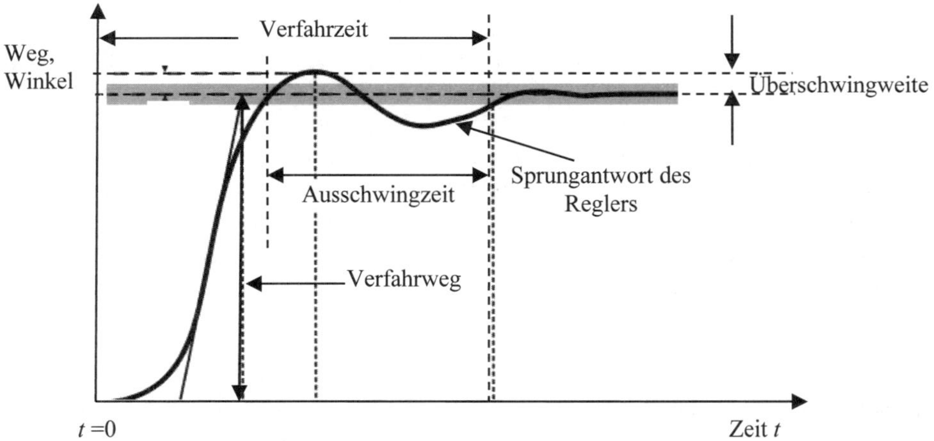

Bild 9.2: Einschwingverhalten einer geregelten Roboterachse

Die Geschwindigkeit und Beschleunigung der Achsen eines IR sind die wesentlichen Faktoren, die Takt- bzw. Zykluszeit einer Handhabungsaufgabe bestimmen und damit maßgeblichen Einfluss auf die Produktivität haben. Entscheidend ist dabei die aus der Gesamtheit der Achsbewegungen (der kinematischen Kette) resultierende Geschwindigkeit am Effektor bzw. TCP. Je nach Belastung und Bauart eines Roboters unterscheiden sich diese Geschwindigkeiten deutlich voneinander. Die Geschwindigkeit einer rotatorischen Achse wird in [°/s], die einer translatorischen Achse in [m/s] bemessen. Für die Kombination der überlagerten Bewegungen von mehreren Achsen werden gerade Verfahrstrecken vermessen und das Ergebnis ebenfalls in [m/s] angegeben.

Im Allgemeinen arbeiten SCARA-Roboter (siehe Abschnitt 9.5.1 „SCARA-Roboter“) wesentlich schneller als Universal- bzw. Knickarmroboter, weil bei ersteren die Last des Roboterarms durch Lagerungen aufgenommen wird und dadurch nicht mit beschleunigt werden muss.

9.2.3 Anwendungsgebiete

Industrieroboter sind zunehmend weltweit verbreitet und werden im gewerblichen und industriellen Umfeld eingesetzt, um Aufgaben billiger, genauer und zuverlässiger zu verrichten, als es Menschen möglich ist. Sie werden auch für Arbeiten eingesetzt, die für Menschen zu schmutzig, gefährlich oder einfach zu anspruchslos und langweilig sind. Außerdem brauchen IR (fast) keine Pausen, können rund um die Uhr arbeiten – und streiken nicht.

IR finden hauptsächlich in modernen Fabriken Einsatz in Bereichen der Fertigung, Montage, Verpackung sowie bei Transport und Massenproduktion von Verbrauchs- und Industriegütern. Das breite Spektrum der Einsatzmöglichkeiten von IR ist nicht zuletzt begründet durch die Vielfalt der am Roboterflansch montierbaren Werkzeuge, wie anwendungsspezifische Greifsysteme, Spritz- und Lackierdüsen, Schweißbrenner und -zangen, sowie Bearbeitungsmaschinen in den Bereichen Fräsen, Bohren, Entgraten oder sonstigen spanabhebenden Bearbeitungen. Robotereinsatz findet man auch häufig in der Oberflächentechnik zum Lackieren, Sprühen, Schleifen, Polieren und Beschichten. Auch Kleben, Dichten, Reinigen oder Besäumen zählen zum Spektrum der Anwendungen. Bei vielen Fertigungsprozessen wie Pressen, Schmieden, Schneiden (Laser, Wasserstrahl etc.), Schrauben, Punkt- und Bahnschweißen, Löten und Fügen sind IR nicht mehr wegzudenken. Tabelle 9.2 zeigt eine systematische Übersicht der diversen Anwendungsmöglichkeiten von Industrierobotern, ohne dabei Anspruch auf Vollständigkeit zu erheben. Man unterscheidet die Hauptgruppen der Werkzeug-Handhabung und der Werkstück-Handhabung sowie Punkt- und Bahnsteuerung. Manche Anwendungen lassen sich jedoch nicht eindeutig diesen Gruppen zuordnen.

Tabelle 9.2: Anwendungsgebiete von Industrierobotern

	Punktsteuerung	**Bahnsteuerung**
Werkstück-Handhabung	beladen, beschicken, bestücken, palettieren, stapeln, entnehmen, sortieren, verpacken, dosieren, umformen, Werkstücke einlegen	entgraten, beschichten, Kleber aufbringen, reinigen, dichten, transportieren
Werkzeug-Handhabung	bohren, montieren, pressen, schmieden, Punktschweißen, Bolzenschweißen, Widerstandsschweißen, Reibschweißen	lackieren, polieren, löten, schleifen, sprühen, strahlen, fräsen, schäumen, Bahnschweißen, Laserstrahlschweißen, Laserstrahlschneiden, Wasserstrahlschneiden
sonstige Anwendungen	prüfen, testen, Druck- und Spritzgießen, Handhabung in Gießerei (Roboter als Kerneinleger)	vermessen/messen, allgemein spanende Fertigung, Handhabung im Reinstraum

Völlig neuartige Anwendungsbereiche erschließen sich durch den Einsatz von Leichtbau- bzw. kollaborierenden Robotern (siehe Abschnitt 9.6.3). Leichtbau ist die Brücke in Richtung Mensch-Maschine-Kooperation (MRK) – weniger Masse, weniger Energie und damit viele Möglichkeiten der Kooperation mit den Menschen. Servicerobotik wie Anwendungen mit Leichtbaurobotern bei der Montage erstreckt sich hiermit auch in den Bereich Industrie. Hinzu kommen mobile Roboter, die an verschiedene Arbeitsstationen hinfahren und sich so auch in der Kleinserienfertigung sehr flexibel einsetzen lassen. Auf dieser Basis werden noch sehr viele neu Anwendungen hinzukommen.

9.3 Aufbau von Industrierobotern

Der generelle Aufbau von Industrierobotern lässt sich sehr anschaulich anhand seiner vereinfachten Struktur erläutern. Wie Bild 9.3 zeigt, besteht ein Industrieroboter im Wesentlichen aus folgenden Teilsystemen:

- Sockel, Haupt- und Handachsen (siehe auch Bild 9.4),
- Antriebe für die Haupt- und Handachsen (Roboterarm, TCP, Greifer),
- interne Wegmessung (Sensoren) für die Achspositionen,
- Robotersteuerung mit Lageregelung der Achsen,
- externe Sensoren (Zustandsmeldungen aus der Umgebung).

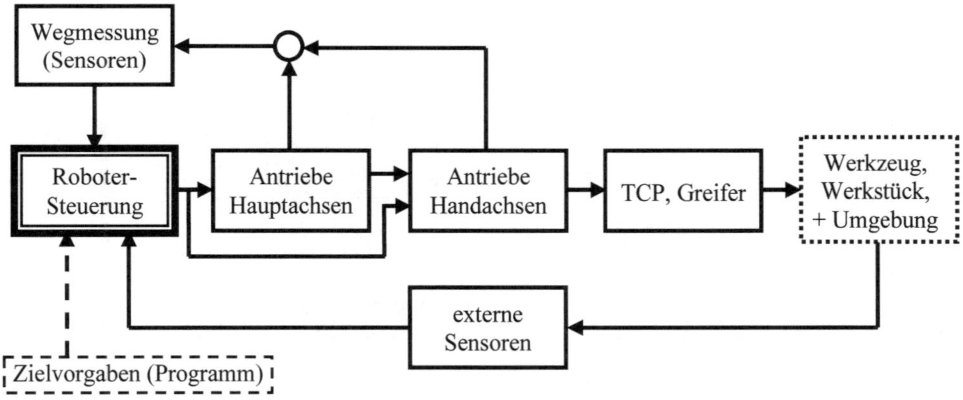

Bild 9.3: Vereinfachte Struktur eines Industrieroboter-Systems

9.3.1 Bestandteile

Ein Industrieroboter setzt sich aus folgenden wesentlichen Bestandteilen zusammen:

- Dem mechanischen Aufbau als Grundgerät mit einem Sockel und dem damit verbundenen Gelenkarm. Dieser besteht aus mehreren Gliedern, die über Dreh- oder Schubgelenke miteinander verbunden sind (Bild 9.4, links);
- einem Greifersystem bzw. Endeffektor als Verbindungselement zwischen den Werkstücken und dem Roboterarm. Anwendungsspezifische Werkzeuge ermöglichen eine Anpassung an die jeweiligen Aufgaben;
- den Antrieben zur Bewegung der Armglieder in der kinematischen Kette. Sie bestehen aus Motor, Getriebe und Gebern zur Wegmessung, im Verbund mit der erforderlichen

Positionsregelung. Es lassen sich meist elektrische, selten hydraulische oder pneumatische Antriebe einsetzen;

- einer zentralen Steuereinheit mit Prozessoren zur Steuerung und Überwachung aller Bewegungen und Aktionen des Roboters. Dies setzt eine entsprechende Programmierung voraus. Die zentrale Steuerung ist auch mit Schnittstellen für Kommunikationseinrichtungen und zur Anbindung von externer Sensorik ausgestattet;
- interner und externer Sensorik: Die internen Sensoren, z. B. inkrementale Dreh- oder Weggeber, liefern Daten über die jeweilige Stellung der Achsen zum Abgleich von Soll- und Ist-Positionen. Über die externe Sensorik werden Zustände der realen Welt erfasst. Sensoren wie Bildverarbeitungssysteme, Lichtschranken oder Ultraschallgeber liefern Rückmeldungen aus der Umgebung und ermöglichen damit eine flexible Reaktion auf nicht geplante Veränderungen (Bild 9.4, rechts: „Datenfluss-Struktur“);
- einer Stromversorgung zur Speisung der Antriebe, Steuerung, Greifersysteme, Sensoren etc.;
- einer Programmiereinrichtung wie Handprogrammiergerät oder multifunktionalem Programmierpanel.

Bild 9.4 zeigt schematisch den generellen Aufbau eines IR und die Blockstruktur seines Datenflusses.

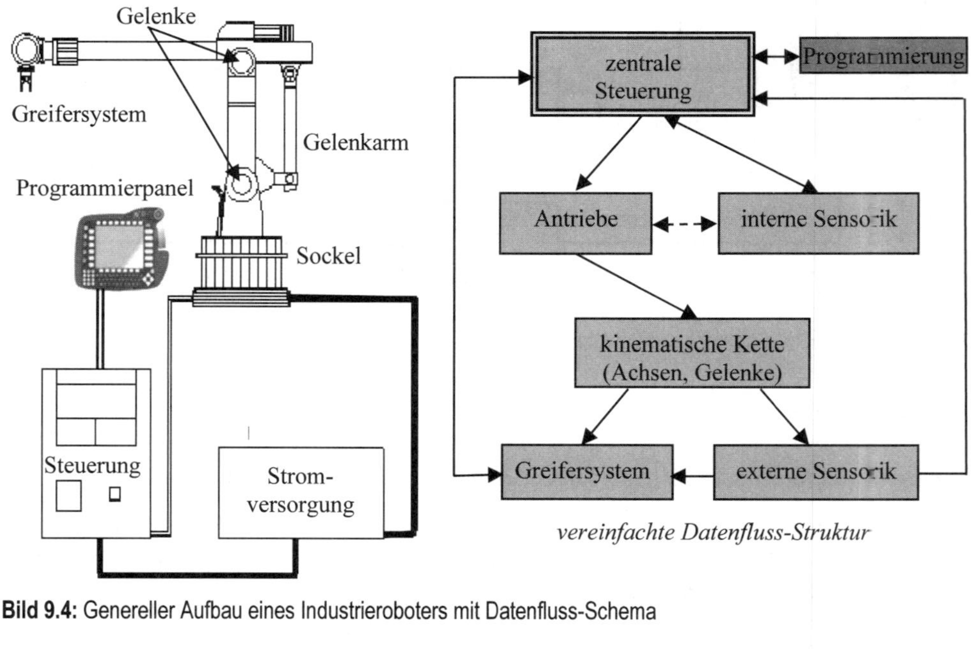

Bild 9.4: Genereller Aufbau eines Industrieroboters mit Datenfluss-Schema

9.3.2 Mechanischer Aufbau

Aus der Beschreibung des mechanischen Aufbaus geht hervor, aus welchen maschinenbaulichen Komponenten und mit welcher Struktur ein IR aufgebaut ist. Die Fähigkeit des Roboters, mit dem Effektor in seiner Umgebung definierte Positionen und Orientierungen einzunehmen bzw. eine Bewegungsbahn im dreidimensionalen Raum abzufahren, beruht auf seiner mechanisch-kinematischen Struktur. Dies betrifft hauptsächlich die Art und Anordnung der Hauptachsen und die sich daraus ergebende Kinematik. Damit ist der Rahmen für die wesentlichen mechanischen Eigenschaften eines Roboters bereits vorgegeben.

9.3.3 Bauarten

Anhand der Struktur der kinematischen Kette aus Hauptachsen kann eine Einteilung der IR nach Bauart und resultierenden Arbeitsräumen erfolgen. Die unterschiedlichen Arten und Anordnungen von Achsen und Gelenken führen zu verschiedenen Kinematiken und charakteristischen Bewegungsmöglichkeiten. Die Roboterkonstruktionen setzen sich aus Kombinationen der folgenden drei Grundbauformen für Gelenke zusammen:

- translatorische Achsen oder T-Achsen,
- rotatorische Achsen oder R-Achsen und
- gekoppelte Achsen, z. B. Parallelogramme.

Bild 9.5 zeigt eine Zusammenstellung typischer Kombinationen von translatorischen und rotatorischen Hauptachsen. So gibt es Bauarten mit nur translatorischen Achsen wie bei Portal- und kartesischen Robotern (TTT: drei T-Achsen) oder mit rein rotatorischen Achsen wie beim vertikalen Knickarmroboter (RRR: drei R-Achsen). Gemischte Kombinationen aus translatorischen und rotatorischen Achsen findet man bei SCARA- (RRT) und Schwenkarm-Robotern mit RTT- oder TRR-Kinematik (auch als hybride Kinematiken bezeichnet). Eine Sonderstellung nehmen die Roboter mit Parallelkinematik ein.

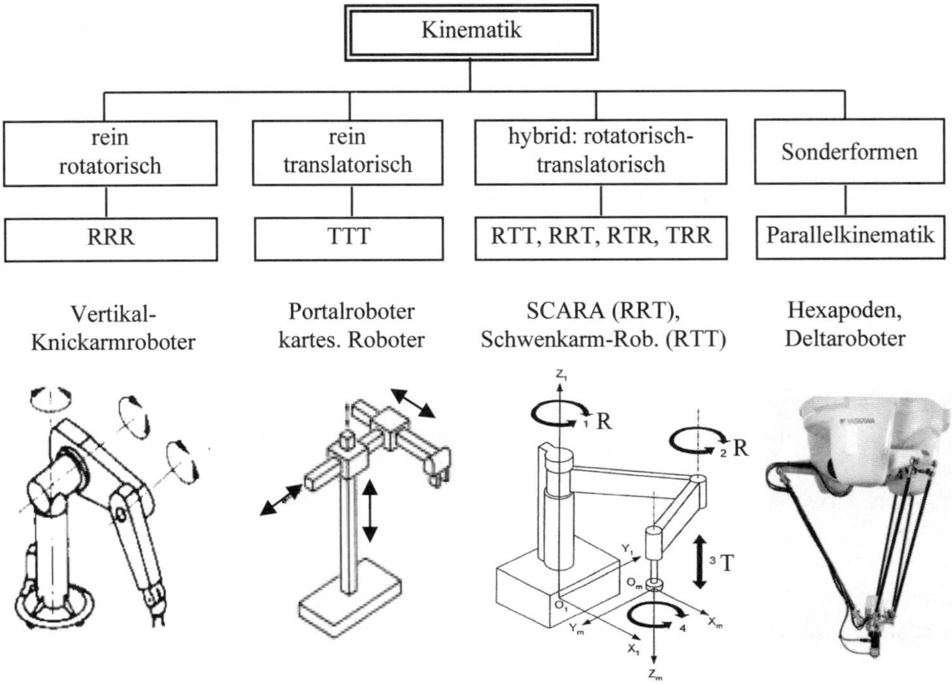

Bild 9.5: Kombinationen von translatorischen und rotatorischen Achsen

9.4 Knickarm-Roboter

Der vertikale Knickarm-Roboter, auch Gelenkarmroboter mit RRR-Kinematik, wird als Universalroboter in Industrieanwendungen am häufigsten eingesetzt. Daher soll dieser Robotertyp etwas ausführlicher vorgestellt werden. Er ist mit drei rotatorischen Hauptachsen, also mit serieller RRR-Kinematik ausgestattet und daher in drei Dimensionen beweglich. In fast allen Fällen ist die erste Drehachse eine fluchtende Achse, die zur Drehbewegung des ersten Arms um den Roboterfuß dient. Die weiteren Arme schließen sich jeweils an den Gelenken des vorhergehenden Gelenkarms an (Bild 9.6). Die Gelenkarme sind in vertikaler Richtung beweglich und ermöglichen dem Vertikalknickarm-Roboter einen nahezu kugelsegmentförmigen Arbeitsraum. Darunter ist der Raum zu verstehen, der von der Schnittstelle Handachse/Endeffektor mit der Gesamtheit aller Achsbewegungen erreichbar ist. Zusätzlich dienen drei Hand- oder Nebenachsen dazu, eine beliebige Orientierung des Handhabungsobjekts (Endeffektor, Greifer oder Werkzeuge) im Raum festzulegen. Bei diesen Achsen handelt es sich fast ausnahmslos um rotatorische Achsen. Aufgrund ihrer Kinematik zeichnen sich Knickarmroboter besonders durch hohe Beweglichkeit aus.

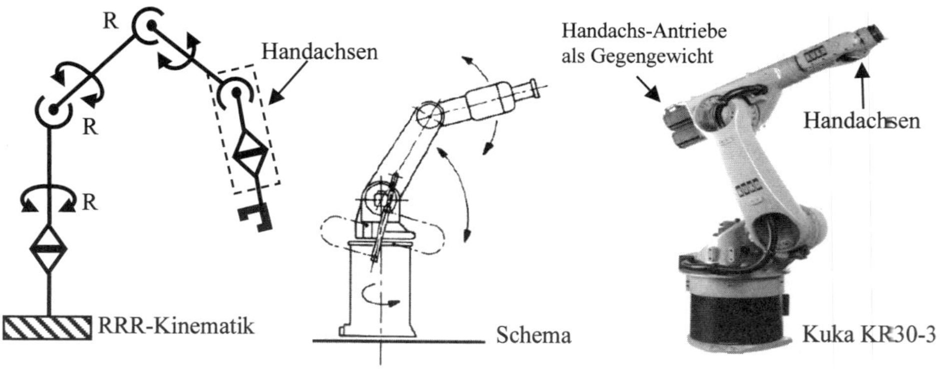

Bild 9.6: Vertikaler Knickarm-Roboter: Kinematik, Schema und Beispiel Kuka KR30-3 (*Werkbild*)

Funktionsprinzip

Vertikal-Knickarmroboter verfügen über eine horizontal drehbare Basis (erste Drehachse) und je nach Ausführung über vier bis fünf weitere Gelenke. Sie ähneln damit in ihrer Beweglichkeit einem menschlichen Arm. Durch das mögliche zeitgleiche Bewegen aller Gelenke sind diese Roboter in der Lage, sehr komplexe Bewegungsabläufe auszuführen. Wegen der Hebelwirkung nimmt die Tragkraft des Roboterarms mit zunehmender Auslegerweite ab. Um die vorderste Achse von der Masse aller Antriebe für die Handachsen zu entlasten, sind die Handachs-Motoren als Gewichtsausgleich hinter dem Drehpunkt der vordersten Achse angeordnet. Dennoch weisen Vertikal-Knickarmroboter durch das Gewicht ihrer Antriebe sowie das sich addierende Spiel der Gelenke eine geringere Geschwindigkeit, Dynamik und Wiederholgenauigkeit auf, als z. B. SCARA- oder Parallelkinematik-Roboter.

Eigenschaften

Vertikal-Knickarmroboter sind universell einsetzbare Systeme für Montage- und Handhabungsaufgaben. Sie bieten mit bis zu sechs Freiheitsgraden vor allem eine hohe Flexibilität. Auch das Umgreifen von Hindernissen ist mit dieser Kinematik möglich. Die Roboter kommen mit wenig Grundfläche aus, verfügen jedoch bauartbedingt über einen relativ begrenzten Arbeitsraum. Den Vorteilen stehen einige Nachteile gegenüber:

- Die hohe Belastung für die Antriebe durch das Eigengewicht macht einen Gewichtsausgleich erforderlich.
- Ihre mechanische Steifigkeit ist geringer als z. B. die von SCARA-Robotern.
- Eine aufwendige Steuerung sowie ein hoher Grundaufwand ist erforderlich.

Einsatz

Die Roboter werden für Aufgaben eingesetzt, bei denen komplexe Bewegungsabläufe zusammen mit hoher Flexibilität gefordert sind. Typische Applikationen finden sich in allen Branchen des allgemeinen Maschinenbaus, vor allem in der Kfz-Fertigung, zur Durchführung folgender Aufgaben:

- zur Werkzeughandhabung,
- für die Werkstückhandhabung,
- zum Beschichten und Lackieren,
- für Punkt-, Bahn- und Laserschweißen,
- zur Beschickung von Werkzeugmaschinen und Kunststoff-Spritzgussmaschinen,
- für Montagearbeiten,
- zum Palettieren,
- zum Entgraten, Polieren und für Kleberauftrag,
- zum Fräsen von Kunststoffen und Leichtmetallen sowie
- für Prüfvorgänge und die Qualitätssicherung.

Erweiterungen

Zur Erweiterung des Arbeitsraums kann den drei Haupt-Drehachsen noch eine Linearachse hinzugefügt werden, indem man den Roboter auf eine oder zwei Schienen setzt. Auf diese Weise kann ein einziger Roboter, hin- und herfahrend, die Bedienung von mehreren Arbeitsplätzen übernehmen, die auch in größerem Abstand voneinander entfernt stehen können. Weiterhin können Knickarm-Roboter auch an der Wand oder der Decke, an Lineareinheiten hängend, als Portal-montierte Roboter betrieben werden. Für spezielle Anwendungen sind besonders ausgestattete Roboter erhältlich, z. B. zur Pressenverkettung, zum Bahnschweißen, für Gießereien, für Reinräume sowie in Edelstahl-Ausführungen für die Nahrungsmittelindustrie.

Kfz-Rohbau

Im Kfz-Rohbau werden vor allem für die Karosseriefertigung typischerweise große Mengen von Industrierobotern eingesetzt. Dabei schweißen, montieren, schrauben oder fügen oft mehrere Roboter zugleich mit rasender Geschwindigkeit und dennoch millimetergenau an einer Karosse. Dies stellt extrem hohe Anforderungen an die Synchronisierung der Maschinen untereinander und mit den peripheren Komponenten sowie an den Kollisionsschutz. Bild 9.7 zeigt den Einsatz von Robotern in einer Ford-Fabrik in Pluak Daeng, Thailand sowie im BMW-Werk Leipzig. Das Besondere daran ist, dass alle Roboter einer Fertigungsstraße miteinander vernetzt arbeiten.

Bild 9.7: Roboter in einer Kfz-Fertigungsstraße in Thailand (links, *Quelle:* Bangkok Post) und Kuka-Roboter im BMW-Werk Leipzig (rechts)

Ob es mit diesem Robotereinsatz in Zukunft so bleiben wird, ist jedoch fraglich. Mit den Verfahren des 3D-Druckens werden zunehmend dreidimensionale Werkstücke aus Kunststoffen, Kunstharzen, Keramiken und Metallen computergesteuert schichtenweise aufgebaut. In der Luft- und Raumfahrtindustrie wird der 3D-Druck längst zur Serienfertigung eingesetzt. Dieser „Digital Fabrication“ zur Erstellung von Guss- und anderen Teilen aus dem Printer scheinen keine Grenzen gesetzt zu sein. Damit könnten in nicht zu ferner Zukunft große Mengen an Industrierobotern, zumindest im Karosseriebau, verdrängt werden.

9.5 Schwenkarm-Roboter

Bei dem für Palettieren und Maschinenbestückung eingesetzten Schwenkarm-Roboter mit RTT-Kinematik sind zwei translatorische Achsen mit einer rotatorischen Achse verbunden. Die erste rotatorische Achse ist am Fundament befestigt. Die beiden folgenden translatorischen Achsen dienen zur Höhenverstellung und zur Einstellung der Reichweite des Roboterarms (Bild 9.8, links). Der sich ergebende Arbeitsraum ist zylinderförmig. Als Vorteile dieser Kinematik gelten eine robuste Bauweise bei hoher Positioniergenauigkeit, großer Reichweite und schneller Bewegung um die vertikale Rotationsachse. Nachteilig sind der große Platzbedarf und die geringe Möglichkeit zur Umgehung von Hindernissen. Beim Schwenkarm-Roboter mit RRT-Kinematik ist eine translatorische Achse mit zwei rotatorischen Achsen gekoppelt. Auch hier ist die erste rotatorische Achse mit dem Sockel verbunden. Für diese Konfiguration ergibt sich ein kugelförmiger Arbeitsraum.

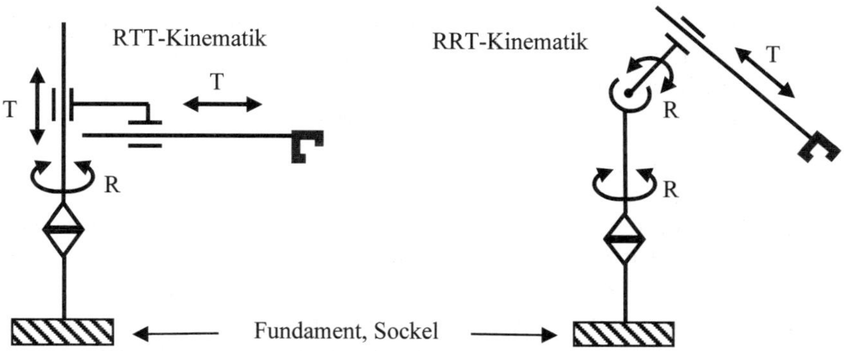

Bild 9.8: Symbolische Darstellung von Schwenkarm-Robotern

Neben den klassischen Kinematiken gibt es eine Vielzahl von Sonderbauformen, die zumeist für spezielle Aufgabenstellungen entwickelt wurden. Oft handelt es sich um Abwandlungen der klassischen Bauformen, die durch unterschiedliche Reihenfolge bei der Anordnung der Achsen entstehen. Sonderbauformen können so aufgebaut sein, dass sie bestimmte Vorteile für spezielle Anwendungsbereiche bieten, z. B.:

- bessere Zugänglichkeit,
- erhöhte mechanische Steifigkeit,
- hohe Geschwindigkeit oder
- bessere Bewegungsfreiheit.

Beim Parallelogramm-Roboter, einer Sonderbauform, sind die Drehachsen über ein Parallelogramm fest miteinander verbunden (gekoppelt); sie führen damit translatorische Bewegungen aus. Als Arbeitsraum ergibt sich die Form einer Halbkugel.

9.6 Spezielle Bauformen

Jenseits des vorgestellten, weit verbreiteten universellen Vertikal-Knickarmroboters zählt ein weit gefächertes Spektrum spezieller Robotertypen ebenfalls zu den Industrierobotern. Diese Roboter-Bauformen lassen sich mit ihren Kinematiken und sonstigen Konstruktionsmerkmalen in verschiedene Kategorien einordnen. Nachfolgend sollen einige ihrer wichtigsten Vertreter kurz vorgestellt werden.

9.6.1 SCARA-Roboter

Der SCARA-Roboter (Abkürzung für *engl.* Selective Compliance Assembly Robot Arm), auch als Horizontal-Knickarm- oder Schwenkarmroboter bezeichnet, hat einen besonderen Bezug zu den menschlichen Gelenken. Der Aufbau dieser Art von Robotern ist offenbar dem menschlichen Arm nachempfunden und der SCARA wird daher auch als „horizontaler Gelenkarmroboter" bezeichnet. Dieser Robotertyp wurde 1978 wegen seiner schnellen Bewegungen für so genannte Pick-and-Place-Anwendungen eingeführt. Seine Kinematik eignet sich insbesondere für Handhabungs- und Montagearbeiten in Fertigungslinien, bei denen Bauelemente mit hoher Geschwindigkeit und Präzision von einem Platz zu einem anderen portiert werden, wie es z. B. die Bestückung von Leiterplatten mit ICs oder SMDs (Surface-Mount Devices) erfordert.

Aufbau

Ein SCARA-Roboter besitzt einen nur in horizontaler Richtung schwenkbaren Gelenkarm, bestehend aus vier in serieller Kinematik ausgeführten Achsen – drei rotatorischen und einer translatorischen (RRRT). Er ist daher mit vier Freiheitsgraden ausgestattet, (Bild 9.9). Damit bewegt sich der SCARA-Arm ähnlich einem menschlichen Arm, da ihm seine Achsen vertikale und horizontale Bewegungen ermöglichen. Die erste Drehachse bildet der um den festen Roboterfuß drehbare Schwenkarm, an dessen Gelenk die zweite Achse angebracht ist. Am Ende des Schwenkarms befindet sich die lineare vertikale Z-Achse, an deren unterem Ende Endeffektoren wie Greifer oder Werkzeuge montiert werden können. Die Z-Achse ist als vierte Achse auch in ihrer Längsrichtung drehbar. Die Antriebe sind in die einzelnen Armglieder integriert. Durch die Bauform mit senkrecht stehenden Drehachsen wird eine hohe Steifigkeit in vertikaler Richtung erzielt, ohne dass das Eigengewicht des Roboters wie beim Vertikal-Knickarmroboter die Antriebe belastet. Der sich ergebende Arbeitsbereich ist häufig nierenförmig, kann aber auch kreisförmig um den Roboterfuß ausgebildet sein.

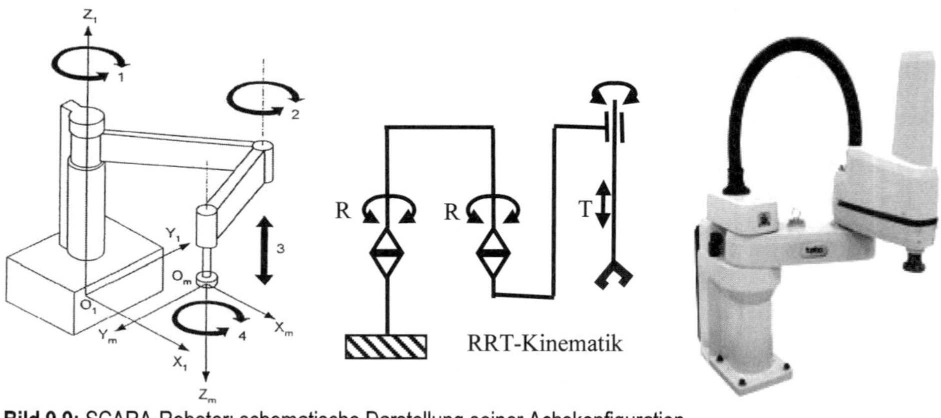

Bild 9.9: SCARA-Roboter: schematische Darstellung seiner Achskonfiguration

Eigenschaften und Anwendung

Horizontal-Knickarmroboter sind universell verwendbare Systeme zur schnellen Pick-and-Place-Handhabung in XYZ-Richtung innerhalb von planparallelen Flächen. Kippbewegungen sind jedoch nicht möglich. In der Regel werden SCARA-Roboter stehend eingebaut; modellabhängig ist aber auch ein Einbau über Kopf möglich. Einsatzschwerpunkte sind Anwendungen, bei denen eine Beschränkung auf senkrechte Füge- und Handhabungsbewegungen ausreicht. Eine Handhabung von Punkt zu Punkt erfolgt beispielsweise beim Ablegen von Teilen auf Werkstückträgern, beim Fügen, Einlegen oder Einpressen von Objekten sowie bei der Herstellung von Schnappverbindungen. In Pick-and-Place-Anwendungen zeichnen sich SCARA-Roboter durch ihre besondere Fähigkeit aus, Fertigungsteile von einem Ort zu holen und sie mit hoher Präzision, Geschwindigkeit und geschmeidigen Bewegungen an einem anderen Ort abzulegen. Auch zur geordneten Zuführung z. B. aus Trays sowie zum Palettieren und Verpacken lassen sich SCARAs gut einsetzen. Selbst für einfache Anwendungen mit Bahnsteuerung, z. B. beim Kleber- und Dichtmittelauftrag oder beim Laserschweißen eignen sich diese Knickarmroboter. Zu den typischen Einsatzbereichen zählen der interne Betriebsmittelbau sowie der Sondermaschinen- und Anlagenbau in einer Vielzahl von Branchen.

Ein Nachteil des SCARA-Roboters besteht darin, dass er mit seinen Hauptachsen nur auf einer Arbeitsebene (daher „Selective Compliance“, also etwa „selektive oder punktuelle Übereinstimmung“) hantieren kann, da ihm für nicht planparallele Flächen die Freiheitsgrade fehlen. Für die ihm zugedachten Montagearbeiten ist dies aber auch nicht erforderlich. Die Vertreter der SCARA-Fraktion sehen in der hohen Geschwindigkeit ihrer Roboter noch immer einen der größten Vorzüge. Nicht zuletzt ermöglichte erst der Einsatz von SCARA-Robotern die automatisierte Fertigung der modernen, preiswerten elektronischen Produkte, die für uns heute so selbstverständlich sind.

9.6.2 Delta-Roboter

Hier soll nun ein besonderer Robotertyp kurz vorgestellt werden, dessen Kinematik etwas utopisch oder zumindest unkonventionell anmutet: der so genannte „Delta-Roboter“. Die spezielle Kinematik dieser Roboter unterscheidet sich erheblich von den Kinematiken konventioneller Knickarm- oder SCARA-Roboter. Sie wird auch als „Delta-Kinematik“ bezeichnet, weil die Arme die Form eines auf den Kopf gestellten griechischen Buchstabens Delta (Δ) bilden. Die spinnenähnlichen Delta-Roboter sind mittlerweile in der Industrie weit verbreitet und punkten vor allem bei Hochgeschwindigkeits-Anwendungen. Damit folgt ihr Einsatz dem allgemeinen Trend, immer schneller und kostengünstiger, dennoch mit hoher Qualität zu produzieren. Im Abschnitt 6.7 „Die kinematische Kette“ wurde bereits die Parallelkinematik als Gegenstück zur seriellen Kinematik kurz vorgestellt.

Kinematik

Parallelkinematik-Roboter basieren auf einer Kinematik, bei der die Greiferplattform oder Arbeitsplatte von drei bis sechs parallel angeordneten Linearachsen oder Gelenkarmen geführt wird, die in einer festen Basis verankert sind. Damit ergibt sich eine Parallelschaltung von kinematischen Ketten, die von den Armsystemen realisiert werden. Durch diese Anordnung bilden die Achsen eine geschlossene kinematische Kette, was gegenüber Vertikal- oder Horizontal-Knickarmrobotern mit einer höheren mechanischen Steifigkeit und Wiederholgenauigkeit, jedoch nur einem relativ begrenzten Arbeitsraum einhergeht. Der nahezu zylindrische Arbeitsbereich des Delta-Roboters definiert die Punkte im Raum, die der Tool Center Point erreichen kann und wird begrenzt durch die Längen der Arm-Komponenten.

Wegen der Parallelkopplung der drei Armsysteme mit Unterarmen aus parallelen Stäben werden die rotatorischen Freiheitsgrade der Arbeitsplatte derart eingeschränkt, dass sie sich stets horizontal, also parallel zur oberhalb befindlichen Grundplatte bewegt. Vorteile dieser speziellen Kinematik sind vor allem die geringen bewegten Massen und die damit erreichbaren hohen Geschwindigkeits- und Beschleunigungswerte. Im Gegensatz hierzu sind bei offenen kinematischen Ketten bzw. seriellen Strukturen alle Bewegungsachsen nacheinander angeordnet, so dass jeder Antrieb mit den Massen der nachfolgenden Glieder und Antriebe belastet wird. Dies wirkt sich negativ auf die dynamischen Eigenschaften aus. Daher eignen sich Delta-Roboter vor allem für Hochgeschwindigkeitseinsätze wie Pick-and-Place Anwendungen. Es ist stets ein faszinierendes Schauspiel, wenn man einen dieser „tanzenden" Delta-Roboter im praktischen Einsatz beobachtet.

Aufbau

Die meist hängend montierten Roboter bestehen aus einer fest mit der Aufhängung verbundenen oberen Grundplatte, die (bei drei Achsen) drei um 120° versetzte Armsysteme trägt. Die Arme bestehen jeweils aus einem Ober- und einem Unterarm. Die Oberarme sind am oberen Endpunkt jeweils starr an Wellen befestigt, die in der Grundplatte gelagert sind. Der Antrieb der Wellen, und damit der Oberarme, erfolgt durch die an der oben liegenden Grundplatte montierten Motoren. Jeder Oberarm ist am unteren Endpunkt über ein Kugelgelenk mit seinem Unterarm verknüpft. Die Enden der Unterarme sind alle wiederum durch Gelenke mit der gemeinsamen Arbeitsplatte verbunden, an der auch der Endeffektor angebracht wird (Bild 9.10). Die gebogenen breiten Pfeile im Kinematikschema von Bild 9.10 zeigen, welche Arme bewegt werden müssen, um von der Anfangsstellung in die jeweilige Arbeitsposition zu gelangen. Der Effektor selbst kann durch einen auf der Grundplatte fixierten Motor mittels einer Teleskopwelle in der Arbeitsplattenebene um die vertikale Achse rotiert werden.

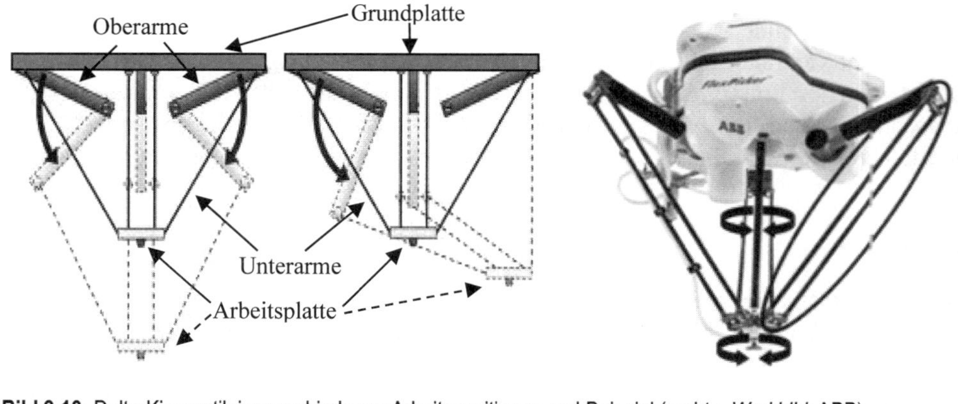

Bild 9.10: Delta-Kinematik in verschiedenen Arbeitspositionen und Beispiel (rechts, *Werkbild:* ABB)

Die Grundplatte trägt als Basis des Delta-Roboters alle erforderlichen Komponenten und wird in hängender Position montiert. Die darauf montierten Elemente, z. B. die Motoren, werden im Betrieb nicht bewegt, was der Dynamik des Systems zugute kommt.

Die aus Motor, Getriebe und Regelung bestehenden Antriebe dienen dazu, die Wellen zu drehen, an denen die Oberarme befestigt sind. Dadurch werden die Oberarme geschwenkt und die Arbeitsplatte gemäß der Delta-Kinematik parallel versetzt. Die (untere) Arbeitsplatte dient als Verbindungselement für die Unterarme und als Aufnahme für den Effektor. Sie ist stets parallel zur Grundplatte ausgerichtet und führt die programmierten Bewegungen des Systems aus. Daher sollte die Arbeitsplatte ein möglichst geringes Gewicht besitzen, um die dynamischen Eigenschaften des Roboters zu optimieren.

Als Effektor werden zur Handhabung von Kleinteilen häufig spezielle Greifer oder Vakuumsauger verwendet. Es gibt aber auch Universalgreifer, die eine Vielzahl unterschiedlicher Teile ergreifen können. Für besonders komplexe Handlings- und Bestückungsanwendungen bieten manche Hersteller mehrachsige Handgelenke mit Vakuumsauger an (siehe hierzu auch Kapitel 10: „Effektoren und Greifer“).

Steuerung

Die prinzipielle Aufgabe einer Steuerung besteht darin, die Ausgangsgrößen für die Aktoren in Abhängigkeit von den Eingangsgrößen einzustellen. Unter Eingangsgrößen sind einerseits die vom Programm gelieferten Positions-Sollwerte zu verstehen sowie die von der Sensorik erfassten Istwerte zur Lage der kinematischen Kette. Die resultierenden Ausgangsgrößen liefern Stellwerte für die erforderlichen Drehmomente der Motoren, um den Effektor in die gewünschte Position zu bewegen. Oberstes Ziel ist dabei, die Bewegungsbahn des Roboterarms mit möglichst hoher Laufruhe sowie stoß- und ruckfreien Bewegungen zu realisieren.

Die Steuerung von Delta-Robotern gestaltet sich allerdings deutlich aufwendiger, als die von Robotern mit „normalen“ seriellen Strukturen. Die Schwierigkeiten bestehen vor allem darin, die rotatorisch-translatorischen Bewegungen der Armteile über entsprechende Koordinatentransformationen so umzuwandeln, dass sich die komplexen kinematischen Zusammenhänge zwischen Achs- und Zielkoordinaten beschreiben lassen. Es müssen also die drei rotatorischen Bewegungen der Antriebe in drei translatorische Bewegungen umgerechnet werden. Weiter ist zu berücksichtigen, dass sich alle Komponenten der Struktur bewegen, sobald auch nur ein Antrieb angesteuert wird. Um also die Arbeitsplatte, und damit den Effektor, linear verfahren zu können, müssen alle Antriebe simultan angesteuert und aktiviert werden. All dies macht die Steuerung von Delta-Robotern komplexer als die von Robotern mit serieller Kinematik. Programmierung und Betrieb der Delta-Roboter werden oft in Verbindung mit Bildverarbeitungssystemen durchgeführt. In der Praxis sind neben Teach-In-Verfahren auch die textuelle Programmierung mit entsprechenden Programmiersprachen weit verbreitet.

Anwendungen

Delta-Roboter finden sich überwiegend in der Lebensmittel- und Verpackungsindustrie, doch zunehmend auch in der Pharmazie, der Photovoltaik sowie der Medizintechnik. Durch ihren besonderen Aufbau und ihre herausragende Kinematik können die Roboter ihre dynamischen Vorteile gegenüber herkömmlichen SCARA- oder Knickarmrobotern ausspielen. Das macht sie für Pick-and-Place- und andere Highspeed-Anwendungen bestens geeignet. Die zukünftige Entwicklung der Delta-Roboter zielt vor allem darauf, bestehende Anwendungen noch produktiver und flexibler zu gestalten, sowie weitere Anwendungsfelder zu erschließen.

Vor allem bei standardisierten Abläufen in der Lebensmittel- und Pharmaindustrie haben Delta-Roboter einen festen Platz eingenommen. Hierbei waren strikte Vorgaben der Lebensmittelindustrie hinsichtlich der Anlagenhygiene ohne Kompromisse mit der Automatisierung in Einklang zu bringen („Deltaroboter im Hygienic Design – HD“). Derartige Versionen zeichnen sich durch glatte, fugenfreie und gut zu reinigende Übergänge, abgerundete Ecken etc. aus. HD-Delta-Roboter wurden konzipiert für den Einsatz in Anwendungen, bei denen es auf Lebensmittelechtheit und Chemikalienbeständigkeit ankommt. Durch Verwendung von ausschließlich für Lebensmittel zugelassenen Materialien bewährt sich diese Robotergeneration besonders bei extremen Temperaturen, hoher Luftfeuchtigkeit, Verschmutzungsgefahr und mechanischer Belastung.

Vor- und Nachteile

Im Vergleich zu anderen Roboter-Kinematiken besteht der größte Vorteil der Delta-Roboter in ihren günstigen dynamischen Eigenschaften. Die Maschinen können sehr hohe Geschwindigkeiten und Beschleunigungen und damit einen hohen Durchsatz, also kleine Zykluszeiten, erzielen. Das lässt sich insbesondere auf die geringen bewegten Massen und das resultierende niedrige Trägheitsmoment zurückführen. Infolge dessen können kompakte Motoren mit geringem Energiebedarf eingesetzt werden. Zudem besitzen die Systeme durch die geschlossenen kinematischen Ketten der parallelen Struktur eine hohe Steifigkeit, was wiederum zu einer hohen Wiederholgenauigkeit beiträgt. Delta-Roboter sind hinsichtlich der zu handhabenden Produkte flexibel einsetzbar und trotz ihrer hohen dynamischen Leistungsfähigkeit sehr zuverlässig.

Der größte Nachteil von Delta-Robotern im Vergleich zu anderen Roboterarten ist ihre geringe Lastaufnahme. Außerdem besitzen sie einen kleinen Arbeitsraum im Vergleich zum Bauraum. Die Bewegung der Arbeitsplatte und damit des Effektors ist auf drei translatorische und eine rotatorische Achse beschränkt, woraus sich ein sehr kleiner Schwenkwinkel der Effektoren ergibt. Wenn erforderlich, kann hier ein Effektor mit zusätzlichen Achsen für Abhilfe sorgen. Nachteilig ist zudem der bereits erwähnte höhere Steuerungsaufwand für die komplexen Koordinatentransformationen. In Tabelle 9.3 finden Sie einige Vor- und Nachteile von Delta-Robotern gegenübergestellt.

Tabelle 9.3: Vor- und Nachteile von Delta-Robotern

Vorteile	Nachteile
geringe bewegte Massen (kleines Trägheitsmoment)	Schwenkwinkel (= rotatorische Bewegung) beschränkt
hohe Geschwindigkeit und Beschleunigung möglich	kleiner Arbeitsraum
kompakte Motoren → geringer Energiebedarf	geringe Lastaufnahme
parallele Struktur → hohe Steifigkeit	hoher Aufwand für die Steuerung
hohe Wiederholgenauigkeit	
hohe Flexibilität	
große Zuverlässigkeit	

9.6.3 Leichtbauroboter

In der Robotik lässt sich die Tendenz beobachten, dass Roboter immer leichter, günstiger, schneller werden und inzwischen quasi für nahezu jedermann sicher zu handhaben sind. Eine besondere Nische in der Robotertechnologie besetzen die sogenannten Leichtbauroboter (LBR), denn sie werden inzwischen auch komplett mit Steuerung preiswert angeboten. Dieser Trend zeigt, dass vor allem mit Leichtbaurobotern schnelle, effiziente, einfach zu bedienende und dazu sehr sichere und verhältnismäßig kosteneffiziente Möglichkeiten entstehen, um auch in kleinen und mittleren Unternehmen (KMUs) eine hohe Effizienz und Wertschöpfung zu erzielen. Zahlreiche Hersteller arbeiten daher derzeit mit

Hochdruck an Neuentwicklungen, um die Vielfalt von LBR-Anwendungen beim Zuführen, Montieren oder bei Positionieraufgaben zu erweitern.

Definition

Bei der Definition ist man sich zwar unter den Roboterherstellern noch nicht so ganz einig, aber einige der folgenden, gemeinsamen Merkmale sollten den Leichtbauroboter ausreichend charakterisieren:

- Sie sind so leicht (max. 30 kg), dass sie von einer Person getragen und aufgestellt werden können.
- Sie weisen einfachste Bedienoberflächen auf. Ein simples intuitives „teaching" der Positionieraufgaben ist bereits per Hand möglich.
- Dank multifunktionaler Schnittstellen ist die Programmierung mittels einfacher Touchscreens bis hin zur Steuerung über Smartphones oder Tablets möglich.
- Hohe Sicherheit ist gewährleistet dank adaptiver Sensorik und Echtzeitberechnung der Kollisionsgefährdung. Daher kann der Leichtbauroboter frei im Raum und ohne Schutzabsperrungen betrieben werden.
- Die Einhaltung der Vorschriften DIN EN ISO 10218-1:2012 („Industrieroboter – Sicherheitsanforderungen – Teil 1: Roboter") für kollaborativen Betrieb Mensch-Roboter sind gewährleistet (siehe hierzu Kapitel 11 „Sicherheit und Schutzeinrichtungen").

Da Leichtbauroboter meist mit sicherheitsrelevanten Sensoren ausgestattet sind, erlauben sie die direkte gefahrlose Kooperation mit dem Menschen. Dadurch entstehen neuartige Produktionsassistenten, also sensorgeregelt nachgiebige, leicht anzulernende Roboter für kleine Losgrößen und vor allem für Montagevorgänge, die bisher konventionellen Robotern wegen unzureichender Feinfühligkeit und Sensorik nicht möglich waren. Daher sind für KMUs diese flexibleren, sensorgeführten Roboter ohne Schutzeinzäunung zur Fertigung kleiner Losgrößen mehr und mehr unverzichtbar. Schließlich waren die bisherigen Roboter in Käfigen „eingesperrt", doch nun kann man mit ihnen arbeiten wie mit einem normalen Werkzeug.

Besondere Funktionalitäten

Leichtbauroboter kommen den Bewegungsabläufen des menschlichen Arms erstaunlich nahe. Durch integrierte Sensorik und die damit verbundene Leistungsregelung der Antriebe verfügt der Roboter über eine programmierbare achsspezifische Nachgiebigkeit im Betrieb – der Roboter kann „fühlen". Vorteilhaft ist auch die einfache Programmierung, z. B. „Programming by Demonstration" oder „Bedienung durch Handführen" („lead-by-the-nose"). Im industriellen Umfeld lassen sich mittlerweile sogenannte Handheld-Geräte wie Smartphones oder Tablet-PCs aufgrund ihrer zunehmenden Leistungsfähigkeit und einfachen Bedienung als mobile Steuerungs- und Programmiergeräte einsetzen. Die Programmierung wird damit selbsterklärend und erfordert keine besonderen Spezialkenntnisse.

Aufgabenbereiche

Leichtbauroboter sind für klassische Handlingsarbeiten, wie Einlegen, Bestücken oder Positionieren, ebenso geeignet wie zur Montage/Demontage (Befestigen oder Fügen). Darüber hinaus können Leichtbauroboter als Assistenzsysteme in Industrie und Medizintechnik eingesetzt werden.

Der LBR iiwa von Kuka

Ein sehr bekannter Vertreter der Leichtbaurobotik, der „LBR iiwa" von Kuka (Bild 9.11, links), sei stellvertretend für weitere Roboter dieser Gattung etwas näher vorgestellt. Wie bereits angedeutet, sind neue feinfühlige und nachgiebige Lösungen gefordert, um Roboter auch im direkten Arbeitsumfeld des Menschen gefahrlos einsetzen zu können. Mit dem LBR iiwa präsentiert der bekannte Augsburger Hersteller von Industrierobotern eine neue Generation – einen sensitiven, nachgiebigen und dennoch industrietauglichen Leichtbauroboter. LBR steht dabei für „Leichtbauroboter", iiwa für „intelligent industrial work assistant".

Die integrierten Momentensensoren in den Gelenken all seiner Achsen fühlen jedes von außen einwirkende Moment. Die dabei generierten Signale kommen im Millisekundentakt an und können von der Steuerung des LBR iiwa entsprechend berücksichtigt werden, um beispielsweise den Roboter bei einem Kontakt sofort anhalten zu lassen. Mit den daraus erwachsenden Möglichkeiten können Mensch und Roboter in enger Zusammenarbeit hochsensible Aufgaben ausführen. Dabei entfallen Schutzzäune, neue Arbeitsfelder für feinfühlige Fügeprozesse entstehen und der Weg ist frei für mehr Wirtschaftlichkeit und höchste Effizienz.

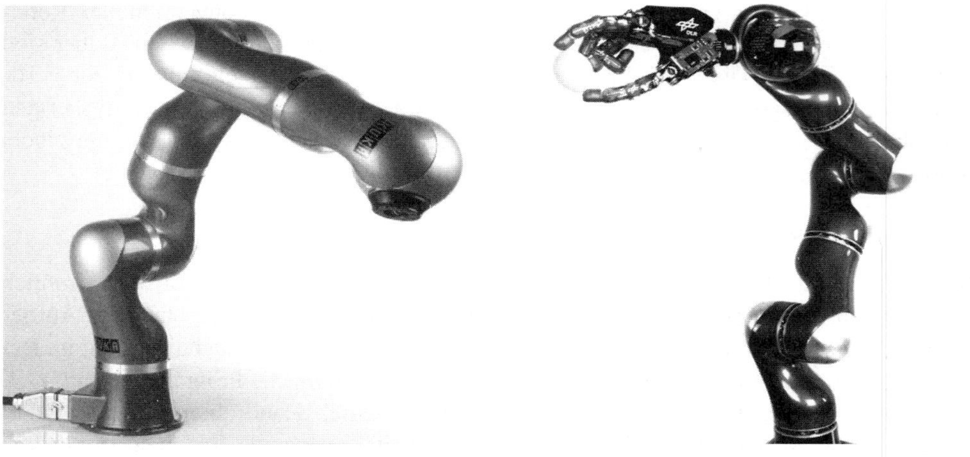

Bild 9.11: Beispiele für Leichtbauroboter: Kuka-Leichtbauroboter „LBR iiwa" (links) und DLR-Leichtbauroboter mit sensibler Vierfingerhand (rechts)

Kollaborative Roboter

Herkömmliche klassische Industrieroboter sind meist tonnenschwere Kraftpakete, die durch Schutzeinrichtungen wie Zäune oder Gitter abgesperrt, ihre Arbeit ohne Rücksicht auf umstehende Personen verrichten. Doch mit der zunehmend flexiblen Mensch-Roboter-Kollaboration (MRK) durch die LBR eröffnen sich immense Anwendungspotenziale. Die derzeitige Entwicklung in der industriellen Robotik geht einher mit einem Paradigmenwechsel: weg vom starren IR, hin zu nachgiebigen, intrinsisch sicheren kollaborativen Maschinen, die auch „sehen und fühlen" und mit neuen, einfacheren Programmiertechniken punkten können. Diese kollaborative Robotik mit direkter Interaktion zwischen Mensch und Maschine setzt sich zunehmend durch und verspricht neuartige Möglichkeiten der Automatisierung. Die auch „Cobots" genannten Roboter entwickeln sich immer mehr zu sanften „Kollegen" ihrer menschlichen Mitarbeiter. Sie sind eigens mit innovativer „intelligenter" Sicherheitstechnik ausgestattet, um mit Personen gemeinsam Seite an Seite zu arbeiten – als Roboter „zum Anfassen". Statt in Käfigen ausgegrenzt, agieren sie in einem kooperativen Arbeitsumfeld und assistieren bei komplexen Aufgaben, die sich nicht restlos automatisieren lassen. Den Menschen in ihrer Nähe droht keine Gefahr; abgesperrte Bereiche und Sicherheitsgitter sind nicht länger nötig. Dank hochentwickelter Sensorik kommt der Cobot bei kleinsten Berührungen zum Stillstand. Außerdem werden Geschwindigkeiten, Kräfte und Momente der Achsen auf gefahrlose Werte reduziert.

Kinematische Redundanz

Wie viele andere Cobots ist der Kuka LBR iiwa mit 7 Achsen dem menschlichen Arm nachempfunden und kann in Positions- und Nachgiebigkeitsregelung betrieben werden. Aufgrund seines geringen Gewichts, seiner kinematischen Redundanz durch 7 Achsen und der schlanken Bauform ist er ideal geeignet für enge Einbausituationen und lässt sich sehr leicht in Produktionsanlagen integrieren. Es ist höchst erstaunlich, die schnellen und skurrilen Verrenkungen zu beobachten, die dem Roboter durch seine kinematische Redundanz möglich sind. Eine hoch effiziente Kollisionserkennung und die integrierte Momentensensorik in den Gelenken prädestinieren den LBR zum kollaborativen Betrieb mit Menschen. Die integrierte Sensorik erkennt rechtzeitig die Annäherung eines Fremdobjekts oder die eines Menschen. Damit ist gewährleistet, dass der Roboter seine Bewegungen bei Annäherung von Personen verlangsamt, stoppt, oder dass er sogar selbsttätig zurückweicht.

Auch der im Bild 9.11 rechts abgebildete DLR-Leichtbauroboter[5] der dritten Generation, der LBR-3, besitzt ebenfalls 7 Hauptachsen sowie 13 Handantriebe. Neuartige Sensoren ermöglichen es, dass die Roboterhände auf Gegendruck reagieren und nachgeben, um so sehr feinfühlige Bewegungen erzeugen zu können.

9.6.4 Soft Robotics

Im Zusammenhang mit den Leichtbaurobotern soll auch der Begriff „soft robotics" nicht unerwähnt bleiben. Gegenwärtig werden in der Industrie Roboter meist noch als klotzige metallische Gebilde eingesetzt, die zwar „intelligent" sind, aber nicht nachgiebig. Daher

[5] DLR – Deutsches Zentrum für Luft- und Raumfahrt, Institut für Robotik und Mechatronik

müssen sie zur Sicherheit meist in Käfigen oder abgesperrten Bereichen arbeiten, strikt getrennt von menschlichen Arbeitern. Bei den „soft robotics“ handelt es sich nicht mehr um konventionelle steife Positioniermaschinen, sondern um geschickte, auch mit Fingerhänden ausgestattete Leichtbauarme, die sich intuitiv programmieren lassen. Ziele dieser neuartigen Generation sind empfindsame und gefahrlose Interaktionen der Roboter mit Mensch und Umwelt. Der Einsatz von biologisch inspirierten Technologien im Verbund mit Sensorik und hochintelligenten Programm-Algorithmen verleiht der Robotik ganz neue Impulse. Anstatt auf starre Materialien und unnachgiebige Bewegungen wird auf weiche, nachgiebige sowie empfindsame Verkörperungen organischer Strukturen gesetzt. Die sich ergebenden Bewegungsabläufe sind der belebten Natur nachempfunden (siehe auch Abschnitt 3.17 „Bionische Roboter“). Dieses noch recht neue Forschungsfeld der Soft Robotics wird Anwendungen ermöglichen, die bislang kaum vorstellbar waren.

Einsatz

Vertreter von „soft robotics“, weich und geschmeidig in ihren Bewegungen, können zukünftig z. B. in Industrieunternehmen als Assistenzroboter, vor allem aber auch im Bereich der Pflege als Serviceroboter oder in der Medizintechnik eingesetzt werden. Diese sensiblen Maschinen haben demnach einen entscheidenden Vorteil: Sie sind gesellschaftsfähig. Selbst wenn sie mit einem Menschen zusammenstoßen, passiert nicht viel, da sie weich und dank vieler taktiler Sensoren nachgiebig sind. Wird an bestimmten Stellen Druck ausgeübt, dann geben das verformbare Material und der elastische Aufbau nach. So werden sie zu feinfühligen Kollegen am Fließband oder zu Hilfen in Pflege und Haushalt. Die Greifer und Hände konventioneller Roboter sind oft glatt und starr, die der neuen Generation dagegen weich, dennoch rau und somit griffig. Greifen sie eine Tomate, geben sie etwas nach, umklammern sie jedoch einen rutschigen Plastikbeutel, dann packen sie kräftiger zu.

9.6.5 Portalroboter

Portalroboter oder auch Lineararm-Roboter bestehen aus mindestens drei translatorischen Hauptachsen. Mit dieser auch als TTT-Kinematik (Bild 9.12) bezeichneten Portalbauweise können sehr große Abmessungen bzw. Arbeitsräume realisiert werden. Daher sowie aufgrund der mechanischen Steifigkeit von T-Achsen, eignen sich Portalroboter besonders gut für Transportaufgaben über große Strecken. Im Allgemeinen lassen sich lange translatorische Achsen messtechnisch besser handhaben, als entsprechende rotatorische Achsketten. Daher sind mit diesen Robotern sehr genaue Positionierungen möglich. Das Portalfundament kann mechanische Beanspruchungen gut abfangen, so dass sich auch Objekte mit größerem Gewicht problemlos transportieren lassen. Durch die Portalbauweise befindet sich der Roboter-Effektor immer oberhalb der Applikation, so dass der Bodenbereich für weitere Fertigungseinrichtungen frei bleibt. Entsprechend der kartesischen, also senkrecht zueinander angeordneten Hauptachsen (X-, Y- und Z-Koordinaten) besitzt der Arbeitsraum eines Portalroboters eine kubische bzw. quaderförmige Form (Bild 9.12, rechts). Innerhalb dieses Arbeitsbereichs kann der Effektor jeden Punkt anfahren. Außerdem erfordert die kartesische Kinematik keine komplizierten Koordinatentransformationen.

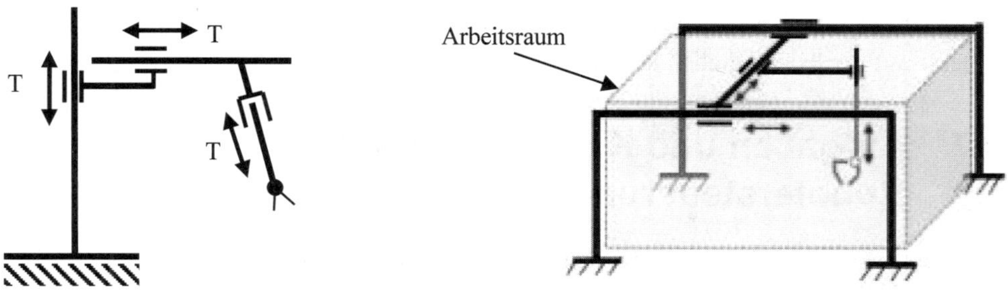

Bild 9.12: Kartesischer Roboter bzw. Portalroboter (TTT-Kinematik)

In der Praxis sind Portalroboter mit 2, 3 oder 4 Linearachsen unterschiedlicher Längen lieferbar. Vollportale stehen hierbei auf vier Füßen (Bild 9.13), Halbportale auf zwei Füßen. Abhängig von den Achslängen variieren die maximal möglichen Traglasten. Das Gewicht der zu tragenden Lasten kann über die oberen Portalachsen zweiseitig gut abgefangen werden. Gewöhnlich arbeitet ein Portalroboter mit drei rechtwinklig zueinander stehenden Linearachsen, die ein dreidimensionales, kartesisches Koordinatensystem mit X-, Y- und Z-Achse aufspannen. Mit modernen Antriebssystemen können kartesische Roboter sehr schnell und präzise arbeiten. Daher finden derartige Roboter in kleineren Ausführungen auch Anwendung in Bestückungsautomaten für z. B. elektronische Bauteile (SMD).

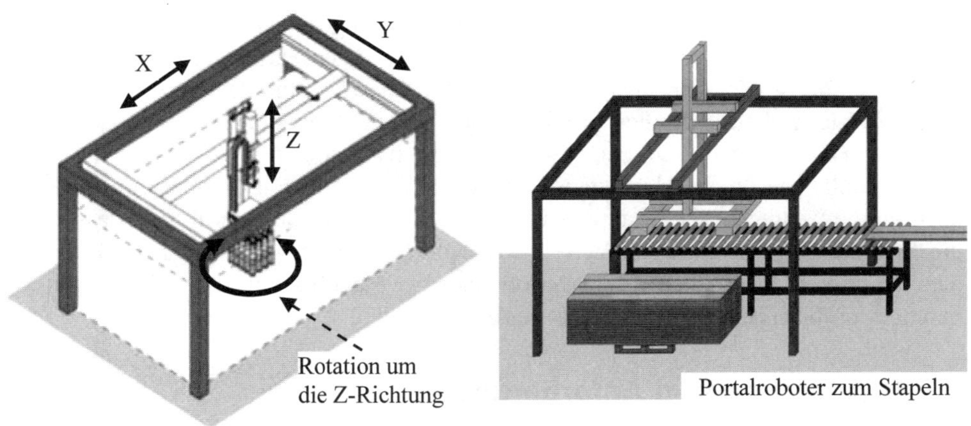

Bild 9.13: Vollportale mit drei Translationsachsen und einer Drehachse

Hubachse des Greifers

Der notwendige Hub des Greifers wird je nach Verfahren und Hersteller über verschiedene Techniken realisiert. Die einfachste Lösung ist eine vertikale Stange, welche sich in ihrer ganzen Länge von oben nach unten bewegt. In ihrer höchsten Position ragt diese Hubachse weit nach oben heraus. Eine andere Lösung besteht darin, die Hubachse teleskopartig zu gestalten. Diese Lösung ist technisch und somit auch kostenmäßig etwas aufwendiger, stellt aber weniger Anforderungen an die Hallenhöhe. Daneben existieren auch Sonderlösungen, wie etwa das synchrone Auf- und Abwickeln von Tragbändern, um den Greifkopf zu heben und zu senken. Die Portalroboter für Palettieraufgaben weisen üblicherweise eine vierte Achse als Drehachse um die Z-Richtung auf, damit sich die Objekte auf der Palette drehen lassen.

9.7 Aufgaben und Komponenten der Robotersteuerung

Die Robotersteuerung ist, bildlich gesehen, Herz und Gehirn eines Roboters. Sie verarbeitet die Informationen der Sensoren und steuert die Aktoren (Antriebe der Achsen, Greiferfunktionen). Die zentrale Steuerung beinhaltet alle Komponenten und Funktionen, die zum Betrieb, zur Bedienung und Programmierung sowie zur Überwachung eines Roboters unbedingt erforderlich sind. Sie nimmt Kommandos und Daten von der Bedieneinheit entgegen, kompiliert und speichert die Anwenderprogramme und führt den Gesamtablauf der eingegebenen Programme aus. Die Steuerung übernimmt und verarbeitet die Werte von internen und externen Sensorsystemen, von Schnittstellen aus der Peripherie und von sonstigen Kommunikationseinrichtungen. All diese Informationen werden entsprechend der gespeicherten Programme verarbeitet und kombiniert, um so dem Roboter die Erfüllung der für ihn vorgesehenen Aufgaben zu ermöglichen.

Ursprünglich waren Robotersteuerungen sehr verwandt mit den numerischen Steuerungen (CNC-Steuerungen) von Werkzeugmaschinen. Hersteller wie Siemens oder Bosch brachten Systeme auf den Markt, bei denen diese Verwandtschaft bau- wie softwaretechnisch deutlich zu erkennen war. Oft bestanden Robotersteuerungen auch aus einer Kombination aus CNC und SPS, Letztere zur Steuerung der notwendigen Peripherie in einer Roboterzelle. Doch im Bereich der Steuerungen hat sich mittlerweile ein deutlicher Wandel vollzogen. Viele Roboterhersteller greifen heute auf PC-Steuerungen mit Touchscreen-Bedienoberfläche zurück. Bei den PC-Steuerungen handelt es sich um ausgereifte Systeme, die dank hoher Rechnerleistung und moderner Hardware viele Vorteile aufweisen. Da auch die notwendigen Schnittstellen standardmäßig bereits „on Board" sind, lassen sich die Industrie-PCs auf einfache Weise in die Kommunikations-Netzwerke der Unternehmen integrieren. Schließlich ist die Performance der Steuerung für die Anbieter von Robotern ein Schlüsselfaktor beim Wettbewerb um Kunden.

9.7.1 Aufgaben und Anforderungen

Die Kernaufgabe der Robotersteuerung besteht in erster Linie in der Koordination der einzelnen Achsen. Sie hat dafür zu sorgen, dass sich der Effektor bzw. Greiferflansch mit der gewünschten Genauigkeit und Geschwindigkeit entlang der geforderten programmierten Bahnen bewegt. Insgesamt übernimmt die Robotersteuerung zusammen mit der Programmiereinrichtung unter anderen folgende Aufgaben innerhalb einer Roboterzelle:

- Erstellung und Test von Programmen,
- Steuerung der logischen Abfolge des Anwenderprogramms,
- Berechnung der für jeden Programmschritt erforderlichen Achskoordinaten,
- Steuerung der aus den Koordinaten abgeleiteten Achsbewegungen,

- Steuerung der Greifer- und Werkzeugfunktionen,
- Koordination der Prozesskomponenten in der Fertigungszelle,
- Koordination der Förder- und Zufuhrsysteme,
- Entgegennahme und Auswertung von Sensorsignalen,
- Bearbeiten des Datentransfers über die Kommunikationseinrichtungen,
- Diagnosefunktionen zur Fehlererkennung am Roboter oder im Gesamtsystem,
- Unterstützung der Bedien- und Programmierfunktionen,
- Ausführen sicherheitsrelevanter Funktionen, z. B. Kollisionsschutz.

Die Berechnung, Modellierung und Steuerung des kinematischen Systems der linearen und rotatorischen Roboterachsen, die dazu erforderlichen Transformationen zwischen verschiedenen Koordinatensystemen, die hochdynamische Lageregelung der Achsantriebe, um den hohen Forderungen an Genauigkeit, Schnelligkeit und Stabilität zu genügen, sowie die Steuerung und Koordination der Greiferfunktionen – all diese komplexen Aufgaben stellen höchste Ansprüche an die Rechnereinheiten der Steuerung. In diese Berechnungen sind zudem die Daten einer Vielzahl von internen und externen Sensoren sowie die von den Kommunikationsschnittstellen gelieferten Nachrichten einzubeziehen. Bild 9.14 zeigt schematisch die Struktur einer Robotersteuerung innerhalb der Roboterzelle.

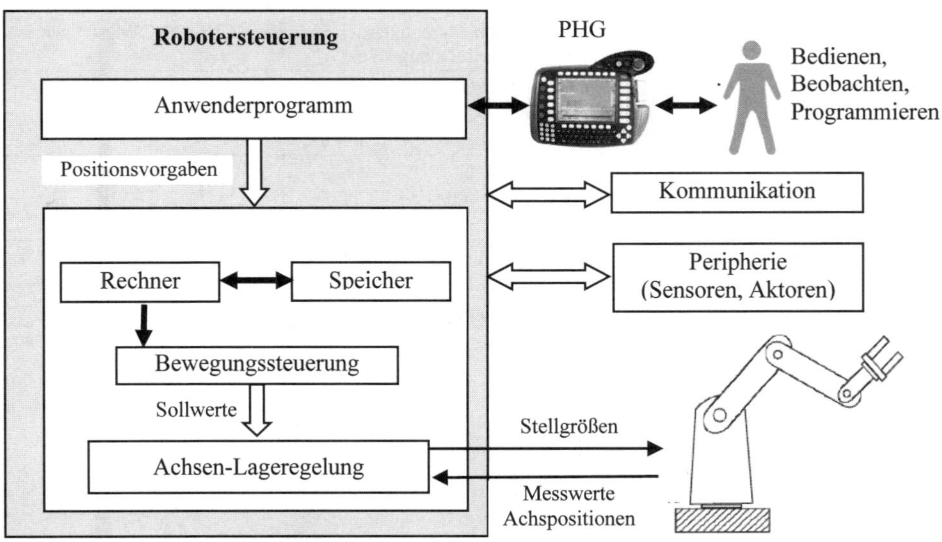

Bild 9.14: Struktur und Komponenten der Steuerung einer Roboterzelle

9.7.2 Komponenten der Steuerung

Um die Gesamtheit dieser Aufgaben bewältigen zu können, benötigt die Steuerung neben leistungsfähigen Rechner- und Speichereinheiten auch standardisierte Schnittstellen zum Roboter, zur Peripherie, zum Gesamtprozess und zum Bediener bzw. den Bedienpanels (PHG). In vielen Robotersteuerungen wird die Kommunikation zur Peripherie über genormte Feldbus-Systeme, z. B. PROFIBUS oder CAN-Bus realisiert. Das beim CAN-Bus verwendete Bus-Protokoll CANopen erschließt ein weites Feld verfügbarer peripherer CAN-Module. Die für eine leistungsstarke Robotersteuerung erforderlichen Hauptkomponenten sind die in Tabelle 9.4 zusammengestellten Einheiten und Module.

Aufgaben der Kommunikation

Vielfältige Schnittstellen sind erforderlich zu Bildschirm, Maus, Tastatur, Programmierhandgerät (PHG), zur Peripherie und zum Roboter selbst. Über Ethernet und andere Vernetzungen kann die Robotersteuerung mit übergeordneten Steuerungen kommunizieren. Schnittstellen für verschiedene Feldbusse zum Anschluss von Sensoren und zur Realisierung der digitalen Ein-/Ausgaben stehen ebenfalls bereit. Über diese Kommunikationskanäle lassen sich Anwenderprogramme laden und speichern, die entweder online an der Robotersteuerung oder mit einem Offline-Programmiersystem erstellt wurden. Auch der Austausch von Zustandsdaten und Meldungen mit anderen, auch übergeordneten Steuerungssystemen wie Zellen- bzw. Leitrechner oder CNC-Maschinen ist zu berücksichtigen.

Tabelle 9.4: Einheiten und Module einer Robotersteuerung

Einheiten	Komponenten, Aufgaben
Bedien- und Programmiereinheiten	Programmierhandgerät (PHG) Bedientableau (Bedienen/Beobachten, HMI) Offline-Programmiersystem
Archivierungseinheiten	diverse Laufwerke und sonstige Speichermodule Schnittstellen zu Druckern, externen Speichern, CNC/DNC-Maschinen (Distributed Numerical Control) etc.
Rechnerteil	Hauptprozessor (CPU) Speichermodule Servo-Regelbausteine für die Achsantriebe
Leistungsteil	Spannungsversorgung Servoverstärker für Antriebe ggf. Druckluftversorgung
Kommunikationsteil	Schnittstellen zum Roboter Schnittstellen zu externen Sensoren und peripheren Komponenten Schnittstellen zu übergeordneten Rechnern und zum Internet/Intranet
Sicherheitseinrichtungen	Zustimmungsschalter, Not-Aus Verriegelungen Redundanz Begrenzung der Geschwindigkeit

Funktionen der Bedienung

Die Robotersteuerung umfasst eine Vielzahl von Funktionen und Programmierkomponenten zur Erstellung, Wartung, Verwaltung und Ausführung der Programme. Hierzu werden die erforderlichen Werkzeuge, wie Editor, Debugger, Compiler, Simulator etc. bereitgestellt. Zur Bedienung mit Hilfe der Bedien- und Programmiereinheiten (siehe folgenden Abschnitt) ist eine Reihe von Funktionen verfügbar wie:

- Eingabe von Arbeitsparametern,
- manuelles Verfahren der Roboterachsen bzw. des Effektors,

- Programm-Start/-Stopp,
- Sicherheitsfunktionen wie Not-Aus oder Zustimmungsschalter,
- Programme laden/speichern und
- Betriebsartenwahl (Einrichten, Test, Automatik).

Steuerung der Achsbewegungen

Wie bereits erwähnt besteht die Hauptaufgabe der Robotersteuerung darin, den Gesamtablauf der eingegebenen Programme zur Realisierung der gestellten Aufgabe auszuführen. Das Anwenderprogramm enthält Anweisungen für die Bewegungen der Roboterachsen, zur Struktur des Programmablaufs, also Schleifen, sequenzielle und parallele Verzweigungen, sowie zur Ansteuerung des Effektors (z. B. Greifer öffnen/schließen, Werkzeuge aktivieren etc.). Zur Steuerung der Achskinematik sind, wie bereits früher dargelegt, komplexe arithmetische Operationen, z. B. zur Koordinatentransformation (Denavit-Hartenberg-Transformationen) sowie zur Interpolation zwischen dem Start- und Endpunkt einer Bewegung erforderlich. Weitere Steuerungsfunktionen können periphere Zusatzbaugruppen betreffen wie die Aktivierung von Zusatzachsen. Zulieferung und Abtransport von Fertigungsteilen müssen unter Auswertung entsprechender Sensormeldungen von Lichtschranken, Näherungstastern, Greiferkameras, Kraft-/Momentensensoren etc. synchron aufeinander abgestimmt werden.

Aktionssteuerung

Derartige sensorbasierte Aktionssteuerungen unter Auswertung von Daten, wie Weg- und Schaltbedingungen des Anwenderprogramms, sowie Kommunikation mit der technologischen Umwelt werden oft vom SPS-Teil der Steuerung oder von einer separaten SPS realisiert. Hierzu zählen die Koordinierungen von Roboter-internen und -externen (peripheren) Bewegungsabläufen mit dem gesamten vorgesehenen Prozessablauf, z. B. für das Ergreifen, Festhalten oder Abstellen der zu bearbeitenden Werkstücke oder die Ansteuerung sonstiger peripherer Einrichtungen. Externe Prozesssignale von Endlagenschaltern, Lichtschranken, Näherungstastern oder Rückmeldungen von peripheren Steuerungen werden mit steuerungsinternen Zuständen abgeglichen und logisch verknüpft, um Aktionsbefehle für binäre Stellglieder, wie Schaltschütze, Einfachantriebe oder Ventile, zu erzeugen. Auch zur Synchronisation verschiedener am selben Prozess beteiligter Roboter ist die Aktionssteuerung gefordert.

9.7.3 Programmiergeräte

Eine unverzichtbare Ergänzung der Robotersteuerung stellen die Bedien- und Programmiergeräte dar. Zur Bedienung und Programmierung eines IR stehen verschiedene Komponenten zur Verfügung. Im Regelfall werden Roboter mit Hilfe eines Programmierhandgeräts (PHG) bedient und programmiert. Das PHG ist meist über ein flexibles steckbares Kabel mit der Steuerung verbunden, um dem Bediener eine freie Bewegung im Nahbereich des Roboters zu gestatten. Doch es gibt auch kabellose Handprogrammiergeräte (Wireless Teach Pendant, Bild 9.15, rechts). Damit lassen sich alle erforderlichen Transaktionen zur Datenkommunikation, Steuerung und Programmierung ohne die Einschränkungen durch eine Kabelverbindung bequem und aus gefahrloser Distanz ausführen.

PHG

Über das PHG lassen sich alle Befehle eingeben und alle Funktionen der Robotersteuerung aktivieren. Die international verständliche Tastatur ist meist in übersichtliche, farblich abgesetzte Blöcke gegliedert und erlaubt die Eingabe sämtlicher für Bedienung und Programmierung erforderlicher Befehle mit Hilfe selbsterklärender Symbole. In die Tasten integrierte Leuchtdioden ermöglichen eine schnelle Orientierung und unterstützen den Anwender bei der Vielfalt der Eingabemöglichkeiten. Leicht ablesbare grafikfähige Farbdisplays erlauben die Anzeige gut strukturierter Pull-Down-Menüs. Die selbst mit Arbeitshandschuhen leicht und sicher zu bedienende alpha-numerische Tastatur ist ebenso wie ein optionaler Joystick für den Betrieb unter extremen Bedingungen ausgelegt. Getrennte Drucktaster für jede Achse gestatten dem Anwender die genaue und verwechslungsfreie Handsteuerung der einzelnen Achsen. Eine Gruppe von Softkeys, die sich mit kunden- oder aufgabenspezifischen Befehlen bzw. Makros belegen lassen, macht das Programmieren einfacher und schneller. Die Integration von Bedienelementen für Not-Aus, Ein/Aus-Schalter für die Antriebe, Zustimmungseinrichtungen, Programmstart und -stop sowie der Schlüsselschalter zur Betriebsartenwahl machen ein eigenes Bedienfeld am Steuerschrank entbehrlich. Bild 9.15 zeigt typische Beispiele für derartige Handprogrammiergeräte.

Leider werden die Roboter unterschiedlicher Hersteller im industriellen Einsatz nicht nur in jeweils eigenen Sprachen programmiert, sondern auch über ebenfalls herstellerspezifische Programmierhandgeräte bedient. Für neue Anwendungen im mittelständischen Bereich bedeutet dies einen erheblichen und kostspieligen Anschaffungs- und Einarbeitungsaufwand. Da mittelständische Unternehmen oft mit kleinen Fertigungsserien und hoher Produktvielfalt arbeiten, kommt es besonders auf eine schnelle, intuitive Bedienung an. Hier können frei konfigurierbare PHGs für Abhilfe sorgen. Manche neuen Versionen kommen fast vollständig ohne Hardwaretasten aus. Stattdessen werden die Befehle dem PHG über einen Touchscreen eingegeben. Dieser kann die Tastatur eines herkömmlichen PHGs wiedergeben, oder aber auch den speziellen Bedürfnissen des jeweiligen Nutzers flexibel angepasst werden.

Bild 9.15: Handprogrammiergeräte in verschiedenen Ausführungen, rechts: Wireless Teach Pendant

9.7.4 Bewegungsarten

Je nach Problemstellung muss die Robotersteuerung verschiedene Bewegungsarten des Endeffektors beherrschen. Hierzu löst die Steuerung die Aufgabe, alle Bewegungsvarianten der einzelnen Achsen in eine gewünschte Führung des Werkzeugmittelpunkts (TCP) umzusetzen und zugleich die Reproduzierbarkeit der Bewegungsfolgen zu gewährleisten. Grundsätzlich unterscheidet man bei einer Bewegung des Effektors zwischen seiner Anfangs- und Endstellung folgende Bewegungsarten:

- PTP-Bewegung (PTP: Point-to-Point, „P2P"),
- Bahnsteuerung (CP: Continuos Path) und
- Vielpunktsteuerung (MP: Multi Point).

Punkt zu Punkt-Steuerung (PTP)

Für Anwendungen, bei denen der Roboter Aufgaben nur an bestimmten Positionen verrichten soll, der Endeffektor also gewünschte Lagen anfahren muss, jedoch der Weg dorthin nicht genau festgelegt ist, kommt die Bewegungsart PTP zum Einsatz. Der Roboter fährt dabei stets von einem Punkt n zum Punkt n+1, wobei der geometrisch günstigste Verbindungsweg gewählt wird. Jede Bewegung ist beschrieben durch eine Anfangs- und eine Endstellung der Achsen. Hiermit ist es möglich, Zielpunkte exakt und schnell anzufahren. Welche Bewegungsbahn die einzelnen Achsen von der Anfangs- bis zur Endstellung beschreiben, ist von der Robotersteuerung nicht durch Bahnstützpunkte vorgegeben und folglich auch nicht vorhersehbar. Es muss lediglich die vorgegebene Zielposition erreicht werden. Damit ist auch der Bahnverlauf zwischen den Punkten wegen unterschiedlicher Achsgeschwindigkeiten in aller Regel keine Gerade. Mit der PTP-Steuerung kann z. B. ein Bauteil aus einer Bereitstellungsstation mit hoher Geschwindigkeit zum Fügeort gebracht werden, ohne dass hierbei die zurückgelegte genaue Bahn von Interesse ist. Außer dem genauen Verlauf der Bahn sind dabei auch die auftretenden Geschwindigkeiten und Beschleunigungen nicht vorhersehbar. Ein Zusammenspiel zwischen den Achsbewegungen besteht nur in zeitlicher Hinsicht, d. h. alle Achsen des Roboters starten gleichzeitig und beenden ihre Bewegungen gemeinsam (zum gleichen Zeitpunkt) beim Erreichen der Zielposition (PTP mit Achsinterpolation, Bild 9.16, links). Damit die Achsen alle zur gleichen Zeit den Zielpunkt erreichen, bestimmt die langsamste Achse, die Leitachse, die Gesamtverfahrzeit. Wegen der zeitlichen Synchronisation bezeichnet man diese Bewegungsart auch als „Synchron-PTP-Steuerung".

Bei der „asynchronen PTP-Steuerung" starten alle Roboterachsen zeitgleich mit ihrer vom Programm vorgegebenen Geschwindigkeit. Die Achsen erreichen somit zu unterschiedlichen Zeiten den geforderten Zielpunkt. Auch hier bestimmt die Achse mit der längsten Laufzeit die Gesamtdauer der Bewegung. In der Robotik und bei anderen Werkzeugmaschinen stellt die PTP-Steuerung die einfachste Steuerungsart dar. Bei einer anderen Bewegungsform, dem so genannten Überschleifen, werden die einzelnen Positionen nur näherungsweise angefahren und die Bewegung des Roboters wird an diesen Positionen nicht abgebremst. Die Positionen dienen dann nur als Stützpunkte für die Bewegungsplanung oder zum Umfahren von Hindernissen (Bild 9.16, rechts).

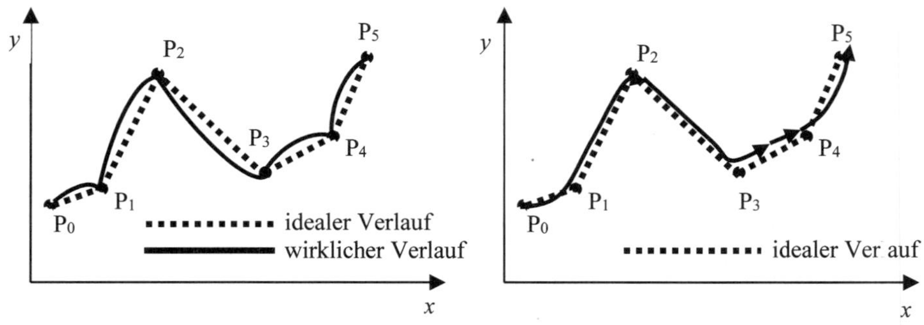

Bild 9.16: PTP-Steuerung mit unterschiedlicher Interpolation: mit Achsinterpolation (links) und mit Überschleifen (rechts)

Die PTP-Bewegung wird normalerweise für reine Positionierbewegungen, z. B. beim Punktschweißen, Beschicken, Stanzen, Bohren, Palettieren oder bei Handhabungsaufgaben (Montage) eingesetzt. Hierbei müssen definierte Punkte angefahren werden, ohne dass die aktuell zurückgelegte Bewegungsbahn von Bedeutung ist. Für viele Problemstellungen reicht diese Bewegungsart zur Erfüllung der Aufgabe aus. Im Bereich von Hindernissen eignet sich die PTP-Bewegung jedoch nicht, da sonst die Gefahr von Kollisionen besteht.

Bahnsteuerung

Im Gegensatz zum PTP-Verfahren muss bei bahnbezogenen Aufgabenstellungen, wie beim Bahnschweißen, Entgraten, Schleifen, Beschichten oder Lackieren, die vom Roboter geführte Werkzeugspitze exakt entlang vorgeschriebener Bahnkurven bewegt werden. Für diese Arbeiten ist die CP- oder Bahnsteuerung (CP – Continuous Path) zuständig. Um den erforderlichen Rechenaufwand gering zu halten, werden die abzufahrenden Bahnen meist durch Geraden oder Kreise bzw. Kreissegmente approximiert.

Bei der Bahnsteuerung sind bei CNC-Maschinen und Robotern zugleich mehrere Achsen in Bewegung. Dabei werden die Roboterachsen so gesteuert, dass sich der Werkzeugmittelpunkt (TCP) bzw. die Werkzeugspitze mit einer vorgegebenen Geschwindigkeit nicht nur von einem Punkt zum anderen, sondern genau entlang einer kontinuierlichen Bahn gleichmäßig bewegt. Diese Bahn setzt sich aus Geraden, Polynomteilen und/oder Kreissegmenten zusammen und wird durch Interpolation entlang von Stützstellen in äquidistanten (Zeit-) Abschnitten ermittelt. Daher muss jede Bahn oder Teilbahn in kartesische Bahnstützpunkte zerlegt werden. Die kartesischen Koordianten der Stützstellen werden in die zugehörigen Achsstellungswinkel umgerechnet. Für die Genauigkeit der Bahnbewegung ist, insbesondere bei stark gekrümmten Kurven, der Interpolationstakt von großer Bedeutung. Hohe Geschwindigkeit und Bahngenauigkeit erfordern äußerst kurze Interpolationstakte und eine ausreichende Anzahl von Stützstellen, wie Bild 9.17 zeigt. Die Fahrt erfolgt allerdings meist langsamer als bei der PTP-Variante. Dafür wird jedoch ein bestimmter Pfad nur innerhalb geringer Toleranzen verlassen. Da während der Bahnbewegung komplexe örtliche und zeitliche Abhängigkeiten zwischen den Roboterachsen bestehen, stellt die Bahnsteuerung deutlich höhere Anforderungen an die Rechnerleistung als die PTP-Steuerung.

Bild 9.17: Einfluss der Stützstellen auf die Bahngenauigkeit: Bahnausschnitt mit 4 Stützstellen (links) bzw. 7 Stützstellen (rechts)

Anwendungen

Bahnsteuerungen werden bei Bearbeitungs- oder Montageprozessen eingesetzt, die eine genaue Einhaltung des Bahnverlaufs erfordern. Sie eignen sich insbesondere für komplexe Fügevorgänge, bei denen es weniger auf Geschwindigkeit als auf Genauigkeit oder auch auf die Umfahrung von Hindernissen ankommt. Der Bahnverlauf bezieht sich üblicherweise auf den Werkzeugmittelpunkt TCP. Eine Aufgabe könnte z. B. darin bestehen, eine dosierfähige Dichtmasse aufzutragen. Die Bahngeschwindigkeit des Werkzeugmittelpunkts, in diesem Fall die Dosiernadel, muss mit einer konstanten Bahngeschwindigkeit bewegt werden, damit die Dichtmasse gleichmäßig aufgetragen wird.

Vielpunktsteuerung

Lassen sich die Bewegungsbahnen weder durch einfache geometrische Teilstrecken noch durch eine überschaubare Anzahl von Stützpunkten beschreiben, dann kommt die „Vielpunktsteuerung" (MP-Steuerung, Multi Point) zum Einsatz. Typische Anwendungsbereiche dieser Bewegungssteuerung sind Spritzlackieren, Sandstrahlen oder das Versiegeln von Schweißstellen in Automobilkarosserien.

Die Programmierung erfolgt mit Führen des Roboterarms durch die Bedienperson. Die Stellungen (Koordinaten) der Achsgelenke für die einzelnen Positionswerte auf der vorgesehenen Bahn werden in einem zeitlich definierten Taktraster abgetastet und gespeichert. Dem Roboter werden die auszuführenden Bewegungen durch Handführung des Effektors bei abgeschalteten Antrieben vorgeführt (das so genennte Play-Back-Verfahren). Die Bewegung zwischen den Bahnstützpunkten ist nicht von Bedeutung, da der zeitliche und damit geometrische Abstand dazwischen sehr klein ist (z. B. 20 ms). Von Vorteil ist, dass hierzu fast keine Programmierkenntnisse erforderlich sind. Als nachteilig erweist sich, dass nachträgliche Änderungen oder Optimierungen einzelner Bahnabschnitte schwierig durchzuführen sind.

9.7.5 Betriebsarten

Wie die Mehrzahl heutiger Werkzeugmaschinen verfügen auch Robotersteuerungen generell über die folgenden drei Betriebsartengruppen:

- Einrichtbetrieb,
- Testbetrieb und
- Automatikbetrieb.

Einrichtbetrieb

Im Einrichtbetrieb kann der Anwender den Roboter programmieren und die Achsen individuell durch manuelle Verfahrbefehle bewegen. Diese Verfahrbewegungen können während der Programmierung oder auch nach einer Störung zum Freifahren des Roboters erforderlich sein.

Testbetrieb

Im Testbetrieb können Programme entweder in Einzelschritten oder in ähnlicher Weise wie im Automatikbetrieb abgefahren werden. Sofern hierbei Geschwindigkeiten über 25 cm/sec auftreten, müssen spezielle Sicherheitsmaßnahmen getroffen werden, um diese Betriebsart bei geöffnetem Schutzgitter auszuführen. Bei manchen Steuerungsversionen gibt es weitere Testbetriebsarten, z. B. ohne Aktivierung der Ausgänge zur Peripherie.

Automatikbetrieb

Der Automatikbetrieb ist für den Einsatz des Roboters im Produktionsprozess vorgesehen. In dieser Betriebsart werden die Programme mit all ihren Funktionen in Originalgeschwindigkeit abgearbeitet. Der Automatikbetrieb lässt sich nur starten, wenn die Schutzgitter um die Roboterzelle geschlossen und weitere Schutzeinrichtungen aktiviert sind. In dieser Betriebsart lassen sich nur wenige einfache Bedienfunktionen ausführen, wie Programmwahl, Start, Stopp, Fortsetzung etc. Dabei werden dem Anwender auf dem PHG Informationen zum laufenden Programm oder Fehlermeldungen angezeigt.

9.8 Markt und Hersteller

Der größte Abnehmer und zugleich Wachstumsmotor für IR ist nach wie vor mit Abstand die Automobilbranche. Auf sie kam mit einem Marktanteil von 33 % aller Lieferungen 2017 weltweit die größte Roboternachfrage. Ein Blick auf die globalen Absatzzahlen der IFR („International Federation of Robotics“, eine 1987 von mehr als 15 Ländern gegründete Non-Profit Organisation) macht das deutlich. Von den bereits im Jahr 2014 global etwa 225.000 verkauften Einheiten (27 % mehr als 2013) ging schon der weitaus größte Teil in die Automobilindustrie, gefolgt von der Elektro- und Elektronikbranche sowie mit weiterem Abstand von Chemie- und Kunststoffindustrie, Metallbearbeitung, Pharma- und Lebensmittelbranche. Von den verkauften IR wurden damals 140.000 Einheiten nach Asien verkauft, davon 56.000 alleine nach China. Allerdings produzierte das Land schon rund ein Drittel davon selbst. 2014 landete Deutschland nach Südkorea, Japan und den USA auf Platz fünf der größten Märkte für IR. All dies stellte die Hersteller vor eine Reihe neuer Herausforderungen. Es heißt, in keiner anderen Industrie gibt es so gute Infrastrukturen für den Robotereinsatz wie im Kfz-Bau. Das gilt auch noch heute. Deshalb war es umso wichtiger, dass die Roboter für neue Anwendungen flexibler wurden. Dr. Per Vegard Nerseth, der Leiter von ABB Robotics in der Schweiz, äußerte sich hierzu: „Zentrale Herausforderung ist es, die Roboter für solche Branchen einfacher und damit noch benutzerfreundlicher zu machen.“ Aus der Geschäftsführung der Robotics Division bei Yaskawa hieß es: „Wir brauchen Ingenieure, die auch die Anforderungen der jeweiligen Anwender beherrschen.“ Als weitere wichtige Absatzgebiete sind seither die Elektro- und

Elektronikfertigung, aber auch der Werkzeugmaschinenbau auf dem Vormarsch. Hier werden zunehmend mehr Roboter hauptsächlich zum Be- und Entladen von Maschinen eingesetzt.

In ihrer „World Robot Statistic" für 2014 prognostizierte die IFR, dass im Jahr 2017 mehr Industrieroboter in Chinas Produktionsstätten eingesetzt würden als in der EU und den USA zusammen. Die Zahl der IR würde sich dort von 200.000 auf mehr als 400.000 Einheiten verdoppeln. Zum Vergleich: In Nordamerika sollte sich die Zahl von Robotern auf etwa 300.000 und in den 5 größten europäischen Wirtschaftsnationen auf 340.000 erhöhen. 2018 hatte die IFR ihren neuen World Robotics Report vorgelegt. Demnach erreichte 2017 der weltweite IR-Absatz einen neuen Rekord von 381.000 ausgelieferten Einheiten – ein Plus von 30 % im Vergleich zum Vorjahr. Damit stieg der Jahresabsatz von IR in den letzten fünf Jahren (2013-2017) um 114 %. Der Verkaufswert kletterte im Vergleich zu 2016 um 21 % auf einen neuen Höchststand von 16,2 Milliarden US-Dollar. Weltweit liegt der Bestand an IR bei rund 1,9 Millionen. Der Report skizzierte auch einen Ausblick auf 2021. Demnach wird bis dahin der globale Absatz im Jahresdurchschnitt um 14 % steigen und der Bestand auf rund 3 Millionen angewachsen sein. Insgesamt wurden die meisten IR in Japan produziert (56 % des globalen Lieferumfangs) und von den weltweit umsatzstärksten Herstellern kommen vier aus Japan. Doch Europa erreichte die größte Roboterdichte. China dürfte die stärkste Nachfrage und das größte Absatzvolumen verzeichnen. Mit einem Absatz von ca. 138.000 IR (ein Plus von 59 % von 2016 bis 2017) lag China über dem Gesamtabsatz von Europa und Amerika zusammen (112.400 Einheiten). 2017 entfielen insgesamt 73 % des IR-Gesamtumsatzes auf die 5 Hauptmärkte: China, Japan, Südkorea, USA und Deutschland.

In Großproduktionen wie in der Kfz-Branche werden oft Roboter von nur einem Hersteller eingesetzt. Das verkleinert die Zahl der auf Vorrat zu haltenden Ersatzteile und man muss die Mitarbeiter nicht auf verschiedenen Systemen schulen. Allerdings gehen auch manche Hersteller dazu über, den jeweils günstigsten Anbieter zu wählen, um eine zu einseitige Roboterpopulation und damit die preisliche Abhängigkeit von nur einem Hersteller zu vermeiden. Unternehmen wie VW, die ehemals eine eigene Roboterproduktion aufgebaut hatten, haben diese mit zunehmender Spezialisierung eingestellt und beziehen heute ihren IR-Bedarf ausschließlich extern.

Künftig werden die Kfz-Hersteller auch in kollaborative Anwendungen für ihre Endmontage investieren. Automobilzulieferer, darunter viele kleine und mittlere Unternehmen, stellen weniger schnell auf eine vollständige Automatisierung um. Doch ist zu erwarten, dass sich dies ändert, da Roboter immer kleiner, flexibler, kostengünstiger und einfacher zu programmieren werden. Wie leicht zu bedienende, integrierbare und preisgünstige Roboter neuen Branchen den Einstieg in die Robotik erleichtern können, wurde bereits 2014 auf der Automatica, der alle zwei Jahre in München stattfindenden Fachmesse für Automation, gezeigt. Dies allerdings nicht von einem chinesischen Anbieter, sondern von der Firma „Universal Robot" aus Dänemark. Bereits zwei Jahre vorher hatte das Unternehmen in München erstmals seinen Leichtbauarm UR5 für Traglasten bis zu 5 kg vorgestellt. Inzwischen werden von dieser Firma die Varianten UR3, UR5 und UR10 mit je sechs Gelenken und sehr hoher Flexibilität angeboten. Diese Knickarmroboter zeichnen sich besonders dadurch aus, dass sie kollaborieren, also direkt mit und neben dem Menschen zusammen „arbeiten" und daher auch als Cobots bezeichnet werden. Die Benennungen der verschiedenen Universal Robots UR3, UR5 und UR10 deuten die jeweilige Tragfähigkeit der Leichtbauroboterarme an. Laut Angaben des Herstellers kann dank innovativer Programmiermethoden ein Roboter innerhalb von wenigen Minuten programmiert werden. Dass hier funktionsfähige IR bereits ab einem unteren 5-stelligen Betrag verfügbar sind, macht die Cobot-Technologie auch für mittelständische Anbieter von Automatisierungslösungen interessant. Derart sinkende Einstiegsbarrieren dürften die Zahl neuer Roboterapplikationen in Zukunft noch deutlich erhöhen und den Zugang zu vielen neuen Kunden und Einsatzbereichen ermöglichen.

Hersteller

Bild 9.18 zeigt eine Übersicht einiger wichtiger Hersteller von Industrierobotern weltweit, gestaffelt nach Umsatz (in Millionen €) im Jahr 2017.

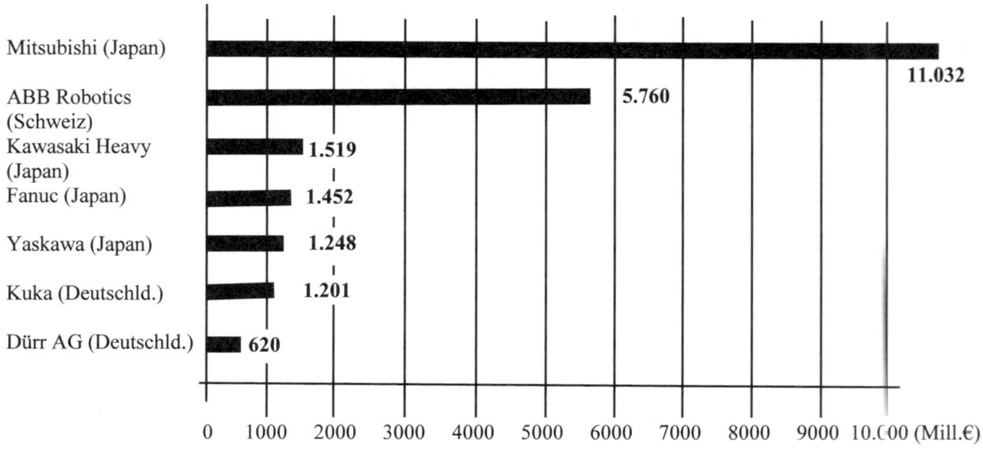

Bild 9.18: Wichtige Hersteller von Industrierobotern 2017 (weltweit, nach Umsatz)

Es mag etwas überraschen, dass mit ABB Robotics zumindest an 2. Stelle der Liste (noch) ein europäisches Unternehmen steht, wenngleich Mitsubishi fast den doppelten Erlös erzielte. 2010 waren die beiden japanischen Unternehmen Fanuc und Yaskawa Electric (mit der bekannten Marke „Motoman“) noch Weltmarktführer mit einem Anteil von etwa 20 %. Der deutsche Hersteller und einstige europäische Marktführer Kuka Roboter war damals mit einem Anteil von etwa 10 % bis 15 % vertreten. 2017 bewegte sich gemäß Bild 9.18 der Umsatz von Kuka noch in vergleichbarer Größenordnung wie der von Kawasaki, Yaskawa und Fanuc. Der damals wie heute größte US-amerikanische Roboterhersteller und weltweit bedeutende Produzent von SCARA-Robotern „Adept Technology“ (inzwischen „Omron Adept Technologies“) im US-Bundesstaat Kalifornien, ein Ableger des Robotik-Pioniers Unimation, erscheint nicht in der Umsatztabelle von Bild 9.18. Dessen Jahresumsatz bewegte sich 2014 bei 55 Mill. US-Dollar. Neben Kuka (nun allerdings in chinesischer Hand, siehe eigenes Kapitel) und ABB Robotics sind im europäischen Raum die Firmen Reis Robotics, Stäubli, Dürr AG sowie die bereits genannte Firma Universal Robot aus Dänemark von Bedeutung. Die beiden erstgenannten Unternehmen sollen nachfolgend kurz vorgestellt werden.

Reis Robotics

Das von Walter Reis 1957 gegründete Familienunternehmen mit Hauptsitz in Obernburg am Main wurde im Jahr 2010 neu strukturiert. Unter der Firmengruppe Reis Group Holding GmbH & Co KG sind heute insgesamt 18 Unternehmen zusammengefasst. Das größte Unternehmen innerhalb der Firmengruppe ist die Reis GmbH & Co KG Maschinenfabrik, die Reis Robotics. Die ca. 700 Mitarbeiter, davon ca. 35 % Ingenieure, sind in verschiedenen Bereichen der Entwicklung, Produktion und Applikation von Automationssystemen und Robotern tätig. Das breite Produktspektrum von Reis Robotics umfasst nahezu alle IR-Kinematiken, wie Knickarm-, Linear-, Portal- und Spezialroboter. Neben den bekannten (Vertikal-) Knickarmrobotern stellt Reis Robotics auch Horizontalknickarmroboter (SCARA), Hybridkinematikroboter (Knickarm auf einem Linearroboter montiert), Linear- und Palettierroboter, Laserroboter und diverse Spezialausführungen her. Am 1. Januar 2014 wurde Reis Robotics von der Kuka AG, mit der Reis Robotics schon länger eng kooperierte, zu 50 % und 2016 schließlich ganz übernommen.

Reis-Roboter beim Laserschweißen (*Werkbild*)

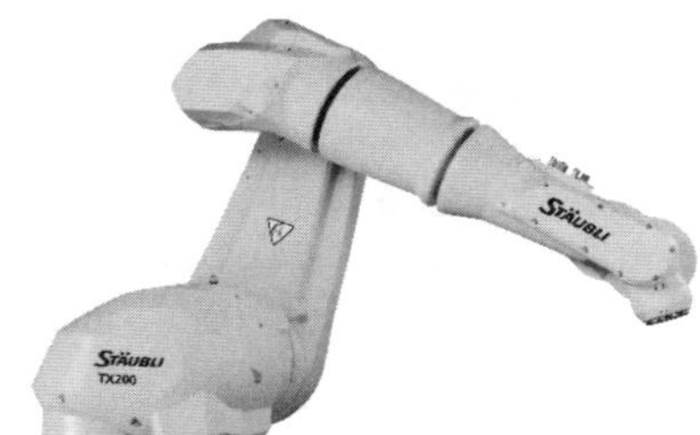

Knickarmroboter TX200 von Stäubli (*Werkbild*)

Bild 9.19: Beispiele für Roboter der Firmen Reis und Stäubli

Stäubli

Die Stäubli International AG ist ein international tätiger Schweizer Technologiekonzern, dessen Hauptaktivitäten sich in die Bereiche Textilmaschinen, Schnellkupplungssysteme und Industrieroboter gliedern. 1982 kam es zu einer Zusammenarbeit mit dem US-Roboterhersteller Unimation und damit zu einer Ausweitung in den Bereich der Robotik. Inzwischen ist Stäubli einer der führenden IR-Anbieter. Das Unternehmen verfügt über ein komplettes und breit gefächertes Angebot an SCARA-, Vierachs- und Sechsachs-Robotern mit Traglasten bis zu 190 kg für alle Branchen. Alle Roboter laufen unter einer gemeinsamen Steuerungsplattform. Die Sechsachs- und SCARA-Industrieroboter von Stäubli (die Vierachs-Roboter wurden von der BOSCH-Rexroth AG übernommen) bieten höchste Wiederholgenauigkeit, vor allem für Handhabungs-, Füge- und Lackierarbeiten. Mit ihrem „TP80 FastPicker" fertigt die Firma einen der derzeit schnellsten auf dem Markt verfügbaren Pick-and-Place-Roboter. Die Kunden für diese Roboter kommen aus den Bereichen Automobil- und Fertigungsindustrie, Elektrotechnik und Halbleiterfertigung, aus der Kunststoffindustrie, der Lackiertechnik, dem Maschinenbau und aus dem Bereich „Weiße Ware".

World Robotics

Das IFR Statistical Department der bereits oben genannte IFR (International Federation of Robotics), das im Fachverband VDMA Robotik + Automation geführt wird, veröffentlicht jährlich die Studie „World Robotics". Diese Studie (World Robotics – Industrial Robots) basiert auf Orginaldaten, die von fast allen Roboterherstellern weltweit zur Verfügung gestellt werden, sowie auf Statistiken der nationalen Roboterverbände. Diese einzigartige Publikation stellt die umfangreichste globale Statistik zu Industrierobotern in einheitlichen Tabellen dar und ermöglicht Vergleiche zwischen den Ländern und Herstellern. Sie beinhaltet detaillierte Daten, unterteilt in Applikationen, Industrien, Robotertypen und andere technische und ökonomische Kriterien. Trends der Roboterdichte, also der Anzahl von Robotern pro 10.000 Beschäftigte in maßgeblichen Industriezweigen, werden hier ebenfalls vermittelt: Sie betrug im Jahr 2012 in Deutschland 273. Dies war damals die höchste Roboterdichte in Europa und die dritthöchste weltweit. Das Exportvolumen aus deutscher Roboterproduktion wuchs zwischen 2008 und 2013 um 37 %. Deutschland ist auch heute der fünftgrößte Robotermarkt weltweit und die Nummer eins in Europa. 2017 stieg die Zahl verkaufter Roboter um 7 % auf einen neuen Allzeit-Rekord von 21.404 Einheiten (2016 waren es 20.074 Einheiten). Zwischen 2014 und 2016 jedoch hatte der jährliche Roboterabsatz bei rund 20.000 Einheiten stagniert. Weltweit ist die durchschnittliche Roboterdichte in der Fertigungsindustrie auf 85 Einheiten je 10.000 Beschäftigte gestiegen (2016 waren es 74). Nach Regionen aufgeschlüsselt beträgt die mittlere Roboterdichte in Europa 106, in Amerika 91 und in Asien 75 Einheiten.

10 Effektoren und Greifer

Eine der wichtigsten Komponenten eines Roboters ist das letzte Glied seiner kinematischen Kette: der Effektor, Greifer oder die „Roboterhand“. Es verhält sich hierbei ähnlich wie beim menschlichen Arm: Ohne das letzte Glied, die mit unzähligen Sensoren und einer komplexen und kinematisch sehr leistungsfähig ausgestatteten Hand wären die Möglichkeiten des Arms sehr limitiert. Erst die Hand mit ihren vielgliedrigen Fingern schafft die Möglichkeit von Kontakten mit der Umwelt (zusätzlich vielleicht noch der Ellenbogen im Kampfsport oder im Getümmel). Die Hand realisiert hauptsächlich die Funktion eines Greifers zur Aufnahme von Objekten, wie Werkstücke oder Werkzeuge. Über die rotatorischen Funktionen und Freiheitsgrade des Hand- und Ellen-Speichen-Gelenks lässt sich die Hand in nahezu jede beliebige Richtung bringen. Soweit die Parallelen zur Robotik.

10.1 Definitionen

Wenngleich manche Begriffe bereits in vorhergehenden Kapiteln verschiedentlich benutzt wurden, erscheint es sinnvoll, zunächst einige das vorliegende Kapitel betreffenden Bezeichnungen zu erklären.

Effektor

In der Robotik ist der Effektor die Komponente oder Baugruppe zur Ausführung der eigentlichen Handhabungsaufgabe. Der Effektor bewirkt somit die Interaktion des Roboters mit seiner Umwelt. Er wird an der äußersten Achse des Roboters befestigt und an Energie- und Steuerleitungen angeschlossen. „Effektor“ ist ein Oberbegriff für beispielsweise:

- Greifer (-systeme) zur Handhabung und Manipulation von Objekten wie Werkstücke oder zum Führen von Werkzeugen,
- Werkzeuge zur Werkstückbearbeitung, z. B. Schweißzange, Lackierdüse, Schneidkopf für Laserschneiden etc.,
- Messmittel zur Ausführung von Mess- und Prüfaufträgen oder
- ein Kamerasystem bei einem nur beobachtenden Roboter.

Endeffektor

Das letzte Element der kinematischen Kette eines Roboterarms wird in der Robotik auch als Endeffektor oder EOAT- End-Of-Arm-Tooling bezeichnet. Der Endeffektor wird am Handgelenk des Roboters befestigt und ist somit der Teil des Roboters oder Handhabungsgeräts, der die eigentliche Handhabungsaufgabe, wie Werkstücke aufnehmen, sie zu bearbeiten und vieles mehr ausführt. Wenn erforderlich, wird der Endeffektor an Energieleitungen wie zusätzliche elektrische Leitungen für den Schweißstrom, Pneumatikschläuche und Steuerleitungen angeschlossen. Zu den Hauptaufgaben eines EOAT gehören das Greifen von Werkstücken (Werkstückhandhabung) und das Führen von Werkzeugen (Werkzeughandhabung). Effektoren dienen dem Roboter zur Interaktion mit seiner Arbeitsumgebung, zum Ergreifen, Drehen, Verändern oder Bearbeiten von Objekten. Diese

Aktionen erzeugen somit einen „Effekt“ am Ende des Roboterarms – daher diese Bezeichnung. Bei Industrierobotern kann es sich hierbei beispielsweise um eine Einheit zum Punktschweißen, also eine Schweißzange, oder ganz allgemein um einfache Greifer zum Erfassen und Manipulieren von Werkstücken handeln. Viele Roboter verfügen über austauschbare Effektoren, die ihnen jeweils die Ausführung einer begrenzten Anzahl spezieller Arbeitsschritte ermöglichen. Sehr universelle, aber auch komplexe Effektoren sind mehr oder weniger detaillierte Nachbildungen der menschlichen Hand. Daher lässt sich der Endeffektor allgemein auch als „Hand“ des Roboterarms betrachten.

TCP

Der im Englischen als TCP (Tool Center Point – Werkzeugmittelpunkt) bezeichnete spezielle Punkt am Ende eines Roboterarms ist die Werkzeug- bzw. Zielposition, für die sich aus der Aufgabenstellung ergebende Anforderungen an den Programmierer zur Positionierung stellen. Es handelt sich dabei um einen gedachten Referenzpunkt, der sich an geeigneter Stelle des Werkzeugs befindet. Der TCP ist demnach der Hauptbezugspunkt des Effektors, z. B. die Werkzeugspitze oder der Mittelpunkt der Verbindungslinie der Greifbacken eines Greifers (Bild 10.1).

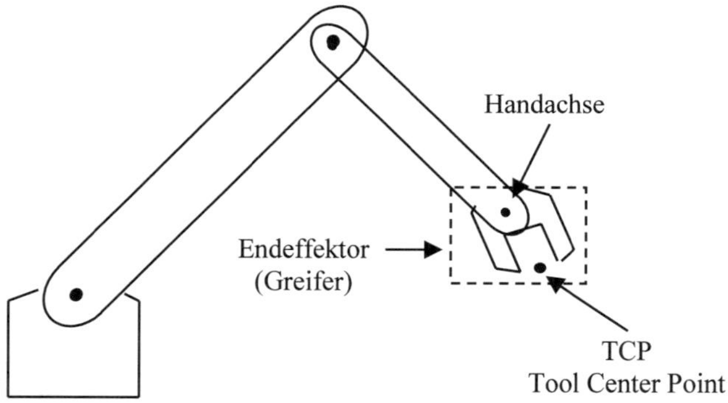

Bild 10.1: Endeffektor und TCP

Pose

In jeder Stellung nimmt der TCP eines Roboters eine bestimmte Lage im Raum ein. Nach der DIN EN ISO 8373 bezeichnet man die Kombination von Position und Orientierung eines Objekts (Werkzeug, Werkstück, beziehungsweise des Endeffektors) im dreidimensionalen Raum als „Pose“. Die Position eines Massepunkts bezogen auf ein kartesisches (Basis-) Koordinatensystem ergibt sich aus den drei Raumkoordinaten x, y und z und die Orientierung eines Objekts aus seiner Verdrehung zu den Koordinatenachsen. Diese wird durch die Orientierungswinkel α, β und γ beschrieben. Legt man an diesem Punkt (x, y, z) ein weiteres kartesisches Koordinatensystem an, so erhält man die Orientierung des neuen Koordinatenkreuzes aus den Versatzwinkeln seiner Koordinatenachsen bezogen auf die entsprechenden Achsen des Basiskoordinatensystems. Es sind somit zusätzlich drei Winkel notwendig, um die Lage des neuen Koordinatensystems bezogen auf das Basiskoordinatensystem zu beschreiben. Diese Winkel zwischen den beiden Koordinatensystemen lassen sich mit Hilfe der bereits im Abschnitt 6.9.2 (Rotationsbewegungen) definierten

Roll-, Nick- und Gier-Winkel (*engl.* „Roll-Pitch-Yaw") angeben. In einem Robotersystem werden sie mit Hilfe dreier rotatorischer „Handachsen" realisiert. Um mit dem Endeffektor also jede beliebige Pose erreichen zu können, muss der Roboterarm über sechs Freiheitsgrade verfügen. Im Normalfall kann das mit sechs Gelenken (den drei Hauptachsen und drei rotatorischen Handachsen) realisiert werden. Eine Abfolge von Posen, die ein Roboter während seiner Bewegung einnimmt, wird als Trajektorie bezeichnet.

10.2 Roboter-Handachsen

Bisher bezogen sich unsere kinematische Betrachtungen nahezu ausschließlich auf die Hauptachsen eines Roboters. Die Hauptachsen beeinflussen im Wesentlichen die Position des TCP im Raum, während die Hand-, Kopf- oder Nebenachsen als kurze Armglieder nur kleine Positionsänderungen hervorrufen. Sie bestimmen hauptsächlich die Ausrichtung des Effektors oder Werkzeugs, also seine gewünschte Orientierung im Raum. Die Handachsen bestehen daher in der Regel aus einer Reihe von Drehgelenken. Durch die zusätzlichen Bewegungsmöglichkeiten oder Freiheitsgrade der Handachsen kann der Greifer oder das Werkzeug im Raum stets so orientiert werden, wie es für die jeweilige Bearbeitungs- oder Handhabungsaufgabe gefordert ist.

10.2.1 Antriebe

Wie im Bild 10.2 zu sehen ist, können die Antriebe der Handachsen hinter dem Drehpunkt der Hauptachse A3 untergebracht werden. Die von Motoren und Getrieben erzeugten Drehbewegungen lassen sich dann über Hohlwellen zu den Handachsen übertragen. Damit werden einerseits die Achsen von den Massen der Motoren und Getriebe entlastet, andererseits wirken die Massen der Antriebe als Gegengewicht zur Masse der vorderen Teile des Roboterarms. Das rechte Teilbild von Bild 10.2 zeigt ein Demonstrationsmodell der Hochschule Augsburg zur manuellen Verstellung der Handachsen mit Hilfe von Handkurbeln.

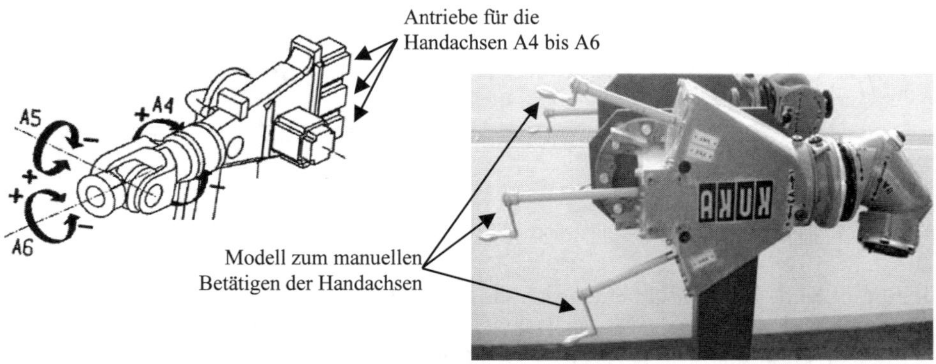

Bild 10.2: Lage der Antriebe (links) und Modell zur manuellen Verstellung der Handachsen (rechts, *Quelle*: eigenes Foto, Hochschule Augsburg)

10.2.2 Kinematikstrukturen

Je nach Anordnung und Kinematik der Handachsen spricht man von einer Zentralhand, Winkel- oder Doppelwinkelhand (auch „Schräghand").

Zentralhand

Die Zentralhand ist eine Konstruktionsform, bei der sich alle drei Handachsen (A4, A5, A6) in einem Punkt, dem sog. Handgelenks- oder Handwurzelpunkt, schneiden. Dadurch gewinnt die Zentralhand den Vorteil, dass die Koordinatendefinition von Achsstellungen sehr einfach in kartesische Positionen umzusetzen ist. Weitere Vorteile der Zentralhand sind ihre unkomplizierte Bauform mit einfacher Kabelführung und sich daraus ergebende geringere Kosten. Bild 10.3 zeigt Ausführung und Kinematikschema einer Zentralhand.

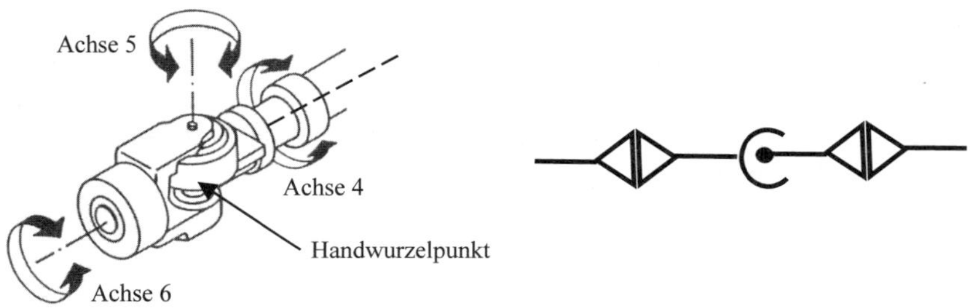

Bild 10.3: Zentralhand: Aufbau und kinematisches Schema

Winkelhand

Die Winkelhand ist vom Aufbau her die einfachste und damit kostengünstigste Form der Roboterhand (Bild 10.4).

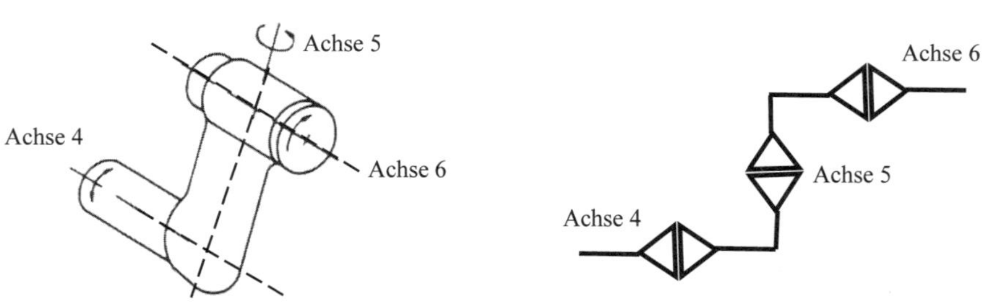

Bild 10.4: Winkelhand: Aufbau und kinematisches Schema

Bei dieser Konstruktion schneiden sich die Drehachsen 4 und 5, während die Drehachse 6 mit einem Versatz vorgelagert ist. Dabei ist der Antrieb der Achse 6 fast immer an die Achse 5 angeflanscht. Daraus ergibt sich allerdings ein im Vergleich zu anderen Handgelenkskonstruktionen ungünstiger Arbeitsraum, da der Antrieb für die Achse 6 in der Nähe des Bearbeitungspunkts liegt. Außerdem wird die Energiezuführung für diesen Motor durch die Bewegungen des Roboters extrem auf Biegung und Torsion belastet. Dem Vorteil der geringen Kosten einer Winkelhand stehen also gravierende Nachteile gegenüber wie die ungünstige Bauform und eine aufwendige Kabelführung. Außerdem ist hier die Umwandlung der Achsstellungen in kartesische Koordinaten kompliziert, da die Drehachsen sich nicht wie bei der Zentralhand in einem Handwurzelpunkt schneiden.

Doppelwinkelhand

Eine recht raffinierte Konstruktion ist die in Bild 10.5 gezeigte Doppelwinkelhand. Bei ihr sind die Roboter-Handachsen so angeordnet, dass sich wieder alle drei Drehachsen in einem Handgelenkspunkt schneiden. Dies ist vorteilhaft, weil hierdurch die Umrechnung der Achsstellungen in kartesische Koordinaten sehr einfach wird. Ein weiterer Vorteil dieser Handkinemarik ist die damit erreichbare hochbewegliche und schnell verstellbare Positionierung. Der Effektor kann durch die Drehbewegungen sogar so eingestellt werden, dass er leicht nach rückwärts gerichtet ist (Bild 10.5, Mitte). Nachteilig wirkt sich hingegen der recht aufwendige mechanische Aufbau aus. Er macht die Doppelwinkelhand störanfällig und verursacht hohe Kosten. Angesichts dieser Nachteile ist der Einsatz der Doppelwinkelhand nur dann sinnvoll, wenn die besondere Bewegungsfreiheit dieser Lösung benötigt wird.

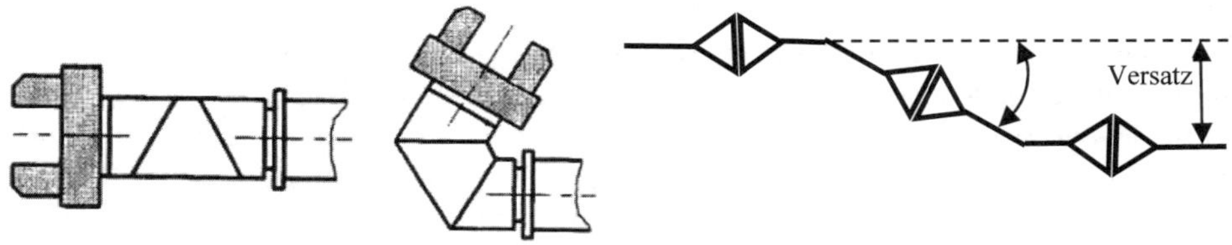

Bild 10.5: Doppelwinkelhand: Aufbau und kinematisches Schema

10.3 Greifer

Greifen ist eine elementare Bewegung zum Erfassen bzw. Halten von Objekten. Ein Greifer stellt im vorliegenden Kontext die Schnittstelle zwischen Roboterhand und Werkstück her. Für die Handhabung von Werkstücken bei Aufgaben der Entnahme oder Bearbeitung oder allgemein bei Montagearbeiten sind grundsätzlich Greifer erforderlich, um die Werkstücke mit dem Roboter aufnehmen, sie ablegen, zuführen oder fügen zu können. Nach der VDI-Richtlinie 2860 wird eine Definition von Greifer in Verbindung mit Handhabungsgeräten bzw. Industrierobotern wie folgt angegeben:

„Ein Geifer ist ein Subsystem eines Industrieroboters, das eine begrenzte Anzahl von geometrisch bestimmten Werkstücken für einen bestimmten Zeitraum hält, d. h. Position und Orientierung dieser Werkstücke relativ zum Werkzeug-Koordinatensystem sichert."

Für den industriellen Einsatz bietet der heutige Markt ein äußerst breites Spektrum von Standard- und Spezialgreifern. Die Bandbreite reicht hierbei von einfachen Greifern mit zwei „Fingern" bis hin zu komplexen mit Sensoren ausgerüsteten vielgliedrigen Händen. Ausschlaggebend für eine sichere Verbindung zwischen Greifer und Werkstück sind die Art der Wirkpaarung sowie die Größe und Anzahl der Kontaktebenen. Eine Wirkpaarung kann über Kraft-, Form- oder Stoffpaarung erzielt werden. Beim Vorliegen einer Kraftpaarung wird das Halten durch Ausüben einer Kraft bzw. eines Drucks auf die Werkstückoberfläche erzeugt. Im Gegensatz dazu erfolgt bei der Formpaarung das Erfassen und Halten über eine formangepasste Umschließung des Werkstücks. So lassen sich beispielsweise runde Objekte am besten mit hohlkugel- oder schalenförmigen Greifern aufnehmen. Hierbei müssen zur sicheren Führung nur geringe Klemmkräfte übertragen werden. Bei einer Stoffpaarung hingegen erfolgt der direkte Kontakt zwischen Greifer und Werkstück über die Ausnutzung von Adhäsionskräften wie Oberflächenspannungen oder auch Anfrieren. Diese Verfahrensarten werden derzeit von der Industrie nur in geringem Maße genutzt, wobei hier speziell bei der Mikromontage in Zukunft vielversprechende Änderungen zu erwarten sind. Der Antrieb für die Greiffunktionen erfolgt in der Regel elektromechanisch, magnetisch oder pneumatisch.

Greifsystem

Häufig spricht man in diesem Zusammenhang auch von Greifsystemen. Damit sind dann nicht nur die Greifer selbst, sondern alle Werkzeuge gemeint, die am Ende eines Roboters angebaut werden können. Der Begriff Greifsystem beschreibt also die Gesamtheit aller Arbeitsorgane eines Roboters. Dazu zählen neben Aktoren bzw. Effektoren auch die erforderlichen Hilfseinrichtungen, wie Werkzeugwechselsysteme, Fügehilfen, Schutz- und Messeinrichtungen, Hub- oder Schwenkeinheiten, sowie unterstützende Sensoren, wie Näherungstaster oder Kraft-Moment-Sensoren etc. Greifsysteme können hochkomplexe, auf die zu bearbeitenden Produkte speziell zugeschnittene Gebilde sein. Sie vermögen oft ganze Pakete oder Paletten von Werkstücken in einem einzigen Arbeitsgang aufzunehmen. Ergänzend werden dabei nicht selten geeignete Sensoren wie Kameras zur Lokalisierung und RFID-Systeme (radio-frequency identification; siehe Kapitel 14 „Sensoren und Aktoren für Roboter“) zur Identifikation oder zum Positionieren der Werkstücke eingesetzt.

Greiferfunktionen

Aus den oben geschilderten Aufgaben lassen sich folgende Hauptfunktionen für einen Greifer ableiten:

- Vorbereiten eines Kontakts, z. B. durch Zurechtschieben und Drehen von Teilen, um eine erforderliche Position und Orientierung für ein Objekt zu erzielen,
- Herstellen des Kontakts zwischen Objekt und Greifelementen (Greifbacken, Fingern) mittels einer vorübergehenden kraft- oder formschlüssigen Verbindung,
- Manipulation von Objekten mit dem Greifer, z. B. für Ortsveränderungen, Drehungen oder Montage,
- Ablegen von Greifobjekten an bestimmten Positionen durch Lösen des Kontakts.

VDI Richtlinie

In der Richtlinie 2740, Blatt1, des Vereins deutscher Ingenieure (VDI) mit dem Titel „Mechanische Einrichtungen in der Automatisierungstechnik – Greifer für Handhabungsgeräte und Industrieroboter“ sind Vorschriften zu Greifeinrichtungen festgelegt und Empfehlungen ausgesprochen. Die Richtlinie wurde erstellt, um den Konstrukteur von Greifern bei der systematischen Erarbeitung von Greifeinrichtungen zu unterstützen. Durch die Analyse der Handhabungsaufgabe soll er in die Lage versetzt werden, mit Hilfe des Lösungskatalogs eine geeignete Alternative auszuwählen. Die Richtlinie beschrankt sich allein auf mechanische Greifer. Laut Richtlinie 2740 sind das Herstellen, Aufrechterhalten und Lösen der Verbindung zwischen einem Greifobjekt und dem Handhabungsgerat die Hauptaufgaben des Greifers. Je nach Anwendungsfall kommen zusätzliche Sonderfunktionen hinzu. Bild 10.6 zeigt die einzelnen Systemteile eines mechanischen Greifers nach der VDI-Richtlinie 2740.

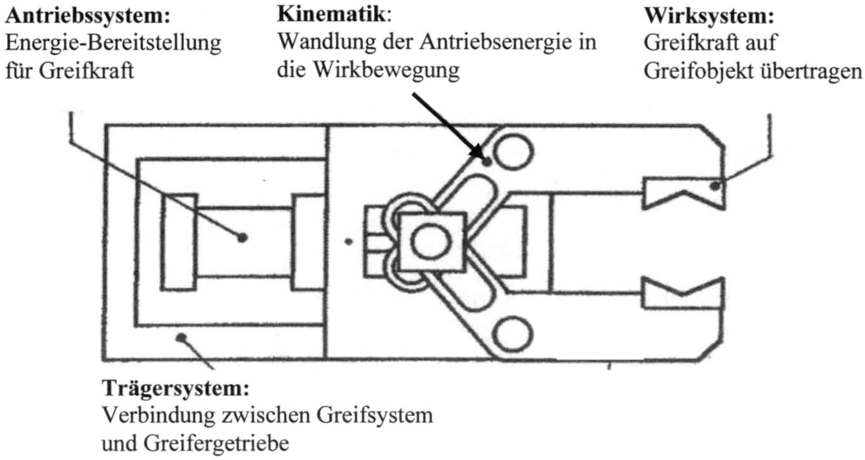

Bild 10.6: Greifer mit seinen einzelnen Systemteilen nach der VDI-Richtlinie 2740

10.4 Greiferprinzipien

Greifsysteme kann man je nach ihrer Funktion und Wirkung in mechanische, pneumatische, magnetische, saugende oder adhäsive (haftende, klebende) Systeme unterteilen (Bild 10.7). Zur Erhöhung der Flexibilität eines Greifsystems lassen sich diese Wirkungen auch kombinieren. Bei der Auswahl eines Greifers für eine bestimmte Handhabungsaufgabe ist eine Vielzahl von Kriterien für das Greifgut, wie Materialeigenschaften, Art der Oberflächen, Abmessungen, Gewicht in Relation zur Haltekraft des Greifers, Empfindlichkeit etc., zu beachten. Mechanische Greifer zum direkten Aufnehmen der Objekte gibt es meist als Backen- oder Klauengreifer sowie als Zwei- oder Mehrfingergreifer in starrer, gelenkiger oder elastischer Ausführung. Bei mechanischen Greifern werden die Haltekräfte durch Kraft- und/oder Formschluss aufgebracht. Zum sicheren Erfassen der Objekte sind die „Finger" oft als Klauen oder Krallen ausgeprägt. Dank ihrer universellen Einsetzbarkeit dient oft die menschliche Hand als Vorbild für mechanische Greifer. Wegen ihrer einfachen und flexiblen Handhabung sowie ihrer schnellen Reaktionen finden vor allem pneumatische Antriebe für Greifer verbreitet Anwendung.

Unterteilung

Die vielen unterschiedlichen Anwendungsbereiche von Industrierobotern zwingen die Konstrukteure, je nach Größe, Bauart, Funktion und Einsatzmöglichkeiten ein breites Spektrum sehr unterschiedlicher Greifer zu entwickeln. Eine Unterteilung der Greiferarten und -formen kann nach verschiedenen Aspekten erfolgen. Einige davon sollen nachfolgend vorgestellt werden. Greifer lassen sich nach folgenden Gesichtspunkten unterscheiden wie beispielsweise:

- nach dem Wirkprinzip, wie mechanisch, magnetisch, pneumatisch etc.,
- nach Art der Schließbewegung der Greiferbacken bzw. –finger, wie:
  - lineare Schließbewegung (Parallelgreifer) oder
  - rotatorische Schließbewegung (Winkelgreifer),
- nach der Spannart (Außen- oder Innengreifer),
- nach der Form und Oberfläche der Greiferbacken,
- nach den Eigenschaften der zu manipulierenden Werkstücke,
- nach Abmessungen und Masse des Greifers sowie
- nach Anzahl der zu greifenden Werkstücke.

Übersicht

Im Bild 10.7 finden Sie eine zusammenfassende grafische Übersicht verschiedener anschließend vorgestellter Greiferprinzipien.

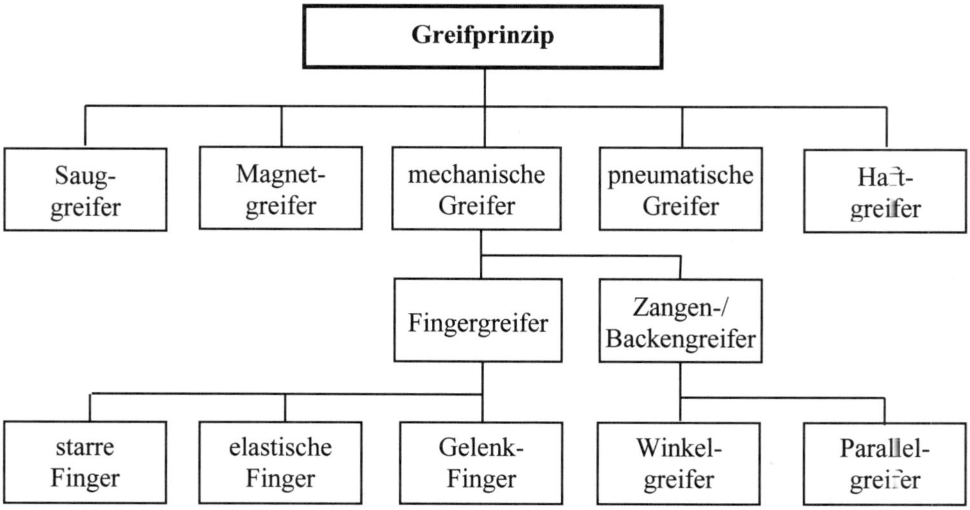

Bild 10.7: Übersicht verschiedener Greifprinzipien

Sauggreifer

Entgegen der üblichen Vorstellung saugt sich ein Sauggreifer nicht am Werkstück fest. Vielmehr drückt der umgebende Atmosphärendruck die elastische Saugeroberfläche gegen das Werkstück, sobald der umgebende Druck größer ist als der Druck zwischen Sauggreifer und Werkstück. Der Kraftschluss wird somit durch Druckunterschiede zwischen dem Innenvolumen des auf einer Werkstückoberfläche positionierten Saugers und der Umgebung bewirkt. Die Haltekraft ist umso größer, je höher die Druckdifferenz zwischen Umgebungsdruck und Druck im Sauggreifer ist. Den Druckunterschied erzielt man durch Anschließen des Sauggreifers an eine Vakuumpumpe. Diese saugt die Luft zwischen Greifer und Werkstück ab. Einsatzgebiete für Haftsauger finden sich weitgehend bei glatten und trockenen Werkstückoberflächen mit keiner oder geringer Luftdurchlässigkeit, beispielsweise Bleche, flache Kunststoffe oder Glassscheiben. Praktische Bedeutung erlangen Sauggreifer auch in Kombination mit mechanischen Greifern.

Sauggreifer bestehen aus einem Halteelement, dem Sauger (meist aus weichem Kunststoff oder Gummi) und einem Flansch mit Nippel zum Anschluss der Vakuumleitung. Die Produktprogramme der Hersteller umfassen meist eine Vielzahl an Sauggreifern mit unterschiedlichen Bauformen, Größen und Materialien und bieten für jede Anwendung den passenden Greifer. Universell einsetzbare Sauggreifer decken ein breites Anforderungsspektrum ab. Für bestimmte Einsatzgebiete bzw. Applikationen wurden Sauggreifer zu speziellen Branchen-Anforderungen entwickelt, die sich durch besondere Eigenschaften und Bauformen auszeichnen, beispielsweise zur Handhabung von dünnwandigen Karosserieblechen oder für poröse Teile in der Holzindustrie. Oft sind Sauggreifer so gestaltet, dass entweder die Saugeinheit federnd und beweglich gelagert ist oder dass der Sauger mit einer Schaumstoffauflage selbst ausreichende Elastizität aufweist. Durch diese Elastizität wird sichergestellt, dass der Sauger sich beim Aufbau des Vakuums gut und schonend an das Werkstück anschmiegen kann. Allgemein unterscheidet man die Bauformen: Flachsauggreifer und Balgsauggreifer.

Flachsauggreifer eignen sich insbesondere zur Handhabung ebener oder leicht gewölbter Flächen. Durch die flache Bauform können Werkstücke in kürzester Zeit angesaugt und mit hoher Dynamik gehandhabt werden. Die Vorteile von Flachsauggreifern sind ihre niedrige Bauform und ein großer wirksamer Saugdurchmesser. Das geringe innere Volumen ermöglicht minimale Ansaugzeiten. Diese Sauger zeichnen sich durch hohe Genauigkeit bei der Positionierung und gute Eigenstabilität aus.

Sauggreifer mit Faltenbalg werden dort eingesetzt, wo Höhenunterschiede und Unebenheiten auszugleichen sind oder empfindliche Werkstücke gehandhabt werden. Sie lassen sich für ein breites Spektrum unterschiedlicher Werkstoffe und Geometrien (rund, oval etc.) einsetzen. Balgsauggreifer ermöglichen eine gute Anpassung an unebene Oberflächen sowie ein schonendes Ansaugen. Sie eignen sich zur Handhabung empfindlicher Werkstücke, wie Elektronikbauteile oder labile, biegeschlaffe Werkstücke, die sich während des Handhabungsvorganges verformen können. Der in Bild 10.8 gezeigte Sauggreifer hat Falten (Balg), um eine sanfte, erschütterungsfreie Berührung der zu greifenden Objekte und die Anpassung an ihre Form zu ermöglichen. Im rechten Teil des Bilds wird der Sauggreifer unter Vakuum gesetzt und ergreift das durch den Atmosphärendruck angedrückte Teil. Dadurch haften Sauggreifer und Greifobjekt während des Prozessablaufs fest aneinander.

Das Aufnehmen und Ablegen der zu handhabenden Teile lässt sich für alle Arten von Sauggreifern bequem mit Ein- oder Ausschalten des Unterdrucks durch einfache Pneumatikventile steuern.

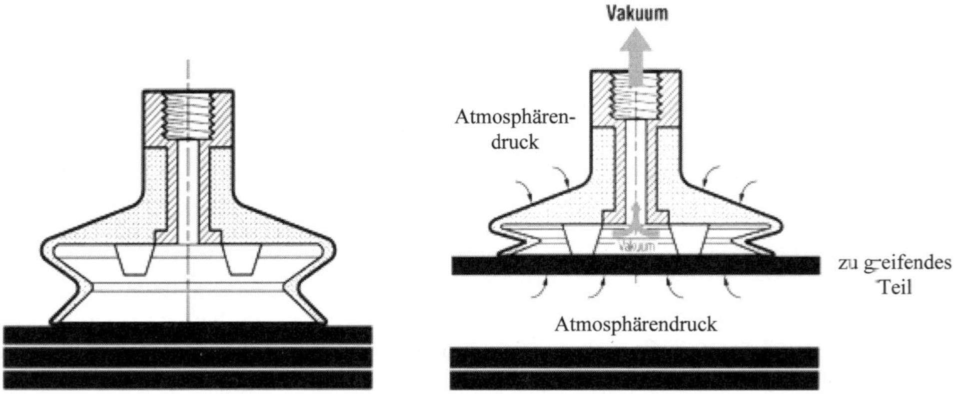

Bild 10.8: Sauggreifer mit Balg in verschiedenen Phasen (links: annähern; rechts: greifen)

Magnetgreifer

Greifer nach dem magnetischen Halteprinzip können ausschließlich für Werkstücke aus ferromagnetischen Werkstoffen eingesetzt werden Die magnetische Haltekraft kann grundsätzlich von einem Permanent- oder Elektromagnet ausgeübt werden. Permanentmagnetgreifer sind sehr einfach aufgebaut. Sie benötigen jedoch Zusatzeinrichtungen zum Abstreifen oder Lösen des Werkstücks. Elektromagnetische Greifer beziehen ihre Haltekraft aus stromdurchflossenen Spulen mit Eisenkern. Aufnahme und Ablage der Objekte erfolgen daher über das Zu- und Abschalten der elektrischen Energie. Beim Einsatz von Magnetgreifern besteht allerdings die Gefahr, dass mehrere Werkstücke zugleich gegriffen werden könnten.

Manche Magnetsysteme verwenden zugleich Permanent- und Elektromagneten. Hierbei besteht der Greifer aus einer Kombination von Dauermagneten und Elektrospulen, die um die Pole der Dauermagneten angeordnet sind. Im stromlosen Zustand ziehen die Dauermagnete die Last an. Sobald Strom die Elektrospulen durchfließt, wird damit das Magnetfeld der Dauermagneten kompensiert und die an den Magneten haftenden Teile lösen sich. Da diese Magnetgreifer im aktiven Zustand stromlos arbeiten, sind sie dank einer nicht nachlassenden Haftkraft prozess- und ausfallsicher.

Mechanische Greifer

Mechanische Greifer sind weit verbreitet und werden am häufigsten eingesetzt. Das Festhalten eines Werkstücks mittels Greiferbacken oder Fingern kann hierbei durch Kraft- oder Formschluss sowie durch eine Kombination aus beidem erfolgen. Beim kraftschlüssigen Halten wird das Werkstück durch Anpressen der Backen über Reibkräfte zwischen Objekt und den Backenoberflächen gehalten. Dazu werden die Oberflächen der Greifbacken mit einem möglichst hohen Reibkoeffizienten versehen, jedoch ohne das Risiko, die Werkstückoberfläche zu beschädigen. Die Krafterzeugung erfolgt überwiegend durch Druckluft, seltener durch einen magnetischen oder elektromotorischen Antrieb. Je nach Bewegung der Backen wird zwischen Parallel- und Winkelgreifern unterschieden. Die Greifkörper selbst können mit zwei oder mehr Fingern versehen sein. Bild 10.9 zeigt verschiedene Greiferformen.

Bild 10.9: Diverse Greiferformen (links: Greifer zum Öffnen einer Tür; rechts: Greifer mit 4 „Fingern")

Oft sind mechanische wie auch andere Greifer zusätzlich mit induktiven Näherungsschaltern, magnetischen Nutenschaltern oder Lichtschranken ausgestattet, um die Greiferfunktionen einfach und zuverlässig zu überwachen. Zudem können sie um Zubehör wie Kraftmessbacken, analoge und magnetische Positionssensoren und vieles mehr ergänzt werden. Auch Sensoren zur Anwesenheitskontrolle und Lageerkennung für Werkstücke, Kraft-Momenten- und Wegmessungen können in den Greifsystemen integriert sein.

Gestaltung der Greifbacken

Die Form und Gestaltung der Greiferbacken oder Finger kann passend zur Form der zu greifenden Objekte gewählt werden. Das führt zu werkstückspezifischen Paarungen sich entsprechender Formelemente von Greiferbacken und Werkstück. Wenn der Roboter einen runden Gegenstand anheben soll, kann das Profil der Greiferoberfläche mit einer negativen Ausrundung versehen sein, um den Griff effizient zu machen (formschlüssiges Halten). Für Objekte mit rechteckig/quadratischer Form wird man besser ebenflächige Greiferbacken einsetzen, wie Bild 10.10 zeigt.

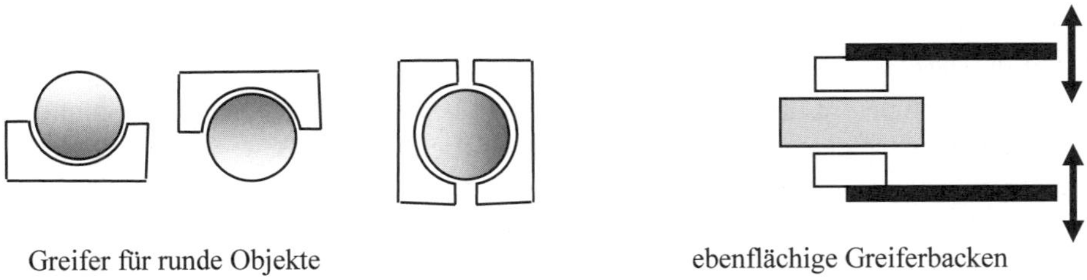

Bild 10.10: Greiferformen für runde und rechteckige Objekte

Parallel- und Winkelgreifer

Die häufigsten Vertreter von Zangen- oder Backengreifern sind Parallelgreifer und Winkelgreifer. Parallelgreifer eignen sich besonders für zu greifende Werkstücke mit parallelen Greifflächen. Aus getriebetechnischen Gründen haben sie meist auch etwas größere Abmessungen. Winkelgreifer hingegen können ihre Finger sehr weit öffnen, was sich für viele Werkstückformen als sehr günstig erweist und oft zusätzliche Bewegungen spart (Bild 10.11). Sie beanspruchen aber auch viel Freiraum und können somit eine günstige Gestaltung der Peripherie behindern. Der Antrieb für beide Greiferarten kann elektromechanisch, magnetisch oder pneumatisch erfolgen. Wegen der einfachen Handhabung sind pneumatische Antriebe sehr verbreitet.

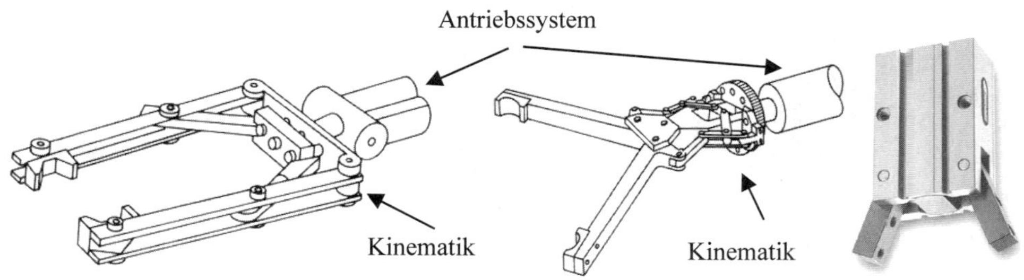

Bild 10.11: Bauprinzip von 2-Finger-Winkelgreifern; rechts: Winkel-Greifzange (*Werkbild:* Schunk)

Haltekraft

Obgleich es zahlreiche Kräfte gibt, die auf einen vom Roboterarm angehoben Körper wirken, sind die wichtigsten Kräfte die Schwerkraft und die durch Reibung entstehende Haltekraft. Die greifende Oberfläche kann z. B. aus weichem Material mit hohem Reibungskoeffizienten bestehen, um die Oberfläche des Objekts nicht zu beschädigen. Der Robotergreifer muss nicht nur das Gewicht des Objekts tragen, sondern auch den Beschleunigungskräften und den Belastungen durch häufiges Bewegen eines Objekts standhalten. Zum Abschätzen der benötigten Haltekraft eines Objekts kann die folgende Näherungsformel verwendet werden:

$$F_h = \mu_H \cdot G \cdot n$$

wobei:

F_h = Haltekraft in N

μ_H = Reibungskoeffizient (Haftreibung, dimensionslos)

n = Anzahl der Greiferfinger

$G = m \cdot g$ (Gewichtskraft in N, m: zu handhabende Masse in kg)

Der Reibungskoeffizient μ_H für trockene Haftreibung beträgt z. B. für Stahl auf Stahl 0,2. Beim Greifen eines Objekts spielt natürlich auch die Richtung der Bewegung eine wichtige Rolle. Wird beispielsweise ein Körper nach oben bewegt, also gegen die Gravitationskraft, so ist eine höhere Haltekraft aufzuwenden, als bei einer Bewegung nach unten in Richtung der Gravitation. Daher sollte fallweise der Einfluss der Gravitationskraft durch einen weiteren multiplikativen Faktor, etwa zwischen 1 und 3, kompensiert werden.

Pneumatische Greifer

Der Begriff „pneumatischer Greifer“ wird oft für die zuvor beschriebenen Sauggreifer verwendet. Bei jenen erzeugt man die Haltekräfte durch Unterdruck. Die eigentlichen pneumatischen Greifer sind im Prinzip mechanische Lastaufnahmevorrichtungen und Greifwerkzeuge, bei denen die Greif- und Haltekraft durch Druckluft, also Überdruck anstelle von Unterdruck, aufgebracht wird. Aufnahme und Festhalten der Bauteile erfolgt also über das Klemmen des Werkstücks im Überdruckverfahren.

Die Klemmkraft wird über Pneumatik-Zylinder erzeugt, die direkt oder über ein Hebelsystem auf die Klemmbacken wirken. Durch Anpassung des Pneumatikdrucks können klemmempfindliche Teile sicher gehalten und zugleich Klemmbrüche vermieden werden. Auch hier lassen sich Aufnehmen und Ablegen der Teile bequem mit Ein- oder Ausschalten der Druckluft über einfache elektrisch anzusteuernde Pneumatikventile realisieren. So können die bereits vorgestellten Parallel- und Winkelgreifer oder Greifzangen pneumatisch angetrieben und dann auch als pneumatische Greifer bezeichnet werden.

Adhäsive Prinzipien

Für viele Aufgabenstellungen sind adhäsive Greifer die optimale Lösung. So zählen das Handhaben und Greifen von Textilien und zerbrechlichen dünnen Scheiben (z. B. in der Halbleiterindustrie) sowie das Greifen von kleinen Teilen, wie Schrauben und Muttern in der Montage, zu den typischen Einsatzgebieten für Adhäsionsgreifer. Diese Haftgreifer nutzen das Phänomen der Adhäsion. Darunter versteht man allgemein das Haften verschiedenartiger Stoffe aneinander. Ursachen für die Hafteigenschaften können die Oberflächenhaftung bei Grenzflächenschichten, die Wirkung magnetischer bzw. elektrostatischer Anziehungskräfte (Elektroadhäsion), Kapillarkräfte durch Flüssigkeitsbrücken (Oberflächen und Grenzflächenspannung) oder intermolekulare Wechselwirkungen, sogenannte Van-der-Waals-Kräfte[6] sein. Greifer auf der Basis mechanischer Verklammerungen bzw. Durchdringung mit Haaren, Nadeln (Nadelgreifer) oder Häkchen (formschlüssige Oberflächenverhakungen) setzt man bei forminstabilen oder biegeschlaffen Materialien wie Textilien, Glasfaser, Schaumgummi oder Objekten mit rauer oder poröser Oberfläche ein, da hierbei das Ansaugen nicht mehr möglich ist. Wenn die Bauteile aufgrund der Adhäsion an den Greifern haften bleiben, sind Maßnahmen zum Ablösen wie das Abblasen der Bauteile durch Druckluft, Abstreifen oder das schwingungsunterstützte Ablegen beim Pick & Place in der Mikrowelt erforderlich.

Weitere adhäsive Wirkprinzipien sind das elektroadhäsive und das hydroadhäsive Greifen oder Gefriergreifen. Elektroadhäsive Greifer arbeiten mit elektrostatischen Feldern, wobei die Haltekräfte durch Polarisation erzeugt werden. Gefriergreifer nutzen als Effekt das kurze Anfrieren und bilden damit einen Stoffschluss zwischen geeigneten Materialien sowie der Kontaktfläche des Greifers durch Gefrieren eines Wirkmediums. Dies kann mit Hilfe eines Kühlelements, z. B. eines Peltier-Elements als elektrothermischem Wandler erfolgen.

[6] Diese Kräfte ermöglichen z. B. den Geckos mit Hilfe mikroskopisch kleiner Härchen an den Füßen glatte Wände hochzulaufen.

Alternative Greifsysteme

Oft geben Prinzipien der Natur Impulse für neue technische Anwendungen. Manche modernen Greifsysteme sind aus flexiblen Materialien gefertigt und erschließen damit neue Einsatzpotenziale durch nachgiebige und anpassungsfähige Greifmechanismen. Anstatt von Motoren werden sie durch Pressluft aktiviert. Die Firma Festo hat einen derartigen Greifer bzw. Manipulatorarm für Roboter entwickelt und erstmalig auf der Hannover Messe 2011 vorgestellt. Wie das Bild 10.12 zeigt, hat man sich dabei offensichtlich von der Natur inspirieren lassen, hier von einem Elefantenrüssel und dessen ringförmiger Muskulatur. Die in einem Dreieck angeordneten und mit einem verketteten Ringsystem stabilisierten Druckschläuche lassen sich separat mit Druckluft beaufschlagen. Dadurch ermöglicht die Kette aus ringförmigen Luftkammern sowohl Ausdehnungen wie Richtungsänderungen. Somit kann sich der „Rüssel" in jede Richtung bewegen, sich verlängern oder verkürzen. Der gesamte „Arm" besteht aus drei einzeln ansteuerbaren Segmenten, an die sich als vorderstes Element eine „Hand", hier ein „FinRay-Greifer"[7], zur freien Positionierung anschließt. Der Greifer besteht aus drei flexiblen „Fingern", die sich den zu erfassenden Objekten formschlüssig anpassen. Die erreichten Positionen und Richtungen werden über ein System aus Sensoren rückgemeldet. Durch die Elastizität dieses Manipulators ist ein gefahrloses Arbeiten auch in unmittelbarer Nähe von Personen gewährleistet.

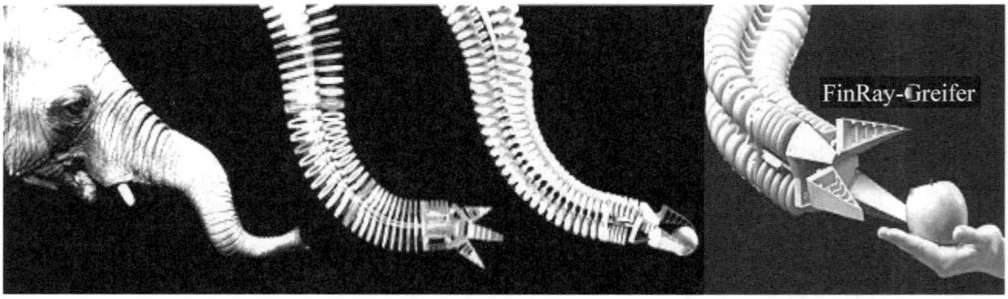

Bild 10.12: Flexibler pneumatischer Greifer (*Quelle:* Festo)

„FlexShapeGripper"

Dieselbe Firma Festo verwirklicht mit ihrem FlexShapeGripper ein weiteres neues Greifprinzip. Auch hier erfolgt der Greifmechanismus nach einem Vorbild der Natur: Er wurde vom Wirkprinzip der Zunge eines Chamäleons abgeleitet. Erkennt das Chamäleon eine Beute im Nahbereich, so lässt es blitzschnell die Zunge herausschnellen. Kurz bevor die Zungenspitze das Opfer erreicht, zieht sich diese in der Mitte zurück, während sich die Ränder weiter vorwärts bewegen. Dadurch passt sich die Zunge der Form und Größe des Insekts an und kann es fest umschließen. In Analogie hierzu nutzt der neuartige Greifer eine wassergefüllte hochelastische Silikonkappe, die sich, pneumatisch gesteuert, ebenso flexibel und formschlüssig, ähnlich der Zunge des Chamäleons, über das jeweilige Greifgut stülpt.

[7] Bei dem so genannten „FinRay-Greifer", der sich flexibel dem Werkstück anschmiegt, hat man sich ebenfalls von der Natur inspirieren lassen, nämlich durch die Eigenschaft von Fischflossen, sich um einen Druckpunkt herumzuwölben. Nach diesem Prinzip können sich die „Finger" sanft um das Greifgut zu schließen.

10.5 Anthropomorphe Greifer

Die menschliche Hand ist wohl eines der universellsten Werkzeuge, das die Natur hervorgebracht hat. Forscher arbeiten schon länger daran, die Vorzüge dieser evolutionären Konstruktion auch auf neuere Generationen von Roboterhänden zu übertragen. Mit Hilfe sehr kompakter Antriebs-, Bus- und Sensortechniken haben Forschungsinstitute wie das Fraunhofer-Institut für Produktionstechnik und Automatisierung (IPA – Bereich Robotersysteme) oder das Deutsche Zentrum für Luft- und Raumfahrt (DLR – Institut für Robotik und Mechatronik) solche menschenähnlichen Roboterhände entwickelt.

10.5.1 Roboterhände

Der Einsatz von Roboterhänden in der industriellen Fertigung beschränkte sich ursprünglich auf robuste Greifer mit zwei oder drei Fingern zur Ausführung von mehr oder weniger einfachen Greifbewegungen. Hände für mehr filigrane Aufgaben scheiterten lange an der Umsetzung mangels verfügbarer technischer Möglichkeiten. Um eine den manuellen menschlichen Fertigkeiten nachempfundene Hand zu bauen, sind mindestens vier Finger notwendig: drei Finger, um auch konische Teile zu umfassen und ein Daumen als „Gegenlager“. Eine Roboterhand besteht daher aus wenigstens drei Fingern mit je drei Gelenken und daher drei Freiheitsgraden. Der vierte Finger, als Daumen ausgebildet, verfügt über vier Freiheitsgrade. Die dadurch mögliche Bewegungsvielfalt muss selbstverständlich sinnvoll angesteuert und durch Sensoren überwacht werden. Leistungsfähige Informationskanäle sind hierzu eine Grundvoraussetzung.

Fundamentale Fragen

Viele Aufgaben, die wir mit unseren Händen erledigen, kommen uns vielleicht simpel und selbstverständlich vor. Doch für Roboter sind vermeintlich einfache Tätigkeiten oft eine echte Herausforderung und vor einer Perfektionierung liegt noch ein weiter Weg. Das liegt unter anderem daran, dass Roboter in der Regel Schwierigkeiten haben, wenn ihre Umgebung jedes Mal ein wenig anders aussieht. Daher arbeiten nicht nur Ingenieure, sondern auch Neuroinformatiker und andere interdisziplinär orientierte Wissenschaftler daran, den Roboterhänden menschliche Grifftechniken beizubringen. Doch bevor sie die perfekte Roboterhand mit dem nötigen Fingerspitzengefühl bauen können, müssen sie noch fundamentale Fragen beantworten wie: „Was tun wir Menschen eigentlich genau, wenn wir etwas ergreifen?“ Hier geht es im wahrsten Sinne darum, den Menschen auf die Finger zu schauen. Wann und wie kommt welches Gelenk zum Einsatz und in welchem Winkel wird es gebeugt? Wie werden die Bewegungen der Finger untereinander koordiniert? Oft werden nicht alle verfügbaren Gelenkwinkel ausgenutzt, sondern nur bestimmte Konstellationen. Doch welche sind das genau und in welcher Situation? Viele derartige Fragen sind noch nicht hinreichend beantwortet und so entwickeln heutige Roboterhände noch nicht annähernd die volle Geschicklichkeit menschlicher Hände.

Moderne Technologie

Erst das Zusammenwirken moderner Technologien, wie der Mikroelektronik und Mikromechanik, brachte die ersehnten Fortschritte. Neuartige Antriebskonzepte wie flexible

Fluidaktoren erlauben die Entwicklung leichter und vielgliedriger anthropomorpher Greifer, deren Aussehen, Größe und Funktion der menschlichen Hand bereits sehr nahe kommen (siehe Beispiele in Bild 10.14). Die Entwicklung auf diesem Sektor schreitet weiterhin rasant voran, so dass nun Roboterhände mit vielen Freiheitsgraden, separat ansteuerbaren Fingern und den menschlichen Händen nachempfundenen Gelenken nicht länger als eine Fiktion, sondern zunehmend auch im Arbeitsalltag zu finden sind. Damit lassen sich in einer unstrukturierten und unvorhersehbaren Umgebung flexible und komplexe Greif- und Manipulationsaufgaben durchführen. Ihre hauptsächlichen Einsatzgebiete finden Roboterhände sowohl in Handprothesen wie auch bei humanoiden Servicerobotern.

10.5.2 Antriebe

Die enorme Komplexität einer modernen Roboterhand hat allerdings ihren Preis. So erfordert jeder Finger mehrere separat ansteuerbare Antriebe. Hierzu sind inzwischen preiswerte Kleinstantriebe mit hoher Leistungsdichte bei geringem Bauvolumen verfügbar, um die Muskelkraft zu ersetzen. Für die nötigen Untersetzungen sorgen oft miniaturisierte Planetengetriebe. Sensoren, wie standardmäßig eingebaute analoge oder digitalisierte Hallgeber sowie Kraft-Momentensensoren, melden der Steuerung stets exakt die tatsächliche Position der Fingergelenke und die aufgebrachten mechanischen Belastungen zurück.

Eine besondere Art des Antriebs ist der „pneumatische Muskel“ (*engl.:* PAM – pneumatic artificial muscle). Es handelt sich dabei um ein Membran-Kontraktions-System, auch als Zugaktor bezeichnet, das der Kontraktion eines biologischen Muskels nachempfunden ist. Der Aktor besteht aus einem druckdichten Schlauch mit eingearbeitetem Gewebenetz aus hochfesten Fasern. Wird der Schlauch mit Druckluft beaufschlagt, so dehnt er sich in Querrichtung aus und zieht sich zugleich in der Längsrichtung zusammen (siehe Bild 10.13).

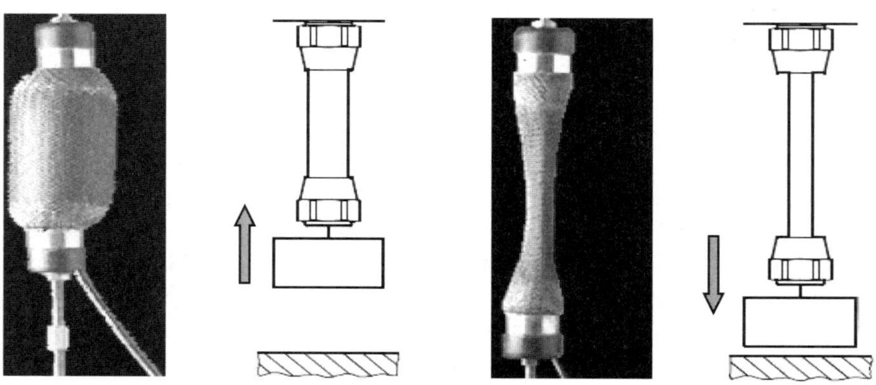

Bild 10.13: Pneumatischer Muskel (links: kontrahiert – mit Druck beufschlagt; rechts: entspannt – drucklos)

Die eingearbeiteten Fasern halten den Schlauch in Form und stabilisieren ihn. Da der „Muskel“ über keine beweglichen bzw. verschiebbaren Teile verfügt, arbeitet er weitestgehend reibungs- und verschleißfrei. Dadurch ist es möglich, einerseits gleichförmige und sehr langsame Bewegungen ruckfrei auszuführen, andererseits aber auch sehr schnelle

Aktionen mit hohen Arbeitsfrequenzen. Durch die geringe Masse und das hohe Kraft-Gewicht-Verhältnis des Aktors ist es möglich, Beschleunigungswerte von bis zu 50 m/s^2 und eine bis zu 10-fach höhere Anfangskraft gegenüber einem pneumatischen Zylinder gleichen Durchmessers zu entwickeln. Wie ein biologischer Muskel ist der pneumatische „Muskel“ als reines Zugsystem aufgebaut, also als einfach (nur in einer Richtung) wirkender Aktor.

Ein bekannter Hersteller dieser Art von fluidischen Aktoren („Fluidic Muscle“) ist wieder die Firma Festo.

10.5.3 Die DLR-Hand

Das Deutsche Zentrum für Luft- und Raumfahrt, DLR, blickt auf eine langjährige Erfahrung in Entwicklung, Aufbau und Benutzung von vielseitigen Roboterhänden zurück. Ein Beispiel ist die anthropomorphe Hand, die in einer Studie des DLR gemeinsam mit anderen Unternehmen entwickelt wurde. Diese Hand sieht recht spektakulär aus (siehe Bild 10.14, links). Ihre wahre Sensation liegt nicht nur in der Ähnlichkeit des Designs, das dem Bewegungsapparat der menschlichen Hand sehr nahe kommt, sondern insbesondere in ihrer Robustheit, vor allem, wenn sie nicht in eine Schutzhülle eingepackt ist und sich dennoch sehr präzise bewegt. Was diese Hand so besonders robust macht, sind ihr durchdachtes Design, moderne Materialien und die Verwendung von künstlichen Sehnen zur Bewegung der Finger. Diese erlauben es, plötzlich auftretenden Kräften nachzugeben, so dass Hand und Antriebe von diesen Kräften nicht beschädigt werden. Mit insgesamt 19 Freiheitsgraden ist die Hand ähnlich bewegungsfähig wie unsere Hand, die gerade einmal einen Freiheitsgrad mehr aufweist. Die Entwickler haben bei der Konstruktion besonders darauf geachtet, dass die Bewegungsabläufe der Finger denen menschlicher Finger sehr nahe kommen.

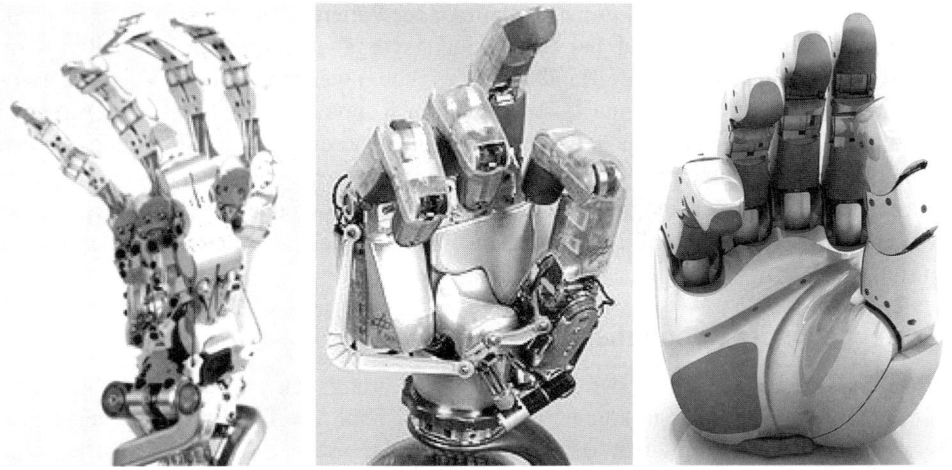

Bild 10.14: Beispiele für Roboterhände des DLR (links: DLR Hand I; Mitte: DLR Hand II; rechts: DLR HIT Hand II)

Ein Nachfolgeprojekt, die „DLR Hand II“, ist eine verlässliche, flexible und kraftvolle multisensorielle Hand. Sie wird als ein vielseitiges anthropomorphes Greif- und Manipulationswerkzeug eingesetzt. Die Hand hat vier identische Finger mit je drei Gelenken. Eine Vielzahl verschiedener Sensoren ermöglicht die präzise Kontrolle der Hand bei gleichzeitiger feinfühliger Rückmeldung der Fingerkräfte und Positionen. Diese anthropomorphe Hand war bei ihrer Vorstellung im Jahr 2001 die fortgeschrittenste Roboterhand der Welt. Darauf aufbauend wurden die beiden Varianten I & II der DLR „HIT Hand“ vom HIT (Harbin Institute of Technology, eine der führenden Universitäten in China) und dem DLR Institut für Robotik und Mechatronik entwickelt. Die DLR HIT Hand II ist eine Weiterentwicklung der HIT Hand I. Im Unterschied zur ersten Version hat die HIT Hand II fünf modulare Finger und ist etwas kleiner und leichter (siehe Bild 10.14, rechts).

Weitere Details zu Roboterhänden finden Sie im Abschnitt 14.5 „Die Roboterhand“.

10.6 Roboterwerkzeuge

Bei Roboteranwendungen kann man prinzipiell unterscheiden zwischen der Heranführung des mit einem Greifer aufzunehmenden Werkstücks an ein feststehendes Werkzeug und der Bearbeitung des Teils mit einem an der Roboterhand angeflanschten Werkzeug.

Feststehende Werkzeuge

Die Werkstückhandhabung wird nicht nur für Aufgaben wie Entnahme, Palettieren oder Montieren genutzt. Auch bei Bearbeitungsaufgaben mit Werkzeugen, wie Schleifen oder Entgraten, können die zu bearbeitenden Teile vom Greifer an feststehende Werkzeuge herangeführt werden. Dies ist immer dann von Vorteil, wenn die Bearbeitung ein massives, schweres Werkzeug erfordert. Davon betroffen sind vor allem Bearbeitungsvorgänge wie das Abtragen von Material durch Schleifen oder Polieren, weitere spanende Bearbeitungen oder die Materialzufuhr bei Beschichtungsvorgängen. Bei der Bearbeitung von kleineren Werkstücken führt ihre Handhabung zu einem weiteren Vorteil: Vor- und nachgeschaltete Bearbeitungsvorgänge lassen sich vom Roboter ohne zusätzlichen Aufwand für Zuführ- oder Zwischenspeichersysteme erledigen. Zudem ist die Belastung für den Roboter bei der Handhabung kleinerer Werkstücke meist geringer als bei der Führung von Werkzeugen. Es ist auch möglich, mehrere aufeinander folgende Bearbeitungsvorgänge am Werkstück ohne Wechsel auszuführen, womit erhebliche Zykluszeitvorteile verbunden sind.

Werkzeuge an der Roboterhand

Roboterwerkzeuge werden in der Regel zur Ausführung von Montage- oder Bearbeitungsaufgaben eingesetzt. Sie können daher sowohl reine Greifwerkzeuge als auch Prozesswerkzeuge für Bearbeitungs- oder Montagevorgänge sein. Zu letzteren zählen kleine Schleifmaschinen, Schrauber, Bohrspindeln, Klebepistolen, Farbspritzpistolen oder diverse Schweißzangen. Fügehilfen nutzt der Roboter zum lagerichtigen, meist sensorgestützten Einbau von Bauteilen oder beim Wechseln eigener Werkzeuge. Form- und Führungselemente unterstützen dabei eine toleranzarme und reproduzierbare Anfahrt bestimmter Positionen im Arbeitsraum.

Bei den Roboterwerkzeugen lassen sich folgende Hauptgruppen unterscheiden:

- rotierende Werkzeuge (Bohrspindeln, Fräskopf, Schrauber, Schleif- und Polierwerkzeuge),
- pressende Werkzeuge (Punktschweißzangen, Klammerapparate etc.),
- abstrahlende Werkzeuge (Farbspritzpistolen, Sandstrahl- und Klebstoffdüsen oder Einfettvorrichtungen),
- schneidende Werkzeuge (Schneidbrenner, Plasmaschneider, Wasserstrahlschneidkopf, Laserschneidkopf),
- stoffverbindende Komponenten (Löt- und Klebepistolen, Schweißköpfe) sowie
- Messwerkzeuge („Messroboter").

Roboterflansch

Die Roboterwerkzeuge sind meist in Werkzeughalterungen eingespannt, die ihrerseits eine definierte Koppelstelle zum Roboter aufweisen. Diese Koppelstelle ist ein standardisierter Anbauflansch mit genormten Befestigungsmöglichkeiten, der an der Endeffektorachse des Roboters angebracht ist. Das Flanschbild für die Ankopplung von Werkzeugen oder Werkzeugwechselsystemen an ein Roboterhandgelenk ist für verschiedene Größen in der Norm ISO 9409-1 (Industrieroboter – mechanische Schnittstellen – Teil 1: Platten) festgelegt. Somit können beliebige Greifer- und Werkzeugkomponenten, die eine der Norm entsprechende Schnittstelle aufweisen, mit dem Roboterflansch kombiniert werden.

Materialabtrag

Bei von Robotern geführten Werkzeugen zum Materialabtrag, z. B. beim Entgraten, Fräsen, Schleifen etc., handelt es sich meist um kleine Schleif- und Bohreinheiten, ähnlich wie man sie auch als Handgeräte kennt. Oft werden die Werkzeuge über eine elastische Anbindung an den Roboterflansch gekoppelt. Hierdurch erreicht man, dass die auf Roboter und Werkzeug einwirkenden Reaktionskräfte zum Teil von der elastischen Ankopplung aufgenommen oder reduziert werden. In vielen Fällen übernimmt die Robotersteuerung die Regulierung von Abtragleistung (Drehzahl) oder auch Anpressdruck dieser Werkzeuge an das Werkstück.

Materialauftrag

Zum Materialauftrag werden beispielsweise Sprühpistolen für Lackiervorgänge, Extrusionseinheiten zum Auftrag von speziell geformten Dicht- bzw. Hohlprofilen oder Klebepistolen für Klebstoffe eingesetzt. Derartige Werkzeuge werden in der Regel von separaten Dosiersystemen gesteuert, wobei auch eine signaltechnische Kopplung zur Robotersteuerung sowohl binär (für das Ein- und Ausschalten) oder analog zur Vorgabe des Klebstoff- bzw. Extrusionsvolumens bestehen kann.

Schweißen und Schneiden

Bahn- und Punktschweißen zählen zu den am weitesten verbreiteten Anwendungsfeldern für Industrieroboter. Daher wurden von vielen Herstellern ganz spezielle Schweiß- und Schneidsysteme für den Robotereinsatz entwickelt. Beim Schneiden und Schweißen werden generell Schweißzange, Schneid- oder Schweißbrenner an der Roboterhand geführt (siehe Bild 10.15). Die erforderliche Energie- und Materialversorgung wird dabei über ein extern verlegtes Schlauch- und Kabelpaket zugeführt. Die beim Schweißen notwendige Materialzufuhr erfolgt über mitgeführte Drahtvorschubgeräte direkt auf den Handbereich des Roboters. Um Beschädigungen der Schweißgeräte bei Kollisionen mit dem Werkstück zu vermeiden, müssen spezielle Kollisionsschutz-Maßnahmen ergriffen werden. Dies kann durch den Einbau von Überlastung erkennenden Kollisionsschutzelementen zwischen dem Handgelenkflansch des Roboters und dem Greifer erfolgen.

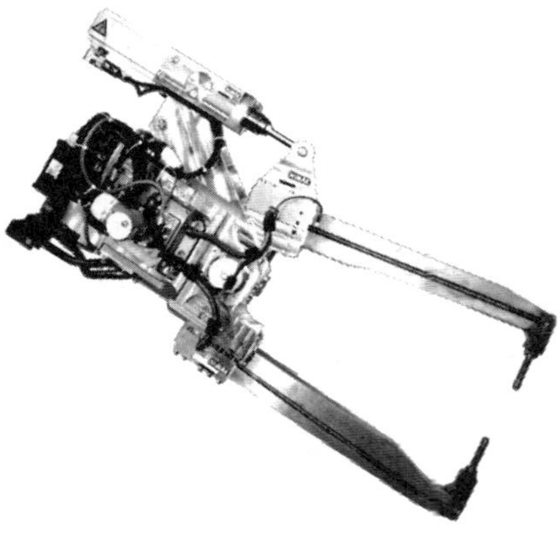

Bild 10.15: Roboter mit Schweißzange (links, Messefoto), Schweißzange von NIMAK (rechts)

Werkzeugwechsel

Für den automatischen Wechsel von Werkzeugen und Greifern werden zunehmend Werkzeugwechselsysteme eingesetzt, um die flexible Nutzung von Industrierobotern zu erhöhen. Ihr Einsatz macht vor allem dann Sinn, wenn im Bearbeitungsprozess mehrere Bearbeitungs- und/oder Montagevorgänge an einer Station durchzuführen sind. Dann benötigt der Roboter in einer Arbeitssequenz verschiedene Werkzeuge oder Greifer. Dies kann mit Hilfe eines automatischen Werkzeugwechsels erfolgen. Wechselsysteme bestehen aus einem am Roboterflansch montierten Oberteil, das in der Regel die erforderlichen Koppelelemente enthält, sowie einem werkzeugseitigen Unterteil. Beide Teile lassen sich über einen Andockmechanismus reproduzierbar koppeln und entkoppeln. Die diversen Greifer oder Bearbeitungswerkzeuge lassen sich am Unterteil des Wechselsystems befestigen. Dabei müssen neben der festen und spielfreien mechanischen Verbindung auch die Informations- und Energieübertragungen (pneumatische und/oder elektrische Leitungen) über entsprechende Schnittstellen berücksichtigt sein. Zur Verbindung dienen Formelemente für die Zentrierung, Verriegelungsmechanismen sowie genormte Steckverbinder. Das Wechselsystem ermöglicht dem Roboter die flexible Nutzung verschiedener Effektoren, Greifer und Werkzeuge zur Erfüllung seiner vielseitigen Aufgaben. Werkzeuge und Greifer werden in einem separaten Magazin gespeichert. Mit Hilfe von Schnellwechselsystemen lassen sich Greifer und Werkzeuge in Sekundenschnelle vollautomatisch tauschen, womit unproduktive Nebenzeiten sinken. Die Vorteile solcher Wechselsysteme liegen auf der Hand: Sie erhöhen die Flexibilität und erschließen damit neue Einsatzgebiete. Zudem bieten sie mit automatisiertem Greiferwechsel die Möglichkeit der Kombination von diversen Handhabungs-, Bearbeitungs- oder Montagevorgängen.

11 Sicherheit und Schutzeinrichtungen in der Robotik

Sicherheit ist zweifellos ein Grundbedürfnis des Menschen, ob im beruflichen oder im privaten Bereich. Bekanntermaßen gehen von Maschinen, Anlagen und vielen anderen technischen Einrichtungen Gefahren für Mensch und Umwelt aus. Davon sind oft nicht nur die Betreiber selbst, sondern auch Wartungspersonal oder gar Unbeteiligte direkt oder indirekt betroffen und somit gefährdet. Sicherheit von Personen und Anlagen hat in der Robotertechnik einen hohen Stellenwert. Bereits 1942 stellte Isaac Asimov seine drei Robotergesetze auf, die er später um ein „Nulltes Gesetz" ergänzte (siehe Kapitel 5 „Die Robotergesetze"). Im Grunde besagen diese, dass ein Mensch durch die Tätigkeit eines Roboters oder dessen Untätigkeit nicht zu Schaden kommen darf. Heute sind es andere verbindliche Gesetze, wie in Europa die Maschinenrichtlinie 2006/42/EG (ehemals 98/37/EG) und internationale Normen wie die DIN EN ISO 10218 (ehemals DIN EN 775), welche die Sicherheitsstandards von Maschinen und somit auch von Robotern festlegen.

11.1 Sicherheitstechnik allgemein

Bevor die speziell im Bereich der Robotik auftretenden Risiken und die von Robotern ausgehenden Gefahren näher betrachtet werden, erscheint es wegen der besonderen Bedeutung dieses Themas angebracht, zunächst einige wichtige allgemeine Gesichtspunkte der Sicherheitstechnik kurz vorzustellen. Die wesentlichen Ziele einer vorbeugenden Sicherheitstechnik bestehen darin, das Risiko einer Gefährdung von Menschen, Anlagen und der Umwelt sowie der Zerstörung von Sachwerten durch technische Einrichtungen so gering wie möglich zu halten. In diesem Sinne fordern die Gesetzgeber auf gesamteuropäischer Ebene „durch vorbeugende Maßnahmen, die Qualität der Umwelt und die Gesundheit des Menschen zu schützen" sowie für „Sicherheit und Gesundheitsschutz der Beschäftigten bei der Arbeit" zu sorgen. Hierzu geben die jeweiligen Richtlinien zunächst nur allgemeine Sicherheitsziele vor und legen prinzipielle Sicherheitsanforderungen fest. Details hierzu werden dann in harmonisierten Normen, Vorschriften und Verordnungen, wie Arbeitsschutzgesetzen, Maschinenrichtlinien etc., näher spezifiziert.

Fehlerrisiko

Jede technische Anlage und deren Steuerung ist ab einer gewissen Größe zunächst grundsätzlich mit dem Risiko einer Gefährdung behaftet. Dabei ist auch ein mögliches Fehlverhalten von Betreibern und Bedienenden einzukalkulieren. Das größte Risiko jedoch, einen körperlichen Schaden zu erleiden, besteht erfahrungsgemäß nicht während des eigentlichen Produktionsprozesses, denn die meisten Unfälle ereignen sich während des Rüstens und Einrichtens, der Anlagenwartung sowie bei der Beseitigung von Fehlern oder Störfällen. Diese Risiken lassen sich auch durch keine noch so strengen Regeln und Vorschriften vollständig ausschließen. Man kann jedoch die Wahrscheinlichkeit ihres Auftretens und insbesondere das damit einhergehende Gefahrenpotenzial durch besondere Maßnahmen gezielt verringern.

Funktionale Sicherheit

Als Fehlerursache kommt generell sowohl technisches wie auch menschliches Versagen in Frage. Um eine funktionale Sicherheit bei Maschinen und Anlagen zu erreichen und damit Unfälle zu reduzieren, müssen zunächst alle sicherheitsrelevanten Teile der Schutz- und Steuereinrichtungen korrekt funktionieren. Im jedoch nie ganz auszuschließenden Fehlerfall muss sich die Anlage so verhalten, dass sie nach dem so genannten „Fail-safe“-Prinzip entweder in einem sicheren Zustand verbleibt oder zwingend in einen solchen automatisch übergeht. Um dem Bedienpersonal einen sicheren Zugang zur Maschine zu gewährleisten, müssen also im Fall von plötzlich auftretenden Fehlfunktionen alle beweglichen und damit gefährlichen Teile einer Anlage, insbesondere ein Roboterarm, unverzüglich in den sicheren Betriebszustand, d. h. in den Stillstand versetzt werden. Funktionale Sicherheit ist daher als unverzichtbare Teilkomponente einer gesamten Anlage und ihrer steuernden Einrichtungen zu betrachten. Ein Maß für die erreichte funktionale Sicherheit ist einerseits die Wahrscheinlichkeit des Auftretens gefährlicher Ausfälle sowie die Fehlertoleranz, mit der die Freiheit von systematischen gefährlichen Fehlern gewährleistet werden kann.

Sicherheitssysteme

Sicherheitssysteme sind sowohl aktive als auch passive Anlagenkomponenten, die technische Anlagen für den Menschen, die Maschinen selbst und für die Umwelt gefahrlos machen sollen. Die von Maschinen ausgehende Gefährdung hängt sowohl von der Art und Funktionsweise der Maschine als auch vom Verhalten der jeweils bedienenden Personen ab. Zu den besonders gefährlichen Maschinen zählen bekanntlich Sägen, Pressen und Stanzen, an denen sich Personen schwerwiegend oder sogar tödlich verletzen können. Um Menschen bestmöglich vor allen Gefahren zu schützen, dürfen derartige Maschinen nur mit geeigneten Schutzeinrichtungen betrieben oder gewartet werden. Dies trifft in gleicher Weise auch für Industrieroboter zu. Oftmals schützt man Personen durch ein Schutzgitter, das jeglichen Zugang während des Betriebs verwehrt. Derartige Gitter oder Zäune helfen allerdings nur, solange sich die Maschine in der eigentlichen Betriebsphase befindet. Während die Maschine jedoch mit Material versorgt oder sie justiert, gereinigt und gewartet wird, kommt der Mensch unweigerlich mit gefährlichen Maschinenteilen in Berührung. Hier muss man sich stets darauf verlassen können, dass beispielsweise kein Antrieb unerwartet anläuft und damit ein Verletzungsrisiko für die handelnde Person herbeiführt.

11.2 Risikobeurteilung

Die Risikobeurteilung einer Maschine beginnt mit der Festlegung ihrer Funktionen, ihrer Leistungen und ihres bestimmungsgemäßen Gebrauchs. Bereits bei der Konstruktion einer Anlage müssen mögliche Risiken analysiert und, wo nötig, Maßnahmen getroffen werden, um den Bediener vor Gefährdungen zu bewahren. Um die erforderlichen Sicherheitsparameter abzuleiten, lassen sich u. a. folgende Vorüberlegungen anstellen:

- Was wird produziert, mit welcher maximalen Produktionsleistung und mit welchen Werkzeugen und Materialien?

- Welche mechanischen Kräfte, Geschwindigkeiten und Beschleunigungen können bewegliche Komponenten dabei entwickeln?
- Wo sind die räumlichen Grenzen der Anlage/Maschine (Arbeits- bzw. Kollisionsraum) und wo ist ihr voraussichtlicher Einsatzort?
- Welche Funktionen und Betriebsarten sind vorgesehen?
- Mit welchen Fehlfunktionen und Störungen muss man rechnen?
- Auch die am Fertigungsprozess beteiligten Personen sind zu berücksichtigen. Daher ist zu bedenken: Worin könnten mögliches unbeabsichtigtes Fehlverhalten der Bedienpersonen und vorhersehbare Fehlbedienungen der Anlage bestehen und welche Auswirkungen würden sich daraus ergeben?

Für eine derartige primäre Risikobeurteilung ist eine Maschine zunächst ohne besondere Schutzeinrichtungen zu betrachten.

11.2.1 Fehlverhalten

Ein hohes Gefahrenpotenzial geht insbesondere von Fehlfunktionen und Störungen der für den Betrieb relevanten Komponenten, insbesondere von der Steuerung aus. So könnten beispielsweise unvorhergesehene Bewegungen eines Roboterarms innerhalb und außerhalb seines programmierten Arbeitsbereichs (im Kollisionsraum) schwere Verletzungen hervorrufen. Die Folgen unbeabsichtigter Verhaltensweisen von Bedienpersonen oder von (vorhersehbaren) Fehlanwendungen und Fehlfunktionen bzw. Störungen könnten u. a. darin bestehen:

- Verlust der Kontrolle über die Maschine, insbesondere über bewegliche Maschinenelemente,
- reflexartiges Fehlverhalten von Personen als Reaktion auf Störungen oder Ausfälle während des Gebrauchs der Maschine,
- Fehlverhalten durch Konzentrationsmangel, Ermüdung oder Unachtsamkeit,
- Fehlverhalten bei der Durchführung einer Aufgabe aus Bequemlichkeit, durch Gewöhnung oder aus Zeitdruck sowie
- Fehlverhalten von bestimmten Personenkreisen, wie Kinder, Jugendliche, Menschen mit Behinderungen etc.

11.2.2 Gefährdungen

Nach Festlegung der Maschinenfunktionen folgt der wichtigste Schritt zur Risikobeurteilung der Maschine durch eine systematische Identifizierung vorhersehbarer Gefährdungen, Gefahrensituationen und/oder sonstiger riskanter Ereignisse. Um Maßnahmen gegen Gefährdungen zu ergreifen, müssen diese zunächst identifiziert werden. Sie lassen sich dabei in verschiedene Gefährdungsgruppen unterteilen. Insbesondere sollte der Hersteller die in Tabelle 11.1 aufgelisteten Gefahren, die in der linken Spalte aufgeführt sind, in all den Betriebs- und Lebensphasen einer Maschine berücksichtigen.

Tabelle 11.1: Mögliche Gefährdungsgruppen und Betriebsphasen einer Maschine

Art der Gefährdung/ Gefährdungsgruppen (Auswahl)	Details: mechan. Gefährdungen	Lebensphasen der Maschine
mechanische Gefährdungen →	quetschen	Transport
elektrische Gefährdungen	scheren	Zusammenbau, Installation
thermische Gefährdungen	erfassen	Inbetriebnahme, Einrichten
Gefährdungen durch Schwingungen	aufwickeln	Normal- bzw. Produktionsbetrieb
Gefährdungen durch Strahlung	einziehen	Störungsbeseitigung
Gefährdungen durch Materialien und schädliche Substanzen	schneiden	Wartung und Reinigung
Kombinationen aus all den vorgenannten Gefährdungen	stoßen	Außerbetriebnahme
	schleudern	Demontage und Entsorgung
	stechen	

11.2.3 Risikobewertung

Nachdem man die Gefährdungen identifiziert hat, ist für jede der betrachteten Gefahrensituationen eine Risikoeinschätzung durchzuführen. Diese lässt sich in erster Näherung anhand der nachfolgenden Faustformel grob abschätzen:

Risiko = Schadensausmaß · Eintrittswahrscheinlichkeit

Das sich aus der betrachteten Gefährdungssituation ergebende Risiko hängt also von folgenden zwei Faktoren ab:

- vom Ausmaß des Schadens, der durch die Gefährdung verursacht werden kann, also ob sich leichte, schwere oder gar tödliche Verletzungen ergeben könnten, und
- von der Eintrittswahrscheinlichkeit dieses Schadens.

Die Eintrittswahrscheinlichkeit ist wiederum abhängig von folgenden Faktoren:

- der Dauer der Gefährdungsexposition von Personen,
- der statistischen Häufigkeit des Eintritts eines Gefährdungsereignisses und
- den technischen und menschlichen Möglichkeiten zur Vermeidung oder Begrenzung des Schadens.

Zur Einschätzung und Bewertung von Risiken existieren verschiedene Hilfen, wie Risikografen (siehe Bild 11.1), Tabellen, numerische Methoden etc. Bei der Risikobewertung wird anhand der Ergebnisse der Risikoeinschätzung festgelegt, ob der Einsatz von (zusätzlichen) Schutzmaßnahmen erforderlich ist oder ob bereits eine ausreichende Risikominderung erreicht wurde. Der Prozess der Risikobeurteilung muss für alle Arten von Gefährdungen durchgeführt werden. Es handelt sich dabei um einen iterativen Prozess, der so lange zu wiederholen ist, bis das verbleibende Restrisiko annehmbar gering ist.

11.2.4 Risikominderung

Der Begriff „Sicherheit von Maschinen“ betrachtet die Fähigkeit einer Maschine, ihre vorgesehenen Funktionen während ihrer Lebensdauer mit hinreichend verringertem Risiko auszuführen. Um den Konstrukteuren die Herstellung von sicheren Maschinen zu ermöglichen, bedarf es eines Leitfadens für die Risikobeurteilung und Risikominderung. Dies erfüllt die Norm EN ISO 12 100:2010 mit dem Haupttitel „Sicherheit von Maschinen – Allgemeine Gestaltungsleitsätze – Risikobeurteilung und Risikominderung". Die Norm erläutert die grundlegende zu befolgende Gesamtmethodologie, also die Vorgehensweise bei der Konstruktion von sicheren Maschinen. Sie enthält auch die wesentliche Terminologie für das gesamte Denkmodell „Sicherheit" sowie technische Leitsätze und Hinweise zur Verifizierung dieses Denkmodells mit verfügbaren Techniken.

Hat eine Risikobeurteilung ergeben, dass Maßnahmen zur Risikominderung nötig sind, dann sollte die so genannte „3-Stufen-Methode" angewendet werden. Hierbei muss der Maschinenhersteller Maßnahmen nach folgenden Grundsätzen ergreifen und zwar in der hier angegebenen Reihenfolge:

- Sicheres inhärentes Gestalten durch Beseitigung oder Minimierung der Risiken, soweit dies technisch möglich ist. Damit wird Sicherheit bereits in Konstruktion und Bau der Maschine integriert.
- Ergreifen von notwendigen technischen und ggf. ergänzenden Schutzmaßnahmen gegen Risiken, die sich konstruktiv nicht restlos beseitigen lassen.
- Aufklärung des Benutzers über die verbleibenden Restrisiken in Form von Betriebsanleitungen, Warnhinweisen etc.

11.3 Die Richtlinie EN ISO 13849-1

Die juristischen Aspekte der Maschinensicherheit haben mittlerweile wohl allen Führungskräften bewusst gemacht, dass sie in Fragen der Sicherheit eine erhebliche Mitverantwortung tragen. Die Haftung eines Herstellers ist gemäß Produkthaftungsgesetz (ProdHaftG) wie folgt geregelt: „Wird durch einen Fehler eines Produktes jemand getötet, sein Körper oder seine Gesundheit verletzt oder eine Sache beschädigt, so ist der Hersteller des Produktes verpflichtet, den daraus entstehenden Schaden zu ersetzen". Zur erhöhten Wahrnehmung von Sicherheitsaspekten hat insbesondere die seit 1995 eingeführte und 2006 als Europäische Version verabschiedete Maschinenrichtlinie und das damit vergebene CE-Zeichen[8] beigetragen. Kern der neuen Maschinenrichtlinie bildet die Norm EN ISO 13849-1 („Sicherheit von Maschinen – Sicherheitsbezogene Teile von Steuerungen, Teil 1: Allgemeine Gestaltungsleitsätze") als Nachfolgenorm der bis dahin gültigen EN 954-1. Ihr Anwendungsbereich umfasst die sicherheitsbezogenen Teile von Steuerungen und allen Arten von Maschinen, ungeachtet der verwendeten Technologie und eingesetzten Energie. Die wesentliche Neuerung gegenüber der alten Norm besteht darin, dass der Maschinenbetreiber verpflichtet ist, zusätzlich zu einer qualitativen Risikoanalyse auch eine quantitative Einschätzung potenzieller Gefährdungen vorzunehmen. In diesem Rahmen wird ermittelt, welche Gefahren während des Betriebs einer Maschine auftreten können und ob die Wirksamkeit der gewählten Sicherheitsfunktionen ausreichend ist.

[8] Die CE-Kennzeichnung ist rechtlich kein *Gütesiegel*, sondern dokumentiert lediglich die Einhaltung der gesetzlich geregelten Mindestanforderungen.

11.3.1 Performance-Level

Die Norm EN ISO13849-1 definiert die sicherheitstechnische Leistungsfähigkeit anhand von fünf so genannten „Performance-Levels“ (PL): PL a, b, c, d und e. Die fünf PL stehen für die mittleren Zeiten zwischen zwei gefahrbringenden Ausfällen der Sicherheitsfunktionen $MTTF_d$[9]. Sie legen somit implizit fest, welche Anforderungen einzuhalten sind, um den sicheren Betrieb einer Maschine zu gewährleisten sowie das Gefahrenpotenzial für das Bedienpersonal so gering wie möglich zu halten. Wie in Tabelle 11.2 aufgeführt geben die Performance-Level PL a...e auch die durchschnittlichen Wahrscheinlichkeitswerte für einen gefährlichen Ausfall pro Stunde an.

Tabelle 11.2: Performance Level (PL) nach EN ISO 13849-1

Performance Level (PL)	**durchschnittliche Wahrscheinlichkeit eines gefährlichen Ausfalls je Stunde (1/h)**	**Kategorie nach alter EN954-1** (es gibt Überlappungen!)
a	$\geq 10^{-5}$ bis $< 10^{-4}$	B - 1
b	$\geq 3 \cdot 10^{-6}$ bis $< 10^{-5}$	1
c	$\geq 10^{-6}$ bis $< 3 \cdot 10^{-6}$	1 - 2
d	$\geq 10^{-7}$ bis $< 10^{-6}$	2 - 3
e	$\geq 10^{-8}$ bis $< 10^{-7}$	4

Für die jeweilige Kategorie ist der geforderte Performance Level zusätzlich nachzuweisen durch:

- Die Ermittlung der Güte der Fehlererkennung/Diagnose (DC – Diagnostic Coverage = Diagnose-Deckungsgrad). Der DC ist ein Maß für die Fähigkeit, gefährliche Fehler aufzudecken.
- Getroffene Maßnahmen gegen ein mögliches gemeinsames Auftreten von Fehlern (CCF – Common Cause Failure = Fehler mit gemeinsamer Ursache) bei mehrkanaligen Strukturen. Beispielsweise können externe Einflüsse, wie Überspannungen, Übertemperatur etc., gleichartige Komponenten zur gleichen Zeit zerstören.

Die aktuelle Normung berücksichtigt insbesondere den zunehmenden Einsatz von Elektronik wie Mikrocontroller oder SPS in Maschinen und dient in erster Linie dem Schutz des Bedieners vor maschinellen Gefährdungen.

11.3.2 Einstufung des Risikos

Die Höhe des Risikos wird dahingehend eingestuft, welcher Art die Verletzungen sein können, wie oft man der Gefahr ausgesetzt ist und ob man sich der Gefahr eventuell entziehen kann. Um den erforderlichen „Performance Level required“ (PL_r) für jede Sicherheitsfunktion eines sicherheitsrelevanten Steuerungssystems zu definieren, ist, wie bereits erwähnt, eine Risikobeurteilung durchzuführen. Durch Abschätzung der Gefahr, die von einer Maschine ausgehen kann, gelangt man zu einer Einstufung des Risikos. Hierzu be-

[9] $MTTF_d$ = Mean Time To Failure, also mittlere Zeit bis zu einem (gefährlichen) Ausfall; das „d“ steht für „dangerous“. Daher werden nur Gefahr bringende Ausfälle betrachtet.

dient man sich unterschiedlicher Risikografen, um Maßnahmen zu treffen, mit denen sich das Risiko hinreichend reduzieren lässt. Für die Ermittlung des PL_r von Bauteilen bzw. Geräten sind nach der EN ISO 13849 zunächst die in Tabelle 11.3 definierten sicherheitstechnischen Kenngrößen einzusetzen:

Tabelle 11.3: Die sicherheitstechnischen Kenngrößen S, F und P

Risikoparameter		**Wirkung, Bedeutung**
S – Schadensausmaß, Schwere der Verletzung	S1	leichte, meist reversible Verletzungen
	S2	ernste, meist irreversible Verletzungen, *einschließlich des Todesfalls*
F – Häufigkeit und/oder Dauer des Gefährdungsereignisses	F1	selten bis weniger häufig und/oder die Zeit der Gefährdungsexposition ist kurz
	F2	häufig bis dauernd und/oder die Zeit der Gefährdungsexposition ist lang
P – Möglichkeit zur Vermeidung der Gefährdung oder zur Begrenzung des Schadens	P1	Vermeidung möglich, unter bestimmten Bedingungen
	P2	Vermeidung kaum möglich

11.3.3 Risikograf

Die Norm verwendet einen Risikografen (Bild 11.1), der zu einer Einstufung des Risikos entsprechend eines Performance Levels (PL) führt. Wie aus Tabelle 11.3 zu entnehmen, richtet sich die Bewertung des Risikos zunächst nach der Schwere einer möglichen Verletzung (S1, S2). Die Häufigkeit und Dauer der Gefährdung wird mit den Parametern F1 und F2 bewertet, wobei zwischen F1 und F2 keine scharf festgelegten Grenzen existieren. Die Norm gibt nur den Hinweis, dass bei Ereignissen, die häufiger als einmal pro Stunde erfolgen oder länger als eine Stunde andauern, F2 gewählt werden sollte. Bei der Bewertung ist natürlich die Zeit der Gefährdungsexposition im Verhältnis zur gesamten Nutzungszeit einer Maschine zu betrachten. Weiterhin ist zu bestimmen, ob man eine Gefahr vermeiden, ihr rechtzeitig ausweichen und ihr dadurch entkommen kann oder nicht (P1, P2). Zur Festlegung dieses Parameters müssen die physikalischen Gegebenheiten einer Maschine ebenso wie die mögliche Reaktion eines Bedieners in Betracht gezogen werden. Bild 11.1 zeigt, wie man durch Kenntnis der Gefahren und Bewertung der Risikoparameter S, F und P zu einer Einstufung des Risikos nach dem Performance Level (PL) gelangen kann. Zu jedem Performance Level gehören für die Maschine adäquate technische Maßnahmen und Vorgaben, die Lösungen zur Vermeidung anzunehmender Gefährdungen bieten.

11.3.4 Ermittlung des Performance Levels

Zur Ermittlung des Performance Levels beginnt man am Startpunkt des Auswahlbaums von Bild 11.1. Zuerst wird die Schwere des Verletzungsrisikos beurteilt. Sind die möglichen Verletzungen geringfügig und reversibel, so wird der Weg S1 eingeschlagen. Sind die Verletzungen dagegen schwerwiegend und irreversibel, einschließlich des Todesfalls, so muss der Weg S2 gewählt werden. Im nächsten Schritt gilt es Häufigkeit und Dauer der Gefährdung zu bewerten. Im Falle von F1 kommt der Zustand eher selten vor und/oder ist meist von kurzer Dauer. Bei häufigen oder regelmäßigen Gefährdungen (z. B. eine Person begibt sich regelmäßig in die Gefahrenzone) wird F2 gewählt. Zum Schluss ist noch die Möglichkeit zu bewerten, ob man die Gefahr erkennen und ihr damit eventuell rechtzeitig entkommen kann. Kann man der Gefahr entrinnen, so wird P1 angenommen. Läuft z. B. eine Maschine langsam an, so sind anfangs kaum Gefährdungen zu befürchten. Ist aber ein Entkommen nahezu ausgeschlossen, so ist P2 zu wählen.

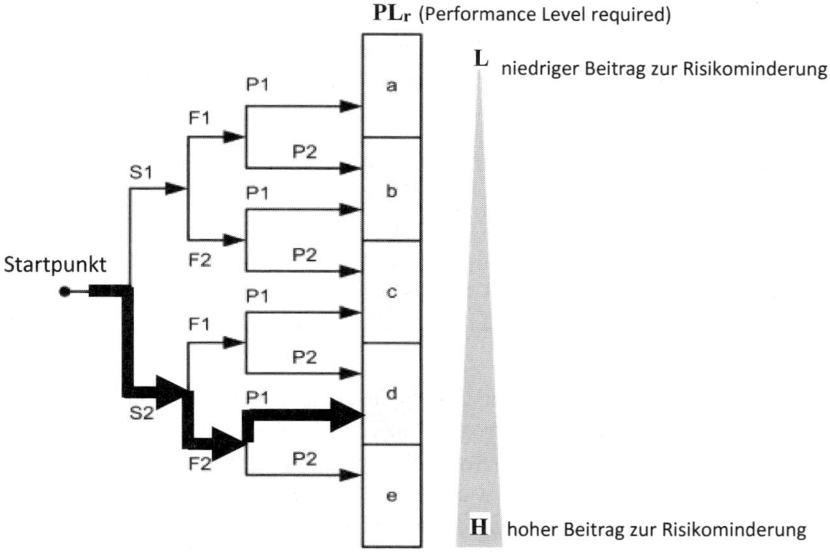

Bild 11.1: Risikograf zur Bewertung des Risikos (PL_r) für jede Sicherheitsfunktion

Die Auswertung des Risikografen führt zu einem der rechts im Bild 11.1 gezeigten PL-Werte. Die Einstufung des Performance Levels erstreckt sich über 5 Stufen von „a" (niedriger Beitrag zur Risikoreduzierung) bis zu „e" (hoher Beitrag zur Risikoreduzierung erforderlich). Wie dem Grafen zu entnehmen ist, kann ein geforderter PL-Wert meist über mehrere Wege erreicht werden (in den Fällen PL b, c und d). Der Anwender kann daher geeignete Maßnahmen so kombinieren, dass sie seinen Vorstellungen und Präferenzen am nächsten kommen. Hier können technische Randbedingungen oder auch Kostengesichtspunkte eine Rolle spielen. Nach wie vor sind jedoch festgelegte Sicherheitsstrukturen einzusetzen. Im Bild 11.1 ergibt sich eine Einstufung des Risikos nach dem Performance Level PL_r „d" (dick ausgezogene Linien). Hier wäre eine Technik zu verwenden, die einen hohen Beitrag zur Risikominderung entsprechend Level d leistet. Damit ist gefordert, das Risiko soweit zu reduzieren, dass alle Gefahren auf ein erträgliches Maß gebracht werden.

11.4 Von Robotern ausgehende Gefahren

Nach diesen mehr allgemeinen Betrachtungen zu Sicherheit und Gefährdungen sollen die von einem Roboter ausgehenden möglichen Gefahren näher betrachtet und konkretisiert werden. Der Gedanke, dass Roboter nicht nur nützlich, sondern auch gefährlich sein können, ist nicht neu. Industrieroboter (IR) erleichtern zwar die körperliche Arbeit und erhöhen die Wirtschaftlichkeit. Doch wie manch andere Fertigungsanlagen bergen sie erhebliche Gefahren für Personen und Anlagen, die zudem für andere Maschinen untypisch sind. Besonders in ihrer unmittelbaren Umgebung besitzen Roboter ein hohes Gefährdungspotenzial für Personen. Die Gefahren basieren in der Hauptsache auf den für Menschen oft völlig unvorhersehbaren und nicht einzuschätzenden Bewegungsmustern und der Komplexität des Fertigungsablaufs mit starken Beschleunigungen des Roboterarms und den dabei freigesetzten enormen Kräften. Aufgrund der komplexen Kinematik mit sechs oder mehr Achsen ist es schwer abschätzbar, wohin und wie schnell sich der Roboter bewegen wird. Daher kann das Arbeiten neben einem ungesicherten Industrieroboter schnell tödlich enden. Hier gilt es also unbedingt, Personen vor den Gefahren zu schützen, die von einem IR ausgehen können.

Viele der in Tabelle 11.1 aufgezählten mechanischen Gefährdungen wie Quetschen, Scheren, Erfassen, Schneiden oder Stoßen können auch von Industrierobotern durch die auftretenden hohen Kräfte und Geschwindigkeiten oder durch Kollisionen mit Werkstücken verursacht werden. Weitere Gefahrensituationen entstehen durch ein unerwartetes Loslaufen der Maschine, sofern sich Menschen im Kollisionsraum aufhalten. Auch ein mögliches Herausschleudern von Werkstücken kann Personen gefährden, die sich in der unmittelbaren Nähe des Roboters aufhalten.

Oft entstehen Gefahrensituationen durch eine Fehleinschätzung des Roboterverhaltens durch die Betreiber, insbesondere durch Programmierer, da sie oft glauben, genau zu wissen, was der Roboter als nächstes tun wird. Dabei wird nicht bedacht, dass z. B. ein Defekt an einem Achsantrieb zu völlig unerwarteten Reaktionen führen oder ein defekter Sensor (Drahtbruch etc.) in bestimmten Situationen ein bedrohliches Verhalten des Roboters auslösen kann. Eine weitere Ursache für Fehleinschätzungen sind die im Einrichtbetrieb geringen Geschwindigkeiten, die bei Anwendern eine falsche Vorstellung von den später im Automatikbetrieb auftretenden realen Geschwindigkeiten hinterlassen können. Auch die Gewöhnung an den Umgang mit Robotern verleitet im Lauf der Zeit zu Leichtsinn und Unachtsamkeit. Daher werden Anfänger in der Regel seltener in Unfälle verwickelt, weil sie mit der Robotertechnik noch weniger vertraut sind und sich entsprechend vorsichtig verhalten.

Entsprechend den vorhergehenden Betrachtungen zu Risikobeurteilung und Gefahrenanalysen sind die vom Roboter oder von Zusatzanlagen ausgehenden Gefahren zu bestimmen, um geeignete Schutzmaßnahmen und -einrichtungen auszulegen. Vor der Auswahl einer Sicherheitseinrichtung findet eine Risikoanalyse statt. Alle Systemteile, die sich im Sicherheitsbereich befinden, sollten dann der ermittelten Risikoeinstufung entsprechen.

11.5 Schutzmaßnahmen

Neben rechtlichen Vorgaben sorgen insbesondere wirtschaftliche Überlegungen dafür, dass das Sicherheitsmanagement heute zu den marktbestimmenden Disziplinen in der Automatisierungsbranche gehört. Ausfallzeiten wegen Sicherheitsmängeln kann sich angesichts des intensiven Wettbewerbs kein Unternehmen mehr leisten. Es muss sich vielmehr auf die Sicherheit und Zuverlässigkeit seiner Technik verlassen können. Letztlich werden Unternehmen gesetzlich in die Pflicht genommen, ihre Mitarbeiter im Einklang mit dem technischen Fortschritt und den gesetzlichen Vorgaben bestmöglich vor

Gefährdungen bei der Bedienung von Maschinen wie Robotern zu schützen. Es gilt generell, potenzielle Risiken möglichst bereits im Vorfeld zu erkennen, um sie auszuschließen, bevor es zu Schäden und Unfällen kommt. Oberstes Ziel ist eine Nullfehlertoleranz. Wie bereits dargelegt, werden die Maschinen je nach Gefährdungsstufe kategorisiert, wobei mit Hilfe der Risikoanalyse alle Gefahrenquellen ermittelt und bereits bei der Konstruktion möglichst ausgeschlossen werden. Daher sind die hohen Anforderungen an die Sicherheit mittels technologisch optimierter Systeme und Komponenten als integrierte Sicherheitslösungen stets zu berücksichtigen. Sind schließlich alle Gefahrenpotenziale einer Maschine ermittelt, die Risiken bewertet und Schutzeinrichtungen definiert, kann die Auswahl betriebs- und sicherheitstechnisch geeigneter Schutzmaßnahmen erfolgen. Diese müssen sicher wirken, gegen Manipulationen geschützt sein und dürfen Funktionsfähigkeit und Bedienbarkeit einer Maschine nicht beeinträchtigen.

11.5.1 Sicherheitsfunktionen

Wie eingangs festgestellt, ist jede technische Anlage grundsätzlich mit Fehlerrisiken behaftet, die sich auch nie vollständig ausschließen lassen. Dabei ist auch menschliches Versagen der Bedienenden zu berücksichtigen. Man kann jedoch die Wahrscheinlichkeit des Auftretens von Fehlern und insbesondere das damit einhergehende Gefahrenpotenzial durch besondere technische Sicherheitsfunktionen deutlich verringern. Das Ausmaß einer Sicherheitsfunktion ist dadurch definiert, in welchem Umfang das Risiko durch sicherheitstechnische Maßnahmen gemindert wird. Für jede konstruktiv nicht zu beseitigende Gefährdung ist eine Sicherheitsfunktion vorzusehen. Um dies mit angemessenem Aufwand zu erzielen, sind zunächst die Festlegung des geforderten Sicherheitsniveaus sowie eine genaue Definition der Sicherheitsfunktionen notwendig. Letztlich ist funktionale Sicherheit als Teil der gesamten Anlage und ihrer steuernden Einrichtungen zu begreifen. Aus diesen Betrachtungen lassen sich die zu ihrer Realisierung geeigneten Komponenten ableiten.

11.5.2 Schutzeinrichtungen

Wenn sich das Risiko durch konstruktive Maßnahmen nicht ausreichend beseitigen oder das verbleibende Risiko nicht tolerieren lässt, muss der Hersteller geeignete Schutzeinrichtungen auswählen und einsetzen. Innovative Technologien ermöglichen die Integration unverzichtbarer Schutzeinrichtungen in den Arbeitsprozess. Dadurch sind sie für den Bediener nicht mehr hinderlich, sondern unterstützen oft sogar die Produktivität. Die meisten Schutzmaßnahmen zielen darauf, die Arbeitsräume von Industrierobotern und Menschen zu trennen. Sie werden realisiert durch feste trennende Einrichtungen wie Barrieren, Abdeckungen von Gefahrenzonen, Zugangstüren, Schutzgitter, Lichtvorhänge oder durch sensorbasierte Überwachung auf Annäherung oder Geschwindigkeit. Alle vorgeschriebenen technischen Schutzmaßnahmen sollen sicherstellen, dass die geforderten Sicherheitsfunktionen zuverlässig wirken. Da eine nahezu verwirrende Anzahl möglicher Schutzmaßnahmen existiert, sollen sich die nachfolgenden Ausführungen auf einige wichtige Prinzipien und Maßnahmen beschränken. In Tabelle 11.4 finden Sie einen Überblick der wichtigsten Kategorien üblicher Schutzeinrichtungen. Im Anschluss werden einige dieser Einrichtungen näher beschrieben.

Tabelle 11.4: Auswahlmöglichkeiten für Schutzeinrichtungen

Technische Schutzeinrichtungen						
***trennende* Schutzeinrichtungen**		***nicht trennende* Schutzeinrichtungen**				
feststehend	beweglich	mit Annäherung		ortsgebunden		nicht ortsgebunden
Schutzgitter, Barrieren, Abdeckung (trennend)	Klappen, Tore, Türen (verriegelbar)	mechanisch betätigt (taktil)	berührungslos wirkend (BWS)	Zweihandschaltung (ZHS)	Not-Halt	Zustimmschalter (für Sonder-Betriebsarten)

Bei der Auswahl der Sicherheitseinrichtung kann zwischen trennenden und nicht trennenden, berührungslos wirkenden Schutzeinrichtungen gewählt werden, wobei häufig auch Kombinationen aus beiden anzutreffen sind.

Trennende Einrichtungen

Die erste Schutzmaßnahme besteht in der industriellen Robotik meist im Trennen des Bewegungsraums von Mensch und IR durch Schutzgitter mit gesicherten Schutztüren oder Lichtschranken bzw. Lichtgittern. Trennende Schutzeinrichtungen verhindern auf mechanische Weise ein direktes Erreichen von Gefahrenstellen mit Körperteilen. Die Barrieren können fest oder beweglich ausgeführt sein. Zu den feststehenden trennenden Einrichtungen gehören Abdeckungen, Absperrungen, Verkleidungen, Zäune, sonstige Barrieren sowie Schutzgitter. Sie trennen als dauerhaft angebrachte Hindernisse die Benutzer- und Roboterbereiche. Schutzgitter werden in der Regel verwendet, um den Ganzkörperzugang zu verhindern. Im Gegensatz dazu können Absperrungen lediglich vor ungewolltem oder unbewusstem Zugang zu Gefahrenstellen schützen. Oft muss die Schutzeinrichtung nicht nur den Zugang verhindern, sondern auch herausgeschleuderte Teile wie berstende Werkzeuge, Späne, Splitter oder sonstige Partikel zurückhalten, so z. B. nach einem fehlerhaften Greif- oder Handhabungsvorgang.

Beweglich trennende, verriegelbare Schutzeinrichtungen, wie Schiebetüren oder Klappen weisen im Wesentlichen die gleichen Merkmale auf wie die feststehenden Barrieren. Hierbei wird jedoch die Schutzstellung durch Verriegelungseinrichtungen überwacht. Mit dem Öffnen der Schutzeinrichtung werden gefahrbringende Bewegungen des Roboters durch sofortiges Abschalten aller Antriebe automatisch gestoppt, bevor der Benutzer in den Gefahrenbereich gelangen kann. Ausführung und Gestaltung der Schutzeinrichtungen unterliegen verschiedenen geltenden Normen. Bedingt durch die Vielfalt an möglichen Unfallsituationen werden in größeren Unternehmen spezielle den Vorschriften genügende Schutzkonzepte erstellt.

In Sonderbetriebsarten, bei denen der Mensch den Gefahrenbereich des Roboters betreten muss (z. B. beim „Teachen“ oder Testen), ist erst ein Zustimmungsschalter zu betätigen, um Bewegungen des Roboters ausdrücklich zu erlauben. Zugleich sind die Geschwindigkeiten des Roboters auf ein sicheres Maß zu begrenzen. Außerdem ist das Einrichten eines Roboters stets von mindestens zwei Personen durchzuführen, von denen eine die Hand am Not-Aus-Taster hat, um bei Bedarf die Anlage in kürzester Zeit abzuschalten – siehe unten „Sicheres Stillsetzen“.

11.5.3 Berührungslos wirkender Schutz

Die meisten berührungslos wirkenden Schutzeinrichtungen („BWS") sind opto-elektronische Schutzelemente wie Sicherheits-Lichtschranken, Mehrstrahl-Sicherheits-Lichtschranken, Lichtvorhänge und -gitter, Laserscanner sowie Kameras. Muss ein Bediener in eine Maschine eingreifen und sich dabei einer Gefahr aussetzen, ist es ratsam, anstelle einer mechanischen (Schutzgitter etc.) eine opto-elektronische Schutzeinrichtung einzusetzen. Dies reduziert die Zugriffszeit und bringt Zeitersparnis beim Beschicken der Maschine, denn der Bediener muss nicht erst auf das Öffnen der Absperrung warten. Eine opto-elektronische Schutzeinrichtung ist jedoch nicht geeignet, wenn der Bediener der Gefahr einer Verletzung durch herausgeschleuderte Materialteile ausgesetzt ist. Eine berührungslos wirkende Schutzeinrichtung kann folgende Sicherheitsfunktionen ausüben:

- einen Stopp der Maschine auslösen,
- einen unerwarteten Anlauf verhindern,
- generell den Start verhindern,
- Menschen und Material unterscheiden,
- Maschinenparameter überwachen sowie
- sicherheitsrelevante Anzeigen und Alarme auslösen.

Lichtgitter

Sicherheits-Lichtvorhänge und -Lichtgitter überwachen mit mehreren unsichtbaren, infraroten Lichtstrahlen einen definierten Kontrollbereich. Sie erkennen, je nach Auflösung, Hände, einzelne Finger oder andere Körperteile. Damit lässt sich eine große Fläche abdecken, z. B. der komplette Zugang zum Arbeitsbereich eines Roboters. Übliche Lichtgittersysteme bestehen aus einer Sender- und einer gegenüberstehenden Empfängerleiste (Bild 11.2, links). Sie arbeiten nach dem Prinzip von mehreren Einweglichtschranken, deren Ausgangssignale verknüpft sind. Wird ein beliebiger Lichtstrahl zwischen Sender- und Empfängerleiste unterbrochen, beispielsweise durch einen Bediener oder dessen Hand bzw. Arm, so erzeugt die Auswerteelektronik ein Schaltsignal, das einen Stopp der Antriebe bewirken oder ihren Start verhindern kann. In jedem Fall gilt es, eine gefährliche Bewegung der Maschine zu stoppen, bevor ein Mensch die Anlage oder Gefahrenstelle erreicht.

Bei der Version „Reflexions-Lichtgitter" sind Sende- und Empfangselemente in einem gemeinsamen Gehäuse untergebracht. Ähnlich wie bei Reflexions-Lichtschranken wird das ausgesandte Licht von einer gegenüberstehenden Retroreflektoreinheit[10] zu den Empfangselementen zurück reflektiert. Bei Lichtgittern schaltet die Auswerteelektronik normalerweise ab vier ausgefallenen Lichtstrahlen aufgrund defekter Sender oder Empfänger nach kurzer Zeit automatisch in den Notbetrieb um. Das Lichtgitter kann jedoch im Notbetrieb durch Ausblendung der fehlenden Lichtstrahlen weiterbetrieben werden. Im Fall manipulierter Unterbrechungen von Lichtstrahlen, z. B. durch Kaugummi, Klebstreifen

[10] Bei einem Retroreflektor wird der Lichtstrahl unabhängig vom Einstrahlwinkel immer zur Quelle zurückgeworfen.

etc., muss nach einem unterbrochenen Lichtstrahl wieder ein nicht unterbrochener Lichtstrahl folgen. Diese Art von Störung wird durch eine Ausblendungs-LED in der Auswerteelektronik signalisiert.

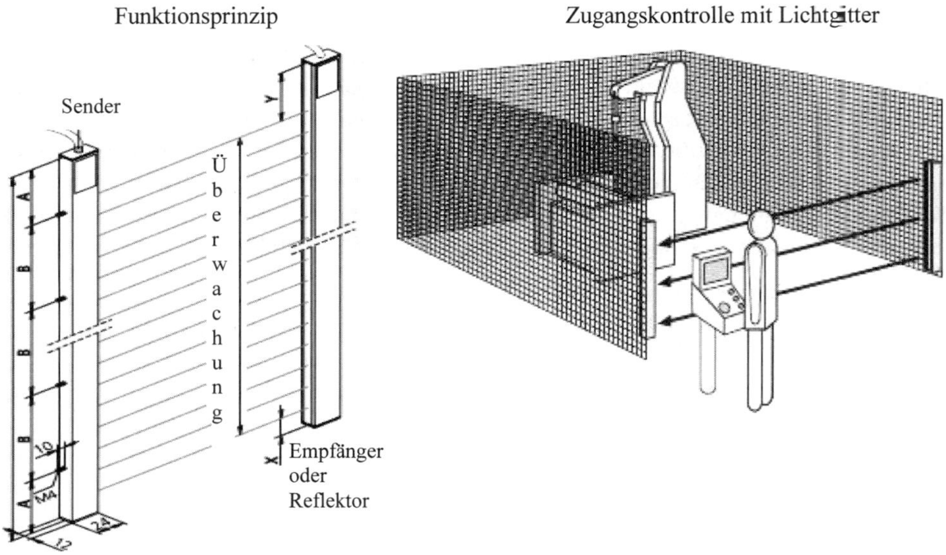

Bild 11.2: Lichtgitter – Funktionsweise und Anwendung

Muting-System

Um vorhandene Fördersysteme störungsfrei in die Roboterzelle zu integrieren, ist es erforderlich, sowohl im Paletteneinlauf wie im -auslauf eine zeitlich begrenzte Überbrückung der Schutzfunktion mit Hilfe zusätzlicher Sensorik zu realisieren, die zwischen Personen und Gegenständen unterscheiden kann. Für eine derartige Integration automatischer Transportvorrichtungen sorgt das „Muting-System". Sinn des „Muting" ist es, Maschinen zu überwachen und zugleich den Transport von Material durch das Schutzfeld zu ermöglichen. Durch Auswertung der zeitlichen und logischen Abfolge der Signale von Mutingsensoren, meistens Lichtschranken, kann die aktive Schutzeinrichtung temporär überbrückt werden. Zugleich wird sichergestellt, dass einer Person der Zugang in den Gefahrenbereich dennoch verwehrt bleibt. Passiert eine Palette, wird die Sicherheitsabschaltung der Maschine temporär unterdrückt. Passiert jedoch eine Person, so wird der gesamte Förderprozess per Not-Halt gestoppt. Sofort nach Durchfahrt einer Palette wird das Muting-System wieder aufgehoben, sodass alle Schutzeinrichtungen wieder wirksam werden.

11.6 Sicheres Stillsetzen

Die bei einer Maschine oder Anlage wohl wichtigste Komponente ist eine Einrichtung zum sicheren Ausschalten bzw. Stillsetzen. Zusätzlich zum normalen betriebsmäßigen Ausschalten muss ein Antrieb oder eine ganze Maschine aus Sicherheitsgründen im Not- oder Gefahrenfall angehalten oder in einen sicheren Zustand versetzt werden können. Auslöser einer sicherheitsbedingten Abschaltung der Stromkreise eines Roboters sind neben Not-Aus-Tastern, Zustimmungseinrichtungen oder berührungslos wirkenden Schutzeinrichtungen, wie Lichtschranken und Laserscanner, auch taktile Schutzelemente, wie Schaltmatten, Schaltplatten oder Schaltleisten. Beim sicheren Stillsetzen erfolgt ein der Gefahrensituation entsprechender Bewegungsabbruch der Antriebe. Im einfachsten Fall wird hierzu die Stromzufuhr unterbrochen. Dennoch müssen nicht allein die elektrischen Schaltelemente, sondern auch die zur Verzögerung des Antriebs eingesetzten elektromechanischen Einrichtungen wie Bremsen in die Sicherheitsbetrachtungen einbezogen werden.

An die Einrichtungen zum Stillsetzen einer Maschine bestehen folgende Anforderungen:

- Jede Maschine muss mit einer Befehlseinrichtung zum betriebsmäßigen Stillsetzen all ihrer gefahrbringenden Antriebe ausgerüstet sein.
- Es muss zumindest eine Stopp-Funktion der Kategorie 0 (siehe Tabelle 11.5) vorhanden sein. Zusätzliche Stopp-Funktionen der Kategorie 1 und/oder 2 können aus Aspekten der Sicherheit ebenfalls notwendig sein.
- Ein Befehl zum Stillsetzen der Maschine muss den Befehlen zum Einschalten übergeordnet sein (sogenannte „Ausschaltdominanz"). Mit dem Stillsetzen der Maschine oder ihrer gefahrbringenden Teile muss die Energieversorgung des Antriebs unterbrochen werden.

Stopp-Kategorien

Je nach sicherheits- und funktionstechnischen Erfordernissen wurden die Stopp-Funktionen (Not-Aus-Schaltungen) für Maschinen entsprechend ihrer technischen Bedingungen in unterschiedliche Stopp-Kategorien eingeteilt. Die hierfür zuständigen Normen EN 60204-1:2007 (VDE 0113-1) und EN ISO 13850:2008 zählen zu den wichtigsten Standards für die elektrische Sicherheit und erläutern den Begriff Not-Aus samt seiner technischen Umsetzungen. Tabelle 11.5 zeigt und kommentiert die drei verschiedenen Stopp-Kategorien.

Tabelle 11.5: Stopp-Kategorien und ihre Auswirkungen

Stopp-Kategorie	Ablauf	Bemerkung
Stopp-Kategorie 0	Die Energiezufuhr (Netz) zu den Antriebselementen wird sofort getrennt (ungesteuertes Stillsetzen – jedoch nur möglich, wenn das plötzliche Abschalten keine andere Gefährdung verursacht).	Nach Auslösen des Stopps „trudelt" der Antrieb aus und erreicht seine Ruhelage abhängig von Drehzahl und angekoppeltem Lastmoment. Eine Wiederanlaufsperre verhindert den unerwarteten Anlauf des Antriebs.
Stopp-Kategorie 1	Die Maschine wird erst in einen sicheren Zustand versetzt (gesteuertes Stillsetzen). Erst nach Erreichen der Ruhelage wird die Energiezufuhr zu den Antriebselementen getrennt. Dies ist sinnvoll, wenn Klemmungen, Bremsen etc. noch Energie benötigen.	Ein Stillsetzen nach Stopp-Kategorie 1 erfolgt erheblich schneller als bei der Stopp-Kategorie 0, da die Leistung der Antriebssteuerung in aktives Bremsen umgesetzt wird.
Stopp-Kategorie 2	Die Maschine wird in einen sicheren Zustand versetzt, die Energiezufuhr zu den Antrieben jedoch nicht getrennt.	Gesteuertes Stillsetzen unter Beibehaltung der Energiezufuhr zu den Antrieben. Bei Kranen mit Lasthebemagnet würde das Abschalten der Spannung am Magneten zum Absturz der Last führen.

Die Stopp-Kategorie 0 entspricht der so genannten STO-Funktion (Save Torque Off – sicher abgeschaltetes Moment), bei der die Energiezufuhr des Antriebs sicher unterbunden wird. Der Antrieb kann danach kein Drehmoment und somit keine gefährlichen Bewegungen erzeugen. Während STO anliegt, darf die Maschine auch keinen unerwarteten Anlauf ausführen. Dies erfüllt die Bedingung einer Wiederanlaufsperre.

Unerwarteter Anlauf

Der Wiederanlauf einer Maschine stellt immer dann ein Sicherheitsproblem dar, wenn durch einen unerwarteten Anlauf Risiken in zugänglichen Bereichen stillgesetzter Maschinen bestehen. Sicherheitsgerichtete Antriebe müssen daher garantieren, dass sich kein unerwarteter Anlauf ereignen kann. Solange ein Stopp (STO) anliegt, ist zu erwarten, dass eine Person gefahrlos auf beliebige Teile der Maschine zugreifen kann, ohne Risiko des selbstständigen unerwarteten Wiederanlaufs eines Antriebs, z. B. durch Spannungswiederkehr nach einer Netz-Unterbrechung. Nach dem Auslösen der Stopp-Funktion sind zunächst bewusste Aktionen erforderlich, um die Maschine wieder zu starten. Hierzu gehört beispielsweise das manuelle Rücksetzen einer Schutzeinrichtung zur Vorbereitung des Wiederanlaufs der Anlage.

Zustimmungsschalter

Zustimmungsschalter oder Freigabeschalter werden, oft in Verbindung mit weiteren sicherheitstechnischen Maßnahmen, zum Personenschutz vor potenziell gefahrbringenden Zuständen eingesetzt, wenn in Sonderbetriebsarten die Wirkung von Schutzeinrichtungen ganz oder teilweise aufgehoben werden muss. Dies ist der Fall, wenn der Zugang zum gefährlichen Teil einer Maschine erforderlich ist, während diese aktiv ist. Typischerweise gehören hierzu das Einrichten einer Maschine, Servicearbeiten oder die visuelle Begutachtung von Bearbeitungsvorgängen, die so genannte Prozessbeobachtung. Auch der Probelauf, Fehlerbehebungen, Kalibrierung oder Werkzeugwechsel sind Beispiele, für die ein Zustimmungsschalter unerlässlich ist. Das Funktionsprinzip dabei ist, dass im Fall eines unerwarteten Ereignisses der Bediener den Aktor des Zustimmungsschalters entweder loslässt oder ihn zusammendrückt und damit die Maschine deaktiviert, bevor er verletzt werden kann. Vor dem Zugriff auf eine Maschine muss der Bediener normalerweise die Leistung drosseln. Um wie weit die Leistung der Maschine zu reduzieren ist, lässt sich über eine Risikobeurteilung feststellen.

Ein Zustimmungsschalter ist ein manuell bedienbares Steuergerät, das in Verbindung mit einer Startsteuerung eingesetzt wird. Zweistufige Zustimmungsschalter bieten mit ihren zwei Positionen folgende Sicherheitsfunktionen:

- Bei Dauerbetätigung lässt der Zustimmungsschalter den Betrieb der Maschine zu.
- Wenn der Bediener den Taster loslässt, der Schalter also nicht betätigt ist, so wird ein Stoppbefehl ausgegeben, um den Betrieb der Maschine zu verhindern.

Neuere dreistufige Zustimmungsschalter verwenden drei Schaltpositionen und sorgen damit für verbesserte Leistung, weil sie öffnen, wenn der Bediener entweder den Taster loslässt oder über eine Mittelstellung hinaus durchdrückt. Bei dem Drei-Stellungs-Zustimmschalter kann der Bediener also den Schalter im Notfall fester drücken oder ihn loslassen, um die Maschine anzuhalten. Die Schalter sind in der Regel als Drucktasten, Handschalter oder Fußschalter ausgeführt.

11.7 Redundanz

Alle Steuerkreise mit sicherheitsrelevanten Funktionen werden in der Regel redundant ausgeführt und überwacht, so dass auch ein Fehler, wie der Ausfall eines Bauteils, Kurzschluss oder Drahtbruch, nicht zum Verlust der Sicherheit führt. Der Begriff Redundanz (*lateinisch:* „redundare" – im Überfluss vorhanden sein) bezeichnet allgemein das, meist aus Sicherheitsgründen, zusätzliche Vorhandensein funktional gleicher oder vergleichbarer Ressourcen eines technischen Systems, die im Normalfall nicht erforderlich sind. Redundanz ist somit die Bereitstellung von mehr funktionsbereiten technischen Mitteln als zur Erfüllung der vorgesehenen Funktion unbedingt notwendig sind. Technische Ressourcen können neben Bauelementen, Baugruppen oder kompletten Geräten auch Schalter, Steuerleitungen oder sogar Informationen sein. In der Regel dienen diese zusätzlichen Ressourcen zur Erhöhung der Ausfall-, Funktions- bzw. Betriebssicherheit.

Ein redundanter Aufbau verringert die Wahrscheinlichkeit, dass ein einziger Fehler zu einem gefährlichen Ausfall oder zum Verlust der funktionalen Sicherheit führt. Zum sicheren Betrieb eines Systems ist im Allgemeinen eine einfache Redundanz, also ein zweikanaliger Aufbau ausreichend. Damit kann beim Ausfall einer Komponente die andere den Dienst weiterhin gewährleisten. Zwei- oder mehrkanalige Systeme können sich auch gegenseitig überprüfen und damit eventuelle Fehler erkennen. Dies bezeichnet man als „überwachte Redundanz".

Redundante Geber

Die Signale von korrespondierenden sicherheitsrelevanten Gebern, beispielsweise von Mikroschaltern im Bereich der Zugangskontrolle einer Gefahrenzone, lassen sich auf ihre Plausibilität überprüfen. Damit bleiben fehlerhafte Geber oder ein Drahtbruch in den Geberkreisen nicht unerkannt.

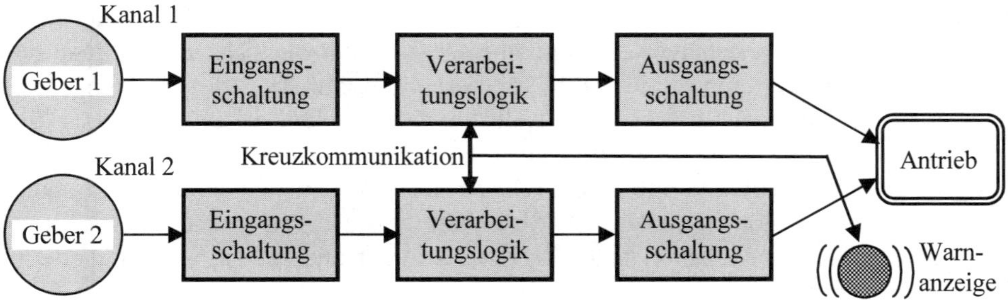

Bild 11.3: Blockdiagramm einer überwachten zweikanaligen Struktur

Im Beispiel von Bild 11.3 werden die Daten redundanter Geber zur Überwachung einer Schutzeinrichtung zwei unabhängig arbeitenden Kanälen der Überwachungssteuerung zugeführt. Die Geberdaten werden in beiden Kanälen bearbeitet und auf gefahrbringende Zustände sowie widersprüchliche Werte überwacht. Beim Eintreffen von Warnsignalen erzeugt jeder Kanal Auslösesignale für die Antriebe und überprüft mittels „Kreuzkommunikation“ (siehe Bild 11.3) zwischen den Kanälen die jeweils vom Partnerkanal ermittelten Werte auf Übereinstimmung. Abweichungen in der Signalauswertung führen zur sofortigen Schutzabschaltung der Antriebe und bewirken eine Warnmeldung.

11.8 Mensch-Roboter-Kollaboration

Die von Roboteranlagen übernommenen Aufgaben werden immer umfassender und komplexer. Eine mögliche Lösung, um diese erhöhte Komplexität zu meistern, ist die direkte Mensch-Roboter-Kollaboration (MRK), die über einen gemeinsamen und überlappenden Arbeitsbereich für Mensch und Roboter definiert wird. Neuere Entwicklungen, z. B. bei Assistenzrobotern, tendieren dazu, dass der Roboter mit Hilfe der Sensorik die Annäherung eines Fremdobjekts bzw. eines Menschen rechtzeitig erkennt und seine Bewegungen daraufhin verlangsamt, stoppt oder er sogar selbsttätig zurückweicht. Nur so ist ein gemeinsames Zusammenarbeiten von Mensch und Roboter innerhalb eines definierten Arbeitsraums, des so genannten Kollaborationsraums, möglich. Erst dadurch wird es möglich, die Stärken von Robotern mit der Intelligenz, Flexibilität und Kreativität des Menschen zu kombinieren.

11.8.1 DIN EN ISO 10218-1/2

Industrieroboter sind längst nicht mehr nur in der Automobilindustrie zu finden. Der Markt für Roboter wird immer breiter und ihre Einsatzmöglichkeiten werden immer vielfältiger. Durch die zunehmend direkte Zusammenarbeit zwischen Mensch und Roboter, wie bei Service- oder Arbeitsrobotern, entstehen neue Fragestellungen hinsichtlich Vorgehensweise und notwendiger Maßnahmen zur Gewährleistung der Sicherheit. Diese Fragen zu sicherheitstechnischen Anforderungen für kollaborierende Roboter werden in der erstmals 2006 erschienenen zweiteiligen Sicherheitsnorm DIN EN ISO 10218 aufgegriffen.

Der erste Teil dieser Norm, DIN EN ISO 10218-1:2012-01 „Industrieroboter – Sicherheitsanforderungen – Teil 1: Roboter“ (ehemals DIN EN 775), legt Anforderungen und Anleitungen zu inhärent sicherer Konstruktion sowie zu Schutzmaßnahmen und Benutzerinformation für Industrieroboter fest. Der Teil beschreibt grundlegende Gefahren, die in Verbindung mit Robotern auftreten, und stellt Forderungen, um die mit diesen Gefährdungen verbundenen Risiken zu beseitigen oder hinreichend zu verringern. Erstmalig wird der kollaborierende Betrieb von Robotern (Collaborative Robots) explizit definiert und es werden Erfordernisse für die funktionale Sicherheit, also den Performance Level betreffend, aufgestellt. Betroffen davon sind Tätigkeiten von Personen in der Nähe vom oder in direktem Kontakt zum kollaborierenden Roboter.

Im Teil 2 der ISO 10218, „Industrieroboter – Sicherheitsanforderungen – Teil 2: Robotersysteme und Integration“ (ISO 10218-2:2011) werden Anforderungen und Anleitungen für die Sicherheit bei der Integration von Industrierobotern und beim Einbau von Robotern in Robotersystemen sowie in Roboterzellen festgelegt. Teil 2 dehnt den Fokus vom einzelnen Roboter auf das gesamte Robotersystem aus und beschreibt die grundlegenden Gefährdungen, die bei diesen Systemen ermittelt wurden. Dieser Teil versteht sich ergänzend zur ISO 10218-1 und gibt Anweisungen, um die mit diesen Gefährdungen verbundenen Risiken zu beseitigen oder hinreichend zu verringern.

11.8.2 Kollaborierende Roboter

Hinsichtlich der Sicherheit ist zu unterscheiden zwischen kooperierendem und kollaborierendem Robotereinsatz. Kooperierende Roboter bearbeiten Werkstücke gemeinsam und synchron, besitzen aber während ihrer Aktivität keinerlei Kontakt oder enge räumliche Nähe zu Menschen. Als kollaborierende Roboter hingegen werden Roboter bezeichnet, die in direkten Kontakt mit Personen kommen. Dies dient meist aus ergonomischen Gründen der Arbeitserleichterung. Für solche Roboter als Arbeitsassistenten gelten hohe Sicherheitsbedingungen. Das umfasst Bereiche wie Handhabungstechnik, Sensorik, Greifertechnik, Antriebe und Steuerung. Dabei muss sichergestellt sein, dass bestimmte Grenzwerte für Kräfte und Drücke bei einem Zusammenstoß oder anderen Kontakten zwischen Mensch und Roboter nicht überschritten werden.

Nach Definition aus der EN ISO 10218-1 ist der kollaborierende Betrieb ein Zustand, in dem hierfür konstruierte und geeignete Roboter innerhalb eines festgelegten Arbeitsraums direkt mit dem Menschen zusammen arbeiten, d. h. sich ihren Arbeitsraum teilen. Kollaborierende Roboter werden oft auch als assistierende Roboter bezeichnet. Service-Roboter oder Roboter im Bereich der Medizin oder Rehabilitation werden hierbei nicht betrachtet.

Oberstes Ziel der MRK (Mensch-Roboter-Kollaboration) ist es, die Mensch-Roboter-Beziehung durch innovative technische Maßnahmen in eine sichere und effiziente Zusammenarbeit zu überführen. Hierzu wird ein geeignetes Zusammenspiel ausgewählter Sensoren und Roboterkomponenten mit einem sicheren Steuerungsumfeld angestrebt. Vor allem die Aufhebung der bislang geforderten strikten Abgrenzungen der Arbeitsräume von Mensch und Maschine durch trennende Schutzzäune, Wände etc. erleichtert den Umgang von Menschen mit automatisierten Produktionsanlagen. Durch Anpassung von Technik und Vorschriften wird die direkte Zusammenarbeit mit physischem Kontakt in einem definierten Kollaborationsraum möglich und erlaubt. Um interagierende Personen weiterhin vor Quetsch-, Scher-, Schnitt- oder Schlagverletzungen zu schützen, bedarf es jedoch komplett neuartiger Schutzmaßnahmen.

11.8.3 Roboter ohne Schutzzaun

Bisherige Robotergenerationen vermögen nur das zu automatisieren, was vollständig ohne menschliches Zutun auskommt. Insbesondere Montageaufgaben jedoch lassen sich oft nicht voll automatisieren, weil einzelne Tätigkeiten nicht ohne die speziellen motorischen Fähigkeiten des Menschen auskommen. Auf diese Fähigkeiten möchte man aber auch zukünftig nicht verzichten. Das Ziel ist die direkte Kombination der Stärken des Menschen und des Roboters zur Erschließung neuer Einsatzbereiche mit erhöhter Flexibilität, Qualität und Wirtschaftlichkeit. Die bisherigen Arbeitsschutzvorschriften erlaubten keinen Zugang von Personen in die Nähe von Robotern mit ihren unberechenbaren Bewegungen. Das neue Ziel sind daher Roboter, von deren Bewegungen auch ohne trennende Schutzeinrichtungen keine direkten Gefahren ausgehen. Dies kann jedoch nur durch eine Gewährleistung des Bedienerschutzes zu jedem Zeitpunkt des Betriebs realisiert werden.

Es sind folgende vier Arten der ungefährlichen Kollaboration Mensch-Roboter denkbar:

- Beim Zutritt des Menschen in den Kollaborationsraum stoppt der Roboter und geht in einen Sicherheitshalt. Sobald der Mensch den gemeinsamen Arbeitsraum verlässt, setzt der Roboter seine Tätigkeit nach automatischem Wiederanlauf fort.
- Der Mensch führt den Roboterarm unmittelbar mit Hilfe eines Griffs („Lead-by-the-nose"-Programmierung). Die Bewegungen und Kräfte, die der Mensch auf den Roboter ausübt, werden von Sensoren erfasst und in eine unmittelbare Bewegung des Roboters umgesetzt. Um die Kontrollierbarkeit zu gewährleisten, wird die Geschwindigkeit des Roboters begrenzt. Eine Zustimmeinrichtung verhindert unbeabsichtigtes Anlaufen.
- Bei reduzierter Geschwindigkeit wird der Abstand zwischen Mensch und Roboter permanent durch Sensoren überwacht. Bei Unterschreiten eines Mindestabstands stoppt der Roboter und geht in einen Sicherheitshalt.
- Das Gefährdungspotenzial des Roboters wird durch Beschränkung seiner dynamischen Parameter auf ein ungefährliches Maß reduziert. Dazu werden die maximale Kraft des Roboters und seine dynamische Leistung begrenzt.

Sichere Steuerungen

Ein ganz wesentlicher Baustein eines Arbeitsplatzes mit sicheren Robotern sind sichere Steuerungen, die alle Bewegungen der Roboter gezielt überwachen können. Eine zu hohe Geschwindigkeit oder eine unerlaubte Position führt zum sofortigen Stillsetzen. Voraussetzung hierzu sind sichere Sensoren wie Kameras, Ultraschallgeber, taktile oder Kraft-Momenten-Sensoren, damit die Steuerung erkennt, wo sich Menschen aufhalten. Der Roboter kommt ihnen nicht zu nahe oder er weicht ihnen aus. Damit lassen sich neuartige Arbeitsplätze gestalten, in denen Roboter mit Menschen kooperieren und ihnen assistieren. Dennoch verbleibt stets das Restrisiko einer Kollision.

Leichtbauroboter

In diesem Zusammenhang sei noch mal an die Abschnitte 9.6.3 „Leichtbauroboter" und „Soft Robotics" erinnert. Hier hieß es: „Die Einhaltung der Vorschriften von DIN EN ISO 10218-1:2012 für kollaborativen Betrieb Mensch-Roboter sind gewährleistet." Weiterhin heißt es: „Da Leichtbauroboter meist mit Sensoren ausgestattet sind, erlauben sie die direkte gefahrlose Kooperation mit dem Menschen." Bild 11.4 zeigt hierzu zwei Beispiele.

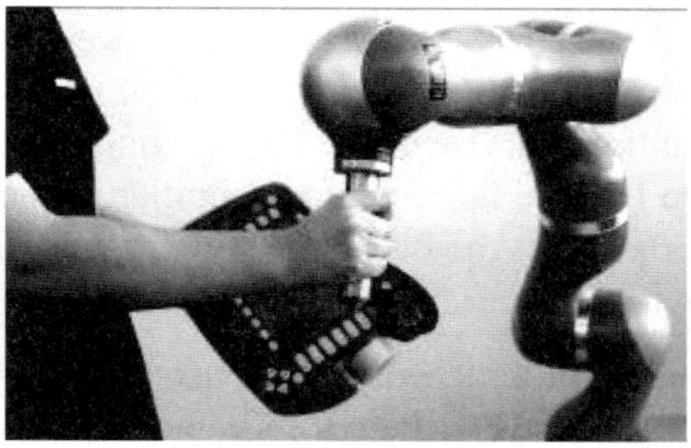

Bild 11.4: Kollaborierender Robotereinsatz mit Leichtbaurobotern (links: DLR Leichtbauroboter III reicht ein Getränk; rechts: keine Berührungsängste mit Leichtbaurobotern)

11.8.4 Kollisionsüberwachung

Die Gefahr von Kollisionen und die damit erforderliche Kollisionsüberwachung tritt zwar hauptsächlich bei mobilen Robotern auf, muss aber auch bei stationärem, insbesondere bei kollaborierendem Betrieb von Robotern berücksichtigt werden. Bei Kollisionen mit Personen können Gefährdungsfälle wie Stoßen, Scheren oder Quetschen auftreten. Diese Gefahren bestehen in den sich überschneidenden Arbeitsbereichen von Mensch und Robotern. Dies betrifft z. B. Kleinroboter, die in Fertigungsverfahren laufend mit Personen in benachbarten oder gemeinsamen Arbeitsräumen eingesetzt werden.

Zur Erinnerung: Der Kollisionsraum eines Roboters ist der Bereich, der vom Roboter insgesamt bei Ausführung all seiner möglichen Bewegungen beansprucht wird. Dabei sind alle Teile, also auch Effektor bzw. Werkzeuge, sowie die damit bewegten Gegenstände zu berücksichtigen. Ohne trennende Schutzeinrichtungen lassen sich Kollisionen zwischen Robotern und Personen auf keinen Fall sicher ausschließen. Kollisionen ohne Personenkontakt können auftreten, wenn innerhalb einer Roboterzelle mehrere Roboter ein Werkstück gemeinsam bearbeiten, so dass sich ihre Kollisionsbereiche überlappen.

Zur Lösung von Kollisionsproblemen bieten sich prinzipiell folgende Vorgehensweisen an, die sich auch miteinander kombinieren lassen:

- Vermeidung von Kollisionen soweit wie möglich,
- Begrenzung der durch eine unvermeidliche Kollision bewirkten Schäden bzw. Verletzungen auf ein tolerierbares Maß.

Zur Kollisionsvermeidung lassen sich geeignete externe Sensoren einsetzen. Hierzu zählen robuste Abstandserkennungssysteme, beispielsweise:

- optische Sensoren, wie Lichttaster, Kameras oder Laserscanner,
- akustische, auf Ultraschall basierende Näherungsgeber,
- elektrische (induktive und kapazitive) Taster sowie
- taktil wirkende Detektoren zur Erkennung direkter physischer Kontakte.

Erkennt ein derartiger Sensor die Annäherung eines Fremdobjekts oder eines Menschen an den Roboter, so führt dies zunächst zur Verlangsamung der Bewegungen und bei direktem Kontakt zum vollen Stopp der Antriebe oder gar selbsttätigen Zurückweichen des Roboters. Als weitere Maßnahme setzt die Kollisionsüberwachung der Geschwindigkeit des Roboters eindeutige scharfe Grenzen, um Verletzungen von Personen zu verhindern oder zu minimieren. Auch eine Begrenzung der maximal im Robotersystem gespeicherten kinetischen Energie führt zu einer Limitierung der bei Berührungen freigesetzten maximalen Kontaktkräfte. Auf diese Weise wird ein gemeinsames Zusammenarbeiten mit dem Roboter in unmittelbarer Nähe möglich.

Trotz dieser erforderlichen technischen Schutzmaßnahmen kann es zu direktem Kontakt zwischen Robotern und Personen kommen. Anders als bei trennenden Schutzeinrichtungen bleibt ein geringes restliches Kollisionsrisiko bestehen. Dieses Problem und die Frage nach einer vertretbaren Verletzungsschwere im (seltenen) Fall einer Kollision erfordern neue Forschungen und Richtlinien für den Arbeitsschutz. Eine vergleichbare Situation findet man bei mobilen Servicerobotern, die in steigender Zahl in der Arbeitswelt und in öffentlichen oder privaten Umgebungen in der Nähe von Personen eingesetzt werden. Die Berufsgenossenschaft (BG) und das Institut für Arbeitsschutz der Deutschen Gesetzlichen Unfallversicherung (BGIA) haben in ihren BG/BGIA-Empfehlungen für die Gefährdungsbeurteilung nach der Maschinenrichtlinie Hilfen und Regeln für die Industrie zur Gestaltung von Arbeitsplätzen mit kollaborierenden Robotern erstellt. Generell jedoch gelten für den Anwender von Robotern die Gebote der Vorsicht, Umsicht und Sorgfalt. Sicherheitsvorschriften sind zu erstellen und zu beachten, ausreichende Schutzmaßnahmen zu ergreifen sowie die Mitarbeiter gezielt zu schulen und zu unterweisen.

Moderne Möglichkeiten

Die zur Sicherung eingesetzten Laserscanner oder Lichtgitter können allenfalls Ebenen, jedoch keine dreidimensionalen Räume überwachen. Neuere Möglichkeiten der sicheren Mensch-Roboter-Kooperation eröffnet der Einsatz von Kameratechnik und Verfahren der 3D-Bildverarbeitung zur Absicherung von Gefahrenbereichen. Anstelle bisheriger Sicherheitstechnik mit Absperrungen, Grenztastern etc. wird eine „sehende“ Sicherheitstechnologie zur Raumüberwachung eingesetzt. Ein dreidimensionales Kamerasystem mit Bewegungsanalyse überwacht dabei den kompletten Raum im Bereich der Roboterapplikation sicher und zuverlässig. Oberhalb des Sicherheitsbereichs installiert kommt das sichere Kamerasystem mit 3D-Bildanalyse ganz ohne zusätzliche bauliche Einschränkungen und Absperrungen aus, da es Personen und ihre Bewegungen im Bereich der Schutzzonen lückenlos in Echtzeit erfasst. Meldet das Auswertesystem eine Verletzung des Schutzraums, so werden alle gefahrbringenden Antriebe sofort abgeschaltet (siehe auch Bild 14.12 im Abschnitt 14.6 „Bildverarbeitung“).

12 Programmierung von Robotern

Die Stärke von Robotern liegt insbesondere in ihrer Flexibilität. Eine Voraussetzung hierzu ist, dass der Roboter frei programmierbar ist. Mit der Änderung seines Programms durch den Anwender kann ein Roboter auf sehr unterschiedliche Aufgaben in verschiedenen Anwendungsbereichen ausgerichtet werden. Die VDI-Richtlinie 2863 definiert ein (Roboter-) Anwenderprogramm als „eine Sequenz von Anweisungen mit dem Zweck, eine vorgegebene Fertigungsaufgabe zu erfüllen". Bei der Roboterprogrammierung werden die einer Fertigungsaufgabe zugehörigen Abläufe zunächst definiert, um dann in einem bestimmten Datenformat als Roboterprogramm erstellt und gespeichert zu werden. Diese Abläufe enthalten in erster Linie die erforderlichen Bewegungsdaten des Roboters, jedoch auch arithmetische und logische Berechnungen, Kommunikationszyklen sowie Programmverzweigungen und -schleifen. Zur Realisierung dieser Aufgaben wurden im Verlauf vieler Jahre von Industrie und Forschung Methoden und Verfahren einer möglichst einfachen und sicheren Programmierung entwickelt. Das Ergebnis sind Programmiersysteme, die mit geeigneten Programmierhilfen die Erstellung von Anwenderprogrammen für Roboter unterstützen.

Online-/Offline-Verfahren

Bei der Roboterprogrammierung, z. B. für die Vorgabe von Bewegungsbahnen und -abläufen, gibt es viele verschiedene Programmierverfahren, die sich jedoch alle in die beiden folgenden Hauptkategorien unterteilen lassen:

- Online-Programmierung (direkte Verfahren) und
- Offline-Programmierung (indirekte Verfahren).

Bei den Online Methoden wird der Roboter zur Programmierung benötigt. Hierbei arbeitet der Programmierer mit dem eingeschalteten und aktiven Roboter und seiner Steuerung als Hilfsmittel zur Programmerstellung.

Bei der Offline-Programmierung hingegen arbeitet der Programmierer zunächst ohne den Roboter zu benutzen. Das Programmieren erfolgt extern, ohne Einsatz des Roboters selbst oder seiner Steuerung. Der Programmierer kopiert oder überträgt das offline erstellte Programm erst später in die Robotersteuerung und benutzt den Roboter dann zum Programmtest. In beiden Kategorien wiederum gibt es viele unterschiedliche Verfahren, deren wichtigste Vertreter im Anschluss vorgestellt werden sollen.

Hybride Verfahren

Es existieren auch Mischformen aus Online- und Offline-Verfahren, die als hybride Verfahren zur Programmierung von IR bezeichnet werden. Dabei kommt es während der Programmerstellung zu einer Kombination aus direkten Tätigkeiten am Roboter und zu indirekten roboterfernen Bearbeitungen am Rechner. Die einfachste Form eines hybriden Verfahrens ist dabei die Offline-Erstellung eines Programmgerüsts am Computer und die anschließende Vervollständigung mit Korrekturen und individuellen Anpassungen durch Online-Verfahren am IR. Entsprechend neuerer Entwicklungstendenzen in diesem Bereich kann nun auch die Programmerstellung online am Roboter selbst beginnen und dann offline am Computer vervollständigt und optimiert werden. Da solche alternativen Modelle tendenziell noch Forschungsgebiete sind, sollen die hybriden Verfahren hier nicht näher betrachtet werden.

12.1 Online-Programmierung

Unter Online-Programmierung versteht man also die unmittelbare Programmierung an einem Roboter selbst, unter Nutzung von Steuerung und Roboter, der während der Programmerstellung aktiv und nicht abgeschaltet bleibt. Diese Verfahren werden eingesetzt, um einem Roboter schnell und einfach mit Hilfe der Steuerungssoftware ein neues Verhalten einzugeben. Die wichtigsten und am weitesten verbreiteten Methoden der Online-Programmierung sind:

- Teach-in-Programmierung,
- Folgeprogrammierung und
- Master-Slave-Programmierung.

Die Onlineprogrammierung eignet sich insbesondere dazu, mit Hilfe von Kommandos der Steuerungssoftware einem Roboter auf schnelle und einfache Weise ein neues Verhalten beizubringen. Dabei hat der Anwender die Möglichkeit, das resultierende Verhalten direkt beobachten zu können. Diese Variante bietet zudem für Unternehmen den Vorzug, dass die Bedienperson ohne lange und aufwendige Schulung auskommt, also ein „Learning by Doing" vollziehen kann.

12.1.1 Teach-in-Programmierung

Zur Onlineprogrammierung gehören insbesondere die „Teach-in"-Methoden, die direkt am IR ausgeführt werden. Dabei wird der Roboterarm über Steuerelemente und Tasten bewegt. Die ausgewählten Bahnpunkte werden abgespeichert. Zum Teach-in zählen auch das so genannte „Play-back"-Verfahren mit manueller Eingabe über Tasten und Schalter. Die Eingabe von Parametern zu Koordinatensystemen, Werkzeugen oder Bewegungsart erfolgt zumeist an einer Steuerkonsole oder mit Hilfe von Handprogrammiergeräten bzw. „Control Panels", die man auch als „Teach Pendant" bezeichnet (Bild 12.1). Die Geräte sind über eine Standardschnittstelle mit der Robotersteuerung verbunden. Die „Teach-Box" als spezielles Eingabegerät besitzt Steuerkugel, Joystick oder eine 3D-Maus. Mit Hilfe der Teach-Box können die Gelenke angesprochen oder die Hand bzw. der Effektor relativ zum Roboter-Basissystem bewegt werden. Der Anwender führt mit der Teach-Box die geforderte Bewegungsfolge aus, wobei in der Regel aus Gründen der Sicherheit mit stark verminderter Geschwindigkeit verfahren wird.

Unter Teach-in-Verfahren, also Programmieren durch Anlernen, versteht man alle Methoden, mit denen einem Roboter sein späteres Verhalten so lange „angelernt" wird, bis das gewünschte Ergebnis erzielt ist. Das bedeutet, dass dem Roboter über die Steuerung gewisse Bewegungen und Abläufe vorgegeben werden, die man durch einen speziellen Tastendruck abspeichern kann. Meist muss auch eine Reihe von Zwischenstellungen gespeichert werden. All diese Positionen werden der Reihe nach nummeriert und zu jedem

Punkt wird in einem Datensatz hinterlegt, mit welchen Bewegungsparametern (Gelenkkoordinaten, Position und Orientierung des Effektors, Greiferzustand etc.) dieser Punkt später angefahren werden soll.

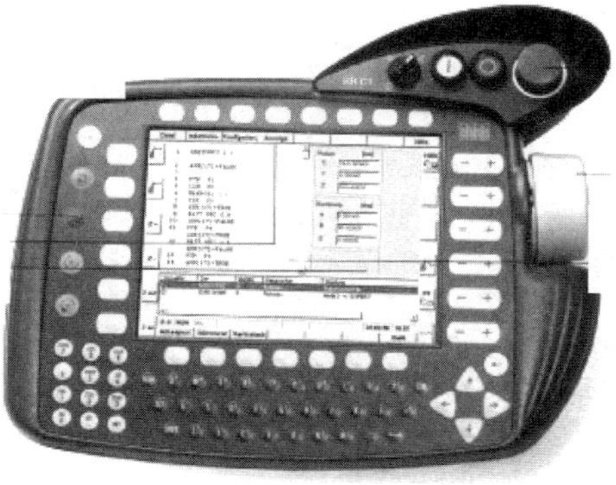

Bild 12.1: Steuerkonsole einer Robotersteuerung (links) und Control Panel (rechts, *Quelle:* Kuka)

Die Programmsegmente lassen sich dann zusammen mit weiteren Parametern, z. B. für Geschwindigkeit und Genauigkeit zu einem kompletten, automatisch durchführbaren Arbeitszyklus für die einzelnen Bearbeitungsphasen zusammenfügen. Das „eingeteachte" Programm lässt sich später noch am Bildschirm oder mit der Teach-Box überarbeiten. Für die Anwendung wird es dann im Automatikbetrieb abgespielt. Dabei fährt der IR der Reihe nach alle eingespeicherten Zwischenstellungen ab und arbeitet so die beabsichtigte Bewegungsfolge in Originalgeschwindigkeit ab. Bei der „geteachten" Fahrt unterscheidet man grundsätzlich die bereits unter Abschnitt 9.7.4 „Bewegungsarten" vorgestellten Bewegungsvarianten:

- Point-to-Point (P2P),
- Continuous Path (CP) und
- Vielpunktsteuerung (MP – Multi Point).

Andere fortschrittlichere Möglichkeiten der Onlineprogrammierung bestehen darin, einem Roboter die zu verrichtenden Aufgaben z. B. über ein Touchpanel oder durch Gesten (Finger-/Handzeichen) und sogar durch Spracheingabe zu beschreiben.

Play-back

Das „Play-back"-Verfahren kommt insbesondere bei der Vielpunktsteuerung zur Anwendung und wird häufig bei Lackierrobotern eingesetzt. Hierbei wird der Roboter programmiert, indem der Anwender den Arm entweder direkt oder indirekt bewegt und ihm die auszuführenden Bewegungen durch Berührung oder Handführung bei abgeschalteten Antrieben vorführt. Da der Programmierer dabei in direktem Kontakt mit dem Roboter steht, sind entsprechende Vorsichtsmaßnahmen zu treffen. Der Roboterarm wird also entlang der vorgesehenen Bahn geführt, wobei dann automatisch alle durchfahrenen Positionswerte der Achsgelenke in einem vorgebbaren Zeitraster abgespeichert werden. Mit

Hilfe geeigneter Interpolationsverfahren (Polynom- oder Spline-Interpolation) entsteht aus der Folge von Positionswerten eine geglättete Bahn. Später führt der IR genau diese Bewegungsbahn immer wieder so aus, wie sie ihm vorgeführt wurde (siehe hierzu Bild 12.2).

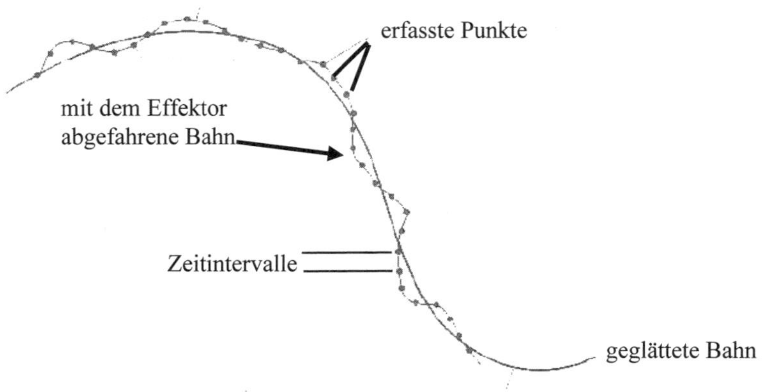

Bild 12.2: Gespeicherte Positionen werden zur geglätteten Bahn.

Lead-by-the-nose

Im Englischen wird diese Art der direkten Programmierung durch manuelles Führen treffenderweise auch als „Lead-by-the-nose“ bezeichnet. So wird beispielsweise der Greifarm angefasst, in einem gewissen Winkel gedreht oder entlang einer gewünschten Bahn, z. B. einer Schweißnaht geführt. Voraussetzung hierzu ist, dass zunächst durch ein bestimmtes Kommando sowohl die Gelenkantriebe als auch die Bremsen aller Achsen inaktiviert wurden und sich dadurch die Roboterhand bzw. Greifer oder Werkzeugspitze (TCP) widerstandslos vom Bediener führen lässt. Häufig wird über die Steuerungssoftware noch das durch den Menschen bei der Vorführung verursachte Zittern herausinterpoliert. Die Skizze in Bild 12.3 zeigt diese Art der Programmierung als „Lead-by-the-nose“-Führung.

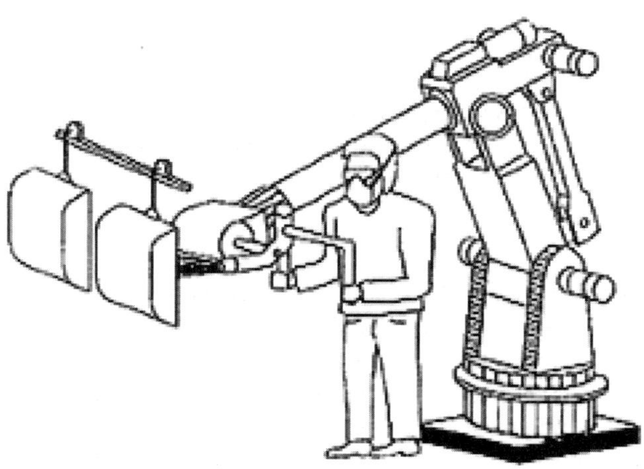

Bild 12.3: Programmierung im Play-back-Verfahren – „Lead-by-the-nose“

Folgeprogrammierung

Eine Unterart des „Play-back"-Verfahrens wird auch als Folgeprogrammierung (also „Vormachen-Nachmachen") bezeichnet. Auch hier sind die Gelenkantriebe und Bremsen des Roboters so eingestellt, dass sich der Effektor direkt vom Bediener führen lässt und die Steuerung zugleich durch Abspeichern der jeweiligen Gelenkvariablen des Roboterarms eine Bahnaufzeichnung erstellt. Nachteilig kann sein, dass schwere Roboter sich nicht so leicht von Hand bewegen lassen. Daher kommt diese Methode vorzugsweise bei Leichtbaurobotern zur Anwendung oder, wenn die Steuerung die Gewichtskräfte des Roboterarms, zumindest teilweise, kompensieren kann.

Parametereingabe

Eine weitere Begleitfunktion der Online-Programmierung ist die direkte Parametereingabe. Die Eingabe kann sowohl über einen angeschlossenen PC, eine Steuerkonsole als auch über speziell angepasste Control Panels (Bild 12.1) geschehen.

Master-Slave Programmierung

Die Master-Slave Programmierung bietet eine Möglichkeit, auch schwerste Roboter manuell zu programmieren. Der menschliche Bediener führt hier einen kleinen und leicht beweglichen Master-Roboter. Zugleich werden diese Bewegung auf den (großen, schweren) Slave-Roboter übertragen. Die Bereitstellung von jeweils zwei Robotern mit geeigneter Kopplung kann das Verfahren allerdings recht teuer machen. Es wird daher fast ausschließlich in der Ausprägung als Teleoperation verwendet. Teleoperation wird immer dort benötigt, wo der Aufenthalt für Menschen schwierig zu bewerkstelligen oder gefährlich ist, wie in verstrahlten Räumen, unter Wasser oder im Weltraum. Das Verfahren arbeitet wie die Master-Slave-Programmierung, jedoch werden normalerweise keine Zwischenpunkte abgespeichert. Da der Master oft sehr weit vom Slave entfernt ist, wird die aktuelle Szene beim Slave zum Bediener am Master per Kamera übertragen. Bei bestimmten Manipulationen ist eine skalierte Rückführung der Kräfte, die auf den Slave einwirken, zum Master notwendig. Dies ist beispielsweise dann nötig, wenn Gegenstände mit Fingerspitzengefühl gegriffen werden sollen.

Nachteile und Grenzen

All diese Online-Programmierarten erlauben lediglich Bewegungsabläufe zu spezifizieren. Wichtige Funktionen, wie die Integration von Sensoranweisungen oder die bedingte Programmablaufkontrolle, lassen sich im Allgemeinen hierbei nicht durchführen. Zudem geht bei der Onlineprogrammierung meist kostbare Fertigungszeit verloren, da der Roboter während dieser Zeit dem Produktionsprozess entzogen werden muss. Insbesondere wenn die gesamte Fertigung gestoppt wird, um die Programmierung eines Roboters auf ein neues Produkt umzustellen, wird man vorzugsweise auf die Möglichkeit einer der nachfolgend beschriebenen Offline-Programmierverfahren zugreifen.

Somit sind manche Situationen oder Aufgaben mit der Online-Programmierung schlecht oder gar nicht zu realisieren, wie beispielsweise:

- mathematische oder logische Berechnungen, z. B. Transformationen,
- die Verarbeitung von Sensorsignalen,
- Bildung von Schleifen für Programmwiederholungen,
- bedingte und unbedingte Programmverzweigungen,
- Eingabe exakter Punkte, z. B. aus CAD-Daten, oder
- die Eingabe von Kommentaren.

12.2 Offline-Programmierung

Die indirekten Verfahren der Offline-Programmierung beruhen überwiegend auf der Verwendung von Robotersprachen. Die Programmerstellung erfolgt dabei auf gesonderten Rechneranlagen. Diese total unterschiedliche Art der Programmierung kann sogar dann erfolgen, wenn der Roboter sich gar nicht in der Nähe befindet. Die Programmentwicklung wird offline mit Hilfe eines vom Roboter unabhängigen Computersystems durchgeführt. Der wesentliche Vorteil hierbei ist, dass die aktuelle Arbeit des Roboters und damit der Produktionsbetrieb nicht unterbrochen werden muss, denn er kann während der Programmentwicklung ohne Stillstandszeiten fortgesetzt werden. Programmiert wird mit Text, Akustik, also Spracheingabe, und/oder durch anderweitige Möglichkeiten der Eingabe. Insbesondere bei tieferen Eingriffen in ein Robotersystem empfiehlt sich die Offline-Programmierung, da man hiermit das Roboterverhalten vor der realen Anwendung zunächst simulieren kann, was zur Erhöhung der Sicherheit beiträgt. Wenn also erhebliche Teile der Steuerungssoftware abzuändern oder gar neu zu implementieren sind, dann ist meist eine Offline-Programmierung die bessere Wahl.

Wichtige Verfahren

Zu den wichtigsten Verfahren der Offline-Programmierung zählen:

- textuelle Programmeingabe,
- CAD-gestützte Programmierverfahren,
- Programmierung mit 3D-Simulation,
- explizite und implizite Programmierverfahren,
- Makroprogrammierung und
- akustische Programmierung (über die natürliche Sprache).

Diese Verfahren sollen in den nachfolgenden Abschnitten etwas näher erläutert werden.

12.2.1 Textuelle Programmierung

Bei der textuellen Programmierung werden die Programme direkt über Tastaturen oder Schalter eingegeben und die Aufgaben des Roboters auf der Basis von problemorientierten Programmiersprachen beschrieben (siehe Abschnitt 12.3 „Programmiersprachen für Roboter“). Der Anwender gibt sein Programm zur symbolischen Beschreibung von Operationen und Daten in Form von Zeichenfolgen über eine Tastatur ein. Die bestehenden Verfahren reichen von einer maschinennahen assemblerartigen Codierung bis zu höheren Roboter-Programmiersprachen. Bei vielen IR besteht die Möglichkeit, Befehle und Daten mit dem Programmierhandgerät (PHG) oder einer Tastatur am Steuerschrank in Form einer (herstellerspezifischen) Programmiersprache einzugeben. Die Vorgabe von anzufahrenden Positionen im Arbeitsraum erfolgt über die Eingabe ihrer Koordinaten. Dabei kann der Anwender gegebenenfalls durch grafische Vorgaben für die zu programmierende Bahn oder andere benutzerfreundliche Eingabeformen unterstützt werden. Je nach Umsetzung sind für den Bediener jedoch meist höhere Programmierkenntnisse erforderlich und die Verfahren sind auch häufig nur wenig anschaulich.

Es existiert heutzutage eine Vielzahl verschiedener, an spezielle Roboter angepasster Programmiersprachen. Die Verfahren sind vergleichbar mit dem Programmieren in anderen höheren Sprachen wie Pascal, C bzw. C++ oder Java. Auch hier umfasst die Programmierung das Erstellen bzw. Editieren von Quelldateien, die dann von der Software der Robotersteuerung geladen und in Zieldateien compiliert werden müssen. Von Vorteil ist, dass sich textuell erstellte Programme leicht ändern und gut dokumentieren lassen. Weiterhin können die Programme ohne Vorhandensein eines Roboters erstellt und zunächst per Simulation getestet werden. Als nachteilig hingegen wirkt sich aus, dass Entwicklung und Test textueller Programme hochqualifizierte Programmierer und erfahrenes Fachpersonal erfordern. Des Weiteren sind textuelle Verfahren wenig anschaulich, fehleranfällig und können einen hohen Testaufwand nach sich ziehen. Leider benutzt auch bislang nahezu jeder Roboterhersteller seine eigene, speziell auf bestimmte Robotertypen/-familien hin ausgerichtete und entwickelte Sprache zur Erstellung der Quellcodes.

12.2.2 CAD-gestützte Verfahren

Bei einer CAD-gestützten Programmierung wird der Roboter unter Verwendung von CAD-Systemen an einem PC-Arbeitsplatz oder einer Workstation programmiert. Die Programmierung nutzt Konstruktionszeichnungen und geometrische Modelle von am Produktionsprozess beteiligten Komponenten, z. B. von Werkstücken. Hierzu bieten die Systeme Funktionen, die am Bildschirm eine Festlegung der anzufahrenden Positionen sowie der Verfahrwege unterstützen. Die erforderlichen Weginformationen werden vom Programmiersystem unter anderem aus einem „Umweltmodell“ der Roboterzelle selbsttätig abgeleitet. Der komplette Bewegungsablauf wird vom Rechner in dreidimensionaler Bildschirmumgebung festgelegt und in Echtzeit simuliert. Sowohl die Umgebung des Roboters, als auch periphere Einrichtungen wie Materialzufuhr, Werkzeuge etc. werden soweit wie möglich eingebunden und abgebildet. Die Roboter können dann als virtuelle Maschinen in einer virtuellen Umgebung analysiert und ohne die tatsächliche Anlage getestet werden. Ebenfalls im virtuellen Bereich führt der Anwender verschiedene Untersuchungen durch und klärt damit Fragen wie:

- Ist die vorgesehene Roboteranwendung generell realisierbar?
- Welche Lagen im Raum sollten die Bauteile zur optimalen Unterstützung des Prozessablaufs einnehmen?
- Ist es vorteilhafter, das Werkstück oder das Werkzeug zu bewegen?

- Sind die geforderten Lagen und Arbeitspositionen überhaupt erreichbar?
- Wie lange benötigt der Roboter für bestimmte Bewegungsabläufe?
- Kann es zu Kollisionen mit Objekten der Umgebung kommen?
- Gibt es Alternativen, die möglicherweise zu kostengünstigeren oder schnelleren Lösungen führen?

Das mit CAD-gestützter Programmierung fertig gestellte Programm wird über Datenträger oder bestehende Netzwerke zum Zielsystem, der Robotersteuerung, übertragen und kann dann sofort ausgeführt werden. Meist sind jedoch noch vielfältige Anpassungen oder Kalibrierungen nötig, da die simulierte Umgebung nie exakt mit der Realität übereinstimmt. Auch die Anbindung an eine SPS zur Steuerung der peripheren Systeme erfolgt in der Regel erst vor Ort.

Vor- und Nachteile

CAD-gestützte Verfahren sind mit Vorteilen verbunden, aber auch mit einigen Nachteilen behaftet. Hier zunächst die Vorteile, die eine CAD-gestützte Programmierung in Verbindung mit der Simulation bietet:

- Die Programmierung kann bereits erfolgen, wenn die Roboterzelle noch gar nicht aufgebaut ist oder durch andere Prozesse gebunden ist.
- Planungs- und Konstruktionsfehler lassen sich früh erkennen und gefahrlos beheben.
- Erforderliche Änderungen können in diesem Stadium noch ausschließlich am Computer vorgenommen werden, womit sich ein teurer Umbau auf der Baustelle vermeiden lässt.
- Umfangreiche Änderungen sind an Simulationen meist wesentlich einfacher zu realisieren als direkt am Roboter.
- In der 3D-Simulation lässt sich die komplette Roboterumgebung von allen Seiten betrachten. In der Realität hingegen könnten manche Konstellationen und Arbeitspositionen des IR verdeckt oder schwer zugänglich sein.

Dieser Art der CAD-gestützten Programmierung steht jedoch auch eine Reihe von Nachteilen entgegen:

- Oft ist die genaue Roboterumgebung, das „Umweltmodell“, nicht als 3D-Modell verfügbar. So lassen sich beispielsweise tragende Elemente der Werkshallen, wie Pfeiler, Träger, Traversen etc., schwer berücksichtigen.
- Alle Vorrichtungen und Werkzeuge sollten exakt den Rechnermodellen entsprechen.
- Für manche Anwendungen gestaltet sich eine Programmierung durch Teachen einfacher und schneller.
- Flexible Versorgungsleitungen (Druckluft-Einspeisung, Kühlwasserschläuche, Schweißstromversorgung oder Zuführungen für Kleber, Farben, Bolzen) lassen sich im Rechnermodell nur unzureichend abbilden, können aber erhebliche Einschränkungen der Bewegungen eines realen IR bewirken.

12.2.3 Simulation

Die Simulation ist ein wichtiger Bestandteil der Offline-Programmierung, denn mit Hilfe grafischer Simulationssysteme wird es möglich, die Roboterbewegungen zu visualisieren. Bei der 3D-Simulation werden die dynamischen Abläufe räumlich in einem 3D-Rechnermodell ausgeführt. Damit erzielt man eine Abbildung der realen Probleme eigentlich in vier Dimensionen: den drei Raum-Dimensionen und der Dimension Zeit. Insofern unterscheidet sich die 3D-Simulation von einem rein dreidimensionalen CAD-Entwurf durch die hinzugefügte Zeitkomponente. Damit wird neben der rein geometrischen Abbildung auch die Nachbildung von Bewegungen möglich, um etwa spätere Probleme wie Kollisionen frühzeitig zu erkennen und zu vermeiden. Je nach Simulator lassen sich auch spezifische Verhaltensweisen des simulierten Zielroboters berücksichtigen. Das so getestete und optimierte Programm kann schließlich zur Ausführung auf die Steuerung des echten Roboters übertragen werden.

Im Maschinenbau und speziell in der Robotik wird bei der 3D-Simulation unterschieden zwischen:

- 3D-Simulation der Kinematik: Hiermit lassen sich dynamische Abläufe von Robotern und Anlagen auf Zellen- und Maschinenebene simulieren.
- Virtuelle Inbetriebnahme: 3D-Simulation von realen Prozessabläufen des Hardwareaufbaus in einer virtuellen Simulationswelt.
- 3D-Physiksimulation: 3D- Simulation des Materialflusses, insbesondere für eine virtuelle Inbetriebnahme mit realen Steuerungen unter Verwendung einer sog. „Physik-Engine“[11].

Ein sehr innovativer Ansatz besteht darin, die Roboterprogramme aus den CAD-Daten der Anlagenkonstruktion „offline“ zu erzeugen. Unter Verwendung aktueller Offline-Systeme, wie ROBCAD (eM-workplace), sind erfahrene Programmierer in der Lage, Roboterprogramme von hoher Qualität zu erstellen. Das System ROBCAD ist ein Tool zur Simulation kompletter Arbeitszellen und Fertigungsprozesse. Damit lassen sich aus mehreren Geräten bestehende robotergestützte automatisierte Fertigungsanlagen entwickeln, simulieren, optimieren, analysieren und unabhängig offline programmieren. Mit Robcad kann der Anwender realitätsnahe, bewegliche Modelle der gesamten Fertigungszelle in 3D-Darstellung betrachten.

12.2.4 Explizite Programmierverfahren

Bei den expliziten, bewegungs- und roboterorientierten Programmierverfahren werden alle Aktionen, insbesondere die Bewegungen des Roboters, einschließlich der notwendigen Ausführungsparameter, wie Geschwindigkeit, Beschleunigung etc., vom Programmie-

[11] Als Physik-Engine bezeichnet man den eigenständigen Teil eines Computerprogramms, der zur Simulation physikalischer Prozesse sowie der Berechnung objektimmanenten Verhaltens dient. Ziel ist die vereinfachte Programmierung und Darstellung realistischer Bewegungsabläufe in 3D-Ansicht.

rer vorgegeben. Somit ist hierzu die exakte Beschreibung aller Verfahrwege und anzufahrenden Positionen unter Berücksichtigung der Kollisionsfreiheit erforderlich.

Alle durchzuführenden Arbeiten werden als Folge von Effektorbewegungen im Arbeitsraum des Roboters programmiert. Auch jede Ausweichbewegung zur Vermeidung von Kollisionen ist explizit zu programmieren. Programmiersprachen der expliziten Programmierung enthalten daher vor allem Elemente zur Beschreibung von Bewegungen und Lagepunkten des Effektors. Im einfachsten Fall besteht ein textuelles Programm aus einer Folge von Wertetupeln, die jeweils die Gelenkstellungen des Roboterarms festlegen.

12.2.5 Implizite Programmierverfahren

Implizite, aufgabenorientierte Programmierverfahren gehen von einer Beschreibung des Ist- und Sollzustands einer Roboterzelle oder eines Bauteils aus und erstellen CAD-basiert die erforderlichen Bewegungen und Anweisungen selbstständig. Wichtigstes Ziel ist hierbei, die vollautomatische Erzeugung der erforderlichen Roboterprogramme zu ermöglichen. Bei dieser aufgabenorientierten Art erfolgt die Programmierung demnach nicht durch die Beschreibung einzelner Verfahrwege, sondern durch Vorgabe der Handhabungsaufgabe selbst. Weil die Beschreibung einer Aufgabe nicht „explizit“ in Form von Einzelanweisungen erfolgt, nennt man dieses Programmierverfahren „implizit“. Damit wird auch einem weniger erfahrenen Anwender die Erstellung von Roboterprogrammen ermöglicht, da er die Aufgabe nur in Art einer Hochsprache beschreiben und nicht explizit in einzelne Schritte für den Roboter zerlegen muss.

Von einer zielorientierten Aufgabenbeschreibung ausgehend sollen demnach die Roboteraktionen und das zugehörige Programm überwiegend automatisch erzeugt werden. Dabei wird versucht, den Programmierer von Detailangaben zu entlasten. Soll der IR z. B. ein Objekt von einer Ausgangsposition an einen bestimmten Zielort bringen, so sind nur noch Objekt und Zielort vorzugeben. Die Zerlegung der Aufgabe in Einzelanweisungen, wie Greifen eines Teils, es zum Zielort bewegen und dort absetzen, sowie eine weitere Aufschlüsselung dieser Anweisungen in Basisbefehle der Steuerung entfällt, da dies automatisch erfolgt. Derartige halbautomatische Planungssysteme nutzen auch Methoden der Künstlichen Intelligenz, um die per Beschreibung vorgegebenen Ziele zu erreichen. Die Weginformation wird vom Programmiersystem unter Verwendung eines Modells der Roboterzelle („Umweltmodell“) selbsttätig abgeleitet. Dieses enthält alle für die Programmierung relevanten Daten. Neben der Ausführungszeit spielt für die Bewegungen die Kollisionsfreiheit eine große Rolle. In einer letzten Phase können noch die Informationen verfügbarer Sensoren integriert werden, womit eine situationsabhängige Anpassung des Programms ermöglicht wird. All die impliziten Programmierverfahren basieren in der Regel auf vorhandenem Problemlösungswissen (Wissensbasis mit Aufgabenlösungen) im Umfeld der Fertigungsaufgaben. Sie sind daher stark abhängig von der mit Robotern zu lösenden Aufgabenklasse und somit auch stets technologiespezifisch.

12.2.6 Weitere Verfahren

Es existieren eine Vielzahl und Vielfalt weiterer Methoden und Verfahren zur vereinfachten und effizienten Erstellung von Roboterprogrammen. Beispielhaft hierzu seien die Verwendung von Makros und die akustische Programmierung kurz angesprochen.

Makroprogrammierung

Für häufig wiederkehrende Arbeitsvorgänge oder Programmstrukturen kann man Makros erstellen, die häufig benutzte Befehlsfolgen in verkürzter Form wiedergeben. Makros sind eine Variante von Unterprogrammen, bestehend aus einer Folge von Anweisungen, die unter einer bestimmten Bezeichnung, dem Makronamen, zusammengefasst werden. Makros können anstelle von Einzelanweisungen an mehreren Stellen im Programm einfach unter ihrem Namen aufgerufen und damit eingefügt werden. Alle unter diesem Namen definierten Anweisungen werden dann an der Programmstelle ausgeführt, an der sich das Makro befindet. Diese Programmsequenzen werden somit nur einmal programmiert und anschließend beliebig oft an den erforderlichen Stellen des Steuerprogramms eingefügt.

Akustische Programmierung

Die akustische Programmierung erfolgt mit Hilfe der natürlichen Sprache des Programmierers. Er gibt die nötigen Kommandos über ein Mikrofon an das Rechnersystem weiter. Dieses kann die Befehle akustisch quittieren, um das korrekte Verstehen der Kommandos zu bestätigen. Vorteile der akustischen Programmierung sind eine flexible Position und größere Bewegungsfreiheit des Bedieners sowie eine leichte, gewohnte und natürliche Mensch-Maschine-Kommunikation im Arbeitsalltag. Von Nachteil sind gegebenenfalls auftretende Probleme bei der Spracherkennung wegen der nicht ganz auszuschließenden Fehlerraten und Missverständnisse heutiger Spracherkennungssysteme (was ja auch bei der Kommunikation von Mensch zu Mensch nicht ausgeschlossen werden kann).

12.3 Programmiersprachen für Roboter

Neben der grafischen Programmierung und der Programmerstellung mit Hilfe von Simulationssystemen bietet die textuelle Programmierung mit ähnlich wie andere Hochsprachen aufgebauten Robotersprachen eine weitere wichtige Alternative zur Generierung von Roboterprogrammen. All diese Sprachen enthalten neben den üblichen Elementen standardisierter Hochsprachen speziell auf Roboter zugeschnittene Funktionen und spezifische Merkmale.

Die Entwicklung einer Robotersprache durch Erweiterung und Ergänzung einer bereits vorhandenen und allgemein bekannten Programmiersprache um spezielle Roboterfunktionen ist sicher weniger aufwendig als ein kompletter Neuentwurf, da hierbei viele Sprachelemente ohne Änderungen übernommen werden können. Daher wurden diverse gängige Hochsprachen wie Pascal, C++ oder Java um speziell für Roboter benötigte Funktionen, Methoden und Prozeduren erweitert, um den Roboter in Echtzeit anzusprechen und seine spezifischen Operationen für Greifer, Förderer, Werkzeuge oder sonstige periphere Steuerungssysteme zu unterstützen. Mit solchen Programmiersprachen verfügt der Anwender über Werkzeuge mit umfangreichen Gestaltungsbibliotheken zur Konzeption von Anlagenlayouts sowie Algorithmen zur Planung und Ausführung typischer Roboteraktionen. Mit Hilfe zusätzlicher 3D-Simulatoren lassen sich die Roboteraufgaben schnell und unkompliziert simulieren, z. B. um Kollisionsgefahren oder Fragen der Erreichbarkeit frühzeitig über die Visualisierung der Roboterbewegungen anschaulich zu erkennen. Dennoch gestaltet sich die Programmierung auf diese Weise oft recht mühsam, weshalb viele andere Verfahren zur Erleichterung der Programmierarbeit eingesetzt werden. Die Verfahren der Roboterprogrammierung befinden sich derzeit und vermutlich noch längere Zeit in stetigem Wandel. Dabei gelangen auch neuere Methoden wie die sensorgestützte Programmierung oder die „Virtual Reality" immer mehr zum Einsatz.

Compiler und Interpreter

Es gibt, wie bei Programmiersprachen üblich, Systeme, die zur Übersetzung der Quelltexte mit Compilern arbeiten und solche, die hierzu Interpreter einsetzen. Der Quellcode von Roboterprogrammen wird zunächst unter Anwendung der Syntax und Konstrukte der Robotersprache mit Hilfe eines Editors entwickelt. Anschließend wird der Quellcode mit einem Compiler oder Interpreter in die maschinenorientierte Zielsprache für die Steuerung übersetzt.

Ein Compiler übersetzt den Programm-Quellcode direkt in eine komplette ausführbare Datei, während ein Interpreter den Quellcode Schritt für Schritt einliest, ihn analysiert und direkt ausführt. Der Einsatz eines Compilers hat den Vorteil der größeren Effizienz bei der Programmausführung und der möglichen Erkennung von Programmierfehlern bei der Programmerstellung. Bei Interpretern wiederum ist es vorteilhaft, dass sich Interaktionen des Benutzers sehr viel leichter realisieren lassen. Interpreter sind meist vom Codeumfang auch kleiner als Compilersprachen und ermöglichen so eine leichtere Entwicklung von Programmen. Daher setzen die meisten Systeme Interpreter ein.

12.3.1 Grundelemente von Robotersprachen

Wissenschaftliche Programmiersprachen wie C++ oder Java setzen sich aus unterschiedlichen Klassen von Anweisungs- oder Befehlsgruppen zusammen. Eine Roboterprogrammiersprache benötigt zusätzlich zu den allgemeinen Elementen einer Hochsprache spezielle auf die Aktionen eines Roboters zugeschnittene Operationen. Robotersprachen sind somit stark auf roboterspezifische Anweisungen ausgerichtet und meist durch reduzierte Funktionalität und einfache Syntax charakterisiert. Ähnlich wie bei numerisch gesteuerten Werkzeugmaschinen zählt es zu den primären Aufgaben der Programmierung von IR, Bewegungsabläufe festzulegen. Daher stellen alle Robotersprachen einen bestimmten Vorrat an Grundfunktionen zur Verfügung, mit denen sich diese Aufgabenstellungen bewältigen lassen. Hierzu gehören:

- Vorgabe der Ziele hinsichtlich Position und Orientierung,
- Vorgabe der Bewegungsart: Point-to-Point- (PTP), Continuous-Path- (CP) oder Vielpunktsteuerung (MP),
- Auswahl der Geschwindigkeits- und Beschleunigungswerte,

- Ansteuerung des Effektors (Greifer- und Werkzeugfunktionen),
- Aktionssteuerung (SPS-Teil),
- Einlesen und Verarbeitung von peripheren Sensordaten sowie
- Ansteuerung von Zusatzbaugruppen (Bandsynchronisation, Zusatzachsen).

Da fast alle Robotersprachen auf gängigen Hochsprachen aufbauen, dürfen auch deren typische Sprachelemente nicht fehlen. Darunter fallen unter anderem:

- Kontrollstrukturen für Wiederholungen (Schleifen – FOR ..., WHILE …) und Verzweigungen (IF …, GOTO ...),
- Zuweisungen für Variable und Auswertung von Ausdrücken,
- allgemeine Steuerung des Programmablaufs,
- Angaben zur Benutzerführung (User Interface),
- Kommunikationsroutinen,
- arithmetische und logische Operationen sowie
- Unterprogrammaufrufe (CALL …, RETURN ...).

Beispiel 1: PASRO

Als typisches Beispiel soll eine Robotersprache kurz vorgestellt werden, die durch Erweiterung und Ergänzung um spezielle Roboterfunktionen aus bereits vorhandenen und allgemein eingeführten Programmiersprachen hervorgegangen ist. Die Robotersprache PASRO (PAScal for RObots) wurde Anfang der 1980er-Jahre von Prof. Christian Blume entwickelt und eingeführt. Es lag nahe, die Sprache Pascal als Grundlage einer höheren Sprache für IR zu wählen. Damit wurden automatisch die schon bekannten und bewährten Elemente aus der zugrunde liegenden Sprache übernommen, wie etwa Variablenkonzept, Datentypen, Funktionen, arithmetische Operatoren oder Anweisungen zur Programmablaufsteuerung.

PASRO ist vollständig in Pascal eingebettet und konnte daher für jeden Roboter eingesetzt werden, der von einem Rechner mit einem Pascal-System gesteuert wurde. Es war, je nach Robotertyp, nur eine Anpassung an die jeweilige Koordinatentransformation und Roboteransteuerung erforderlich, was jedoch nicht die eigentliche Sprache beeinflusste. Dasselbe wurde später dann auch auf Basis der Programmiersprache C durchgeführt. Hierzu wurde jedoch kein neuer Name eingeführt, sondern einfach das C ans Ende angehängt: Pasro-C. Die Sprache Pasro-C stellt daher alle Möglichkeiten und Elemente von C zur Verfügung, wie:

- die Definition von Standarddaten und strukturierten Datentypen wie Felder (Arrays) oder Verbünde (STRUCT, RECORD),
- Standardfunktionen,
- arithmetische, logische und vergleichende Operatoren,
- Programmablaufsteuerung mit Verzweigungen wie IF, FOR, WHILE etc.,

- Funktionen mit und ohne Parameter sowie
- Elemente zur Ein-/Ausgabe von Daten.

Ergänzend kommen in Pasro-C Sprachelemente speziell für die Programmierung von Robotern hinzu, wie:

- vordefinierte geometrische und roboterspezifische Datentypen,
- Bewegungsbefehle zum Steuern des Roboters,
- arithmetische/logische Prozeduren zur Manipulation der Roboter-Datentypen,
- Steuerung des Greifers und
- Ansprechen von Sensoren und einer eventuell vorhandenen Prozessperipherie

Beispiel 2

Als weiteres Beispiel für benötigte Sprachelemente soll die Entnahme von Werkstücken aus einer Werkzeugmaschine durch einen Roboter und das anschließende Ablegen auf ein Förderband näher betrachtet werden. Hierzu sind folgende Arbeitsschritte zu programmieren:

- Warten bis die Maschine das bearbeitete Werkstück bereitstellt (Sensormeldung),
- Aufnahme des Werkstücks mit einem Greifer,
- Bewegen des Werkstücks in die Nähe der Ablageposition,
- Warten auf die Freigabemeldung eines Sensors für die Ablageposition,
- Ablegen des Werkstücks und
- Meldung an eine überwachende SPS über die erfolgte Werkstückablage.

Aus diesem Beispiel lassen sich bereits viele Sprachelemente ableiten, die zusätzlich zu den Befehlen einer allgemeinen Programmiersprache für den Robotereinsatz unverzichtbar sind. Es sind dies:

- Bewegungsanweisungen für einen oder mehrere Roboter,
- Befehle für die Ansteuerung von Greifern (Greiferbedienung), Werkzeugen etc.,
- Befehle für die Abfrage von externen Sensoren,
- Befehle für die Abfrage von Roboterzuständen,
- Anweisungen zur Programmablaufsteuerung (Programmverzweigungen, abhängig von Sensorsignalen),
- Kommunikationsanweisungen zur Ein-/Ausgabe von Daten und zur Synchronisation mit peripheren Prozessen sowie
- Befehle zur Interruptsteuerung.

Insbesondere die Bewegungsanweisungen zum Anfahren definierter Zielpunkte sind wichtig und wurden daher bei allen Robotersprachen als spezielle Sprachelemente für IR entwickelt.

12.3.2 Einige Programmiersprachen

In Literatur und Praxis stößt man auf eine Vielzahl verschiedener Roboter-Programmiersprachen. Die ersten textorientierten Programmiersprachen wurden in Universitäten und sonstigen Forschungseinrichtungen entwickelt. Die bekannteste Sprache war „AL" (Assembly Language). Aus dieser entstanden dann weiter fortgeschrittene kommerzielle Programmiersprachen wie AL II und VAL (Victor's Assembly Language) und deren verbesserte Version VAL II, die auf vielen Elementen von AL aufbaut. In Tabelle 13.1 finden Sie eine Zusammenstellung ausgewählter Roboter-Programmiersprachen.

Tabelle 13.1: Auswahl bekannter Roboter-Programmiersprachen

Name	Bedeutung	Entwickler	Erläuterungen
AL	Assembly Language	Stanford University	1974, aufbauend auf WAVE, Informatik-orientiert
AL II	Assembly Language	Universität Karlsruhe	AL, erweitert mit interaktiven Komponenten
AML	A Manipulator Language	IBM	praxisnah, mit Datendeklaration, arithmetischen und booleschen Ausdrücken
BAPS	Bewegungs- und Ablauf-Programmiersprache	Bosch + ISW Stuttgart	funktionsorientierte Anweisungen in natürlicher Sprache (Zwischencode: IRDATA)
HELP	High Level Robot Language	DEA (Deutsche Erdöl AG)	blockstrukturiert wie PASCAL, Echtzeiteigenschaften wie PEARL
MAL	Multipurpose Assembly Language	Universität Mailand	BASIC-ähnlich; interaktive Programmierung; starke Prägung durch Informatik
RAPID		ABB	funktionsorientierte Anweisungen
ROBEX	Robot EXAPT	WXL Aachen	NC-orientiert, geometrische Teilbeschreibung
RPL	Robot Programming Language	Universität Berlin	Steuerungsinternes und -externes Programmiersystem; Makros
VAL	Variable Assembly Language	Stäubli	speziell für Stäubli-Roboter
VAL II	Variable Assembly Language	Unimation, Stäubli	steuerungsinternes Programmiersystem
IRL	Industrial Robot Language		entspricht dem inzwischen zurückgezogenen Standard DIN 66312; Industrie-unabhängige, an PASCAL angelehnte Programmiersprache
KRL	KUKA Robot Language	Kuka	auf Kuka-Roboter zugeschnitten
COSIMIR	Cell Oriented Simulation of Industrial Robots	Institut für Roboterforschung, TU Dortmund	zur Simulation einfacher Roboterzellen
NQC	Not Quite C	Dave Baum	an C/C++ angelehnt, für Kleinroboter
RCCL	Robot Control C-Library	Purdue Universität, USA	Beschreibung von Roboteraufgaben, Integration von Sensoren

Auch wenn einige Roboter- und/oder Steuerungshersteller ihren Programmiersprachen neue, wohlklingende Namen geben, basieren doch die meisten auf einer bereits bekannten Hochsprache. VAL, VAL2, VAL3 und KRL hingegen sind Sprachen, die speziell für IR entwickelt wurden. Die VAL-Sprachfamilie (VAL, VAL2, VAL3) wurde vom IR-Hersteller Stäubli und KRL von Europas wohl größtem Roboterhersteller, der Firma Kuka entwickelt.

Eine Vielzahl weiterer Roboterprogrammiersprachen, wie ARLA (**A**SEA Programming **R**obot **LA**nguage von ABB), KAREL („Karel the Robot" – eine Erweiterung der Programmiersprache Java) und SRL (Structured Robot Language, Universität Karlsruhe) sollen in diesem Rahmen keine weitere Erläuterung finden.

12.3.3 Kurzbeschreibung einiger Programmiersprachen

Viele der in Tabelle 13.1 zusammengestellten Programmiersprachen haben sich in der Praxis nicht allgemein durchsetzten können, denn fast jeder IR-Hersteller verwendet eine eigene, auf seine jeweiligen Produkte zugeschnittene Roboter-Programmierung mit entsprechenden Werkzeugen wie Interpreter, Compiler, Debugger, syntaxgesteuerte Eingabe etc. In der Regel ist es daher auch nicht möglich, bestehende Programme von einer Steuerung direkt auf eine andere zu übertragen. Dennoch sollen nachfolgend einige dieser Sprachen wie AML, COSIMIR, IRL, NQC, VAL3, RCCL und KRL kurz vorgestellt werden.

AML

AML (für englisch „A Manipulator Language") und ihre Weiterentwicklung AML2 ist eine von IBM entwickelte interaktive, strukturierte Roboter-Programmiersprache, die vorzugsweise in SCARA-Robotern verwendet wurde. Die darin implementierten Möglichkeiten der Datenverarbeitung umfassen ein breites mathematisches Spektrum und gehen weit über eine reine Achssteuerung oder die Verarbeitung von Ein-/ Ausgangssignalen hinaus. AML unterstützt die Bahninterpolation von mehreren Achsen und die Rückmeldungen von Kraft- und Bewegungssensoren.

COSIMIR

Die PC-basierte Roboter-Simulationssoftware COSIMIR (Cell Oriented Simulation of Industrial Robots) ist ein 3D-Simulationssystem. Sie wurde zwischen 1992 und 2005 als erstes in Deutschland entwickeltes 3D-Simulationssystem am Institut für Roboterforschung der TU Dortmund entwickelt. COSIMIR wurde ursprünglich zur Offline-Programmierung und Simulation einfacher Robotersysteme eingesetzt. Durch seine Fähigkeit, ganze Fertigungs- und Transportprozesse mit Sensoren und SPS-Steuerungen zu simulieren, wurden die Anwendungen von COSIMIR auf komplette industrielle Fertigungsanlagen ausgedehnt. Auch in diversen nationalen und internationalen Forschungsprojekten fand der Simulator Verwendung.

Das COSIMIR-kompatible Produkt „CIROS" wurde am RIF (Institut für Forschung und Transfer, Dortmund) entwickelt. Für die Lernsysteme der Firma Festo Didactic bietet CIROS Robotics eine virtuelle Lernumgebung für die Robotertechnik. Der Lernende kann sein Können in einer realitätsnah simulierten 3D-Arbeitsumgebung schrittweise von sehr einfachen Roboteranwendungen bis hin zur Bearbeitung komplexer Roboterzellen in Automatisierungsanlagen weiterentwickeln. Die virtuellen Lernumgebungen im Rahmen der „Digitalen Fabrik" von Festo bestehen aus Programmier- und Simulationsplattformen für eine Vielzahl verschiedener Robotermodelle und vordefinierter Roboterzellen zur Nachbildung von typischen industriellen Anlagen. Bild 12.4 versucht einen ersten Eindruck von den Möglichkeiten der CIROS Robotics Lernsysteme zu vermitteln.

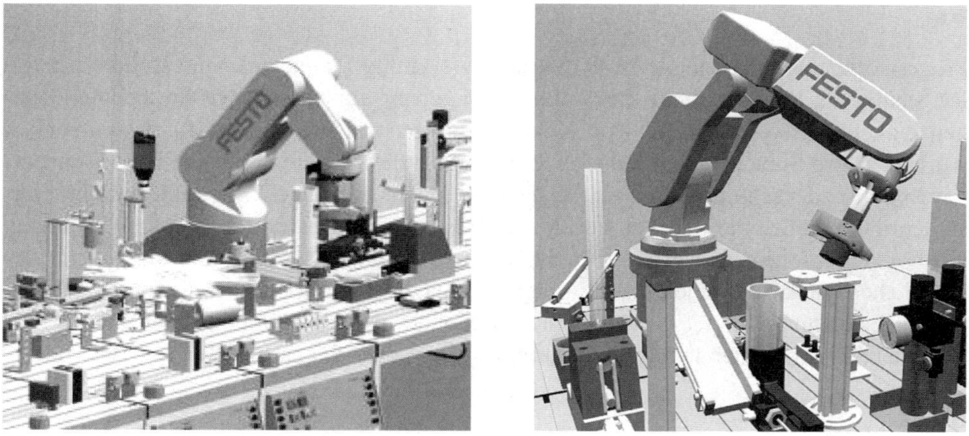

Bild 12.4: Virtuelle Lernumgebung mit Modulen von CIROS Robotics (*Quelle:* Festo)

IRL

Die herstellerneutrale „Industrial Robot Language“ (IRL) ist nach dem 1996 erschienenen, inzwischen jedoch ungültigen, Standard DIN 66312 eine einheitliche, von speziellen Industrierobotern und -steuerungen unabhängige Programmiersprache. Die DIN-Norm definierte in einem an die Programmiersprache Pascal angelehnten Stil die Syntax und Semantik von IRL. Damit wird es dem Anwender ermöglicht, sowohl Roboterbewegungen, wie auch den logischen Programmfluss zu programmieren. IRL unterstützt Bewegungs- sowie Beschleunigungs- und Verzögerungsinstruktionen. Sie bietet auch typische Kontrollanweisungen für strukturierte Programme, arithmetische und boolesche Operatoren, Abfragen, Möglichkeiten zur Schleifenbildung, Verzweigungen sowie den Aufruf von Unterprogrammen. Der Versuch einer Normung von IRL nach DIN 66312 gilt jedoch leider als gescheitert, da diese Norm in der einschlägigen Industrie kaum anerkannt wurde. Die Norm 66312 wurde daher wieder zurückgezogen und einen Nachfolger gibt es bislang nicht.

NQC

Der Name der Sprache NQC steht für „Not Quite C“ und ist, wie es die Bezeichnung vermuten lässt, an C/C++ angelehnt. Diese Sprache wurde speziell für Kleinroboter entwickelt und ist auch als Open-Source erhältlich. Sie bietet zwar weniger Funktionen als C oder C++, ist dafür aber sehr viel kompakter aufgebaut. Der für einen Roboter benötigte Betriebskern sowie die darauf aufbauenden Programme beanspruchen daher relativ geringe Hardwareressourcen. Diese Eigenschaften machen die Sprache beispielsweise für die Lego-Mindstorm-Roboter[12] sehr nützlich. NQC wird daher in Verbindung mit Lego-Robotern gerne zum praxisbegleitenden Erlernen von Grundkenntnissen der Roboterprogrammierung eingesetzt.

---

[12] Produktserie des Spielwarenherstellers Lego, die einen programmierbaren Legostein (RCX = Robotics Command System) sowie Elektromotoren, Sensoren und sonstige Lego-Teile enthält, um Roboter und andere interaktive Systeme zu konstruieren und zu programmieren. Obwohl primär ein technisches Spielzeug, kann es ebenso gut als Lehrmittel eingesetzt werden.

VAL

Programmiersprachen wie „VAL3“ (Variable Assembly Language), vom Roboterhersteller Stäubli als leistungsstarke Entwicklungsumgebung für anspruchsvolle Roboterlösungen eingeführt, sowie „KRL“ von Kuka sind Sprachen, die speziell für IR entwickelt wurden. Diese Sprachen sind jedoch spezifisch auf die von diesen Herstellern produzierten Roboter zugeschnitten. Das macht sie zwar ungeeignet für die Produkte anderer Hersteller, dafür finden die Roboter aus eigener Fabrikation eine umso bessere Unterstützung all ihrer Funktionen. Die Programmiersprache VAL zeichnet sich durch eine leicht verständliche Syntax und einen klaren, prägnanten und praktisch selbsterklärenden Befehlssatz aus. Damit gelingt es, die Roboterfunktionen sehr anschaulich darzustellen. Alle Kommandos verwenden logisch strukturierte Wort- und Zahlensequenzen.

RCCL

RCCL (Robot Control C-Library) ist eine Bibliothek für die Programmiersprache C/C++ zur Erstellung aufgabenorientierter Software für die Robotersteuerung unter Unix. RCCL enthält zusätzlich einen Simulator zur 3D-Simulation. Die Originalversion von RCCL wurde 1983 durch Vincent Hayward an der Purdue Universität (USA) entwickelt. Seitdem durchlebte RCCL eine starke Weiterentwicklung. RCCL gilt inzwischen zwar als veraltet und findet in der Industrie keine Anwendung mehr. Doch ist die Software für den nichtkommerziellen Einsatz frei erhältlich. Sie wird wegen breiter Unterstützung und diverser Weiterentwicklungen noch in Universitäten und der Forschung eingesetzt.

12.3.4 KRL von Kuka

Unter dem Oberbegriff KRL (KUKA Robot Language) bietet Kuka eine Reihe von Softwaremodulen zur Planung und Vorausberechnung von Produktionsabläufen an. Die verfügbaren Programmiertools enthalten auch Bausteine zur 3D-Visualisierung und -Simulation. Diese umfassen Funktionalitäten von der Auslegung von Lasten über die Offline-Programmierung bis hin zur Planung und Optimierung kompletter Anlagen. Wegen ihrer Bedeutung soll diese Programmiersprache etwas näher betrachtet werden.

KRL-Programme

KRL-Programme setzen sich generell aus folgenden Softwareelementen zusammen:

- Deklarationen von Variablen (Namen, Datentypen, Strukturen) und Vereinbarungen zu weiteren Datenobjekten,
- Bausteine zur Programmierung von Bewegungen,
- Anweisungen zur Programmablaufkontrolle (bedingte/unbedingte Programmverzweigungen, Schleifen, Warteanweisungen),
- Ein-/Ausgabeanweisungen für binäre und digitale Ein-/Ausgänge sowie
- Generieren und Aufruf von Unterprogrammen und Funktionen.

Die Bewegungsprogrammierung wird durch folgende Module unterstützt:

- Definition und Verwendung verschiedener Koordinatensysteme (Bild 12.5),
- Eingabe von Punkt-zu-Punkt-Bewegungen (PTP),
- Eingabe von Bahnbewegungen (CP-Bewegungen = Continous Path),
- allgemeines Teachen von Punkten sowie
- Programmieren von Überschleifbewegungen[13].

Dateistruktur

Der Aufbau eines KRL-Programms zeigt folgende Grundstruktur:

```
DEF PROGRAMMNAME
 Deklarationen        (Variablen, Namen, Datenobjekte etc.)
 Initialisierungen    (Vereinbarungen zu Initialisierungen von Daten-
                      objekten)
 Anweisungen          (arithmetische, geometrische, logische Operationen,
                      Bit- und Vergleichsoperationen etc.)
END
```

Programm-Ausschnitte

Um einen kleinen Einblick in die Syntax von KRL zu geben, werden nachfolgend einige kurze Ausschnitte aus einem KRL-Programm gezeigt. Im ersten Beispiel werden verschiedene Koordinatensysteme (Bild 12.5) durch geometrische Operationen miteinander in Beziehung gesetzt. Das TCP wird dabei jeweils eine kurze Distanz in *X*-Richtung, dann in *Y*- und zuletzt in *Z*-Richtung bewegt.

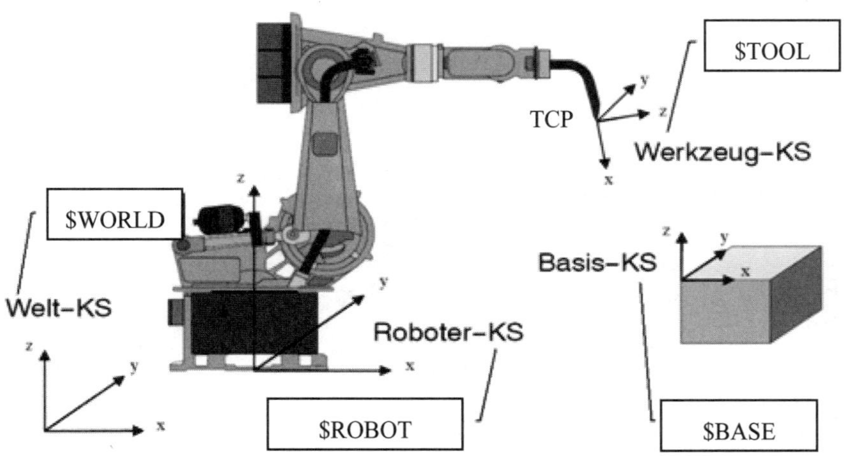

Bild 12.5: Verwendung verschiedener Koordinatensysteme (KS) bei KRL von Kuka

[13] Überschleifbewegungen sorgen durch einen fließenden Bewegungsablauf dafür, dass der Roboter nicht an jeder Position anhalten muss.

Beispiel für geometrische Operationen:

```
Initialisierungen
.......
.......
HOME={AXIS: A1 0,A2 -90,A3 90,A4 0,A5 30,A6 0}       ;Initialisiere Basis-
                                                      Koordinatensystem
$BASE={X 1000,Y 0,Z 1000,A 0,B 0,C 0}
REF_POS_X={X 100,Y 0,Z 0,A 0,B 0,C 0}                 ;Referenz Positionen
REF_POS_Y={X 100,Y 100,Z 0,A 0,B 0,C 0}
REF_POS_Z={X 100,Y 100,Z 100,A 0,B 0,C 0}             ;
Eigenes KS definieren
MYBASE[1]={X 200,Y 100,Z 0,A 0,B 0,C 180}
MYBASE[2]={X 0,Y 200,Z 250,A 0,B 90,C 0};
.......
.......

PTP HOME ;    BCO run        ;Block Koinzidenz (BCO) zwischen aktueller
                             und programmierter Roboterposition
Bewegung relativ zum $BASE Koordinatensystem:
PTP $Basis                   ;Direktes Positionieren auf $BASE KS
WAIT SEC 2                   ;Warte 2 Sekunden
PTP REF_POS_X                ;Bewegung 100 mm in x-Richtung
PTP REF_POS_Y                ;Bewegung 100 mm in y-Richtung
PTP REF_POS_Z                ;Bewegung 100 mm in z-Richtung

Bewegung relativ zum $BASE-KS, Offset durch MYBASE[1]
PTP MYBASE[1]
WAIT SEC 2                   ;Warte 2 Sekunden
PTP MYBASE[1]:REF_POS_X
PTP MYBASE[1]:REF_POS_Y
PTP MYBASE[1]:REF_POS_Z      ;Bewegung relativ zum $BASE Koordinatensys-
                             tem-Offset
......
......
END
```

Beispiel für logische Operationen:

```
......

BOOL A,B,C                              ;Variablen deklarieren
......
A = TRUE                                ;A=TRUE
B = NOT A                               ;B=FALSE
C = (A AND B) OR NOT (B EXOR NOT A)     ;C=TRUE
A = NOT NOT C                           ;A=TRUE
......
```

Vorstehende Beispiele zeigen recht einfache Anweisungssequenzen. Man kann sich unschwer vorstellen, dass zur programmtechnischen Beschreibung von komplexeren Koordinatentransformationen oder Punkt-zu-Punkt- bzw. Bahnbewegungen zusammen mit den hierzu erforderlichen Interpolationen ein gehöriges Maß an Fachwissen, Erfahrung und Zeitaufwand nötig ist. Dies erfordert Fachkräfte, die nicht nur mit dem Programmiersystem und dem durchzuführenden Prozess vertraut sind, sondern auch über ausreichend Erfahrung mit Automatisierungs-, Geräte- und Robotertechnik verfügen. Daher wird man, sofern dies genügt, eher auf einfachere Online-Programmierverfahren wie Play-back oder Teach-in zurückgreifen.

KUKA.Sim

Mit den Simulationsprogrammen der KUKA.Sim-Familie lassen sich komplette Roboterzellen in Offline-Programmierung originalgetreu planen und professionell simulieren. Tools zur Anlagenkonzeption und weitere einschlägige Funktionalitäten ermöglichen eine flexible Layoutgestaltung. Zahlreiche verschiedene Roboteraufgaben können mit Hilfe umfangreicher Bibliotheken, die neben allen Kuka-Robotern auch die gängigen Greifer, Schutzeinrichtungen und vieles mehr enthalten, schnell und unkompliziert in Echtzeit dargestellt werden. Auch Kollisionserkennung, Erreichbarkeitsprüfungen und die 3D-Visualisierung aller Roboterbewegungen werden bequem und anschaulich ermöglicht. Mit dem Simulationsprogramm ist die virtuelle Robotersteuerung „VRC", verbunden, so dass der virtuelle Roboter direkt mit KRL ohne direkten Eingriff in den Prozessablauf programmiert werden kann. Neben der Offline-Programmierung und Simulation eignet sich das Simulationspaket auch bestens für die Ausbildung und Schulung sowie für Vorführungen und Demonstrationen von Roboterprogrammen.

12.4 Das Problem der Normierung

Wie bereits angedeutet, verwenden die Roboterhersteller bedauerlicherweise meist eigene, auf ihre jeweiligen Produkte zugeschnittene Steuerungen und Programmiersprachen. Es gab zwar etliche Versuche, genormte Robotersprachen, wie IRL, PASRO, AL etc., durchzusetzen, doch diese Bemühungen sind alle gescheitert. Nach wie vor dominieren herstellerspezifische Sprachen die Praxis, so bei ABB mit RAPID oder bei Kuka mit KRL. Dies liegt nicht zuletzt in einem starken Bezug der Robotersprachen auf die spezielle Steuerungshardware begründet.

So hat nahezu jeder Hersteller von Robotersteuerungen in der Vergangenheit eine eigene, meist von bisherigen Konzepten völlig unbeeinflusste Programmiersprache entwickelt und entsprechende Werkzeuge (Interpreter, Compiler, Debugger etc.) implementiert. Allerdings sind auch heute noch Steuerungen anzutreffen, die keinerlei textuelle Programmierung ermöglichen. Damit besteht bei den Anwendern die Notwendigkeit, für jeden Steuerungstyp eigens geschultes Personal vorhalten zu müssen. In der Regel ist es nicht möglich, bestehende Programme auf eine andere Steuerung zu übertragen („portieren"). Der damit verbundene technisch eigentlich nicht notwendige und unsinnige Aufwand wurde im Rahmen des NAM-Arbeitsausschusses NAM-AA 81.4.2 (NAM – DIN-Normenausschuss Maschinenbau, AA – Arbeitsausschuss) zum Anlass genommen, eine Norm zu entwickeln, die eine Austauschbarkeit von Programmen unterstützen sollte. Der wesentliche Sinn, Normen für die Softwareerstellung zu entwickeln, besteht letztlich darin, durch Austausch von Programmen den Anwender von Mehrfachentwicklungen und Schulungsaufwand zu entlasten.

12.4.1 Programmiersprache IRL

Der erste Teil der Norm für die strukturierte höhere Programmiersprache IRL (Industrial Robot Language – siehe oben sowie Tabelle 13.1) wurde 1992 abgeschlossen. Die Veröffentlichung erfolgte 1993 als DIN 66312. Damit wurde IRL zur Programmierung von IR in die europäische bzw. deutsche Normung eingebracht. IRL ermöglicht eine einheitliche, von Robotern und deren Steuerungen unabhängige Programmierung. Diese höhere Programmiersprache steht wiederum im direkten Zusammenhang mit ICR, dem „Intermediate Code for Robots". ICR ist ein Zwischencode, der es gestattet, einen mit IRL erzeugten Maschinencode an die Steuerung eines Roboters anzupassen.

Der zweite Teil der Norm mit wesentlichen funktionalen Erweiterungen sollte dann bis 1994 fertiggestellt sein. Im Bereich der höheren Programmiersprachen wurde vom Internationalen Normenausschuss ISO auf der Basis von IRL die Entwicklung einer weiteren Robotersprache „PLR" (Programming Language for Robots) angestoßen. Mit der Sprache IRL lag nun zwar eine deutsche Norm vor, die sich aber in der Industrie dann aus bereits erwähnten Gründen nicht durchsetzen konnte. Der Standard DIN 66312 wurde schließlich ohne einen Nachfolger wieder zurückgezogen.

12.4.2 IRDATA-Code

Ein weiterer roboterunabhängiger Zwischencode, ähnlich ICR, ist der IRDATA-Code (Industrial Robot Data, eine genormte Zwischensprache). IRDATA ist eine vereinfachte „Schnittstellensprache" entsprechend der VDI-Richtlinie 2863, Blatt 1 (1987): „Programmierung numerisch gesteuerter Handhabungseinrichtungen: IRDATA, Allgemeiner Aufbau, Satztypen und Übertragung". Doch auch diese Norm wurde wieder zurückgezogen! IRDATA ist nicht für die unmittelbare Roboterprogrammierung gedacht, sondern soll auf Steuerungsebene einen einheitlichen systemunabhängigen Code bereitstellen. In verschiedenen Sprachen erstellte Roboterprogramme werden zuerst mit einem Compiler in diese Zwischensprache übersetzt. Danach wird der so erzeugte einheitliche Zwischencode mit Hilfe eines spezifischen Interpreters auf der jeweiligen Robotersteuerung ausgeführt. IRDATA ist quasi ein Vermittler, der einen Übergang von verschiedenen Sprachen zu verschiedenen Robotern ermöglicht (Prinzip siehe Bild 12.6).

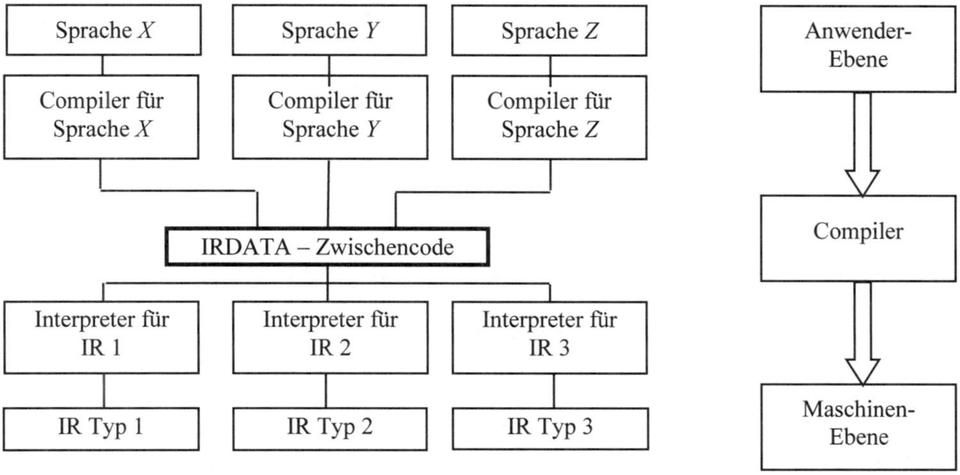

Bild 12.6: IRDATA als Schnittstellensprache

Dies ermöglicht somit eine einheitliche Programmierung von Robotern unterschiedlicher Hersteller und erleichtert die Verwendung von CAD-Daten für die Offline-Programmierung. Anwendung findet IRDATA z. B. bei den bereits kurz vorgestellten Simulations- und Lernsystemen COSIMIR und CIROS. Diese Systeme können den von Compilern für verschiedene Programmier-Hochsprachen erstellten IRDATA-Zwischencode „verstehen" und somit ausführen.

Funktionsprinzip

Durch die standardisierten und somit festgeschriebenen Sprachelemente realisiert IRDATA eine neutrale Schnittstelle zwischen diversen Robotersprachen und verschiedenen Robotersteuerungen. Um dies nutzen zu können, müssen die Compiler aus der ursprünglichen Robotersprache IRDATA-Code erzeugen. Wenn die Robotersteuerung dann ebenfalls den IRDATA-Code versteht, kann ein Roboter mit unterschiedlichen Sprachen programmiert bzw. ein Programm durch unterschiedliche Roboter ausgeführt werden.

12.5 Einbindung einer SPS

Alle Hochsprachen basieren auf einer seriellen Abarbeitung der geschriebenen Programmabläufe, sodass alle Schritte des Programms nacheinander ausgeführt werden. Diese serielle Abarbeitung kommt der Eigenschaft des Roboters in Bezug auf den Handhabungsablauf entgegen, da der Roboter seine Aktionen auch nur seriell, also nach und nach bearbeiten kann. Wie steht es jedoch mit der Steuerung von Teilprozessen, wie Anlieferung und Abtransport von Werkstücken, die parallel in der Peripherie einer Roboterzelle ablaufen müssen?

Eine Möglichkeit zur Steuerung dieser peripheren Prozesse ist der Einsatz einer SPS, die mit der Robotersteuerung über geeignete Datenkanäle kommuniziert. Eine SPS arbeitet zyklisch und fragt innerhalb einer festgelegten Zykluszeit alle anliegenden Eingangsinformationen bzw. Signaleingänge ab. Mit diesen Signalen werden die programmierten

SPS-Anweisungen ausgeführt und dann die sich ergebenden Aktionen, wie Ausgänge setzen, Motoren starten etc., quasi gleichzeitig ausgegeben. Üblich ist für die Ansteuerung der peripheren Abläufe die zusätzliche Integration einer marktüblichen SPS, die über entsprechende Schnittstellen mit der Robotersteuerung signaltechnisch verbunden ist. Noch eleganter ist die Verwendung einer so genannten „SOFT-SPS", einer SPS-Simulation, die auf der gleichen Hardware läuft wie die Robotersteuerung und im Idealfall integraler Bestandteil der Robotersteuerung ist.

12.6 Tendenz: Einfachere Programmierung

Die Programmierung trägt einen wesentlichen Teil zu den Betriebskosten eines Roboters bei und sie kann auch zu Stillstandzeiten führen. Darüber hinaus erfordern Installation und Bedienung von Industrierobotern erhebliches Fachwissen, dessen Aneignung für die Belegschaft kleinerer Unternehmen nicht immer einfach ist. Im Hinblick auf den zunehmenden Einsatz von Robotern in der Kleinserien- und Einzelfertigung gewinnen die Kosten zur Erstellung der Roboterprogramme eine immer größere Bedeutung. Daher ist es ein zukünftiges Ziel, die Programmierung einfacher und bedienerfreundlicher zu gestalten, anstatt die Programmiersysteme mit noch mehr Funktionen zu überladen. Die Systeme müssen insoweit vereinfacht werden, dass auch Mitarbeiter mit nur wenig Erfahrung und Training die Programmierung der Roboter vornehmen können.

Intuitive und weitere Verfahren

Gefragt sind Konzepte, die es ermöglichen, einen Roboter auch ohne Programmierkenntnisse intuitiv zu programmieren und zu bedienen. Dadurch können die Vorteile der Roboter, wie Ausdauer, Stärke, Schnelligkeit, Genauigkeit und Reproduzierbarkeit, auch für Anwendungen zugänglich gemacht werden, die bisher wegen fehlender Fachkenntnisse der Benutzer unrentabel waren. Bei der intuitiven Roboterprogrammierung wird der Roboter vom Benutzer durch Teile seiner Aufgabe „an der Hand" geführt. Diese Programmierkonzepte zielen vor allem auf Anwendungen mit wenigen Wiederholungszyklen, also mit kleinen Stückzahlen, wie sie typischerweise in kleinen und mittelständischen Unternehmen anfallen.

Im Sinn von Aufwands- und Kostenreduzierung decken heute die Teach-in-Verfahren mit Control Panel, grafischen Benutzeroberflächen und/oder Simulatoren einen wesentlichen Teil der Programmierung ab. Der Bereich der Roboterprogrammierung befindet sich jedoch in stetigem Wandel. So gewinnen neuere Methoden wie die sensorgestützte Programmierung und der Einsatz von „Virtual Reality" mehr und mehr an Bedeutung. Bei sensorgeführten und -überwachten Bewegungen ist die Software beispielsweise fähig, geometrische Eigenschaften eines Bauteils, wie scharfe Kanten, zu identifizieren, um die Aktionen des Roboters so zu gestalten, dass dieser die entsprechenden Stellen bearbeiten, z. B. entgraten kann. Als Sensoren kommen hierzu hauptsächlich Kameras, Kraft-/Moment-Sensoren sowie Körperschall-Sensoren in Betracht.

Im Bereich der Virtual Reality[14] schlüpft der Programmierer quasi in die Rolle des Roboters. Er steuert ihn im virtuellen Raum direkt mit einem elektronischen Datenhandschuh mit taktilem (haptischem) Feedback, so als sei er selbst der Roboter. Über eine 3D-Brille bekommt er dabei dreidimensionale visuelle Daten aus der Sicht des Roboters übertragen. In einer virtuellen Welt wird vom Benutzer die zu automatisierende Aufgabe demonstriert und vom System beobachtet. Aus den Beobachtungsdaten wird ein Roboterprogramm abgeleitet, das dann die in der virtuellen Welt demonstrierte Montageaufgabe in die reale Welt überträgt. Auch um den Umgang mit einem Roboter gefahrlos trainieren zu können, bedient man sich realitätsgetreu nachgebildeter 3D-Modelle in einer virtuellen Übungsumgebung. Man kann davon ausgehen, dass die direkte und intuitive Handhabung von Werkstücken in einem virtuellen System die Aufgabe der Roboterprogrammierung erheblich vereinfachen kann.

Auch in anderen Richtungen wird viel entwickelt und geforscht. So versucht man, den Robotern die natürliche Sprache des Menschen und das Deuten und Zeigen, verständlich zu machen. Weitere Ansätze bestehen darin, ihnen sogar beizubringen, eigene Entscheidungen zu fällen oder Reflexe zu entwickeln. Damit sollen sie wie ein Mensch durch eigenständiges Ausprobieren lernen, das Gelernte anwenden und dann noch Sinn und Zweck ihrer Ausführungen bewerten können. Ein weiteres wichtiges Forschungsgebiet ist auch die Kommunikation und die Kooperation der Roboter miteinander und mit den Menschen. Forschungen auf diesen Gebieten sind sehr komplex und anspruchsvoll und es ist noch nicht klar, wann und wo diese später nutzbringende Anwendungen finden werden. Vorhersagen über die zukünftige Weiterentwicklung der Roboterprogrammierung im Verbund mit der „künstlichen Intelligenz“ sind derzeit noch überwiegend spekulativ.

Robotik-Konferenz ICRA

Über die wichtigsten Neuerungen auf allen Gebieten der Robotik wird auf Konferenzen wie der ICRA (International Conference on Robotics and Automation) berichtet. Diese bedeutendste und größte internationale Robotik-Konferenz findet seit 1984 jedes Jahr an wechselnden Orten statt. Die Konferenz wird von der IEEE-RAS (Institute of Electrical and Electronics Engineers – Robotics and Automation Society) veranstaltet. Auf dem Programm der ICRA stehen jeweils unterschiedlichste Themen rund um die aktuellen Entwicklungen auf den Gebieten der Robotik und Automation. Die Veranstaltungen umfassen vor allem Vorträge, Plenardiskussionen und technische Unterhaltungsrunden mit führenden Persönlichkeiten der Robotik. International renommierte Wissenschaftler präsentieren und diskutieren ihre neuesten Forschungsergebnisse und Zukunftsvisionen in Foren, Workshops und Tutorials zu verschiedenen Themenbereichen der Robotik und Automation. Daneben stellen einschlägige Aussteller aus Industrie und Forschung ihre Neuheiten einem renommierten Kreis von Wissenschaftlern und Forschern vor.

[14] Als virtuelle Realität (kurz VR) bezeichnet man Darstellung und gleichzeitige Wahrnehmung der Wirklichkeit und ihrer physikalischen Eigenschaften in einer computergenerierten, interaktiven virtuellen Umgebung.

13 Die Firma Kuka

Verglichen mit anderen technischen Erfindungen ist der Roboter vergleichsweise jung. Der weltweit erste Industrieroboter wurde Mitte des 20. Jahrhunderts installiert und in Deutschland hat man die Robotertechnik erst ab den 1970er-Jahren produktiv eingesetzt. Der deutsche Robotikpionier, das Maschinenbauunternehmen Kuka, entwickelte im Jahr 1973 den weltweit ersten sechsachsigen Industrieroboter „FAMULUS". Er verfügte über sechs elektromechanisch angetriebene Achsen und wurde von Kuka für die Automobilindustrie gefertigt. Ein Jahr später, 1974, stellte die schwedische Firma Asea einen vollständig elektrisch angetriebenen Roboter vor. In den folgenden Jahrzehnten schritt die Entwicklung von Industrie-Robotern stetig weiter voran. In den 1980er-Jahren waren IR bereits mit sensorischen Fähigkeiten ausgestattet, so dass sie beispielsweise unterschiedliche Schrauben erkennen und bestimmte Exemplare aus einem ungeordneten Sortiment auswählen konnten. Heute sind Roboter aus der Industrie nicht mehr wegzudenken, ob beim Schweißen in der Metallbranche, am Fließband in der Fahrzeugmontage oder beim Palettieren in der Verpackungsindustrie oder der Chemiebranche. Schließlich sollen Roboter diejenigen Arbeiten übernehmen, die für Menschen zu gefährlich, zu kompliziert, schwer, schmutzig und zu teuer oder auch einfach zu stupide sind. Dabei sollen sie nicht nur Kosten, sondern auch Zeit einsparen. Insbesondere in modernen Produktionsstätten, wie der Automobilindustrie, aber auch in chemischen oder biotechnischen Arbeitsprozessen, nehmen Roboter inzwischen einen festen Platz ein.

Kuka Roboter

Als Pionier in der Robotik und Automationstechnologie zählt die deutsche Firma Kuka Roboter zu den weltweit führenden Herstellern von IR. Das Unternehmen deckt mit seiner großen und vielseitigen Auswahl an Robotertypen nahezu alle Traglast- und Einsatzbereiche ab. Hierzu passende Steuerungen und Softwarepakete für eine Vielzahl von Anwendungen runden das Produktspektrum des Unternehmens ab. Da Kuka im Bereich der Robotik zumindest bis zur Übernahme durch Midea (China) Marktführer in ganz Europa war, soll das Unternehmen nachfolgend etwas näher vorgestellt werden.

13.1 Unternehmensgeschichte

Einer der weltweit führenden Anbieter von Robotik, Anlagen- und Systemtechnik mit einem Geschäftsvolumen von rund 2,1 Mrd. Euro in 2014 und rund 12.000 Mitarbeitern – das sind die Kerndaten von Kuka. Aber was und wer genau stecken hinter dem Unternehmen? Die Firma Kuka, ehemals IWKA (Industrie-Werke Karlsruhe), wurde 1898 von Johann Josef Keller und Jakob Knappich als Acetylenwerk in Augsburg gegründet. Der Firmenname Kuka ging aus den Anfangsbuchstaben der Unternehmensgründer „Keller und Knappich Augsburg" hervor.

Gestützt auf das Know-how aus dem Bau industrieller Schweißanlagen und der Herstellung von Punktschweißgeräten begann Kuka größere Behälter und Aufbauten für kommunale Fahrzeuge, z. B. für Straßenreinigung und Mülltransporte zu fertigen. Dies war so erfolgreich, dass Kuka 1966 zum europäischen Marktführer in dieser Branche aufstieg.

Parallel dazu wuchs der Bereich Schweißtechnik und es wurden die ersten automatischen Schweißanlagen sowie Vielpunkt-Schweißtransferstraßen für die Kfz-Industrie gefertigt. 1973 schließlich schreibt Kuka Geschichte als Pionier der Robotik und entwickelt den bereits genannten „FAMULUS“-IR. 1995 wird aus der Kuka Schweißanlagen + Roboter GmbH die Robotertechnik ausgegründet. 1996 gelang Kuka Roboter ein bedeutender Fortschritt bei der IR-Entwicklung: Kuka brachte die erste PC-basierte Steuerung auf den Markt. Damit brach das Zeitalter der „echten“ Mechatronik an, das vom Zusammenspiel von Mechanik, Elektronik, Steuerung und Software geprägt ist. Heute ist die Kuka AG ein börsennotiertes Unternehmen der Branche Maschinenbau mit Sitz in Augsburg und den Geschäftsbereichen Kuka Roboter und Kuka Systems. Es existiert eine Vielzahl von Niederlassungen auf der ganzen Welt.

13.2 Kuka Roboter und Systems

Die Kuka Roboter GmbH war als einer der weltweit führenden Anbieter in Entwicklung, Produktion und Vertrieb von IR sowie zugehöriger Steuerungen und Software tätig und auf fünf Kontinenten vertreten. Kuka versorgte unter anderem die Metall verarbeitenden Unternehmen, die Automobil-, Kunststoff-, Elektro- und Elektronikindustrie mit modernster Robotertechnik.

Erwerb durch Midea

Im August 2015 erwarb der chinesische Haushaltsgeräte- und Klimaanlagenhersteller Midea Group 5,43 % der Stimmrechte von Kuka. Midea gab dann ein öffentliches Gebot zur Aufstockung auf mindestens 30 % ab. Midea betonte dabei, Kuka nicht komplett übernehmen und auch keinen Beherrschungsvertrag schließen zu wollen. Doch am 8. August 2016 wurde bekannt, dass Midea fast 95 % der Kuka-Aktien übernommen hatte. Vergeblich hatte die Bundesregierung versucht, eine Übernahme durch die chinesische Firma abzuwehren und dafür geworben, dass sich deutsche Unternehmen beteiligen. Doch man konnte nicht verhindern, dass diese zukunftsträchtige Schlüsseltechnologie aus Deutschland nach China abwandert. Der Griff der Chinesen nach Kuka hatte die deutsche Autoindustrie regelrecht in Alarm versetzt. Die deutschen Autohersteller versuchen seit der Kuka-Übernahme durch Midea unabhängiger von dem Augsburger Roboterhersteller zu werden. Sie setzen verstärkt auf Konkurrenten wie ABB (Schweiz) und Fanuc (Japan), da sie sich nicht zu sehr von einem Unternehmen in chinesischer Hand abhängig machen wollen. Die Skepsis der Autobauer dürfte zum Umsatzrückgang der Autoroboter-Sparte von Kuka beitragen.

Angesichts schlechter laufender Geschäfte will nun Kuka bis 2021 die Summe von 300 Millionen Euro sparen, auch mit Stellenstreichungen. Um aus dem Tief zu kommen, will man auch einfachere und billigere Roboter für die Elektronikindustrie und andere Kunden anbieten. Bisher war das Unternehmen vor allem auf teure Roboter für die Autoindustrie spezialisiert. Die Autohersteller sind jedoch von der Abkühlung der Konjunktur betroffen und Kuka ist ein Opfer dieser Entwicklung.

Einsatzbereiche

Die Kunden von Kuka finden sich vornehmlich in der Automobilindustrie, doch in zunehmendem Maße auch in anderen Branchen. Das Unternehmen nutzt sein in über 30 Jahren erworbenes Prozess-Know-how und die umfassende Automationskompetenz in der Autobranche, um gemeinsam mit einem breiten Netzwerk von Systempartnern auch maßgeschneiderte innovative Lösungen für Anforderungen in Branchen wie der Medizintechnik, Solarindustrie oder der Luft- und Raumfahrt zu entwickeln. So liefert die Firma für die gängigsten Roboter-Anwendungen vorgefertigte Softwarepakete zur Vereinfachung der Roboterprogrammierung und zur Reduzierung der Inbetriebnahmezeit. Verschiedenste Technologien, z. B das Laserschneiden oder Klebenwerden unterstützt. Für die jeweiligen Technologien werden Applikationen, Programmmodule und Softwarepakete in unterschiedlichem Umfang angeboten, von der Befehlserweiterung bis zur Unterstützung spezifischer Werkzeuge zur Erstellung von Roboterprogrammen. Die Softwaremodule beinhalten auch Programmbausteine, um Werkzeuge und Sensoren einfacher in die Programmierung einzubinden.

Boomende Autobranche

Der Einsatz von IR hatte in den vergangenen Jahren stetig zugenommen, denn IR ersetzen den noch vor fünfzehn Jahren üblichen starren und teuren Sondermaschinenbau durch hochflexible Automatisierungsverfahren. Die Rekordgewinne der Roboterhersteller sind vor allem den zahlreichen Aufträgen aus der weiterhin boomenden Autobranche zu verdanken. Als einer der größten IR-Hersteller profitiert Kuka von der weltweit starken Nachfrage nach Automatisierungstechnik in der Auto- und Flugzeugindustrie. Größte Kunden sind bislang VW, Daimler oder BMW, die verstärkt auf Roboter setzen, um Kosten zu senken und so den Nachteil des Hochlohnstandorts Deutschland auszugleichen. Bereits 2012 hatte Volkswagen 6.000 Industrieroboter von Kuka bestellt. Doch die Augsburger wollen sich weniger abhängig von der Autoindustrie machen und waren daher 2014 auf Einkaufstour gegangen. Kuka übernahm dabei unter anderem den defizitären Roboterhersteller Reis aus der Nähe von Aschaffenburg und investierte Millionen in Sanierung und Stellenabbau dieses Unternehmens. Die Zahl der Mitarbeiter im Kuka-Konzern stieg durch diese und andere Übernahmen beträchtlich.

13.3 Industrie 4.0

Ursprünglich wurden Industrieroboter fast ausschließlich in der Automobilbranche und in der Großserienfertigung eingesetzt. Durch die konsequente Weiterentwicklung von Roboter- und Steuerungstechnik haben IR heute in vielen anderen Branchen abseits des Automobilbaus Einzug gehalten. Hier zielen die Entwicklungen vor allem auf Einsatzmöglichkeiten in neuen Märkten ab – insbesondere in den Bereichen Lebensmittel, Kunststoffe, Metallverarbeitung, Gießerei, Elektronik, Medizintechnik oder auch im Entertainment. Unter der viel zitierten Wortschöpfung „Industrie 4.0“ will man die vierte industrielle Revolution zum Ausdruck bringen. Darunter versteht man im Wesentlichen die Informatisierung der Fertigung und der Logistik durch Kommunikation von Maschine zu Maschine und von Mensch zu Maschine. Dies soll zu einer vernetzten, ressourceneffizienten und hochflexiblen Produktion führen, wozu Robotik und Handhabungstechnik einen wesentlichen Beitrag leisten werden. Die Plattform Industrie 4.0 wird für Zukunftsprojekte stets weiter ausgebaut und verlangt vor allem Mobilität, Wandlungsfähigkeit und extreme Flexibilität. Typisch für diese Flexibilität in Bereichen der Industrieproduktion sind die starke Anpassung der Produktionsmethoden bis herunter zur Einzelfertigung (Losgröße 1) unter den Bedingungen einer Großserienproduktion. Die für Industrie 4.0 kennzeichnende Automatisierungstechnik soll durch Verfahren der Selbstoptimierung, Selbstdiagnose und Kognition intelligenter werden und die Menschen bei ihrer zunehmend komplexen Arbeit besser unterstützen. Basis hierzu ist die Verfügbarkeit aller erforderlichen Daten durch Vernetzung sämtlicher an der Produktion beteiligten Objekte und Systeme. Dies erfordert den flächendeckenden Einzug von Informations- und Kommunikationstechnik sowie deren Vernetzung zu einem Internet der Dinge, Dienste und Daten. Hiermit ist man bei der zurzeit zweiten omnipräsenten Wortschöpfung angelangt, dem „Internet of Things" oder kurz IoT: Getrieben durch das Internet wachsen reale und virtuelle Welten immer weiter zu einem „Internet der Dinge" zusammen.

Spezielle Kuka-Produkte

Diesen Tendenzen und Bedürfnissen moderner Automatisierung tragen neue Produkte von Kuka Robotics gebührend Rechnung. So demonstriert die Firma mit ihrer Steuerung KR C4 Leistungsfähigkeit, Sicherheit und vor allem Flexibilität. Das intelligente Konzept dieser Steuerung schafft ein tragfähiges Fundament für die Automation von morgen (Bild 13.1, rechts).

Die 5-achsigen IR der Roboterfamilie „KR QUANTEC" sind kompakte und leichte Multitalente für eine Vielzahl kundenspezifischer Anwendungen, wie Palettieren, Verpacken oder sonstige Handhabungsoperationen. Mit ihrer robusten Bauform, leistungsfähigen Getrieben und Motoren besitzen sie bei höchster Leistungsdichte die kompaktesten Maße ihrer Klasse und benötigen nur wenig Platz dank geringer Aufstellfläche (Bild 13.1, links). Mit der Serie „KR AGILUS" bietet Kuka eine umfassende Kleinrobotik-Familie an. Die 6-achsigen Roboter dieser Serie sind auf besonders hohe Arbeitsgeschwindigkeiten ausgelegt und bestechen durch ihre Genauigkeit und herausragenden Leistungen im Traglastbereich.

Bild 13.1: Kuka-Roboter KR 120 R2500 QUANTEC Pro und Steuerung KR C4 (*Quelle:* Kuka)

Der LBR iiwa

Nicht zuletzt mit dem 2013 vorgestellten Leichtbauroboter LBR iiwa zeigt Kuka beispielhaft, wie Robotik sicherer, flexibler und energieeffizienter werden kann. LBR steht für „Leichtbauroboter“ und iiwa für „intelligent industrial work assistant“. Mit den Leichtbaurobotern werden die Möglichkeiten der industriellen Robotik neu definiert. Hiermit können Mensch und Roboter in enger Kooperation (MRK – Mensch-Roboter-Kollaboration) hochsensible und komplexe Aufgaben lösen, die allein mit Robotern nicht denkbar wären. Die üblichen Schutzzäune und Absperrungen entfallen, wodurch sich neue Arbeitsbereiche ergeben und der Weg frei wird für erhöhte Wirtschaftlichkeit und Effizienz. Die kollaborativen Roboterinnovationen („Cobot“ – Collaborative Robot für Roboter, die Hand in Hand mit Menschen arbeiten) mit sensorbasiertem Gefühl für Sicherheit schnelles Lernen und einfache, intuitive Bedienung erschließne neue Einsatzbereiche im Umfeld von Menschen, die der Robotik bislang verschlossen waren (siehe hierzu auch Abschnitt 9.5.3 „Leichtbauroboter“).

13.4 Mobiler Produktionsassistent

Für eine nachhaltige Flexibilisierung der Produktion reicht die Mensch-Roboter-Kollaboration alleine nicht aus (siehe auch Abschnitt 11.8 „Mensch-Roboter-Kollaboration“). Roboter müssen in naher Zukunft auch mobil einsetzbar sein. Sie können sich dann auf mobilen Plattformen selbstständig, also autonom durch Werkhallen und Gelände bewegen, um Material, Werkstücke oder Teilprodukte zu transportieren und so die logistischen Abläufe in der Produktion von morgen zu modernisieren. Diesen Trend verfolgt Kuka mit seinem mobilen Roboter KMR iiwa (KMR steht für „Kuka Mobile Robotik“, iiwa siehe oben). Hiermit kann eine autonom verfahrende Plattform in Verbindung mit dem Leichtbauroboter LBR iiwa automatisch die Robotermontageplätze mit Produktionsmaterial beliefern. Man spricht auch von „KANBAN“-Lösungen, als einer speziellen Methode der Steuerung von Produktionsprozessen. Hierbei orientiert sich die Vorgehensweise nur am tatsächlichen Verbrauch von Material und Teilprodukten am Verbrauchsort. Ziel ist es, den Materialverbrauch auf jeder Station einer Fertigungskette kostenoptimal zu steuern. Durch Verteilen von Pufferlagern entlang der Produktionskette werden mit Echtzeitdaten und kurzen Transportwegen effiziente Lösungen erzielt. Auf diese Weise kann ein KMR iiwa z. B. die Verteilung von Schrauben, Muttern, Dichtungen etc. übernehmen. Mit dem KMR iiwa kombiniert Kuka in optimaler Weise die Stärken des LBR iiwa mit einer mobilen autonomen Plattform. So wird der Roboter zum ortsunabhängigen, hochflexiblen Produktionsassistenten mit uneingeschränktem Arbeitsraum – eine ideale Voraussetzung für die Anforderungen von Industrie 4.0. Die damit erreichbare Flexibilität ist eine Grundanforderung für die wandlungsfähige und adaptive Produktion von morgen.

Vision und Ziel

Vision und Ziel von Kuka war es stets, den Roboter als intelligenten Helfer des Menschen in der Produktion zu etablieren. Er soll den Menschen durch qualitativ hochwertige Arbeit unterstützen und kleinen und mittleren Unternehmen bei der Fertigung kleiner Losgrößen den wirtschaftlichen Einsatz von Robotern ermöglichen. Mensch und Roboter arbeiten damit Hand in Hand und ergänzen sich ideal mit ihren komplementären Fähigkeiten.

14 Sensoren für Roboter

Sensoren, insbesondere „intelligente“ Sensoren, gehören zu den Schlüsselkomponenten der Automatisierungstechnik und somit der Robotik. Über die Sensorik werden wesentliche Eigenschaften und Zustände des Roboters selbst und seiner realen Umwelt erfasst, aufbereitet und an die Steuerung weitergegeben. Ähnlich wie bei der menschlichen Kognition werden die über Sinnesorgane bzw. Sensoren erhaltenen Informationen mit einem internen „Weltenmodell“ abgeglichen, um daraus Impulse für die notwendigen Aktionen abzuleiten. Die Sensoren dienen der Informationsbeschaffung für die Steuerung des Roboters. Dabei kann man zwei Hauptkategorien von Sensoren (ebenso von Aktoren) unterscheiden, je nachdem, ob sie interne oder externe Zustände erfassen. Interne Sensoren messen Eigenschaften an Bord des Roboters, z. B. Achsstellungen, Effektorpositionen etc. Externe Sensoren hingegen liefern Informationen und Messwerte aus der näheren und ferneren Umgebung des Roboters. Die Steuerung verwendet die internen Informationen zur Erstellung von Bewegungsanweisungen über einen Soll-Istwert-Abgleich. Die Kommunikation der Robotersteuerung mit der Umwelt wird mit Hilfe externer Sensoren realisiert. Beispielsweise soll ein abstandmessender Sensor die Roboterbewegung bei Erreichen einer bestimmten Position des Effektors stoppen. Wegen der hohen Bedeutung der Sensorik soll vor einer näheren Betrachtung der für Roboter wesentlichen Sensoren zunächst ein wenig Basiswissen vermittelt werden.

14.1 Grundlagen der Sensorik

Biologische Sensorik

Sensorik (*lat.* sensus – Sinn) ist zunächst ein Sammelbegriff für die Gesamtheit aller Sinneswahrnehmungen von Lebewesen. Unter Wahrnehmungen versteht man im Allgemeinen die Erfassung und Verarbeitung physikalischer Reize aus der Außenwelt eines Lebewesens, also die bewusste oder auch unbewusste Sammlung von Informationen mit Hilfe der Sinnesorgane. Die Wahrnehmungen aus der Außenwelt beziehen sich insbesondere auf die bekannten „fünf Sinne“, nämlich auf das Riechen (olfaktorische Wahrnehmung), das Sehen (visuelle Wahrnehmung), das Hören (auditive Wahrnehmung), das Schmecken (gustatorische Wahrnehmung) und das Fühlen (taktile Wahrnehmung, Tasten oder auch Haptik – das tastende „Begreifen“). Das Fühlen, der Tastsinn, lässt sich wiederum unterteilen nach der Wahrnehmung von Berührungen, Schmerz, Feuchtigkeit und Temperatur als Oberflächensensibilität, andererseits aber auch nach dem aktiven Erkennen, der sogenannten haptischen Wahrnehmung und der passiven Oberflächensensibilität, also des „Berührtwerdens“. In der Biologie lässt sich eine ganze Reihe weiterer Sinne feststellen wie Gleichgewichtssinn, Zeit- oder Magnetsinn (Erdmagnetfeld zur Navigation von Tieren), Wahrnehmung elektrischer Felder (bei Fischen) oder von Wärmestrahlung, die je nach Organismus mehr oder weniger stark ausgeprägt sein können. Wir wollen uns jedoch fortan auf die technische Sensorik als Teilgebiet der Mess-, Regelungs- und Steuerungs-/Automatisierungstechnik beschränken.

Technische Sensorik

Unter technischer Sensorik versteht man das Wissensgebiet von Sensoren zur Erfassung von Veränderungen in Umwelt oder technischen Systemen. Technische Sensoren finden daher Einsatz in der Mess- und Regeltechnik, der Überwachung und Kontrolle von (automatisierten) Prozessabläufen, der Umweltanalytik und in vielen anderen Bereichen, bei denen es um die Erfassung der Zustände von mitunter recht komplexen Systemen geht. Viele Sensorelemente in Labor und industriellen Messsystemen lassen sich der Messtechnik zuordnen, so dass sich die technische Sensorik auch als Teilgebiet der Messtechnik betrachten lässt. Eine gemeinsame Eigenschaft jeder technischen Sensorik ist, dass sie messtechnische Systeme betrifft, die in der Regel nichtelektrische physikalische Größen in elektrische Signale umwandeln. Wie Bild 14.1 zeigt, findet man am Beginn jeder Steuerkette oder jedes Regelkreises Sensoren. Ohne Erfassung von Umwelt- oder Prozessgrößen durch Sensoren ist keine Steuerungs-, Automatisierungs- oder Regelungstechnik denkbar. Ebenso kommt kein Roboter ohne Sensoren aus. In vielen Fällen gelangen zur Erfassung von Prozessgrößen die sogenannten Einheitssignale zur Anwendung, also normierte elektrische oder pneumatische Signale der Prozessautomation.

14.1.1 Sensoren in der Automatisierung

Das in Bild 14.1 a) dargestellte Schema zeigt die wesentlichen Komponenten und den dabei auftretenden Informationsfluss einer automatisierungs- bzw. steuerungstechnischen Einrichtung. Träger der übertragenen und in den einzelnen Komponenten verarbeiteten Daten sind überwiegend elektrische Signale, seltenerer hydraulische oder pneumatische Größen (Druck). Bild 14.1 b) zeigt den oft angestellten Vergleich eines Automatisierungssystems (oben) mit einem lebenden Organismus.

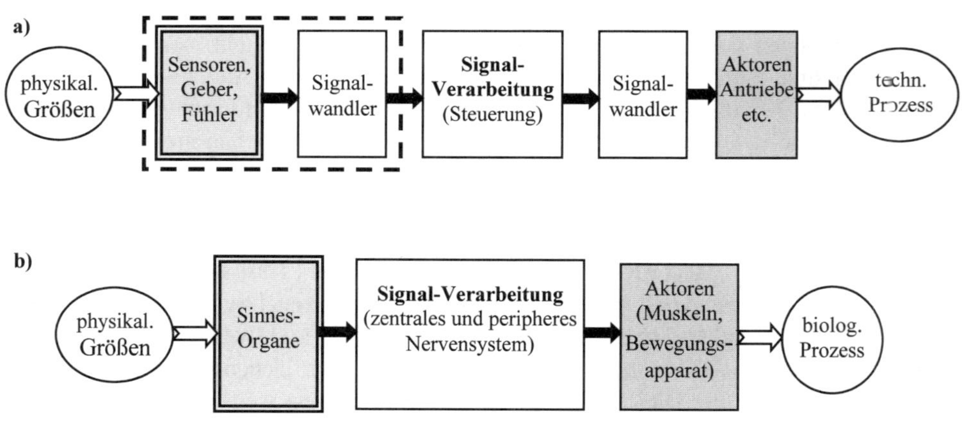

Bild 14.1: Informationsfluss eines technischen und biologischen Prozesses
a) Komponenten und Informationsfluss eines Automatisierungssystems
b) Vergleich mit einem lebenden Organismus

Technische Signalverarbeitung

Die in den Signalwandlern angepassten Sensorsignale gelangen zur Signalverarbeitung (Robotersteuerung, SPS, Mikrocontroller etc.) und werden dort dem Programm entsprechend verknüpft, gewandelt oder gespeichert, um schließlich Stellbefehle zu erzeugen für die Antriebe zum Eingriff in den Prozess. Bevor die Stellbefehle aktiv werden, können die von der Signalverarbeitung gelieferten Größen vor ihrer Weitergabe an die Aktoren auch Signalwandler (z. B. Verstärker, Frequenzumrichter) durchlaufen. Die Aktoren sind somit Informationssenken, denn sie transformieren Information in Prozessenergie.

14.1.2 Technische Sensoren

Ein technischer Sensor (auch Geber, Fühler, Messfühler oder Messwertaufnehmer) nimmt eine meist nicht-elektrische physikalische oder (bio-) chemische Größe eines technischen Prozesses oder aus der Umwelt auf und wandelt sie in ein Signal, das sich einfach übertragen und verarbeiten lässt. Die interessierende physikalische Größe wird dabei meist indirekt über die Veränderung einer anderen Größe erfasst (Sensor-Effekt). Vorzugsweise kommen zur Weiterverarbeitung elektrische Größen (Spannung, Strom, Widerstand) zum Einsatz. Das elektrische Signal muss so beschaffen sein, dass es von nachfolgenden elektrischen Schaltungen weiterverarbeitet, z. B. verstärkt oder verformt (linearisiert) werden kann. Doch auch optische oder pneumatische Signale bieten für manche Anwendungsfälle (optische Bussysteme, Schutz gegen Explosionen) eine Alternative. Unter dem Begriff Sensor oder Sensorsystem versteht man die gesamte Anordnung, von der Erfassung der Messgröße über ihre Aufbereitung und Weiterverarbeitung bis hin zur Bereitstellung des Ergebnisses als standardisiertes elektrisches Ausgangssignal an den Sensorklemmen. Sensoren werden meist nach der aufzunehmenden nichtelektrischen Größe benannt, wie Temperatur-, Druck- oder Feuchtesensor. Seltener sind Bezeichnungen nach dem wandelnden Prinzip, wie Hall-Geber, Wiegand-Sensor etc. Sensoren sind grundsätzlich die ersten Glieder einer Messkette bei jeder Art von Messanordnung oder automatischer Messwerterfassung.

Schematischer Aufbau

Bild 14.2 zeigt den prinzipiellen Aufbau eines Sensors – hier zur Druckmessung. Die eigentliche, nicht-elektrische Messgröße Druck wird zunächst im ersten Glied der Messkette in die mechanische Dehnung einer Membran zur Messung einer Kraft überführt. Auf der meist in Siliziumtechnologie hergestellten Membran sind piezo-resistive Widerstände aufgebracht. Über die druckabhängige Verformung der Membran kommt es bei den verformungsabhängigen Widerständen zu einem elektrischen Spannungsabfall. Da die eingesetzten Materialien stark temperaturabhängig sind, erfolgt in der letzten Stufe der Messkette durch geeignete Schaltungen eine Temperaturkompensation. Bevor das resultierende standardisierte elektrische Ausgangssignal an den Sensorklemmen verfügbar ist, kann es ggf. noch einer Linearisierung, Kalibrierung und Signalverstärkung unterzogen werden.

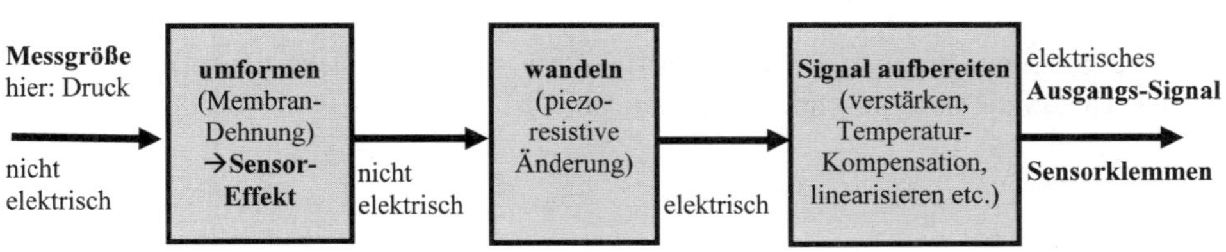

Bild 14.2: Typische Komponenten einer Sensor-Messkette

14.2 Sensoren der Robotik

Wie bereits eingangs festgestellt, kann man die Sensoren für Roboter danach unterteilen, ob sie der Erfassung interner Zustände oder externer Daten dienen. Bei den externen Sensoren ist noch zu unterscheiden, ob es sich um Sensoren für stationäre oder mobile (autonome) Roboter handelt. Die Mehrzahl der in der Robotik eingesetzten Sensoren finden sich auch in anderen Bereichen der Automatisierung wieder. Daher gelten die zuvor aufgezeigten Grundlagen der technischen Sensorik, der prinzipielle Aufbau von Sensoren und Messverfahren sowie viele Anwendungsdetails gleichermaßen in der Robotik wie in der Automatisierungs- und Verfahrenstechnik.

14.2.1 Aufgaben der Sensoren, Anforderungen

Sensoren erfüllen allgemein die Aufgabe, bestimmte physikalische Größen zu erfassen, die in einem sinnvollen Bezug zu den Eigenschaften und durchzuführenden Aufgaben des Roboters oder seiner unmittelbaren Umgebung stehen. Im Bereich der Robotik, insbesondere der IR, haben Sensoren unter anderen folgende Aufgaben zu erfüllen:

- Erfassung innerer Zustände des Roboters, insbesondere der durch Achsbewegungen erzielten Positionen (Koordinaten) mit den dabei auftretenden Geschwindigkeiten, Kräften oder Momenten;
- Ermittlung der Zustände und Positionen von Werkzeugen und Handhabungsobjekten;
- Messung physikalischer Größen der Umgebung, wie Temperatur oder Helligkeit;
- Identifikation und Anwesenheitskontrolle von Werkstücken und sonstigen Objekten (Hinderniserkennung);
- Identifizierung von Bauteilen;
- Erkennung der (richtigen) Lage und Orientierung von Bauteilen;
- Konturverfolgung bei Bearbeitungsaufgaben (Bahnsteuerung);
- Ausgleich von Lage-, Form- und Aufspanntoleranzen bei Werkstücken;
- Ausgleich von Ungenauigkeiten, verursacht durch die Programmierung;
- Kontrolle der korrekten Bearbeitung eines Werkstücks und Prüfung der Bearbeitungsparameter;
- Analyse und Erkennen von Gefahrensituationen (Kollisionen bzw. Objekte, die sich im Roboter-Arbeitsbereich befinden);
- Prüffunktionen bei der Prozessüberwachung und Qualitätskontrolle.

Bei sich autonom bewegenden mobilen Robotern sind zusätzliche Sensorfunktionen erforderlich, auf die noch gesondert eingegangen wird.

Anforderungen

Die wichtigsten Kriterien und Anforderungen an Leistungsfähigkeit und sonstige Eigenschaften von Sensoren sind:

- Messbereich: Wie groß ist die Spanne zwischen den messbaren Mindest- und Höchstwerten?
- Empfindlichkeit: Wie empfindlich wirken sich Änderungen des primären physikalischen Signals auf das Ausgangssignal aus?
- Linearität: Wie konstant ist das Verhältnis von Eingangs- zu Ausgangsdaten?
- Genauigkeit: Wie genau stimmen die tatsächlichen Größen mit den gemessenen Werten überein?
- Auflösung: Wie groß ist die kleinste messbare Schrittweite des Eingangssignals?
- Wiederholgenauigkeit: Wie genau stimmen aufeinander folgende Messungen derselben Größe überein?
- Reaktionszeit: Wie schnell bildet sich eine Änderung der Eingangsgröße auf das Ausgangssignal des Sensors ab?

14.2.2 Interne Sensoren

Um die programmierten Bewegungsmuster umzusetzen, muss die Steuerung den Roboterzustand, also seine aktuelle Position, die Achsstellungen oder den Status des Effektors kennen. Dazu sind Sensoren nötig, die entweder berührend (taktil) oder berührungslos (meist optisch) die hierzu erforderlichen Werte liefern. Interne Sensoren erfassen daher Daten für Positionierungs- und Bewegungsaufgaben, z. B. als Geber für die Richtungsanzeige (Kompass) oder Odometer als ein lineares Messsystem zur Berechnung des zurückgelegten Wegs bei mobilen Robotern. Auch Steigungssensoren (Klinometer) zur Messung des Boden- oder Kippwinkels oder Tachometer zur Geschwindigkeitsmessung liefern wichtige Daten zur exakten Orientierung. Allgemein liefern interne Sensoren Daten über wichtige Zustandsgrößen des Roboters, wie:

- Position und Orientierung des Roboters einschließlich der Stellung seiner Gelenke,
- Geschwindigkeit und Beschleunigung, mit der sich die Achsen bewegen,
- Kräfte und Momente, die auf die Gelenke einwirken (Druck-, Kraft- und Momentensensoren),
- Motorströme zur Antriebsregelung sowie
- Temperaturen im Inneren des Roboters bzw. der Steuerung.

Winkelencoder oder Inkrementalgeber sowie ihre Funktionen als rotatorische Winkelmesssysteme zur absoluten oder inkrementalen Erfassung der Achsstellungen und Gelenkorientierungen wurden bereits im Abschnitt 7.2 „Wegmessung“ eingehend beschrieben.

14.2.3 Externe Sensoren

Sensoren haben nicht nur die Aufgabe, den Roboterzustand zu erfassen, sondern dienen auch der Orientierung und Positionierung des Roboters sowie der Erfassung seines Arbeitsraums und dessen Objekte. Im Verbund mit seiner jeweiligen Aufgabenstellung steht ein Robotersystem in enger Beziehung zu seiner Umgebung. Die Interaktionen mit der Umwelt bestimmen zu einem wesentlichen Teil sein Verhalten. Daher sind Sensoren zur qualitativen und quantitativen Erfassung der physikalischen Eigenschaften des Umfelds, wie Temperatur, Helligkeit, Berührungswiderstand, Lage von Objekten und von diesen ausgeübte Kräfte, unabdingbar für einen sinnvollen Robotereinsatz. Sie liefern Daten über die Umgebung, indem sie physikalische oder andere Größen in eindeutig verwertbare, meist elektrische Signale umwandeln. Deren weitere Auswertung erfordert oft noch erhebliche Rechnerleistungen, z. B. bei der Bildverarbeitung. Bereits einfache Sensoren zur Kontrolle der Anwesenheit von Objekten machen Roboteranwendungen überhaupt erst möglich und sinnvoll. In allen Materialflussketten werden Sensoren genutzt, um Rückmeldungen an die Steuerung zu liefern. Dank der Leistungsfähigkeit moderner Prozessoren sind heute auch komplexe Spezialsensoren erhältlich, die das Anwendungsspektrum für Roboter beträchtlich erweitern. Mit solchen Sensoren lassen sich unter anderem Lage, Ausrichtung und Zustände von Bauteilen automatisch erkennen. Die Robotersteuerung ist mit geeigneten Schnittstellen zur Aufnahme dieser Sensorinformationen versehen, um die Bewegungsabläufe des Roboters abhängig von den erhaltenen Daten zu koordinieren.

Erfassbare Größen

Zu den von externen Sensoren zu erfassenden physikalischen Größen und Objekten aus der Umgebung des Roboters zählen unter anderem:

- Entfernungen zu Hindernissen über Laufzeit-Entfernungsmessung, wie Sonarsensoren oder Laser-Entfernungsmesser (Kollisionsschutz),
- physikalische Größen im Rahmen spezieller technischer Prozesse,
- Lage, Ausrichtung und Farbe von Objekten (Werkstücke, Material) sowie Positionsmarken,
- Gegenstände allgemein, erfassbar über Näherungstaster und Endschalter (optische und induktiv-/kapazitive Taster, Hallgeber etc.),
- Konturen, Vermessung geometrischer Merkmale von Objekten,
- Pixelbilder der Umgebung (optische Sensoren, Kameras),
- Beschaffenheit von Oberflächen (Tastsensoren, „haptische Sensoren"),
- Beschaffenheit von Objekten am Greifsystem eines Roboters (u. a. mit Dehnungsmessstreifen – DMS).

Reichweiten

Bei den externen Sensoren unterscheidet man zwischen kurzen und längeren Reichweiten. Sensoren für kurze Reichweiten liefern Informationen über die nähere Umgebung des Roboters, wobei es meist nur interessiert, ob ein Gegenstand vorhanden ist oder nicht (→

Kollisionsvermeidung). Damit sich ein (mobiler) Roboter ohne Kollision mit Hindernissen in seiner Umgebung bewegen und so sein Ziel ansteuern kann, muss er seine Umwelt „wahrnehmen“. Hauptanwender dieser Informationen aus der Umwelt ist die Navigation. Endlagenschalter oder Grenztaster (limit switches) signalisieren eine Kollision und „Bumpers“, eine Art Stoßstange, die einen Mikro-Schalter auslöst, erfassen die Wucht einer Kollision. Feine Tastfühler, auch „Whiskers“ genannt (eigentlich „Barthaare“ – ähnlich den Tasthaaren im Gesicht einer Katze), signalisieren Alarm kurz vor einer drohenden Kollision.

Sensoren für längere Reichweiten liefern Informationen über die fernere Umgebung des Roboters. Neben der reinen Erfassung von Objekten werden bei Bedarf auch deren Position, Distanz und Orientierung ermittelt. Infrarotsensoren lassen sich für Distanzen bis ca. 10 m einsetzen. Die Reichweiten für Ultraschallgeber bewegen sich zwischen einigen Zentimetern bis hin zu wenigen Metern, liefern jedoch recht ungenaue Abstandsmessungen und nur grobe Richtungsdaten. Für eine zuverlässige Entfernungsmessung in Bereichen von ca. 2 m bis 30 m oder mehr eignen sich Laserlaufzeitmessungen. Anstelle elektromagnetischer Wellen, wie bei Radaranlagen, werden Lichtpulse eines Lasers ausgesendet, die von einem Objekt zurück reflektiert werden. Durch Messen der Pulslaufzeit kann man über die Lichtgeschwindigkeit die Distanz zwischen Lichtquelle und Objekt sehr genau ermitteln.

14.3 Näherungsschalter

Näherungsschalter oder Grenztaster gehören zu den sensorischen Grundelementen der Automatisierungstechnik und somit auch der Robotik. Man unterscheidet grundsätzlich zwischen berührend („taktilen“) und berührungslos arbeitenden Näherungssensoren.

14.3.1 Berührende Sensoren

Berührende oder taktile Sensoren können Position, Abmessungen oder Formen von Objekten erfassen bzw. ertasten. In der Anlagenautomatisierung werden oft berührende Endlagenschalter oder Grenztaster eingesetzt, die erkennen, wenn ein bewegter Gegenstand, z. B. ein Werkstück oder ein Maschinenteil, eine bestimmte Endlage erreicht hat. Das erzeugte Signal kann dann den Stopp einer Bewegung veranlassen. Diese Schalter werden oft auch als Sicherheits-Endschalter eingesetzt, um Endpositionen nicht zu überfahren und somit Schäden an Personen und Anlage zu vermeiden. Es sind Bauformen mit Öffner-, Schließer- und Wechslerkontakten verfügbar, letztere mit den Anschlüssen Öffnerkontakt, Schließerkontakt und Schaltzunge. Endschalter sind oft als Rollenhebelschalter ausgeführt, deren Betätigungshebel mit einer Rolle versehen ist. Wird die Rolle über die Betätigungskurve eines Werkstücks oder Maschinenteils angefahren, so werden die damit gekoppelten Kontakte betätigt. Die Rolle sorgt für eine längere mechanische Lebensdauer und geringere Betätigungskräfte am Hebel (siehe Bild 14.3). In vielen Fällen kommen auch Mikroschalter als Grenztaster zum Einsatz. Besonders beliebt wurde der Mikroschalter mit schnappendem System als Standardbauteil in vielen Elektrogeräten. Durch seinen geringen Kontaktabstand (Kontaktweg kleiner als 3 mm) eignet er sich allerdings nur zum Schalten geringer Lasten und wird daher fast nur in digitalen Steuerungen mit Halbleiterbausteinen eingesetzt. Zu den berührenden Sensoren zählen auch Dehnungsmessstreifen und Temperaturfühler im direkten Kontakt zum Objekt, piezoelektrische Sensoren als Kraftaufnehmer, Wägezellen zur Kraft- und Gewichtsmessung, Drehmomentsensoren, diverse Füllstandsgeber und andere.

Bild 14.3: Technische Ausführung von Rollenhebelschaltern (rechts: als Mikroschalter, *Quelle:* Kissling)

14.3.2 Berührungslos wirkende Geber

Zu den berührungslos arbeitenden Sensoren gehören alle opto-elektronischen Geber, wie Laser- und Reflexlichtschranken oder Lichttaster, sowie induktive und kapazitive Näherungsschalter, Hall- und Wiegand-Sensoren. Auch akustische Sensoren zur Abstandsmessung durch Ultraschall zählen zu dieser Gruppe. Näherungsinitiatoren werden als wichtige Komponenten zur Positionserkennung von Werkstücken, Werkzeugen oder sonstigen Objekten in nahezu allen Fertigungs- und Automatisierungsprozessen eingesetzt. Diese Sensoren reagieren ohne direkten Kontakt auf eine Annäherung an das zu erfassende Objekt und lösen ein binäres Schaltsignal aus. Sie kommen auch für Sicherheitsmaßnahmen beim Personen- und Maschinenschutz zum Einsatz (siehe auch Abschnitt 11.5.2 „Schutzeinrichtungen"). Bei den meisten Näherungsschaltern sind Sensor und Schaltkontakte in einem Bauelement integriert.

Arten von Näherungsschaltern

Tabelle 14.1: Zusammenstellung der wichtigsten berührungslosen Näherungsschalter

Art des Schalters	Funktions-Kurzbeschreibung	erkennbare Objekte
induktive Näherungsschalter	elektromagnetische Induktion von Wirbelströmen	metallische Gegenstände, ferromagnetisch und nichtmagnetisch
kapazitive Näherungsschalter	Kondensator-Prinzip: Änderung einer Kapazität	nicht-leitende Werkstoffe (Kunststoff, Holz, Wasser), aber auch Metalle
magnetische Näherungsschalter	Reedkontakte, Hallsensoren, Wiegand-Sensoren	Magnete, Magnetfelder
optische Näherungsschalter	reagieren auf Lichtreflexion oder Unterbrechung eines Lichtstrahls	Licht reflektierende/remittierende Objekte (helle Gegenstände) oder Licht-undurchlässige Objekte
Lichtschranken	werten die Unterbrechung eines Lichtstrahls aus	optisch nicht transparente Objekte
Ultraschall-Geber	werten die Reflexion eines Ultraschallsignals an einem Objekt aus. Über die Laufzeit des Ultraschallsignals ist auch Entfernungsmessung möglich	alle Schall reflektierenden Gegenstände, also keine Watte, Schaumstoffe oder Netze
elektromagnetische Näherungsschalter	Annäherung eines Objekts ändert die Frequenz von Schwingkreisen	leitende wie auch nicht leitende Werkstoffe

Tabelle 14.1 enthält eine Zusammenstellung der wichtigsten berührungslos arbeitenden Näherungsschalter mit einer Kurzbeschreibung ihrer Funktion und den jeweils detektierbaren Objekten.

14.4 Funktion diverser Näherungsschalter

In der Mess- und Sensortechnik gibt es nahezu unzählige Arten von Sensoren und Messprinzipien. Es besteht großer Bedarf, immer mehr physikalische, chemische oder biologische Größen zu erfassen und zu quantifizieren. Die weltweite Forschung liefert hierzu ihren Beitrag durch fortlaufende Entdeckungen neuer Sensoreffekte und sensorisch geeigneter Werkstoffe. Daher sollen nachfolgend nur einige der wichtigsten Vertreter von Näherungsschaltern etwas eingehender betrachtet werden, nämlich induktive, kapazitive und magnetische Näherungsschalter sowie Hall-Sensoren.

14.4.1 Induktive Näherungsschalter

Ein induktiver Näherungsschalter (Initiator) ist ein Sensor, der sicher und berührungslos metallische, elektrisch leitfähige Objekte erfasst. Seine Funktion beruht auf der Wechselwirkung metallischer Leiter mit einem elektromagnetischen Wechselfeld. Der Sensor liefert am Ausgang ein Binärsignal „Objekt erkannt/nicht erkannt". Die Betätigung erfolgt durch metallische Objekte, die in die Nähe der aktiven Fläche des Sensors gelangen. Der Geber besteht hauptsächlich aus folgenden Komponenten:

- einer Spule mit Ferritkern (Sensorkopf),
- einem Hochfrequenzoszillator,
- einer Auswerteeinheit und
- einer Ausgangsstufe (siehe Bild 14.4).

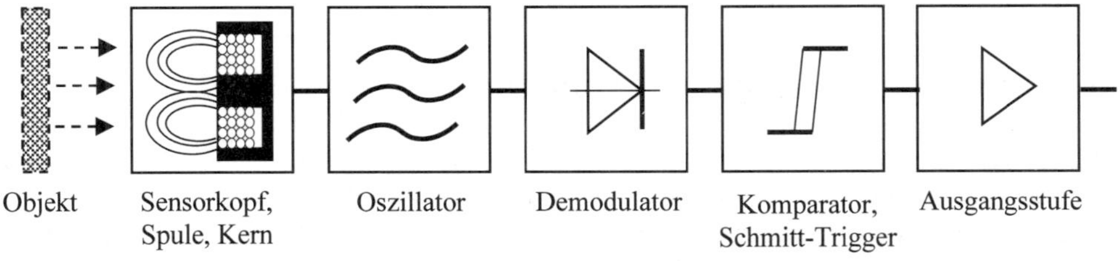

Bild 14.4: Funktionseinheiten eines induktiven Näherungsschalters

Wird der Sensor mit Spannung versorgt, so beginnt der Oszillator zu schwingen. Das in einem Ferritkern mit Spule entstehende elektromagnetische Wechselfeld ist nach vorne zur aktiven Sensorfläche hin ausgerichtet. Ein sich näherndes metallisches Betätigungselement entzieht durch Wirbelstromverluste dem Wechselfeld und damit dem Schwingkreis Energie, worauf sich die Amplitude der Oszillatorspannung ändert. Ein nachgeschalteter Komparator (Schmitt-Trigger) wertet dies aus und bewirkt bei der dem Schaltabstand entsprechend eingestellten Schaltschwelle des Komparators einen Wechsel des Ausgangs-Schaltzustands. Das Objekt ist damit erkannt.

Schaltabstand

Als Schaltabstand bezeichnet man den Abstand zwischen der aktiven Fläche des Sensors und dem zu erkennenden Objekt, bei dem ausgangsseitig ein Signalwechsel ausgelöst wird. Dabei versteht man unter „Nennschaltabstand“ den maximalen Abstand, den eine sog. „Norm-Messplatte“ haben darf, um einen Schaltvorgang auszulösen. Da Objekte aus unterschiedlichen Metallen verschiedene magnetische und elektrische Eigenschaften aufweisen, wie Leitwert oder magnetische Permeabilität, bedämpfen sie das elektromagnetische Wechselfeld des Sensorkopfs unterschiedlich stark, was sich auf den Schaltabstand auswirkt. So weisen Metalle, wie Kupfer, Messing oder Aluminium, einen gegenüber Edelstahl deutlich geringeren Schaltabstand auf. Man kann über einen Korrektur- bzw. Reduktionsfaktor die Abweichung des Schaltabstands von Werkstoffen gegenüber Stahl angeben. Die abweichenden Schaltabstände bieten aber auch die Möglichkeit, Objekte aus verschiedenen Materialien (z. B. Stahl – Messing) mit einem induktiven Initiator zu unterscheiden. Die Hysterese des Komparators bewirkt unterschiedliche Schaltabstände, je nachdem, ob sich das Objekt auf den Sensorkopf zubewegt oder sich von ihm entfernt. Das verhindert ein „Flattern“ des Ausgangssignals.

Anwendungen

Der weitgesteckte Anwendungrahmen induktiver Näherungsschalter umfasst Branchen des Maschinen- und Anlagenbaus, der Kfz-Industrie, der Lager-, Förder-, Verfahrens- und Verpackungstechnik bis hin zur Druck- und Papierindustrie. Die Geber werden meist als berührungslose Endschalter verwendet zum Erfassen, Zählen oder Sortieren von Werkstücken, als Sicherheits-Grenztaster oder Endlagenschalter. Induktive Näherungstaster lassen sich auch da einsetzen, wo andere Techniken, wie optische Geber, Lichtschranken etc., versagen. So beeinträchtigen starke Verschmutzung, Kühl- oder Schmiermittel, aggressive Umweltbedingungen oder hohe Feuchtigkeit die Funktion dieser Näherungsschalter nicht.

14.4.2 Kapazitive Näherungsschalter

Kapazitive Näherungsschalter sind Sensoren, die berührungsfrei auf die Annäherung eines leitenden oder nicht leitenden Gegenstands, aber auch von Flüssigkeiten, mit einem elektrischen Schaltsignal reagieren. Das Sensorprinzip beruht auf der bei Annäherung sich ändernden elektrischen Kapazität einer Messelektrode zur Umgebung oder zu einer Referenzelektrode.

Der kapazitive Näherungsschalter besteht hauptsächlich aus folgenden Elementen:

- einer aktiven Sensorelektrode (Teil eines Kondensators),
- einem Hochfrequenzoszillator,
- einer Auswerteeinheit (Demodulator, Komparator) und
- einer schaltenden Ausgangsstufe (siehe Bild 14.5).

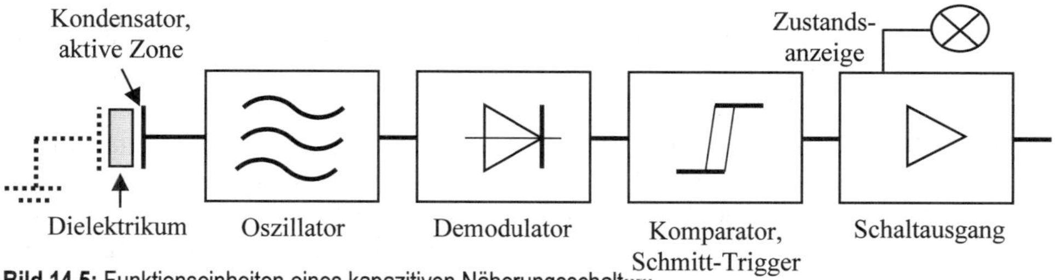

Bild 14.5: Funktionseinheiten eines kapazitiven Näherungsschalters

Funktion

Der Sensor arbeitet mit einem Oszillator, dessen frequenzbestimmende Kapazität teilweise vom zu detektierenden Medium bzw. der Umgebung gebildet wird. Durch die Annäherung eines leitenden (metallischen) oder auch nicht leitenden Objekts an die aktive Sensorzone vergrößert sich diese Kapazität, was zu einer auswertbaren Änderung des Schwingverhaltens (Frequenz, Amplitude) des Oszillators führt. Die nachgeschaltete Komparatorstufe wertet dies aus und der Schaltverstärker ändert seinen Ausgangszustand. Bei Einfluss auf das Feld durch einen Nichtleiter beruht die Kapazitätsänderung auf einer Änderung der wirksamen Permittivität (dielektrische Leitfähigkeit) im Bereich der Sensorelektrode. Der erreichbare Schaltabstand ist relativ gering und beträgt je nach Abmessungen des Sensors bis ca. 40 mm. Nähert sich dem Sensorfeld ein leitender Gegenstand, so erhöht sich die Empfindlichkeit und somit der Schaltabstand auf etwa das Doppelte. Die Kapazitätsänderung und damit der Schaltabstand hängt im Wesentlichen von Material und Abmessungen des zu detektierenden Objekts ab sowie von der jeweils wirksamen Dielektrizitätskonstanten ε_r. Wie andere Näherungsschalter besitzen auch kapazitive Näherungssensoren eine Schalthysterese für das Ansprechverhalten. Zum Einstellen des gewünschten Schaltabstands lässt sich die Empfindlichkeit justieren. Der Schaltausgang verwendet Relaiskontakte oder elektronische Schalter.

Anwendungen

Kapazitive Näherungsschalter erfassen neben ferromagnetischen und NE-Metallen auch flüssige, körnige oder pulverisierte Werkstoffe, so z. B. Kunststoffe, Holz, Stein, Öl oder Wasser (ε_r = 81). Ihre Anwendungsbereiche überschneiden sich teilweise mit denen der induktiven Näherungsschalter.

14.4.3 Magnetische Näherungsschalter

Magnetische Näherungsschalter bzw. Magnetfeldsensoren reagieren auf magnetische Felder von Dauer- oder Elektromagneten. Es handelt sich um Sensoren, die unter Einbezug eines magnetischen Felds technische Größen, wie Position, Drehzahl etc., berührungslos erfassen und in elektrische Signale wandeln. Als magnetische Näherungsschalter werden überwiegend eingesetzt:

- Reed-Relais bzw. Reed-Kontakte oder
- Hall-Sensoren.

Reed-Relais

Ein Reed-Relais (*engl.* reed: Blatt, Blättchen, Kontakt-Zunge) ist ein Relais, das einen Reed-Kontakt verwendet und sich für relativ schnelles Schalten kleiner Spannungen und Ströme eignet. Die Reed-Schaltkontakte sind unter Vakuum oder hochreinen Schutzgasen in einen Glaskolben eingeschmolzene Kontaktzungen, die zugleich die Kontaktfedern und den Magnetanker des Relais bilden. Die Kontaktzungen werden aus ferromagnetischem, also magnetisierbarem Material hergestellt. In der Mitte der Glasampulle überlappen sich die beiden Zungen mit einem Abstand von wenigen Mikrometern. Die Kontaktbetätigung erfolgt durch ein von außen angelegtes Magnetfeld, das von einem Dauermagneten (Reed-Kontakt) oder in einer zugehörigen Magnetspule elektrisch erzeugt wird (Reed-Relais). Bild 14.6 zeigt das Prinzip eines Reed-Kontakts.

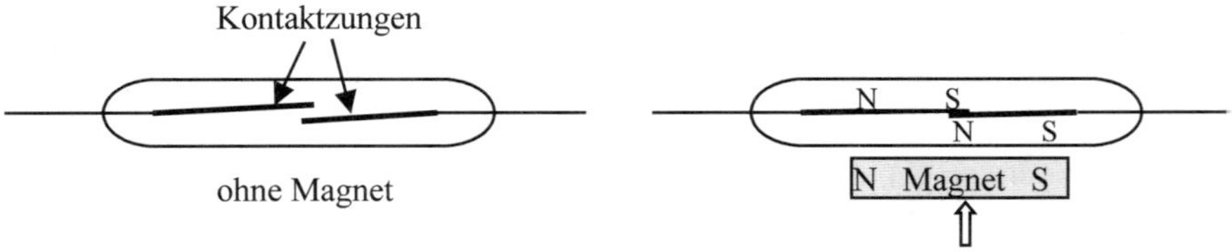

Bild 14.6: Funktionsprinzip des Reed-Kontakts

Funktionsprinzip

Im Ruhezustand berühren sich die Schaltzungen nicht (Bild 14.6, links). Durch ein sich von außen näherndes magnetisches Feld bilden sich an den beiden ferromagnetischen Zungen jeweils kleine Magnete aus mit je einem Nord- und Südpol (Bild 14.6, rechts). Dadurch kommen in der Mitte ein magnetischer Süd- und Nordpol übereinander zu liegen: die beiden Kontaktzungen ziehen sich an, schließen den Kontakt und somit einen äußeren Stromkreis. Wird eine bestimmte magnetische Feldstärke unterschritten, so öffnet sich der Kontakt aufgrund der Federwirkung wieder. Bei Reed-Kontakten als Näherungsschalter oder zur Lageerkennung erfolgt die Kontaktbetätigung über einen Dauermagneten. Die Betätigungsmagnete sind meist dazu passend ausgeführt oder sie werden in Maschinenteile eingelassen. Diese Technik ermöglicht es, hermetisch dichte Schaltelemente mit geringer Baugröße für relativ schnelle Schaltvorgänge herzustellen. Reed-Kontakte werden in Verbindung mit Dauermagneten häufig für Türkontakte, zur Endlagenerkennung (z. B. an Pneumatikzylindern) und verbreitet in Applikationen der Automatisierungstechnik eingesetzt. In diesen Anwendungsbereichen werden auch sehr häufig die nachfolgend beschriebenen kontaktlosen Hall-Sensoren verwendet.

Hall-Sensoren

Beim Hallsensor handelt es sich um einen Magnetfeldsensor, der unter Ausnutzung des Hall-Effekts ein Magnetfeld oder eine Magnetfeldänderung erfasst und daraus zur Weiterverarbeitung eine elektrische Größe ableitet. Der Hall-Effekt beschreibt das Auftreten einer elektrischen Spannung in einem stromdurchflossenen Leiter, der sich in einem äußeren Magnetfeld (B) befindet. Bild 14.7 veranschaulicht das Prinzip.

Auf die sich im Leiter bewegenden Elektronen wirkt senkrecht zu ihrer Bewegungsrichtung und senkrecht zum Magnetfeld die Lorentzkraft. Fließt also der Strom I senkrecht zum Magnetfeld B, so werden die Elektronen auf eine Seite des Leiters „gedrängt“. Hierdurch kommt es auf einer Leiterseite zu einem Elektronenüberschuss, während auf der gegenüberliegenden Seite ein Elektronenmangel entsteht. Die zwischen den gegenüberliegenden Leiterseiten (oben und unten im „Leiter“ von Bild 14.7) entstehende Potentialdifferenz führt zu einer elektrischen Spannung. Diese senkrecht sowohl zur Stromfluss- wie zur Richtung von B am Leiter erzeugte Spannung wird als Hall-Spannung U_H bezeichnet.

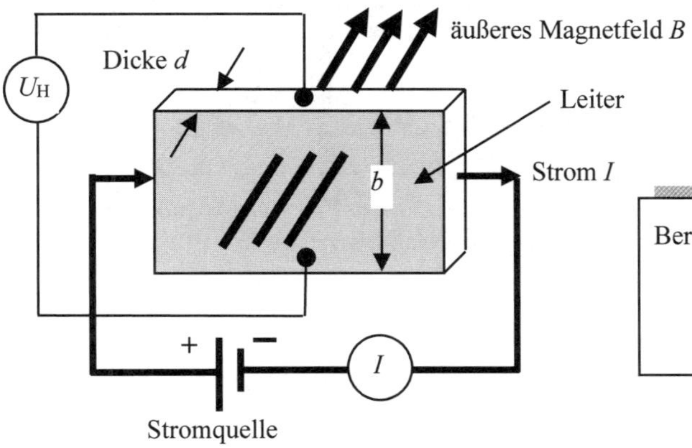

Berechnung der Hall-Spannung U_H:

$$U_H = A_H \cdot \frac{I \cdot B}{d}$$

Bild 14.7: Prinzip des Hall-Effekts

Berechnung von U_H

Die Größe der erzeugten Hall-Spannung U_H kann mit Hilfe der im Bild 14.7 stehenden Beziehung aus der Stromstärke I, der magnetischen Flussdichte B, der Dicke des Leiterplättchens d (parallel zu B) und einer Materialkonstanten, der so genannten Hall-Konstanten A_H, berechnet werden. Die Hall-Konstante gibt spezifische Eigenschaften der eingesetzten Materialien wider. Die Hall-Spannung U_H folgt in der Regel unmittelbar den Strom- und Magnetfeldänderungen und steigt bei konstantem Strom mit dem Magnetfeld B linear an.

Anwendungen

Anwendungsbereiche für Hall-Geber sind schwerpunktmäßig die berührungslose Erkennung und Positionserfassung von Objekten. Hall-Sensoren reagieren wesentlich schneller als die mechanisch bewegten Reed-Kontaktzungen. Ein weiterer Vorteil ist ihre absolute Unempfindlichkeit gegenüber Schmutz und Wasser. Ein Nachteil von Hallsensoren besteht darin, dass sie eine Betriebsspannung als Hilfsenergie benötigen.

Hall-Magnetgabelschranke

Es gibt grundsätzlich zwei Möglichkeiten der Signalerzeugung mit einem Hallsensor:

- ein sich näherndes Magnetfeld bewirkt ein Umschalten des Sensors oder
- ein das Hallelement durchflutender magnetischer Fluss wird unterbrochen.

Von letztgenannter Möglichkeit macht die in Bild 14.8 dargestellte Hall-Magnetgabelschranke Gebrauch.

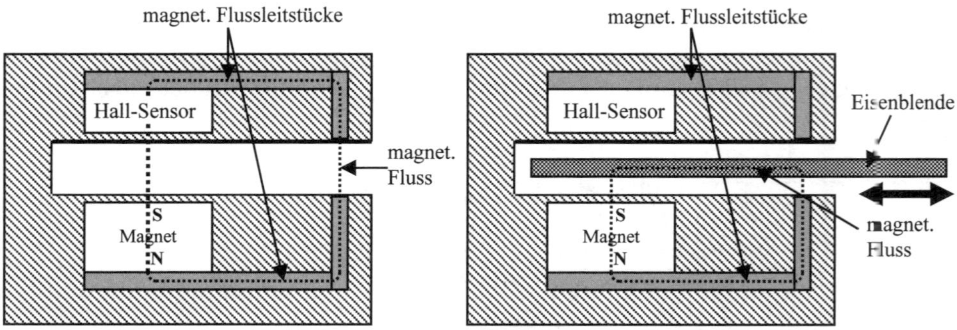

ohne Blende: Hall-Sensor „EIN“

mit Blende: magnet. Fluss über Blende kurzgeschlossen – Hall-Sensor „AUS“

Bild 14.8: Funktionsprinzip einer Hall-Magnetgabelschranke

Hierbei sind ein Permanentmagnet und ein Hall-Element zusammen mit magnetischen Flussleitstücken in ein Kunststoffgehäuse eingebettet. Zwischen Magnet und Hall-Element befindet sich ein Schlitz, womit eine gabelförmige Anordnung entsteht. Im nichtbetätigten Zustand durchdringt der über Flussleitstücke geführte magnetische Fluss den Hall-Sensor, der damit den „EIN“-Zustand annimmt. Wird die Magnetgabelschranke durch eine in den Schlitz eingebrachte Eisenblende betätigt (Bild 14.8, rechts), so unterbricht dies den magnetischen Fluss durch den Sensor, der damit in den „AUS“-Zustand wechselt. Diesen Signalwechsel nutzt man zur Objekterkennung.

14.5 Photoelektrische Sensoren

Optische Sensoren wie Kamera und Bildverarbeitungssysteme sind als „künstliche Augen“ in der Automatisierung und im Roboterumfeld nicht mehr wegzudenken. Vollständig in das Fertigungsumfeld integriert verleihen Kameras, Laserscanner und andere photoelektrische Sensoren Maschinen wie Robotern die Fähigkeit, Objekte zu sehen, sie zu erkennen und zu identifizieren, um daraus Entscheidungen abzuleiten. Eine Vielzahl unterschiedlicher Sensoren der Mess- und Automatisierungstechnik beruht auf einem der photoelektrischen Effekte. Alle Arten photoelektronischer Sensoren haben primär die Aufgabe, optische Informationen in elektrisch auswertbare Signale zu überführen. Dabei beschränkt man sich vornehmlich auf sichtbares Licht, Infrarot- und Ultraviolettstrahlung. Die Sensoren wandeln entweder die optische Strahlung in elektrische Größen wie Strom oder Spannung um oder sie erzeugen einen von der einfallenden Strahlung abhängigen elektrischen Widerstand. Elektronische Bauelemente und Verfahren, die elektrische Energie in Licht oder Licht in elektrische Energie umwandeln, fallen generell unter den Begriff „Optoelektronik“, einer Wortkombination aus Optik und (Mikro-) Elektronik.

14.5.1 Photoelektrischer Effekt

Grundlage optischer Sensoren ist ihr Sensoreffekt, der „photoelektrische Effekt" zur Signalwandlung durch die quantenmechanischen Effekte des Lichts. Vergleichbar dem Gesichtssinn bei Lebewesen zählt der photoelektrische Effekt zu den bedeutendsten Sensoreffekten. Dabei wird ein Photon als elementare Einheit (Lichtquant) des quantisierten elektromagnetischen Felds von einem Elektron in einem Atom oder im Valenzband eines Festkörpers „eingefangen" und durch den damit verbundenen Energiezuwachs das Elektron aus seiner atomaren Bindung gelöst. Die erforderliche Energie des Photons muss mindestens so groß sein wie die Bindungsenergie des Elektrons. Je nach Zustand des Elektrons vor der Energieübertragung unterscheidet man drei nah verwandte, aber dennoch unterschiedliche Arten des photoelektrischen Effekts:

- den äußeren photoelektrischen Effekt (lichtelektrischer Effekt oder Fotoemission),
- den inneren photoelektrischen Effekt und
- die Photo-Ionisation, auch als atomarer Photoeffekt bezeichnet.

Heutige opto-elektronische Sensoren basieren meist auf dem inneren photoelektrischen Effekt, der ausschließlich in Halbleitern auftritt. Die Sensoren nutzen Halbleiter, in denen das Licht Ladungsträger erzeugt, wodurch sich die elektrischen Eigenschaften des Materials ändern. Das einfallende Licht verändert dabei entweder die elektrische Leitfähigkeit in einem Photowiderstand (LDR – Light Dependent Resistor, ein Halbleiter, dessen Leitfähigkeit lichtabhängig ist) oder verursacht eine Photospannung (Fotodiode, Fotoelement). Eine Spezialform optischer Sensoren wird in digitalen Foto- und Videokameras und in Scannern für die Mustererkennung eingesetzt. Sie werden auch als Bildsensoren (CCD-Sensor – Charge-coupled Device) bezeichnet und bestehen aus einem Array lichtempfindlicher Fotodioden, um zweidimensionale Bilder zu erfassen.

14.5.2 Optische Näherungsschalter

Optische Näherungsschalter basieren auf der Reflexion von Licht an reflektierenden bzw. remittierenden, also hellen Objekten. Sie bestehen aus einem Lichtsender (Lichtquelle, meist eine Leuchtdiode – LED oder Laserdiode) und einem lichtempfindlichen Widerstand oder einer Fotodiode als Lichtempfänger. In der Auswerteeinheit wertet der Empfänger die Intensität des empfangenen reflektierten Lichts aus und erzeugt daraus ein Schaltsignal. Die Lichtquellen erzeugen meist sichtbares Licht oder Licht im Infrarotbereich. Infrarotlicht hat den Vorteil, auf dunklen Oberflächen eine höhere Reichweite zu erzielen und unempfindlich gegenüber Fremdlicht (Tageslicht) zu sein.

14.5.3 Lichtschranken

Eine Lichtschranke erkennt die Unterbrechung eines Lichtstrahls durch ein Objekt und erzeugt daraus ein elektrisches Schaltsignal. Lichtschranken sind wie Optokoppler aufgebaut, haben jedoch zwischen Sender und Empfänger einen offenen und damit zugänglichen optischen Strahlengang. Der Sender besteht aus einer im infraroten, sichtbaren oder ultravioletten Bereich emittierenden LED oder Laserdiode. Der Empfänger ist meist ein

Fototransistor mit nachgeschalteter Verstärkung, der einen durch das Licht gesteuerten binären Schaltausgang zur Verfügung stellt. Bei den Lichtschranken unterscheidet man drei verschiedene Versionen:

- die Einweglichtschranke,
- die Reflexionslichtschranke und
- den Lichttaster.

Einweglichtschranke

Bei der Einweglichtschranke (ELS) sind Sender (S) und Empfänger (E) in getrennten Gehäusen untergebracht und werden gegenüberliegend montiert. Bei der Montage müssen sie zueinander optisch ausgerichtet werden. Wird durch ein Objekt der direkte Weg zwischen Sender und Empfänger unterbrochen, so ändert sich die vom Empfänger registrierte Lichtintensität. Die Empfangselektronik wertet diese Veränderung aus und löst ein binäres Signal aus: „Objekt erkannt". Zu den Einweglichtschranken zählen auch die Gabellichtschranken, bei denen Sender und Empfänger in geringem Abstand zueinander bereits vormontiert sind. Bild 14.9 a) zeigt die Anordnung von Sender und Empfänger bei einer Einweglichtschranke, Bild 14.9 b) eine Gabellichtschranke.

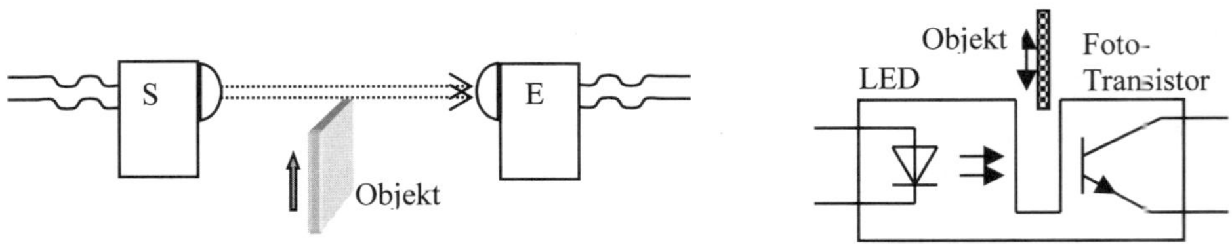

Bild 14.9: a) Prinzip der Einweglichtschranke (ELS), b) Gabellichtschranke

Reflexlichtschranke

Eine Alternative, Objekte optisch zu erfassen, bietet die Reflexlichtschranke (RLS). Das Prinzip ähnelt der einer Einweglichtschranke, jedoch sind hierbei Sender (S) und Empfänger (E) parallel zueinander in einem gemeinsamen Gehäuse untergebracht (Bild 14.10.) Damit das Sendelicht auf den Empfänger treffen kann, wird der vom Sender ausgesendete Lichtstrahl von einem entfernten Reflektor (Tripelspiegel oder Reflexfolie) zum Empfänger zurück gespiegelt. Auch hierbei wird die Unterbrechung des Lichtstrahls zwischen Sensor und Reflektor ausgewertet, um ein Schaltsignal auszulösen. Kleine Reflexlichtschranken werden auch als Reflexkoppler bezeichnet. Sie reagieren auf die an den zu erkennenden Teilen angebrachten reflektierenden Folienmarken.

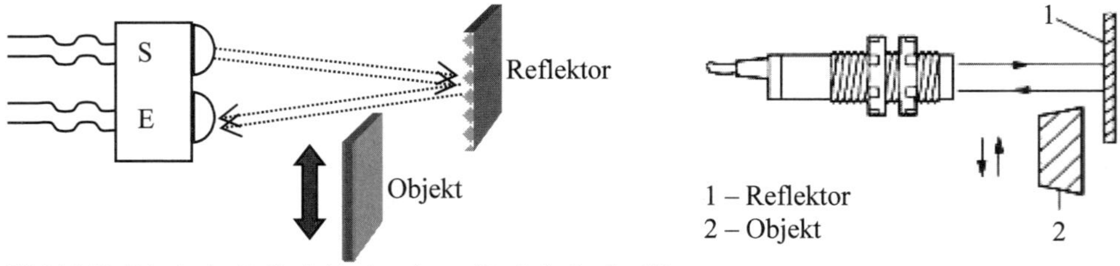

Bild 14.10: Prinzip der Reflexlichtschranke und technische Ausführung

Lichttaster

Eine weitere Möglichkeit, Gegenstände optisch zu erfassen, bietet der (Reflex-) Lichttaster (RLT). Sein prinzipieller Aufbau entspricht dem der zuvor beschriebenen Reflexlichtschranke. Auch hier sind optischer Sender und Empfänger gemeinsam in einer Einheit untergebracht. Ähnlich der Reflexlichtschranke wird auch hier das reflektierte Licht zur Auswertung im Empfänger benutzt. Jedoch arbeitet der Lichttaster nicht mit dem zurückkehrenden Licht eines Reflektors, sondern reagiert auf das Licht, das von einem zu erfassenden Gegenstand reflektiert bzw. remittiert wird. Der Schaltabstand ist deshalb in erster Linie von den Reflexionseigenschaften der Objektoberfläche, jedoch auch von der Größe der Objekte abhängig. Die Reichweite eines Lichttasters als maximaler Erfassungsabstand zum Objekt wird als Tastweite bezeichnet. Der Lichttaster unterscheidet zwei Zustände:

- Objekt vorhanden: das Sendelicht wird von einem Gegenstand reflektiert und trifft auf den Empfänger;
- Objekt nicht vorhanden: das Sendelicht wird nicht reflektiert und daher fällt kein Licht auf den Empfänger zurück (siehe Bild 14.11, links und Mitte).

Die Funktionsweise des Lichttasters kommt dem Arbeitsprinzip von Ultraschall-Näherungssensoren (Abschnitt 14.7.4) am nächsten.

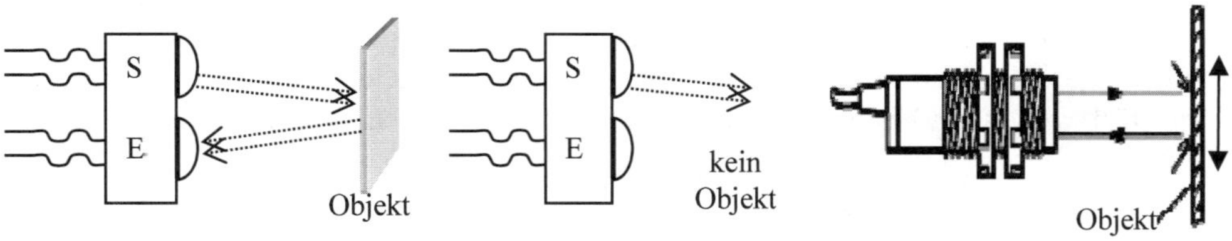

Bild 14.11: Prinzipielle Arbeitsweise von Lichttastern (links: Objekt vorhanden; Mitte: Objekt nicht vorhanden; rechts: technische Ausführung)

14.6 Bildverarbeitung

Die wohl bedeutendsten Sensoren zur Unterstützung von Roboteraufgaben sind Kameras mit entsprechender Bildverarbeitung. Der Begriff „Maschinelles Sehen“ oder „Machine Vision” beschreibt generell die rechnergestützte Bildverarbeitung zur Lösung von Aufgabenstellungen im industriellen Umfeld, die sich an den Fähigkeiten des menschlichen Sehens orientiert. Die hierzu eingesetzten visuellen Systeme im Verbund mit industrieller Bildverarbeitung verleihen den IR als auch frei beweglichen autonomen Robotern „intelligente Augen“, mit deren Hilfe sie die Position von Objekten wie Werkstücken oder Hindernissen im Raum erkennen und ihre Arbeitsschritte darauf ausrichten können. Zusammen mit den zur Auswertung erforderlichen Hochleistungsrechnern unterstützt das maschinelle Sehen beispielsweise die Qualitätskontrolle oder die geometrische Vermessung von Gegenständen. Der Programmierer bestimmt hierzu weitgehend die Umgebungsbedingungen und Parameter (Kameraposition, Beleuchtung, Blickwinkel usw.), die für den fehlerfreien Ablauf seiner Algorithmen wichtig sind.

Aufgaben und Einsatz

Bei vielen Aufgabenstellungen stehen die zu bearbeitenden Teile dem Roboter nicht in einer festen Anordnung zur Verfügung, sondern werden in wahlloser Anordnung angeliefert. Dabei sind manche Objekte nur teilweise sichtbar oder sie liegen in unterschiedlichen Höhen. Beim sogenannten „Griff in die Kiste" muss unter anderem eine Positionsbestimmung (Wo liegen die Objekte?) und eine Orientierungsbestimmung (Wie muss ich zugreifen?) erfolgen. Anstelle von aufwendigen und teuren mechanischen Ausricht- und Sortiereinrichtungen sorgen dann Kameras in Verbindung mit industriellen Bildverarbeitungssystemen für geeignete Lösungen dieser Aufgaben. Die Kameras werden entweder an der Hand des IR mitgeführt oder stationär im Raum angeordnet. Mit derartigen Systemen lassen sich u. a. folgende Merkmale von Werkstücken, Bauteilen oder sonstigen Objekten erfassen:

- Position von Bauteilen im Erfassungsbereich,
- Erkennung der Ausrichtung von Bauteilen anhand charakteristischer Merkmale,
- Identifikation eines Bauteiltyps,
- Konturerkennung am Werkstück sowie
- Erkennung der Greifbarkeit des Werkstücks (erforderliche Orientierung des TCP).

Die Anwendungen der maschinellen Bildverarbeitung für die Automation erstrecken sich von einfachen Pick-and-Place-Applikationen bis hin zu komplexen Systemen mit 3D-Anforderungen. Generell lassen sich im Rahmen der Robotik unter Einsatz der „Machine Vision" bzw. „Robot Vision" folgende Aufgabenstellungen wirtschaftlich sinnvoll lösen:

- allgemeine Bilderkennung und Bildverarbeitung,
- Objekterkennung,
- Analyse von Bewegungen,
- Analyse von Situationen und Szenen der Umwelt,
- Mustererkennung und Musteranalyse,
- Vollständigkeitsprüfung,
- Prüfung von Form und Maßhaltigkeit (Qualitätskontrolle),
- Oberflächeninspektion (Qualitätskontrolle),
- Defekterkennung unter Oberflächen (Qualitätskontrolle),
- Schichtdickenmessungen sowie
- Erkennung von kritischen Merkmalen für die Qualitätssicherung.

Koordinaten

Das Bildverarbeitungssystem liefert die Werkstückdaten bezogen auf das Koordinatensystem der Kamera. Zur Umrechnung dieser Daten in eines der Koordinatensysteme des Roboters ist eine Vermessung des Kamerasichtfelds innerhalb des Roboter-Arbeitsraums erforderlich. Mit Hilfe der Vermessungsergebnisse können dann die Transformationen zwischen den Koordinatensystemen der Kamera, des Robotersystems, des Bauteils und der Zelle sowie eine Kalibrierung des gesamten Systems erfolgen. Da Bildverarbeitungssysteme enorme Mengen an Rohdaten liefern, ist es vorteilhaft, Auswertung der Bilddaten und Software zur Datenreduktion außerhalb der Robotersteuerung direkt in Kameranähe anzusiedeln.

Grundlagen der Bildverarbeitung

Unter elektronischer Bildverarbeitung versteht man die Verarbeitung der Signale, die Bilder repräsentieren, z. B. Fotografien oder die von Kamerasystemen gelieferten Bilder und Videos. Mittlerweile wird Bildverarbeitung in fast allen Wissenschafts- und Technikdisziplinen eingesetzt, wie in der modernen Mikroskopie, der medizinischen Diagnostik (Röntgen- und Ultraschalldiagnose), der Astronomie, im Maschinenbau und in Sicherheitszonen an Flughäfen. Nur ein vergleichsweise kleiner Teil der aktuellen Forschungsprojekte beschäftigt sich damit, auch Sinn oder Inhalt von Bildern zu interpretieren. Meist geht es darum, in Bildern Objekte zu detektieren (Mustererkennung), sie zu beschreiben, ihre Eigenschaften zu vermessen, sie zu klassifizieren und auf Grund dieser Ergebnisse Entscheidungen zu treffen und Prozesse zu steuern.

Ein weites Anwendungsfeld ist die Qualitätssicherung in Produktionsprozessen. In der Robotik wird der sogenannte „Griff in die Kiste“ durch Bildverarbeitung überhaupt erst möglich. Das Ergebnis einer Bildverarbeitung kann wiederum ein Bild sein oder auch eine Menge von extrahierten Merkmalen des Eingabebilds (Bilderkennung). In den meisten Fällen werden Bilder als zweidimensionales Signal betrachtet, so dass sich übliche Methoden der Signalverarbeitung anwenden lassen. Mit Methoden der Bildverarbeitung werden Objekte gezählt, vermessen, inspiziert oder codierte Informationen gelesen. Verwandt mit der Bildverarbeitung ist die Bildbearbeitung, die sich mit der Manipulation von Bildern zur anschließenden Darstellung befasst.

Maschinelles Sehen

Maschinelles Sehen und Bildverstehen beschreiben die computergestützte Lösung von Aufgabenstellungen, die sich an den Fähigkeiten des menschlichen visuellen Systems orientieren. Maschinell sehende Systeme werden vor allem bei industriellen Prozessen in der Automatisierung und Qualitätssicherung eingesetzt. Insbesondere für die Robotik bedeutet dies, in Bildern Objekte zu erkennen, sie zu beschreiben, zu klassifizieren und ihre Eigenschaften zu vermessen. Die erzielten Erkenntnisse ermöglichen Entscheidungen zu treffen und den Verarbeitungsprozess zu steuern. Da beim Bildverstehen überwiegend komplexe Rechenverfahren zur Anwendung kommen, handelt es sich um ein Teilgebiet der Informatik, das starke Querbeziehungen zur Signalverarbeitung und künstlichen Intelligenz aufweist. Die eingesetzten Werkzeuge stammen aus der Mathematik, insbesondere der Geometrie und der Statistik. Auch Verfahren der Mustererkennung („pattern recognition“) zur Klassifizierung von Objekten spielen eine wesentliche Rolle. Die Verarbeitung von Bilddaten stellt hohe Anforderungen an die Rechner. Im menschlichen Gehirn werden visuelle Eindrücke massiv parallel in ihrer Gesamtheit verarbeitet. Schon bevor das Bild in das Bewusstsein gelangt werden Formen, Farben, Licht und Schatten, die Bilder beider Augen und zeitlich vorangegangene Bilder in Zusammenhang gebracht. Diese unbewusste Vorverarbeitung in der Retina und den angrenzenden Nervenzellen wird oft übersehen, was dazu führt, dass man den mit der Bildverarbeitung verbundenen Aufwand meist unterschätzt. Ein tieferer Einstieg in diese komplexen und ständig neueren Erkenntnissen aus der Forschung unterworfenen Technologien würde an dieser Stelle zu weit führen und wenig Sinn machen.

Räumliches Sehen

Das räumliche Sehen mit Stereosensoren arbeitet nach dem gleichen Prinzip wie das menschliche Auge. Hierbei bestimmt man aus den Bildern zweier räumlich versetzter Kameras die 3D-Koordinaten von Punkten im Raum. Für sehr komplexe Aufgaben können mehrere Bildsensoren zu einem Multisensorsystem zusammengeführt werden.

Laserbasierte Bahnführung

Optische Messsysteme, wie Laserlinienscanner, sind für den Einsatz im Roboterumfeld zur sensorgestützten Nachführung von Werkzeugen (Bahnsteuerung) nahezu unverzichtbar. Dabei projiziert der Laserstrahl eine senkrecht auf das Messobjekt (Werkstück) fokussierte Linie. Die vom Objekt reflektierte Strahlung wird mit einer passend angeordneten Kamera aufgenommen. Mit Hilfe trigonometrischer Algorithmen lässt sich die Distanz zum Messobjekt sehr genau ermitteln, um daraus die zur Nachführung erforderlichen Koordinaten für den TCP zu bestimmen.

Raumüberwachung

Eine weitere interessante Anwendung der elektronischen Bildverarbeitung ist die auf 3D-Bilderkennung beruhende Raumüberwachung „SafetyEYE“ der Firma Pilz. „SafetyEYE“ steht für eine „sehende“ Sicherheitstechnologie zur Raumüberwachung bei Gefahr für Mensch und Maschine bringenden Einsätzen (siehe Bild 14.12). Hierzu sei an den Abschnitt 11.8 „Mensch-Roboter-Kollaboration“ (MRK) erinnert, in dem die Bedingungen für ein gefahrloses Zusammenarbeiten von Mensch und Roboter innerhalb eines definierten gemeinsamen Arbeitsraums aufgeführt werden. Bereiche in der Produktion, die mit einer Gefährdung für Mitarbeiter verbunden sind, müssen abgesichert werden. Ein Zutritt in diese Bereiche darf nur möglich sein, wenn sich bewegte Teile, wie Roboter, Pressen oder Stanzen, in Ruhe befinden.

Wie im Bild 14.12 zu erkennen ist, überwacht das 3D-Kamerasystem von „SafetyEYE“ die Arbeitsräume zuverlässig von oben. Es erkennt und meldet das Eindringen von Objekten in Warn- und Schutzräume, die sich frei definieren lassen. Die Bild- und Bewegungsanalyse erkennt, sobald sich Personen im Aktionsraum der gefahrbringenden Bereiche aufhalten oder eine Zone mit erhöhter Sicherheitsstufe betreten. Die Steuerung reagiert darauf entsprechend.

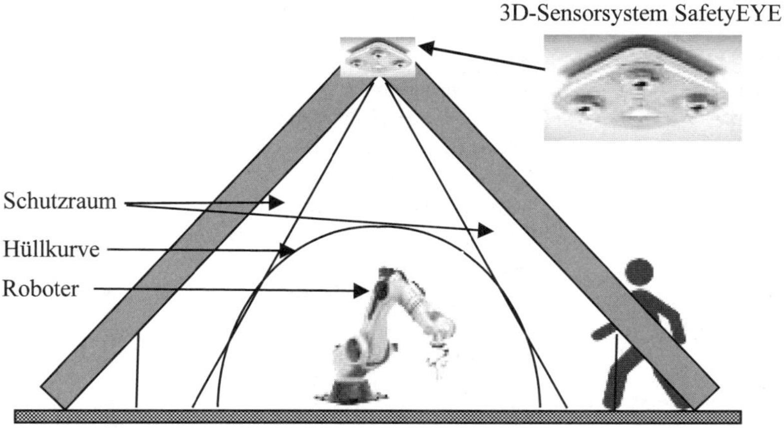

Bild 14.12: Überwachung der Arbeitsräume durch das 3D-Kamerasystem „SafetyEYE"

14.7 Sensoren für mobile Roboter

Zu den wichtigsten Eigenschaften seiner Umwelt zählt für einen mobilen Roboter die befahrbare Fläche, d. h. der Raum, in dem sich der Roboter ohne Kollisionen und andere Sicherheitsrisiken bewegen kann. Hierbei genügt es im Allgemeinen, die Bewegung zur Vereinfachung nur zweidimensional zu betrachten. Um sich orientieren zu können, benötigt das System Sensordaten. Sensoren messen hierbei nur selten die gefragte Eigenschaft direkt, sondern ermitteln sie anhand einer damit zusammenhängenden physikalischen Eigenschaft. So wird die freie Fläche z. B. auf Grund der Ausbreitungs- und Reflektionseigenschaften von Ultraschallwellen, Infrarot oder Laserlicht vermessen. Um Fehlmessungen zu erkennen und zu korrigieren, werden Sensoren oft redundant eingesetzt, d. h. mehrere Sensoren messen die gleiche Umgebungseigenschaft. Insbesondere bei der Erstellung und Aktualisierung eines Weltmodells können Messfehler und daraus resultierende widersprüchliche Sensordaten zu erheblichen Problemen führen.

14.7.1 Interne und externe Sensoren

Bereits im Abschnitt 3.2 (Mobile Roboter) wurden autonome mobile Roboter wie folgt definiert: „… als eine Maschine, die sich in einer natürlichen Umgebung aus eigener Kraft und ohne Hilfestellung von außen bewegen und dabei ein ihr gesetztes Ziel erreichen kann. Dabei erkennt sie die Umwelt, sofern dies notwendig ist, über eigene Sensoren." Die Sensorik mobiler Roboter lässt sich wieder in die beiden Kategorien der internen und externen Sensoren einteilen. Interne Sensoren überwachen den inneren Zustand und versorgen vor allem die Steuerung mit Daten, beispielsweise über den Ladezustand der Batterien. Sie melden zudem Daten für Orientierung, Positionierungs- und Bewegungsaufgaben. Die externen Sensoren hingegen erfassen im Wesentlichen Daten über die Eigenschaften der Umwelt, wie Daten über Art und Entfernung von Hindernissen. In Tabelle 14.2 sind die wichtigsten Sensoren und zu messenden Größen mobiler autonomer Roboter zusammengestellt.

Tabelle 14.2: Die wichtigsten Sensoren und Messgrößen mobiler autonomer Roboter

	Messgröße	Sensoren
intern	Batterieladung	Volt-/Amperemeter
	Innentemperatur	Thermometer, z. B. für überhitzte Bauteile
	zurückgelegter Weg	Odometer, auch Hodometer genannt (Kilometerzähler)
	Steigung, Kippwinkel	Klinometer, Neigungsmesser
	Richtung	Kompass (Magnet-, Kreiselkompass)
	Geschwindigkeit	Tachogenerator, Inkrementalgeber im Antriebssystem
	Beschleunigung	Beschleunigungssensor, Inertialsensoren
	Motorströme	Amperemeter zur Antriebsregelung
	interne Kräfte/Momente	Druck-, Kraft- und Momentsensoren
extern	Licht	photoelektrische Sensoren entspr. Abschnitt 14.5
	Schall	Mikrofone, Schallpegelmesser, Lärmdosimeter
	Außentemperatur	Thermometer, Temperatursensor
	Entfernungen, Abstände, Hinderniserfassung	Optische und akustische Abstandssensoren, Laser, Radar, (taktile) Kontaktsensoren, wie Bumper, Whiskers
	Position von Objekten, Näherung von Objekten	induktive, kapazitive und optische Näherungstaster, akustische Sensoren, GPS
	Kontur von Objekten, Aussehen	Kameras, Photodioden, -transistoren, 3D-Sensoren
	Kraft, Druck, Momente	piezoelektronische Geber, Kraft-Moment-Sensoren
	Erfassung von Objekten, Oberflächenbeschaffenheit	tastende Sensoren, Dehnungsmessstreifen, taktil gleitende Sensoren

Viele der in Tabelle 14.2 angeführten Sensoren und Messeinrichtungen, z. B. induktive, kapazitive oder optische Näherungstaster, wurden bereits im Rahmen dieses Kapitels 14 ausreichend beschrieben. Daher sollen im Anschluss nur noch einige spezielle Sensoren und Messverfahren für externe Messgrößen aufgezeigt werden.

14.7.2 Näherungssensoren

Abstands- oder Näherungssensoren liefern Informationen zum umgebenden Raum bzw. zur freien Fläche. Sie gehören zur Klasse der nichttaktilen Sensoren und werden zur Ortung von Objekten in einem bestimmten Abstand eingesetzt. Daher lassen sie sich zur Kollisionsvermeidung, zur Erkundung der Umgebung und somit zur Lokalisierung und Navigation verwenden. Wie exakt und bis zu welcher Reichweite dabei die Umgebungsformen erfasst werden, hängt vom jeweiligen Sensor ab. Bis auf die „Bumper" und einige andere Kontaktsensoren messen diese Sensoren die Distanz über die Signallaufzeit, die Zeit also, die ein Signal braucht, um bis zu einem remittierenden Objekt und zurück zu gelangen. Hieraus wird auf Basis der Ausbreitungsgeschwindigkeit der Abstand zu einem Objekt bestimmt. Diese Sensoren bezeichnet man auch als aktiv, da sie im Gegensatz zu passiven Sensoren, wie einer Kamera, Signale aktiv aussenden. Als Signale kommen hier nur Schall mit hohen Frequenzen, also Ultraschall, sowie elektromagnetische Wellen verschiedener Frequenzen in Frage. Darunter fallen Licht, insbesondere Infrarot-, UV- und Laserlicht sowie Radiowellen (Radar).

14.7.3 Taktile Sensoren

Taktile Sensoren sind dem menschlichen Tastsinn nachempfunden (haptische Wahrnehmung durch Ertasten). Sie gewinnen ihre Information durch den mechanischen Kontakt bestimmter Sensorelemente mit Objekten. Derartige Sensoren werden einerseits im Bereich von Robotergreifern eingesetzt, andererseits dienen sie als berührende Kollisionssensoren zur Positionsbestimmung, Objekterkennung oder zur Ermittlung der Oberflächenbeschaffenheit von Gegenständen.

Bumper

Als „Bumper" (Stoßstange, Stoßfänger) bezeichnet man unmittelbare Kollisionssensoren für mobile Roboter. Sie werden durch den direkten Kontakt bei der Kollision eines Roboters mit einem Hindernis aktiviert. Obgleich sie Kollisionen melden, sind sie jedoch offensichtlich nicht geeignet, diese auch zu vermeiden. Bumper können jedoch die Folgeschäden nach erfolgter Kollision gering halten. Weiterhin können sie als Feedback dienen, um Kollisionen durch Lernverfahren zu vermeiden. Hierbei ist es vorteilhaft, wenn der Sensor nicht nur die Kollision, sondern auch den Ort des Kontakts am Roboter meldet.

Als Bumper wird meist in Fahrtrichtung auf der vollen Breite des Roboters eine Art Schild oder Stoßstange mit Federung beweglich angebracht, womit bei Kollisionen ein oder mehrere verteilt angebrachte Mikrotaster ausgelöst werden. Der Kontakt gibt dem Roboter (z. B. Service-Roboter wie Staubsaugroboter) das Signal zum Ausweichen oder Umkehren. Da der Mikrotaster nur einen kurzen Kontakthub hat, kann die Kollision schnell erkannt werden. Diese mechanische Lösung ist robust, hat aber auch ihre Nachteile: Der Fahrmotor des Roboters wird erst einige Millisekunden nach dem Kontakt abgeschaltet. Mechanische Kontakte benötigen zudem etwas Kraft zur Auslösung. Es reicht möglicherweise nicht, wenn der Roboter das Hindernis nur leicht streift oder das Hindernis zu leicht ist. Bild 14.13 zeigt die Bumper eines Robotermodells mit Kamera.

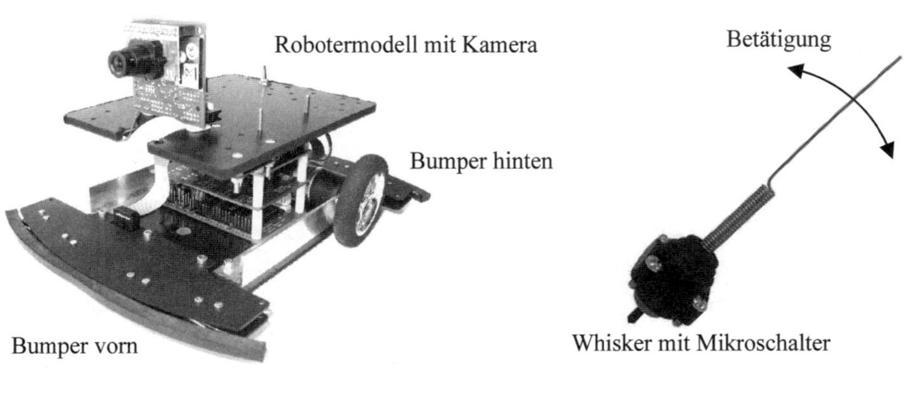

Bild 14.13: Ausführungsformen von Bumper und Whisker

Whisker

Whisker sind eine Art „Schnurrhaare" als Fühler wie bei einer Katze. Technische Whisker können aus flexiblen Kunststoff-Streifen von einigen cm Länge bestehen mit eingearbeiteten Dehnungsmessstreifen, die für den Sensoreffekt sorgen. Solche Elemente sind in der Regel für Datenhandschuhe vorgesehen, aber man kann sie auch als Fühler für die Kollisions-Sensorik verwenden. Beim Verbiegen der Streifen (Flexsensoren) verändert sich der Widerstand oder eine andere elektrische Größe, was ein Ausgangssignal erzeugt. Andere Whisker-artige taktile Sensoren, die sich bei Berührung verbiegen, nutzen optische (Verkrümmung von Glas- oder Keramikfasern), piezoelektrische oder magnetostriktive Sensoreffekte. Einfache Bauformen verwenden Mikroschalter, deren Schalthebel über eine Verlängerung durch einen elastischen Draht oder ein Plastikstäbchen betätigt werden (siehe Bild 14.13, rechts).

14.7.4 Ultraschallsensoren

Ultraschall-Sensoren (US-Sensoren) sind wohl die derzeit gebräuchlichsten Entfernungsmesser in der mobilen Robotik, da sie günstig und einfach in der Handhabung sind. Meist wird dabei zum Senden und Empfangen ein und derselbe US-Wandler benutzt. Erzeugung wie Empfang der US-Signale nutzen hauptsächlich den piezoelektrischen Effekt. Die US-Frequenzen liegen oberhalb des menschlichen Hörbereichs (>20 kHz). Schall ab einer Frequenz von etwa 1 GHz wird auch als Hyperschall bezeichnet. Die kombinierte Sende-Empfangs-Schaltung sendet zunächst einen so genannten Burst mit etwa 20 Schwingungen bei ca. 40 kHz als kegelförmige Schallwellen aus. Dabei wird die Empfangsschaltung für einige Millisekunden ausgeblendet, um Störungen durch das ausgesendete Signal zu vermeiden. Treffen diese Wellen auf einen Gegenstand, so werden sie in Richtung des Senders reflektiert. Nach dem Aussenden der Pulse wird der Sensor auf Empfangsbetrieb umgeschaltet. Die Empfangsschaltung startet die Laufzeitmessung und „horcht" dann auf das Echo des reflektierten Bursts. Die Zeit bis zum Eintreffen eines Echos ist proportional zum Abstand des Objekts. Detektiert die Schaltung ein Signal, wird die Laufzeitmessung gestoppt und der Zeitwert t ermittelt. Aus der Laufzeit t zwischen gesendetem und empfangenem Signal und der Schallgeschwindigkeit in Luft (c_0 = 344 m/s bei Raumtemperatur) kann die Entfernung Δx zur Reflexionsfläche wie folgt berechnet werden:

$$\Delta x = c_0 \cdot t/2$$

Die Schallgeschwindigkeit hängt von der Eigenschaft des Mediums Luft, insbesondere von dessen Temperatur ab. Daher bieten viele Hersteller Geber mit integrierter Temperaturkompensation an.

Objekterkennung

Aus den mit der Messung verbundenen Laufzeiten ergeben sich gewisse Mindestreichweiten von ca. 30…40 cm. Näher liegende Hindernisse können wegen Überlagerungen nicht mehr sicher erkannt werden. Typische maximale Reichweiten bewegen sich zwischen 4 m und 10 m. Nur innerhalb dieses Bereichs ist eine sichere Objekterkennung möglich. Schallwellen werden an verschiedenen Oberflächen unterschiedlich gut reflektiert. Die zu erfassenden Objekte können fest, flüssig, körnig oder pulverförmig sein. Durchsichtige und andere optisch schwer erfassbare Objekte werden mit Ultraschall-Sensoren eindeutig erkannt.

Der Öffnungswinkel des Ausbreitungskegels üblicher Ultraschallwandler liegt etwa bei 30°. Damit sind die Messungen der Sensoren einerseits geeignet zur Kollisionsvermeidung, da sie innerhalb des Kegels quasi automatisch den Abstand zum nächstgelegenen Hindernis liefern. Andererseits wird jedoch die genaue Erfassung von Formen der Objekte erschwert, weil diese Winkelauflösung sehr grob ist. Trifft ein Burst schräg auf ein Hindernis, so kann er unter spitzem Winkel total abgelenkt werden, wie in Bild 14.13 gezeigt. Das Hindernis wirkt dann wie ein akustischer Spiegel und wird nicht erkannt.

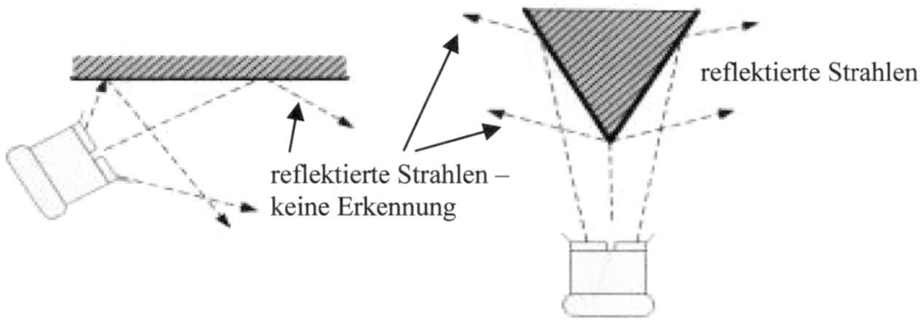

Bild 14.13: Strahl trifft unter spitzeren Winkeln auf

Weichere Materialien, wie Textilien, Wandteppiche oder Schaumstoffe, können das US-Signal unter Umstanden fast vollständig absorbieren und so das Objekt für den Ultraschallsensor unsichtbar machen. Der Vorteil gegenüber Laser-Scannern liegt darin, dass nicht nur in einer Ebene gescannt, sondern ein Raumbereich mit horizontaler und vertikaler Ausdehnung erfasst wird, ohne dabei den Sensor zu bewegen.

Sonstige Probleme

Richtung: Wegen der kegelförmigen Schallwellen enthält das empfangene Signal zwar Informationen über die Entfernung einer Reflexionsfläche, nicht jedoch über die genaue Richtung, in der sie sich befindet.

Scheinechos: Scheinechos können auftreten, wenn eine Welle von mehreren Objekten reflektiert wird, bevor sie als Echo vom Sensor empfangen wird. Dadurch könnten Echos von weiter entfernten Objekten während einer neuen Messung empfangen werden, wodurch ihre Entfernung viel kleiner scheint, als sie tatsächlich ist. Auch bei gleichzeitigem Betrieb von mehreren US-Sensoren kann ein Sensor das Echo einer Welle empfangen, die von einem anderen Sensor gesendet wurde. Diese Überlagerung von Reflexionen bezeichnet man als „Crosstalk“.

Ultraschallsensoren sind dennoch sehr einfach zu handhabende, preiswerte und effiziente Geber und liefern gemeinsam mit anderen Sensoren wertvolle Informationen über das Umfeld des Roboters.

14.7.5 Messung mit Infrarot

Wie fast alle anderen Sensoren messen Infrarot-Entfernungssensoren die Distanz über die Signallaufzeit. Beim Laufzeitverfahren geht vom Sender ein Lichtimpuls aus in Richtung des remittierenden Objekts. Die bis zum Empfang des reflektierten Signals benötigte Zeit wird gemessen und daraus der Abstand zum Objekt ermittelt (siehe nächster Abschnitt). Es gibt aber auch optische Verfahren, welche die Triangulation zur Distanzmessung einsetzen. Die meisten derartigen Entfernungsmesser werden von der Firma Sharp produziert. Bei diesen Sensoren sendet eine Infrarot-LED mit fokussierender Linse einen schmalen Lichtstrahl aus. Dieser wird vom Messobjekt reflektiert und durch eine zweite Linse auf einen optischen Positionssensor (OPS) gelenkt, dessen Leitfähigkeit abhängig von der Stelle ist, wo der reflektierte Lichtstrahl auftrifft.

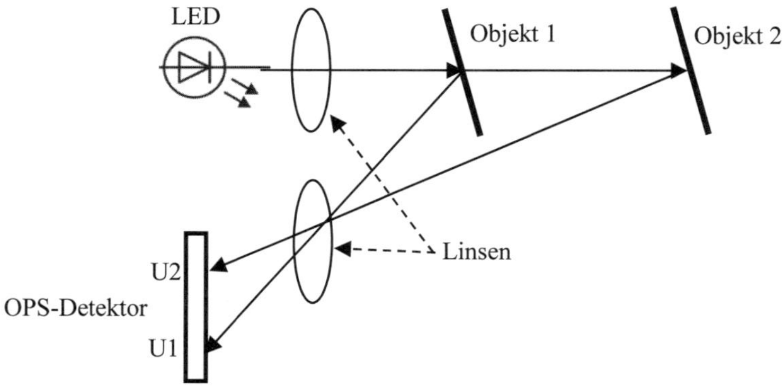

Bild 14.14: Prinzip der Triangulations-Entfernungsmessung

Die Leitfähigkeit wird in eine Spannung umgewandelt, aus der sich die Entfernung berechnen lässt. Die Skizze in Bild 14.14 zeigt Strahlen, die aus unterschiedlichen Entfernungen reflektiert werden und so an verschiedenen Stellen des OPS auftreffen.

Der Hauptvorteil dieser optischen Verfahren gegenüber Ultraschallsensoren besteht darin, dass man die Ausbreitungskegel relativ schmal halten kann, um so eine bessere Winkelauflösung zu erzielen.

14.7.6 Laser

Lasersensoren bieten sehr genaue Möglichkeiten zur Entfernungsmessung. Wie ein optisches Radar arbeiten auch diese Entfernungssensoren nach dem „TOF"-Prinzip (time-of-flight – Laufzeitverfahren). Der Sensor sendet einen gepulsten Laserstrahl aus, der von Objekten reflektiert wird. Aus der Zeit t zwischen Aussendung und Empfang des Laserimpulses lässt sich mit Hilfe einer hochauflösenden Uhr die Entfernung Δx über die Lichtgeschwindigkeit c wie folgt ermitteln:

$$\Delta x = c \cdot t/2$$

Der Messbereich beträgt bis zu 80 m bei einer Auflösung von etwa 1 cm. Die eingesetzten Wellenlängen liegen nicht im sichtbaren Bereich.

Bekannt für ihre Laser-Entfernungssensoren „PLS“ (Proximity Laser Scanner) bzw. die Sicherheits-Laserscanner S300/S3000 ist die Firma Sick Optic Electronic. Die Scanner arbeiten mit einer Reichweite von 20 m und einer Winkelauflösung von 0,5 Grad.

14.7.7 Kamera

Eine Kamera ist ein Sensor mit großem Potenzial. Der Einfall von Licht wird aus verschiedenen Richtungen erfasst, so dass ein zweidimensionales Bild der Umwelt entsteht. Die Kamera arbeitet rein passiv und ist dadurch auf eine ausreichende externe Beleuchtung der Umwelt angewiesen. Jeder Pixel repräsentiert einen bestimmten Einfallswinkel und gibt an, mit welcher Intensität und Frequenz (bei Farbkameras) aus dieser Richtung das Licht einfällt. Da die menschliche Wahrnehmung stark visuell geprägt ist, erscheint die Verwendung eines visuellen Sensors für Roboter naheliegend. Mehr zur erforderlichen Informationsverarbeitung der Kameradaten ist im vorhergehenden Abschnitt 14.6 (Bildverarbeitung) zu erfahren.

Mit geeigneter Auswertung der Daten ist eine Stereokamera auch als Abstandssensor verwendbar. Dieses Verfahren arbeitet jedoch nicht so robust, wie ein spezieller Abstandssensor. Auch das Verfolgen von auffälligen Objekten ist in Echtzeit prinzipiell möglich. Bei der Auswahl von Sensoren für Roboter sollte man bedenken, dass eine Kamera zwar ein sehr universeller Sensor ist, die Extraktion von einzelnen Eigenschaften der Umwelt jedoch schnell sehr aufwendig wird. Speziellere Sensoren sind hier oft die bessere Wahl, gerade für schnelle Prozesse mit Echtzeitforderungen.

14.7.8 „Dead-Reckoning“

Sensoren, die kleine Positionsveränderungen des Roboters erfassen, eignen sich zur Bestimmung der Roboterposition per „Dead-Reckoning“. Dieser Begriff steht für „Koppelnavigation“, z. B. zur laufenden Ortsbestimmung eines Roboters. Dazu werden alle Positionsveränderungen über die Zeit aufsummiert bzw. integriert. Oft finden sich derartige Geber direkt in den Antrieben, den Rädern oder Ketten des Roboters. In diesem Fall wird die Messung als Odometrie bezeichnet. Geeignete Sensoren sind z. B. Drehgeber an den Antriebsachsen des Roboters. Manchmal werden zur Messung der Positionsveränderung passiv mitlaufende Räder benutzt. Weiterhin eignen sich hierzu alle Sensoren, die die Geschwindigkeit des Roboters relativ zur Umwelt messen. Eine andere Variante von Dead-Reckoning ist die inertiale Positionsbestimmung. Als Sensoren dienen hier Beschleunigungsmesser und Gyroskope. Die Werte der Beschleunigungsmesser müssen zweifach integriert werden, um daraus eine Position zu erhalten. Dadurch wirken sich hier jedoch Messungenauigkeiten besonders stark aus.

Zusatzwissen

Oft messen Sensoren die Eigenschaft der Umgebung nur indirekt. Der Sensor erkennt nur sekundäre Merkmale, aus denen erst durch Zusatzwissen die gewünschten primären Merkmale gefolgert werden. Hierzu sei angemerkt, dass eine Kamera zwar ein sehr universeller Sensor ist, jedoch nur die Farben oder Helligkeit der Umgebung direkt wiedergibt. Alle anderen Eigenschaften der Umwelt können nur aus der Beleuchtung und den

Reflektionseigenschaften der Objekte gefolgert werden. Um beispielsweise Abstandsinformationen aus den Daten einer Kamera oder Stereo-Kamera zu erhalten, ist bereits ein erheblicher Aufwand nötig, es sei denn, das Erscheinungsbild des betreffenden Objekts ist bereits aus dem Umweltmodell bekannt und entsprechend charakteristisch. Ergänzend hierzu sei erwähnt, dass sich die Erkennung von Objekten oft auf das Erfassen einiger elementarer Eigenschaften reduzieren lässt, wenn eine Situation aufgabenorientiert betrachtet wird und entsprechende Hintergrundinformationen vorliegen (siehe „Umweltmodell", Abschnitt 4.3).

15 Humanoide Roboter

Bei humanoiden Robotern handelt es sich um Roboter, die menschlichen Formen nachgebildet sind und weitgehend menschliche Funktionen übernehmen sollen und teils auch können. In einem geschichtlichen Rückblick (Kapitel 2 „Geschichte der Roboter“) wurde eingangs festgestellt, dass der Begriff „Roboter“ (von *tschechisch* „robota“ – Zwangsarbeit) erstmalig 1920 im Zusammenhang mit einem Theaterstück des tschechischen Schriftstellers Karel Capek auftauchte, in dem er künstliche Menschen in einer Fabrik als „Androiden“ auftreten lässt, also als Roboter bzw. Zwangsarbeiter, die Menschen täuschend ähnlich sehen und sich auch menschenähnlich verhalten. In diesem Kapitel wurden auch bereits einige frühe humanoide Roboter wie der Wabot-1, die P-Serie und ASIMO von Honda kurz vorgestellt. Das Kapitel 3 „Roboterarten“ enthält im Abschnitt 3.7 „Humanoide Roboter“ eine kurze allgemeine Beschreibung der menschenähnlichen Roboter. Abschnitt 3.8 erläutert auch den Begriff der „Androiden“ als künstliche Menschen, die zwar Roboter sein können, wohingegen Roboter nicht unbedingt Androiden sein müssen. Im Gegensatz zum männlichen Androiden wird ein humanoider Roboter in Gestalt einer Frau gelegentlich auch als „Gynoide“ bezeichnet.

Forschung

Im Rahmen der Anthropomatik, der Wissenschaft von der Symbiose zwischen Mensch und Maschine, wird nicht nur versucht, die Verhaltensweise des Menschen zu verstehen. Vielmehr sollen auch die Fähigkeiten des Menschen modelliert und in technischen Entwicklungen nachgebildet werden (Forschungsrichtung „Bionik“). Der Begriff „Anthropomatik“ wurde vor etwa zehn Jahren am KIT, dem Karlsruher Institut für Technologie und seinem „Institut für Anthropomatik und Robotik – IAR“ als eine Wissenschaft der Symbiose zwischen Mensch und Maschine geprägt. Es ist ein Forschungsgebiet, das sich mit menschzentrierten Themen beschäftigt und zu dessen Zielen die Entwicklung und Anwendungen menschengerechter Systeme mit Mitteln der Informatik und Methoden der Künstlichen Intelligenz (KI) gehören. Voraussetzung dafür ist ein grundlegendes Verständnis des Menschen hinsichtlich seiner Anatomie, Motorik, Wahrnehmung, Informationsverarbeitung und seines Verhaltens. Wichtige Themen dieser Forschungsrichtung sind die vielfältigen Interaktionen von Menschen mit technischen Systemen, wie Humanoide, Roboter, Sprach- und Bildverstehen, Lernverhalten, Biosignalverarbeitung sowie Verarbeitung von Sensordaten in vernetzten Systemen.

15.1 Der Traum vom künstlichen Menschen

Die Idee und der Traum vom künstlich geschaffenen Menschen sowie Spekulationen über die Erzeugung künstlicher Lebewesen hat Techniker, Dichter und Philosophen von der Antike über das Mittelalter (alchemistische Ansätze) bis in die Neuzeit umgetrieben, sei es als reine Phantasien, in Form von Maschinenmenschen oder als Wesen aus biologischer Substanz. Zeugnis davon geben literarische Werke wie der Pygmalion- und der Golem-Mythos oder die Homunkulusidee, Gestalten oder technisch-biologische Produkte, vom Frankenstein-Monster bis hin zu den Klon- und KI-Phantasien der heutigen Tage. Bereits

1495 skizzierte Leonardo da Vinci einen simplen Automaten, der wie ein Soldat in Rüstung aussah. Die wohl bekannteste literarische Verwendung der Homunkulusidee findet sich in Goethes „Faust II". Meist jedoch waren die Ergebnisse reine Phantasien oder simple menschenähnliche Automaten, wenngleich oft mit beachtenswerten handwerklichen Fertigkeiten hergestellt wie der mechanische Flötenspieler von Vaucanson. Der „Schachtürke" von 1769, ein vermeintlicher Schachroboter in türkischem Kostüm, in dem sich jedoch ein erfahrener Schachspieler versteckte, erwies sich als ein „getürktes" Produkt.

Wie bereits an anderer Stelle erwähnt, wurden der Begriff Roboter und die Vorstellung von humanoiden Robotern erst in den 1940er-Jahren durch die Erzählungen Isaac Asimovs geprägt. In Science-Fiction-Literatur und -Filmen sind Androiden, also künstliche Menschen und intelligente Maschinen, seit jeher ein zentrales Thema, das Jung und Alt gleichermaßen fasziniert. Bereits 1927 schuf Fritz Lang in seinem Film „Metropolis" einen Maschinenmenschen mit weiblichem Aussehen, der im Verlauf des Films die Gestalt eines täuschend menschenähnlichen Gynoiden verliehen bekam. Zwar sind die anthropomorphen Roboter und ihre Fähigkeiten oft fiktional überzeichnet. Doch auch in der Realität hat die Robotikforschung der letzten Jahrzehnte Exemplare mit vielfältigen Einsatzmöglichkeiten in unterschiedlichsten Bereichen hervorgebracht. Jüngste technologische Fortschritte in der Elektronik, der Daten- und modernen Antriebstechnik konnten bewirken, dass die Realisierung der Idee vom künstlichen Menschen ein beträchtliches Stück vorangetrieben werden konnte.

Mobile Manipulatoren und humanoide Roboter stehen heute kurz davor, den Bereich der Assistenz in der Produktion, aber auch im Alltag grundlegend zu verändern, während Android-Technologien die Art und Weise beeinflussen, wie wir mit technischen Systemen kommunizieren. Es ist nicht zu übersehen, dass Roboter, insbesondere humanoide Roboter, sich in großen Schritten hin zu vielseitigen Helfern in allen Aspekten des täglichen Lebens entwickeln.

Cyborg

Ein zusätzlicher Begriff, Cyborg, taucht zuweilen als Variante des humanoiden Roboters auf. Der Begriff stammt aus dem Kontext der Raumfahrt und bezeichnet ein Mischwesen aus lebendigem Organismus und Maschine, also eine Verschmelzung von Roboter-Technologie mit der menschlichen Anatomie. Meist werden damit menschenähnliche Wesen beschrieben, deren Körper dauerhaft durch künstliche Bauteile ergänzt sind. Der Name ist ein Akronym und leitet sich vom englischen „cybernetic organism" ab. Da Cyborgs technisch veränderte biologische Lebensformen darstellen, zählen sie nicht zu den eigentlichen Robotern und sollten auch nicht mit deren Untergruppe, den Androiden, verwechselt werden. Mittlerweile hat die Anzahl an Science-Fiction-Filmen, in denen die Existenz oder die künstliche Erschaffung menschenähnlicher Lebewesen, intelligenter Maschinen oder gar eines Menschen thematisiert wird, enorme Ausmaße angenommen.

Da der Mensch allgemein das Vorbild für humanoide Roboter ist, werden in einigen der nachfolgenden Abschnitte Vergleiche angestellt bzw. Parallelen gezogen zwischen menschlich-anatomischen und geistigen Eigenschaften und ihren technischen Pendants.

Moderne humanoide Roboter

1973 wurde an der Waseda-Universität in Tokio die Entwicklung von menschlichen Formen und Funktionen nachgebildeten Robotern gestartet. Ein erster lebensgroßer humanoider Roboter, der Wabot-1, konnte seine Gliedmaßen kontrollieren und verfügte über künstliche Sinnesorgane („Ohren" und „Augen" – Stereokamera). Sein Nachfolger Wabot-2 (1985) war ein Laufroboter. Er konnte mit 10 Fingern Orgel spielen, wobei er die Noten vom Blatt gelesen und umgesetzt hat (Bild 15.1, links). 1986 startete Honda sein „Humanoid Robot Research and Development Program". Der erste der daraus hervorgegangenen Roboter, der P1 (1,91 m groß, 175 kg schwer), wurde 1993 der Weltöffentlichkeit präsentiert. Der P1 konnte selbstständig auf zwei Beinen laufen, Lichtschalter und Türklinken betätigen und Objekte tragen. Auf den P1 folgten P2 und P3. 2004 stellte Honda als Weiterentwicklung den berühmten humanoiden Roboter ASIMO vor (Advanced Step in Innovation Mobility – angeblich besteht kein Zusammenhang mit dem Namen des Science-Fiction-Autors Isaac Asimov), der ähnlich einem Menschen auf zwei Beinen laufen kann (Bild 15.1, rechts).

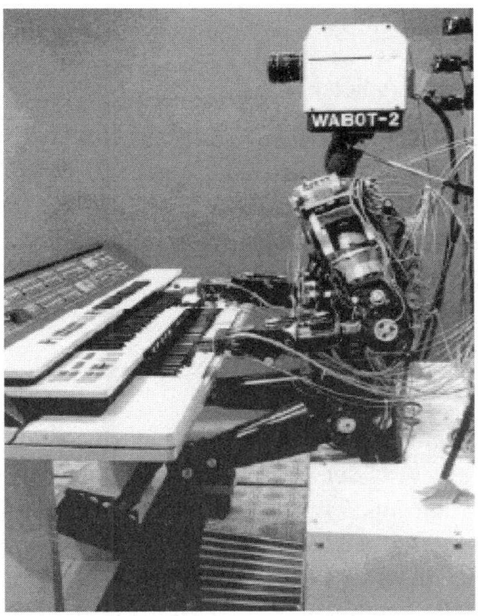

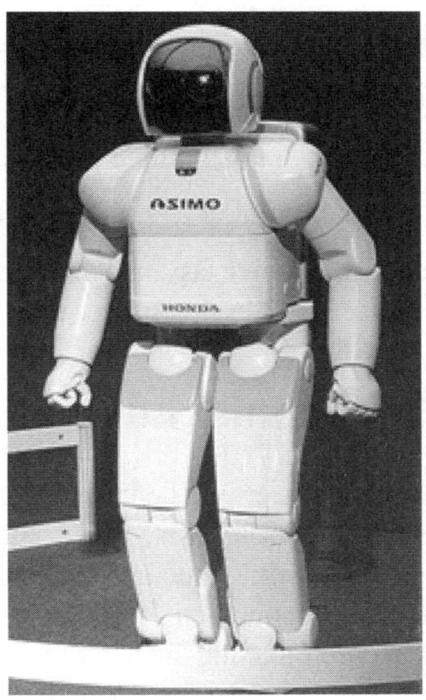

Bild 15.1: Humanoide Roboter: links: Wabot-2, rechts: ASIMO von Honda

15.2 Wesentliche Eigenschaften humanoider Roboter

Humanoide Roboter waren lange Zeit technisch nicht realisierbar. Für die Entwicklung derartiger Roboter mussten und müssen zunächst viele wichtige Probleme gelöst werden. Sie sollen autonom in ihrer Umwelt agieren und möglichst auch interagieren können, wobei ihre Mobilität durch zwei Beine als Fortbewegungsmittel beschränkt ist. Außerdem sollen sie durch zwei künstliche Arme und Hände diverse anspruchsvolle Arbeiten verrichten. Dabei werden die Positionen der Gelenke und die Bewegungsabläufe humanoider Roboter von der menschlichen Anatomie und deren Bewegungen inspiriert. Etwa seit dem Jahr 2000 scheinen einige grundlegende, die humanoiden Roboter betreffende Probleme gelöst zu sein. Seither werden regelmäßig neue Entwicklungen in diesen Bereichen vorgestellt. Ein inzwischen weit gediehener Ansatz ist die aktuelle Version des bereits genannten Roboters ASIMO der Firma Honda (siehe auch Abschnitt 15.8 „Bekannte humanoide Roboter").

Fähigkeiten

Zu den angestrebten Fähigkeiten humanoider (Service-) Roboter gehören u. a.:

- normales gehen und laufen (rennen),
- schwimmen, Treppen steigen, ggf. tanzen oder Rad fahren,
- festen und bewegten Hindernissen ausweichen,
- Objekte transportieren und Lasten tragen,
- Gegenstände übergeben und entgegennehmen,
- Tablettwagen oder Rollstühle schieben,
- Speisen servieren und Getränke einschenken,
- Musikinstrumente, wie Trompete, Klavier, Geige etc., spielen,
- für Menschen unzumutbare, ermüdende oder gefährliche Arbeiten verrichten,
- bestimmte Tätigkeiten präziser, schneller und zuverlässiger als Menschen ausführen.

Humanoide Roboter lassen sich allgemein in die Gattung Laufroboter einordnen, während man die meisten Serviceroboter eher den Fahrrobotern zuordnen muss.

15.3 Technische Realisierung

Technisch realisiert werden alle Arten von Robotern im Rahmen des Zusammenspiels von Mechanik, Elektrotechnik, Elektronik und Informatik. Aus der Verbindung dieser Disziplinen ist längst eine neue hervorgegangen: die Mechatronik. Um für die höchste Roboterklasse, die humanoiden Roboter, die hierzu geforderten autonomen Systeme zu entwickeln, werden ständig mehr wissenschaftliche Disziplinen in die Robotik eingebunden. Nur so lässt sich eine ausreichende maschinelle Eigenständigkeit für Aufgabenstellungen wie der selbstständigen Erkundung der Umgebung erzielen. Die Schwerpunkte liegen bei der Verbindung von Konzepten der Künstlichen Intelligenz (KI) und der Neuroinformatik mit ihren Vorbildern aus der biologischen Kybernetik bzw. der Bionik. Diese Themen werden in späteren Abschnitten vertieft.

15.3.1 Technische Herausforderungen

Auch heute wird noch viel Grundlagenforschung in die Robotik investiert. Da ein Großteil der verfügbaren Rechenkapazität eines humanoiden mobilen Roboters bereits für den aufrechten Gang mit Gleichgewichtskontrolle und räumlicher Navigation aufgebraucht wird, bleibt oft zu wenig Rechenkraft, um weitere komplizierte Algorithmen oder Verfahren zu verarbeiten, die ungeheurer Rechenleistung bedürfen und auf große Datenbestände zurückgreifen. Dieses Problem gilt es anzupacken, da neben der Fortbewegung und Orientierung noch viele weitere komplexe Aufgaben zu bewältigen sind. Dazu gehören ein intelligenter Sehapparat mit sicherer Objekterkennung und der Differenzierung zwischen belebten und unbelebten Objekten oder der Identifizierung verschiedener Personen sowie ein dreidimensionales Hörvermögen. Auch ein geschickter Handeinsatz wird angestrebt, mit Handhabungsfähigkeiten und Reflexen oder auch künstlicher Haut, um die taktilen Sinneswahrnehmungen zu erweitern bzw. Bewegungen effizienter und motorische Fertigkeiten optimaler zu gestalten.

Ebenso bedeutend wie die Algorithmen zur Steuerung des Roboters sind die Werkzeuge der KI, wie Kommunikation und Sprache, Lernen, Wissen und logisches Denken. Zwar ist der Roboter bei geschickter Programmierung dem Menschen bei bestimmten mathematisch-logischen Problemlösungsverfahren potenziell weit voraus, allerdings hinkt er dem Menschen oft in elementaren Eigenschaften weit hinterher. Derzeitige Roboter besitzen weder Bewusstsein, noch kreatives Denken, Kultur oder Emotionen. Diese höheren Ebenen sollen neben Kommunikation, Sprache, selbstständigem Lernen und Anwendung des Gelernten in Forschungsbereichen der künstlichen Intelligenz geschaffen werden.

15.3.2 Sensoren

Zur Realisierung der erforderlichen Eigenständigkeit müssen humanoide Roboter über ein breites Spektrum verschiedener Sensoren verfügen, das dem der menschlichen Sinnesorgane möglichst nahe kommt. Nur so sind sie in der Lage, ihren Programmablauf autonom den Veränderungen der Umwelt oder den Gegebenheiten unterschiedlicher Objekte flexibel anzupassen. Sie werden also, im Gegensatz zu marktüblichen Industrierobotern, mit verschiedenen komplementären menschenähnlichen Sensoren („Augen", „Ohren" etc.) ausgestattet, die es ihnen ermöglichen, unter Verwendung lernfähiger Überwachungs- und Regelungsalgorithmen auch komplexere Aufgaben auszuführen. Wichtige Bestandteile derartiger Roboter sind daher Sensorsysteme zur Erfassung der relevanten Umgebung und zum bedarfsgerechten Agieren innerhalb dieser. Wie auch bei anderen Robotern liefern interne Geber wichtige Daten an die Steuerung zur aktuellen Ermittlung von Achspositionen oder des Zustands der Aktoren bzw. Getriebe. So können mit Kraft-Momentensensoren sowohl die Kräfte in den Gelenken wie auch die Momente um diese Achsen erfasst werden. Wie bereits in Abschnitt 14.7 „Sensoren für mobile Roboter" dargelegt, lässt sich die Sensorik autonomer mobiler Roboter in zwei Kategorien einteilen:

- interne Sensoren zur Versorgung der Steuerungssoftware des Roboters mit Daten über seinen internen Zustand und
- externe Sensoren, die Daten über die Umwelt liefern. Diese umfassen unter anderem alle Informationen zu Art und Entfernung von Hindernissen.

Da in Tabelle 14.2 bereits die wichtigsten Sensoren und Messgrößen mobiler autonomer Roboter zusammengestellt wurden, seien hier wichtige interne und externe Sensoren für humanoide Roboter nur noch kurz aufgelistet:

- Interne Sensoren:
  - Kraft-Momentensensoren zur Ermittlung der auf die Robotergelenke (Beine, Arme, Rumpf etc.) wirkenden Kräfte und Momente,
  - Sensoren zur Datenerfassung der inneren Zustände des Roboters, insbesondere der auf die Achsstellungen bezogenen Positionen (Koordinaten) und Geschwindigkeiten,
  - Messeinrichtungen zur Erfassung des Zustands der Energieversorgung wie des Ladezustands der Batterien,
  - Geschwindigkeits- und Beschleunigungsgeber sowie
  - Kreiselkompass bzw. Gyroskop zur Navigation und internen Lageregelung
- Externe Sensoren zur Erfassung relevanter Umgebungsdaten und -reize können sein:
  - Kollisionssensoren zur Erkennung und Analyse von Gefahrensituationen (Taster, berührungslose induktive/kapazitive Näherungsschalter etc.),
  - Anzüge oder künstliche Haut mit rundum taktilen Oberflächensensoren,
  - optoelektronische Sensoren, wie Lichttaster oder Reflexlichtschranken,
  - Digitalkameras (CCD-Kameras), möglichst als Stereo-Kameras für 3D-Erkennung („Augen" des Roboters) in Verbindung mit entsprechenden Bildverarbeitungssystemen (BVS),
  - Digitalkameras mit erweitertem Frequenzspektrum im UV- und Infrarotbereich zur Orientierung auch im Dunkeln,
  - Laser-Abstandssensoren und Ultraschallsensoren mit unterschiedlichen Funktionsprinzipien zur exakten Entfernungsmessung,
  - Sonarsysteme zur Ortung von Gegenständen im Umfeld,
  - Mikrofone („Ohren" des Roboters): paarweise angeordnete Mikrofone mit Reflektoren ähnlich der menschlichen Ohrmuschel erfassen auch die Richtung von Schallquellen,
  - Einrichtungen zur Messung physikalischer Größen der Umgebung, wie Temperatur, Beleuchtung, Bodenbeschaffenheit etc.,
  - Strichcode-, Barcode-, QR-Code-Lesegeräte.

Doch auch rein taktile Geber zählen zum Spektrum externer Sensoren. Hierzu wurden z. B. gummiartige, von einer dünnen Plastikhülle umgebene Fühler, ähnlich Whisker, entwickelt. Treffen sie auf ein Hindernis, verbiegen sich die Fühler und die elastischen Deformationen werden von integrierten Sensoren in elektrische Signale verwandelt. Diese Tastorgane wurden den Fühlern eines natürlichen Vorbilds nachempfunden – denen der Küchenschabe.

15.3.3 Nur menschliche Sinnesorgane?

Die Sensorsysteme eines Roboters müssen nicht unbedingt alle menschlichen Sinnesorgane vollständig abdecken. So dürften Geschmacks- und Geruchssinn zumeist eine untergeordnete Rolle spielen. Manche Sensoren könnten jedoch die Leistungen menschlicher Sinne weit übertreffen. So ist es denkbar, dass das optische Sehen der Roboter sich nicht allein auf das Spektrum des vom Menschen wahrnehmbaren sichtbaren Lichts beschränkt, sondern auch weite Bereiche im UV- und Infrarotbereich abdeckt. Damit könnten sich Roboter auch im Dunkeln orientieren. Auch Sensorelemente zur Erkennung von magnetischen, elektromagnetischen oder elektrostatischen Feldern würden das Erfassungsspektrum und damit die Orientierungsmöglichkeiten autonomer Roboter ebenso erweitern wie Beschleunigungs- und Neigungsgeber sowie Messeinrichtungen für Wärmestrahlung.

Intelligenz

Heute geht man generell davon aus, dass mit der Konstruktion eines humanoiden Roboters auch die Voraussetzung zur Erschaffung einer menschenähnlichen, künstlichen Intelligenz (KI) einhergeht. Nach allgemeiner Auffassung und Erfahrungen aus Bereichen der Lernpsychologie kann KI nicht einfach „programmiert" werden, sondern muss, wie beim menschlichen Vorbild, das Resultat von Lernprozessen sein. Ein „intelligenter" Roboter sollte daher aktiv am sozialen Leben der Menschen teilhaben und durch Beobachtung, Nachahmung, Interaktion und Kommunikation selbstständig lernen. Grundlage ist eine Motivation, die zumindest anfänglich der einer Eltern-Kind-Beziehung ähnelt. Eine KI des Roboters kann sich auch nur dann optimal entwickeln, wenn er als eine Art gleichwertiges Wesen anerkannt wird. Dazu sollte er über eine menschenähnliche Gestalt, menschliche Aktorik (Mobilität) und Sensorik verfügen. Das derzeitige Grundziel in der Erschaffung von KI ist demnach eine möglichst hochwertige technische Kopie menschlicher Physiologie und Psychologie. Diese besondere technologische Herausforderung ist nur dann realisierbar, wenn es weltweit separate Forschungsgruppen für komplexe Teilaspekte gibt, die eng miteinander kooperieren. Eine tiefer gehende Betrachtung des Themas „Künstliche Intelligenz" erfolgt im nächsten Kapitel 16.

15.4 Aufbau

Der generelle Aufbau humanoider Roboter lässt sich in vielerlei Hinsicht mit der Struktur anderer Gattungen von Robotern, wie Industrie- oder Servicerobotern vergleichen. Viele Komponenten eines IRs finden sich entweder direkt oder in abgewandelter Form in den humanoiden Robotern wieder, abgesehen natürlich von den Elementen zur Fortbewegung (Beine, Räder) dieser zumeist mobilen Roboter.

Bestandteile

Ein humanoider Roboter setzt sich aus folgenden wesentlichen Bestandteilen zusammen:

- einem menschenähnlichen Rumpf oder Torso,
- einem über einen beweglichen Hals mit dem Torso verbundenen Kopf, der die bereits genannten Sinnesorgane bzw. Sensoren („Augen", „Ohren" etc.) trägt,

- zwei im Schulterbereich beginnenden beweglichen Armen, die in Ober- und Unterarme gegliedert und mit vier- oder fünffingrigen Händen als universelle Greifersysteme ausgestattet sind,
- bei sich bipedal fortbewegenden Robotern zwei am unteren Rumpfbereich ansetzenden Beinen, die aus mehreren über Drehgelenke miteinander verbundenen Gliedern bestehen,
- diversen Antrieben zur Bewegung der Glieder (Arme, Beine, Rumpf) in Gestalt kinematischer Ketten, bestehend aus Motoren, Getrieben und den erforderlichen Positionsregelungen. Die Antriebe erfolgen zumeist elektrisch, denn Versorgungen für hydraulische oder pneumatische Antriebe sind schwer in mobile Roboter zu integrieren. Die besten derzeit verfügbaren Antriebe mit ausreichenden Momenten sind Gleichstrommotoren auf Neodym-Bor-Basis oder bürstenlose permanentmagnetisch erregte Synchronmotoren in Kombination mit Harmonic-Drive-Getrieben,
- einer zentralen und/oder mehreren dezentralen Steuereinheiten mit Prozessoren zur Steuerung und Überwachung aller Bewegungen und Aktionen des Roboters sowie zur Auswertung von Sensorsignalen, z. B. zur Bildverarbeitung. Die Steuerung erfordert auch Schnittstellen (Interfaces) für die externe Kommunikation und zur Anbindung externer Sensoren,
- einer Energieversorgung zur Speisung der Antriebe, der Steuerung, Greifsysteme oder Sensoren. Hierzu werden unterschiedliche Wege beschritten, z. B. mit Lithium-Polymer-Batterien, Lithium-Ionen-Akkus, Brennstoffzellen oder Super- bzw. Doppelschicht-Kondensatoren. Ein mobiler humanoider Roboter „am Versorgungskabel" wirkt offenbar wenig authentisch und keineswegs autonom (siehe auch Abschnitt 4.7 „Energieversorgung mobiler Roboter"),
- interner und externer Sensorik, wie bereits unter 15.3.2. „Sensoren" beschrieben. Die internen Sensoren liefern u. a. Informationen über die Stellung von Achsen der kinematischen Ketten und ermöglichen den Abgleich von Soll- und Ist-Positionen. Externe Sensoren wie Kamera-Bildverarbeitung, Lichtschranken und -taster, taktile Geber oder sonstige Näherungstaster erkunden die Umgebung und ermöglichen eine flexible Reaktion auf nicht geplante Veränderungen.

Bild 15.2: Einfache humanoide Roboter, Geige spielend und als Spielgefährte

Bild 15.2 zeigt einige typische Ausführungsbeispiele humanoider Roboter.

15.5 Die Roboterhand

Betrachten wir die einfachsten Tätigkeiten im täglichen Leben, so wird uns klar, wie viele Aufgaben sich allein mit unseren Händen erledigen lassen. Die komplexe Bewegungsfreiheit der menschlichen Arme und Hände sowie die feinfühligen Sinnesorgane zum Ertasten und Fühlen, inspirierte die Forscher dazu, Roboterarme mit einer Reihe von Sensoren und Aktoren auszustatten, mit dem Ziel, die menschlichen manuellen Fähigkeiten zu imitieren. Doch das ist leichter gesagt als getan. Unsere Hand lässt sich nicht so einfach nachbilden, denn sie ist Teil eines extrem komplexen biologischen Systems. Wenn wir einen Gegenstand in die Hand nehmen, bezieht und verarbeitet unser Gehirn Unmengen von Informationen von der Haut, den Muskeln, Sehnen, Gelenken etc. Unser Körper verfügt allein über rund 900 Millionen tastsensible Rezeptoren, wodurch das Gehirn gleichzeitig eine gigantische Signalflut verarbeiten muss, sobald man nach etwas greift.

15.5.1 Die menschliche Hand

Viel Entwicklungsaufwand und Erfindergeist wurden daher bereits in den Aufbau multifunktionaler Roboterhände bzw. „anthropomorpher Greifer“ investiert. Darüber wurde bereits im Abschnitt 10.5 „Anthropomorphe Greifer“ ausführlich berichtet. Die menschliche Hand ist unbestritten eines der universellsten und komplexesten Werkzeuge in der Natur. Die Eigenschaften und Vorzüge dieser erstaunlichen Konstruktion der Evolution untersuchen interdisziplinär kooperierende Forscher schon seit Jahren. Mehr und mehr werden die Erkenntnisse aus diesen Forschungsarbeiten für die Roboterhand der Zukunft genutzt und umgesetzt mit dem Ziel, neue Methoden und Anwendungen der autonomen, haptischen Exploration von unbekannten Objekten mit einer humanoiden Roboterhand zu entwickeln. Dabei spielt die Entwicklung geeigneter Antriebe eine dominante Rolle. Schließlich hat die Natur zur Feinanpassung der Bewegungen die Muskeln „erfunden“. Sie ermöglichen fließende Bewegungen durch fein aufeinander abgestimmte und von Nerven kontrollierte Kontraktionen. So verwundert es nicht, dass Wissenschaftler seit langem versuchen, Sinnesorgane, Muskeln oder ganze Extremitäten möglichst realitätsnah in technische Systeme umzusetzen. Auch wenn sich Millionen Jahre Evolution nicht einfach kopieren lassen, so liefern doch oft die Patente der Natur Anregungen für analoge Konstruktionen im Bereich der Robotik oder auch Prothetik mit dem Ziel und Ergebnis: Roboterhände werden immer menschlicher.

Im Abschnitt 6.9 „Menschliche Gelenke“ wurde bereits detailliert festgestellt, dass die menschliche Hand alleine über 20 Freiheitsgrade (DOF – degrees of freedom) verfügt und sich daher eine funktionsgetreue technische Nachbildung als sehr komplex und aufwendig erweist. Dennoch schreitet die Entwicklung menschlich nachempfundener Roboterhände zügig voran. Wo bis dato erst einfache, wenngleich robuste, Zwei- oder Drei-Fingergreifer verfügbar waren, können jetzt und in Zukunft komplexe Fünf-Finger-Hände auch recht filigrane Aufgaben ausführen. Fortschritte in der Mikroelektronik und Steuerungstechnik, in der Aktorik und Sensorik sowie in der Mikromechanik machen es möglich, komplexe mehrfingrige Hände mit separat ansteuerbaren Fingern und Gelenken herzustellen, die der menschlichen Hand bereits sehr nahe kommen. Denn durch eine Roboterhand, die sowohl in ihrem phänotypischen Erscheinungsbild als auch im Bewegungsverhalten die menschliche Hand möglichst naturgetreu approximiert, lässt sich eine optimale Interaktion zwischen Mensch und humanoidem Roboter erreichen. Daher schützen Überzüge oder Handschuhe aus robustem, hautähnlichem Silikonkautschuk einerseits die Mechanik der künstlichen Glieder und lassen sie andrerseits aussehen und anfühlen wie menschliche Arme und Hände mit echter Haut.

Analyse

Zu Beginn der Entwicklung jeder Roboterhand steht erst einmal eine Analyse der verschiedenen Griffe einer menschlichen Hand und der dazu erforderlichen Aktor- und Sensortypen. Diese Erkenntnisse bilden die Basis für Entwurf und Konstruktion verschiedener Fingerarten, die entweder aus Metall- oder Fluidaktoren bestehen oder auch beides miteinander vereinen. Da in der Regel eine Leichtbauhand angestrebt wird, sind verschiedene Antriebsprinzipien für die Fingermotorik zu untersuchen, zu entwerfen und zu optimieren. Dabei spielt die Miniaturisierung bzw. die Mikromechanik eine große Rolle. Die mechanische Konstruktion der Hand erfolgt zumeist mit Einsatz von 3D-CAD-Software und das Resultat wird dann in Dynamiksimulationen getestet und optimiert. Damit lassen sich die Bewegungsmuster einzelner Finger sowie das Zusammenspiel mehrerer Finger beim Greifen eines Objekts studieren. Auch die Koordination eines vollständigen Roboterarms mit seiner Hand sowie die Kooperation einer Roboterhand einschließlich bewegtem Arm mit einem Menschen am selben Objekt sind Vorgänge, bei denen die auftretenden Beschleunigungen und damit verbundenen Kräfte und Momente erst durch Simulationen untersucht und bestimmt werden müssen. Die daraus ermittelten Kräfte können dann von Antrieben erzeugt und von Sensoren erfasst werden.

15.5.2 Roboterhände

Die „DLR-Hand“

Eine der fortschrittlichsten Entwicklungen im Bereich anthropomorpher Greifer ist die von der DLR (Deutsches Zentrum für Luft- und Raumfahrt) in Zusammenarbeit mit dem Harbin Institute of Technologie (HIT) und dem Werkzeugbauer Schunk entwickelte Roboterhand. Dank kleiner und präziser Antriebselemente in Verbindung mit Hochleistungsbustechnik setzt diese Entwicklung neue Maßstäbe für menschenähnlich nachempfundene Greifhände. Die so genannte „DLR-HIT-Hand II“ besteht aus fünf Fingern mit je vier Gelenken und ist im Vergleich zu ihrem Vorgänger, der „DLR-HIT-Hand I“, kleiner und leichter. Vier Finger werden benötigt, um auch konische Teile umfassen zu können. Der Daumen steht permanent in direkter Opposition zum Zeige- und Mittelfinger und dient somit als „Gegenlager“. Eine Vielzahl verschiedener Sensoren ermöglicht die präzise Kontrolle der Hand bei gleichzeitig feinfühliger Rückgabe der Fingerkräfte und Positionen. Die vollständige Integration aller Antriebe, Sensoren und Kommunikationselemente in der Hand sorgt für eine einfache Verbindung mit verschiedenen Roboterarmen. Mehr hierzu findet sich bereits im Abschnitt 10.5.3 „Die DLR-Hand“.

Die „Dextrous Hand“

Das bekannteste Produkt der Firma Shadow Robot Company, einem britischen Hersteller für Roboterkomponenten und künstliche Muskulatur, ist die so genannte „Dextrous Hand“, die ebenfalls der menschlichen Hand nachempfunden ist (Bild 15.3, inks). Die Hand wird von 40 künstlichen Muskeln in 24 Freiheitsgraden bewegt und weltweit von vielen Unternehmen eingesetzt. Der abgebildete Armstumpf zeigt besonders deutlich die Menge an erforderlichen „Sehnen“ und Sensorkabeln zur Ansteuerung und Bewegung der Fingergelenke.

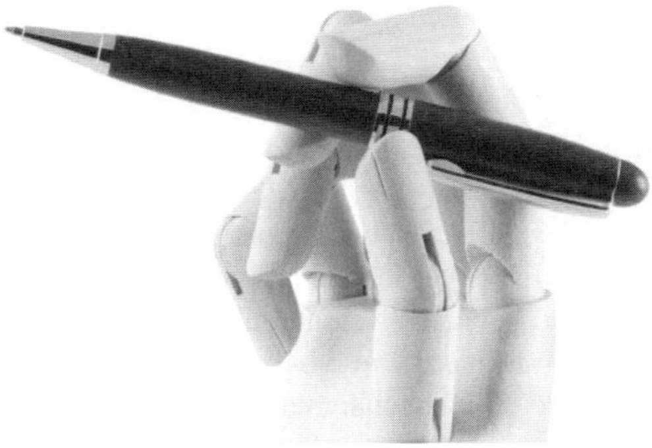

Bild 15.3: Beispiele für Roboterhände: „Dextrous Hand“ von Shadow (links, *Quelle:* Shadow Robot Company), der menschlichen Hand nachempfunden

Hand des „Robonaut“

Eine Roboterhand des humanoiden Roboters „Robonaut“, der von der NASA für die Außenbordaktivitäten im All während Weltraumflügen (beispielsweise für Reparaturen an der Außenhülle eines Space Shuttles) konzipiert wurde, hat 14 Freiheitsgrade und mehrere Tastsensoren an jedem Finger.

15.5.3 Antriebe

Jeder Finger einer Hand benötigt mehrere, voneinander unabhängig ansteuerbare Antriebe. Bei der DLR-HIT-Hand II werden z. B. die Motoren direkt in die Finger eingebaut. Hierzu sind pro Hand 15 bürstenlose Gleichstrommotoren mit Hallsensoren im Einsatz. Dabei handelt es sich um sogenannte Flat-Motoren, bürstenlose DC-Motoren in flacher Bauweise für enge räumliche Verhältnisse. Die Motoren sind direkt zu einer Einheit mit einem winzigen „Harmonic Drive“-Getriebe verkoppelt. Integrierte digitale Hallgeber melden die jeweils erreichte aktuelle Position mit hoher Präzision an die Steuerung.

Hochgeschwindigkeitsbus

Um eine Roboterhand in ihrer mechanischen Bewegungsvielfalt voll nutzen zu können, muss sie sinnvoll angesteuert werden. Hierzu sind unter anderem hochleistungsfähige Informationskanäle unumgänglich. Die Antriebe vor Ort müssen ständig Informationen zu Positions- und Betriebsdaten an den Steuerungsrechner liefern. Daher ist jedes Fingergelenk mit einem kontaktlosen hochauflösenden Winkelgeber und einem Drehmomentsensor ausgestattet. Die permanent anfallenden Daten werden über einen echtzeitfähigen Hochgeschwindigkeitsbus mit 25 Mbit/s übertragen. Eine schnelle Rückkopplung für den Vergleich von Soll- und Istwerten ist ausschlaggebend für die Funktion der Steuerung, insbesondere bei präzisen und filigranen Anwendungen. Daher ist neben der Datenmenge vor allem auch die Übertragungsgeschwindigkeit von zentraler Bedeutung. Zur eigentlichen Steuerung werden schnelle Signalprozessoren eingesetzt. So ergänzen sich Mikromechanik und Mikroelektronik perfekt, um die künstliche Hand feinfühlig und präzise zu steuern.

Andersartige Antriebe

Um in Zukunft besser greifen zu können, benötigen humanoide Roboter vor allem eines: kleine, kompakte und leichte Antriebselemente. Für andersartige neue Antriebsprinzipien haben sich die Forscher von bionischen Prinzipien der Natur inspirieren lassen. Vor allem quasi-hydraulisch betriebene „Spinnenbeine" haben es den Wissenschaftlern angetan, denn Spinnen bewegen sich durch muskulär ausgelöste Druckänderungen in ihren flüssigkeitsgefüllten Beinen. Diese haben somit Modell für die Entwicklung flexibler Fluidaktoren gestanden. Die sogenannten „Mikro-Fluidaktoren" bestehen aus kleinen beweglichen Kammern oder elastischen Membranen, die ihre Größe ändern oder sich verformen, wenn sie mit Gas oder einer Flüssigkeit gefüllt werden. Ihr muskelähnlicher Aufbau erlaubt die Konstruktion leichter und vielgliedriger anthropomorpher Greifer, die hinsichtlich Aussehen, Größe und Funktion der menschlichen Hand sehr nahe kommen. Durch ihre geringe Größe lassen sich die Aktoren komplett in jeden einzelnen Finger einer künstlichen Hand integrieren. Sie ermöglichen nicht nur das sichere Greifen von Gegenständen, sondern erwecken durch ihre Elastizität und Weichheit auch den Eindruck einer natürlichen Hand. Die flexiblen Fluidaktoren einer Roboterhand werden mit 3 bar bis 5 bar Druckluft betrieben und erzielen damit Kraftwirkungen von bis zu 10 N.

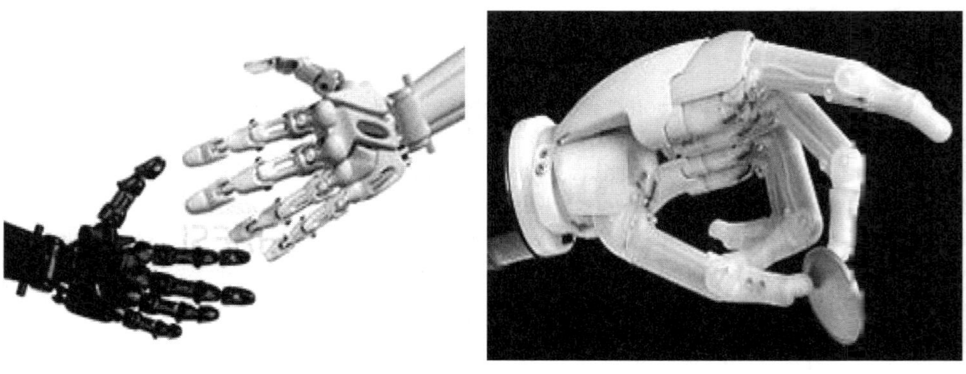

Bild 15.4: Roboterhände (links) und Roboterhand mit Fluidaktoren (rechts)

Einsatzgebiete

Mit solchen Antrieben wird es möglich, in unstrukturierten Umgebungen und unvorhersehbaren Situationen flexible Greif- und Manipulationsaufgaben auszuführen. Die Einsatzgebiete dieser Aktoren finden sich sowohl bei humanoiden Servicerobotern als auch bei Handprothesen. So kann eine Roboterhand flexible Fluidaktoren enthalten, die sowohl Luft als auch neutrale Flüssigkeiten als Antriebsmedium nutzen. Bei der Entwicklung der Fluidkomponenten müssen jedoch zunächst die erforderlichen Greifkräfte, abhängig von Befüllungsdruck und Materialeigenschaften, über Rechenmodelle ermittelt werden. Die Vorteile von Fluidelementen sind einerseits, dass sie schnell reagieren sowie klein und leicht sind, andererseits, dass die damit angetriebene Hand dennoch weich und nachgiebig ist, um so eine Verletzungsgefahr für Menschen gering zu halten. Schließlich darf vom Roboter-Greifsystem keinerlei Gefahr für Menschen ausgehen. Finger mit Fluidaktoren erweisen sich als besonders gut geeignet für das formschlüssige Greifen komplizierter Objektformen, ohne dabei hohe Anforderungen an die jeweilige Lagegenauigkeit zu stellen. Damit gelingt es, selbst rohe Eier problemlos zu greifen und festzuhalten. Finger mit einer Vielzahl verschiedener integrierter (taktiler) Sensoren ermöglichen hochpräzise Griffe, das Hantieren höherer Traglasten und eine optimale Kontrolle der Hand bei gleichzeitiger feinfühliger Rückgabe der Fingerkräfte und Positionen.

EAP

Weitere Antriebsprojekte setzen z. B. auf elektrisch leitfähige Kohlenstoff-Nanoröhren oder auf Kunststoff-Folien. Hier sorgen Elektronen für Dehnung und Streckung des Materials. Es handelt sich dabei um „Elektroaktive Polymere – EAP", Polymere also, die durch das Anlegen einer elektrischen Spannung ihre Form ändern. Die Wirkungsweise von EAPs beruht auf elektronischem Ladungstransport. Aufgrund der Ähnlichkeit ihrer Funktionsweise zu der natürlicher Muskeln, werden derartige Antriebe oft auch als „künstliche Muskeln" bezeichnet.

15.5.4 Steuerung

Zum Betrieb einer Roboterhand ist ein komplexes Steuerungssystem erforderlich, das Algorithmen für ein kraftbasiertes Steuern und Regeln der Fingerbewegungen sowie Sensordaten zur Lage- und Krafterfassung von Fingern und Objekten integriert. Die verschiedenen Skills zur lokalen Greifplanung erfordern die Koordination einer Auswahl geeigneter Handkomponenten und -aktoren für das zu greifende Objekt und die Durchführung entsprechender Bewegungen. Da komplexe Mehrfingergreifer einen eigenen lokalen Arbeitsraum besitzen, benötigen sie eine eigene lokale Steuerung auf Handebene, um Objektmanipulationen und echtzeitfähige Regelungen innerhalb dieses Arbeitsraums selbstständig durchführen und auch unbekannte Objekte handhaben zu können. Die Fingerregler regeln und koordinieren die einzelnen Aktoren der Fingergelenke mithilfe der in Hand und Finger integrierten Lage- und Kraftsensoren.

Redundanz

Die Gesamtkinematik von Mehrfingerhänden mit 16 Freiheitsgraden und mehr ist offenbar hochredundant, woraus folgt, dass eine vorgegebene Handstellung auf viele verschiedene Arten und auf unterschiedlichen Wegen angefahren werden kann. Ein zu lösender Teilaspekt bei der hohen Redundanz der Kinematik ist daher die Auswahl sinnvoller Lösungen. Das Steuerungssystem sollte z. B. autonom entscheiden können, mit welchen Fingern und in welcher Weise ein Objekt gegriffen werden muss. Hierzu wählt eine lokale Greifplanung die zur jeweiligen Aufgabe optimal passende Handkonfiguration sowie den jeweils bestgeeigneten Griff aus und ermittelt daraus eine Greifstrategie zur Ausführung der Aufgabe. Dazu werden in der Regel vorher eingelernte und abgespeicherte Greifroutinen abgerufen und parametriert. Außerdem müssen Handsteuerung und Armbewegungen durch Austauschen von Ist-Werten und Zustandsdaten kontinuierlich aufeinander abgestimmt werden.

Datenhandschuh

Bei den zu entwerfenden Algorithmen zur Handsteuerung sind sowohl Griffe mit einer Hand (für leichte Aufgaben oder Objekte) als auch beidhändige Griffe zu berücksichtigen. So können schwerere oder größere Gegenstände nur von zwei Händen gehalten werden. Um ein Interagieren des Menschen mit der Greifhand zu erleichtern, können gewünschte Bewegungen der Roboterhand durch eine Kraftkopplung zwischen Mensch und Greifer ausgeführt werden. Hierzu wird die Programmierung der künstlichen Hand durch Demonstration realer Greifvorgänge des Menschen implementiert. Zur Realisierung werden die erforderlichen Greifbewegungen der menschlichen Hand in einem Datenhandschuh aufgenommen und auf die Steuerung der künstlichen Hand abgebildet.

Sensoren

Erst eine geeignete Sensorüberwachung ermöglicht die effiziente Realisierung verschiedener Greifmöglichkeiten einer Roboterhand. Daher ist die Hand mit einer Vielzahl von Sensoren ausgestattet, um damit ständig die Beziehung zur Umwelt zu erfassen. Die Roboterhand versucht ihre Aufgaben mit Unterstützung durch die Sensorsignale auszuführen, wobei sie möglichst Kollisionen mit der Umgebung vermeidet. So lässt sich zum Halten eines Objekts aus den einzelnen gemessenen Fingerkräften die Gesamthaltekraft bestimmen. Änderungen in den Fingerkräften können durch Kollisionen oder Benutzerinteraktionen verursacht werden. Es ist auch zu berücksichtigen, dass an unterschiedlichen Stellen der Roboterhand (Fingerkuppen, Handrücken etc.) verschiedene Sensitivitätsstufen erforderlich sind. Daher müssen für den kraftgeregelten Zugriff und die Interaktionen mit dem Menschen Kraft-/Drucksensoren im Bereich der Fingerspitzen, Fingeroberflächen und den Armoberflächen in eine Art taktiler Haut eingebettet werden. Auf Handebene stützt sich die lokale Feinplanung der Bewegungen auf Informationen von den in die Hand integrierten Lage-, Kraft- und Momentensensoren. Bei verschiedenen Greifstrategien ist immer auch eine mögliche Kooperation mit dem Menschen zu berücksichtigen. Hierbei kommt den greiferinternen Kraftsensoren besondere Bedeutung zu, da nur sie eine einfache und gefahrlose Kooperation zwischen Mensch und Maschine auf Handebene garantieren.

Der Einsatz so vieler Sensoren setzt voraus, dass die Steuerung über entsprechende Schnittstellen verfügt, um die Menge der anfallenden Daten zu übertragen und in die Programmverarbeitung einzubinden. Hierzu ist eine extrem schnelle Erfassung und Vorverarbeitung der Sensordaten in Echtzeit unumgänglich. Bei Mehrfingergreifern müssen neben den Stellungen der einzelnen Gelenke und den in ihnen auftretenden Kräften weitere wichtige Daten, z. B. die Lage, von (taktilen) Kontaktpunkten erfasst werden. Die Algorithmen zur Positionsregelung der Finger sowie zur Kraftregelung des gegriffenen Objekts werden laufend weiterentwickelt mit dem Ziel, auf die vom Menschen und von Objekten ausgehenden externen Kontaktkräfte situationsgerecht reagieren zu können.

15.5.5 Mensch-Roboter-Kooperation

Bei der Mensch-Roboter-Kooperation kommt es besonders darauf an, dass der Roboter auf Aktionen des Menschen situationsgerecht reagiert. Insbesondere die direkten Kraftkopplungen auf Hand- und Fingerebene müssen stets eine weiche Nachgiebigkeit ermöglichen. Drucksensoren an den Fingerspitzen geben dem Roboter ein „Gefühl" für die ausgeübte Kraft und warnen ihn, sollte er zu forsch zupacken und damit eine Person verletzen. Durch den Einsatz derartig flexibler und universeller Greifsysteme kann der Roboter seine Bewegungen menschenähnlich ausführen und tatsächlich humanoid mit dem Menschen kooperieren. Eine zunehmend angestrebte Strategie, dem Roboter entsprechende Bewegungen anzueignen, ist die Programmierung durch Vormachen („Teaching", Imitationslernen).

„Elektronische" Haut

Wissenschaftlern ist es gelungen, eine flexible künstliche Haut aus Halbleiter-Nanodrähten und Drucksensoren zu entwickeln (elektronische Haut – e-skin), die der Empfindlichkeit und Reaktionszeit menschlicher Haut praktisch nicht nachsteht.

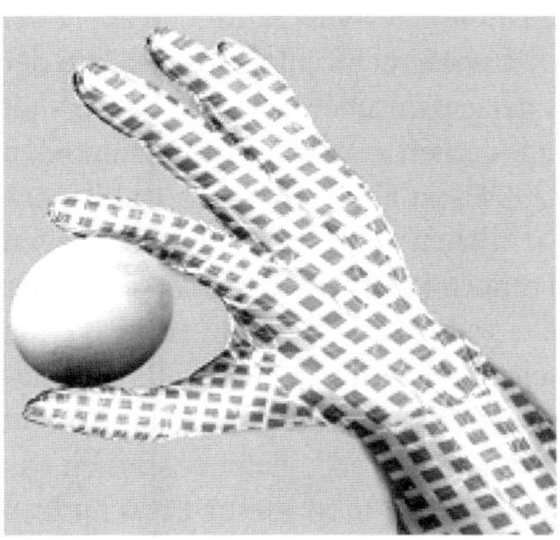

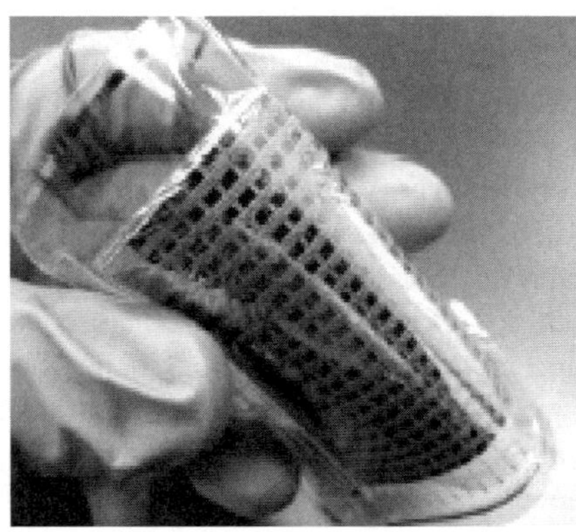

Bild 15.5: Künstliche Haut aus Nanodrähten (links), flexibler Film mit Nanodrähten (rechts)

Diese ultrasensible berührungsempfindliche Haut könnte zu einem Sprung in der Entwicklung von Robotertechnologien führen. Dank dieser künstlichen Haut können Roboter sogar Eier halten, ohne sie zu zerbrechen (Bild 15.5). Das Verfahren zur Herstellung künstlicher Haut funktioniert wie eine Fusselrolle, die Nanodrähte anstelle von Fusseln aufnimmt, die dann an der Fläche „kleben" bleiben. Die entstehende dünne und flexible Platte hat die besondere Fähigkeit, elektrische Signale zu ändern und weiterzuleiten. Zusätzlich wird die Nanodraht-Matrix in einen Überzug aus einer äußerst druckempfindlichen Gummischicht eingebettet. Die „elektronische" Haut konnte in Versuchen Drücke von 0,1 kPascal bis 15 kPascal wahrnehmen. Das entspricht etwa der erforderlichen Kraft zum Tippen auf einer Tastatur oder zum Festhalten eines kleineren Gegenstands. Dabei gleicht die Reaktionszeit der einer menschlichen Haut: innerhalb von 0,1 Sekunden reagiert das Material auf Druck und entspannt sich wieder.

15.6 Der aufrechte Gang

Jeder mobile Roboter, so auch der humanoide Roboter, besitzt besondere Einrichtungen zur Veränderung seiner Position in der Umgebung. Hierzu existieren viele Arten der Fortbewegung, die alle mit Vor- und Nachteilen behaftet sind. Je nach ihren speziellen Aufgaben nutzen mobile Roboter zur Fortbewegung zumeist Räder, Ketten oder Schienen. Beine ermöglichen eine sehr flexible Fortbewegung und sind insbesondere in unwegsamem Gelände nützlich. Bipede, also sich auf zwei Beinen fortbewegende Roboter, stellen jedoch, im Vergleich zu anderen Fortbewegungsarten, wesentlich größere Ansprüche sowohl an die mechanische Konstruktion der „Beine" als auch an deren Aktorik und Sensorik. Sie erfordern zudem eine sehr komplexe Ansteuerung. Ähnlich viel Forschungsaufwand wie zur Entwicklung multifunktionaler Roboterhände wurde daher dem aufrechten bipedalen Gang von Maschinenmenschen gewidmet, denn die zweibeinige Fortbewegung spielt eine entscheidende Rolle auf dem Weg zum technischen Ebenbild des Menschen.

So einfach es uns Menschen selbst zunächst auch erscheinen mag: Einer Maschine das Laufen beizubringen, ist hoch komplex. Maschinen können heutzutage zwar fliegen wie Tauben (z. B. die fliegende künstliche Möwe „Smart Bird" der Firma Festo auf der Hannover Messe 2011), meterhoch springen und auf vier oder sechs Beinen mit hoher Geschwindigkeit sprinten. Versuchten sie aber als humanoide Roboter aufrecht auf zwei Beinen zu gehen, so wirkte das Ergebnis bisher zumeist noch recht unbeholfen. Mitte der 1980er-Jahre erschienen mit dem Wabot-2 (1984) an der japanischen Waseda-Universität sowie der Serie P1, P2 und P3 von Honda die ersten modernen zweibeinigen humanoiden Roboter. Als Weiterentwicklung dieser Serie wurde 2004 von Honda der humanoide Roboter ASIMO vorgestellt, der sich ähnlich dem menschlichen Gang bipedal fortbewegen kann und für den als erstem Roboter der Welt auch Treppen kein Hindernis darstellen. Es galt und gilt jedoch weiterhin, auf diesem Gebiet viele komplexe Probleme zu lösen, die eine enge interdisziplinäre Kooperation von unterschiedlichen Fachleuten aus Physiologie, Orthopädie, Regelungs-/Antriebstechnik, Sensorik, Neurowissenschaften, KI und Bionik erfordert. Dabei galt und gilt es, zunächst herauszufinden, wie denn eigentlich das Gehen und Laufen beim Menschen selbst funktioniert. Das Resultat dieser Forschungen könnten nicht nur humanoide Maschinen sein, die sich eleganter als bisher auf zwei Beinen bewegen, sondern auch neue Erkenntnisse darüber liefern, wie der Mensch überhaupt das Laufen lernt bzw. im Rahmen der Evolution erlernte.

Evolution

Die in wenigen Jahrzehnten erzielten Erfolge in Richtung aufrechter Gang können sich trotz einiger noch bestehender Unvollkommenheiten dennoch durchaus sehen lassen. Die biologische Evolution hat sich dafür immerhin einige Millionen Jahre Zeit gelassen. Von den ersten aufrechten Gehversuchen der frühen Hominiden vor vermutlich etwa 6 Millionen Jahren über den „Homo erectus", der wohl ersten hominiden Art, die vor ca. 2 Millionen Jahren wie ein moderner Mensch laufen konnte, bis zum Neandertaler und Homo sapiens entwickelte sich in zumeist kleinen Evolutionsschritten das, was unseren heutigen aufrechten Gang ausmacht. Abgesehen von einer totalen Umgestaltung der ursprünglich zum Klettern und Ergreifen von Ästen befähigten hinteren Extremitäten von Greiffüßen zu Laufbeinen sowie der Anpassung der Füße durch Verlängerung der Mittelfußknochen, Verkürzung der Zehen und damit zunehmendem Verlust der Opponierbarkeit der Großzehe mussten sich auch die Kniegelenke den neuen Belastungen anpassen. Der aufrechte Gang erforderte zugleich völlig neue Formen und Funktionen von Hüft- und Beckenbereich mit erheblicher Umgestaltung des Beckenskeletts und veränderter Ausprägung der Hüftgelenke sowie vor allem der Wirbelsäule. Parallel dazu konnten sich die von der Fortbewegung entkoppelten Arme und Hände zu den multifunktionalen Werzeugen entwickeln, die sie heute für den Menschen darstellen. Dennoch blieben offensichtlich Unzulänglichkeiten bestehen, die sich in den zahlreichen, oft alters- oder abnutzungsbedingten Problemen vieler Menschen mit den Knie- und Hüftgelenken manifestieren.

15.6.1 Analyse des Gehens

Es gibt eine Reihe von Bewegungszuständen, die gewöhnlich mit Bipedie in Verbindung gebracht werden. Ingenieure und Orthopäden, die zweibeiniges Gehen oder Laufen untersuchen, beschreiben die damit verbundenen Vorgänge als „wiederholt verhindertes Fallen". Das Phänomen des Stolperns ist hinsichtlich des „kontrollierten Fall-Konzepts" des Gehens sehr aufschlussreich. Stolpern entsteht z. B. durch Wegziehen eines Beins von einem Gehenden oder Läufer. Tatsächlich genügt das bloße Stoppen der Bewegung eines Beins oder nur deren Verlangsamung, um einen Zweibeiner zum Stolpern zu bringen oder gar zu Boden stürzen zu lassen.

Beugen und Strecken

Es ist bekannt, dass Muskeln als rein kontraktile Organe ihre Arbeit nur durch eine Kontraktion, also eine aktive Verkürzung der Muskelfasern, verrichten können. Gegenläufige Bewegungen eines Gelenks, nämlich die Beugung (Flexion) und Streckung (Extension) werden daher durch unterschiedliche Muskelgruppen ermöglicht, nämlich die Flexoren zum Beugen und die Extensoren zum Strecken. Diese Muskelgruppen sind Antagonisten, also Gegenspieler, denn ihre Wirkungen sind zueinander entgegengesetzt. Ein bekanntes Beispiel sind die Antagonisten Bizeps und Trizeps zum Beugen und Strecken des Arms. Auf Maschinen übertragen, müsste man also für jedes Gelenk bzw. jeden Freiheitsgrad zwei gegenläufige Antriebe einsetzen, was auch zumeist stattfindet. Allerdings gibt es in der Antriebstechnik auch Linearantriebe, entweder mit Hilfe von Gewindetrieben oder als direkt wirkende (elektrodynamische) Linearmotoren und Linearaktoren, z. B. nach piezoelektrischen oder magnetostriktiven Prinzipien (vergleiche Abschnitt 6.6.7 „Linearmotoren"). Linearmotoren finden zunehmend Anwendung in Werkzeugmaschinen und Robotersystemen zur Realisierung translativer Bewegungen. Diese Antriebe wirken in beiden Richtungen, also sowohl ziehend als auch schiebend. Dasselbe gilt auch für die meisten pneumatischen und hydraulischen Antriebe (doppeltwirkende Zylinder). Wenn es also konstruktiv möglich ist, wird man in der Robotik derartige Antriebe für die Kombination Beugung und Streckung einsetzen, um Aufwand, Platz und Gewicht einzusparen.

Nachfolgend sollen die wichtigsten zweibeinigen Fortbewegungsarten aus Sicht der Biomechanik etwas näher betrachtet werden, um eine Vorstellung darüber zu entwickeln, welche technischen Herausforderungen sich bei der zweibeinigen Fortbewegung von Maschinen stellen.

Stehen

Zweibeiniges Stehen ist das bewegungslose Verharren auf beiden Beinen. Auf den ersten Blick scheint dies nichts Besonderes zu sein. Doch bei den meisten Zweibeinern ist dies ein recht komplexer aktiver Vorgang, der das ständige Nachregulieren und Ausbalancieren des Gleichgewichts erfordert. Dabei dient der Gleichgewichtssinn primär zur Feststellung von Körperhaltung und Orientierung im Raum. Die Hauptrolle spielt das Gleichgewichtsorgan in beiden Innenohren und im Kleinhirn. Der Gleichgewichtssinn setzt sich wiederum aus mehreren Einzelkomponenten zusammen, der sogenannten „vestibulären" Wahrnehmung (der Vestibularapparat im Innenohr) zur Bestimmung der Richtung von Gravitation und Beschleunigung. Essenziell sind außerdem Augen, Sehnerv und sämtliche Neuronen des visuellen Systems zur Feststellung der Orientierung im Raum beteiligt. Hiermit wird die Raumlage erfasst, also das Empfinden für oben und unten (Lotrichtung) sowie für Winkel und Neigungen. Unterstützt werden diese Sinne durch die „Tiefensensibilität" (auch als Muskelsinn bezeichnet) als eine Wahrnehmung bestimmter Reize aus dem Körperinneren. Diese Eigenwahrnehmung des Körpers basiert auf Rezeptoren in Gelenken, Muskeln (Muskellänge, Muskelspannung) und Sehnen. Das sich aus Informationen über den Spannungszustand von Muskeln und Sehnen ergebende Lageempfinden liefert wesentliche Informationen über die Position des Körpers im Raum sowie die Stellung der Gelenke. Die Tiefensensibilität macht auch das Gehen, Greifen und andere Tätigkeiten erst möglich. Nicht zuletzt trägt auch die taktile Wahrnehmung bzw. Oberflächensensibilität, insbesondere in der Fußunterseite, zur Bewahrung des Gleichgewichts bei.

Gehen

Effizientes zweibeiniges Gehen ist wiederum weitaus komplizierter als Stehen. Gehen ist eine Fortbewegungsart, bei der es im Gegensatz zum Laufen keine Flugphase gibt. Der Körper hat also in jeder Phase des Bewegungszyklus über Beine und Füße Kontakt zum Boden. Beginnend mit einem beidfüßigen Ausgangsstand wird ein Fuß angehoben und um einen Schritt vor den anderen gesetzt, wobei zu jeder Zeit mindestens ein Fuß den Boden berührt. Gehen bedingt das leichte Kippen aus dem Gleichgewicht nach vorne und zur Seite und die rechtzeitige Korrektur des Gleichgewichts. Die eigentliche Positionsveränderung geschieht im Grunde, wie eingangs erwähnt, durch ein „verhindertes Fallen". Steuerungstechnisch zählt Gehen zu den Automatismen, denn es wird selbsttätig vom Zentralnervensystem ohne äußere Reizeinwirkung ausgelöst. Beim Menschen setzt sich das Gehen aus verschiedenen Teilprozessen zusammen:

- zwischen den Füßen vor- und zurück schwanken,
- mit den Zehen voranschieben, um die Geschwindigkeit zu halten,

- kombinierte Unterbrechungen beim Schwanken und Neigen der Fußknöchel in die andere Richtung und
- Beugen und Strecken des Knies, um das „Vorwärtsfallen“ aufzuhalten.

Laufen

Im Gegensatz zum Gehen ist Laufen bzw. Rennen ein kontinuierlicher Prozess. Beim Laufen berührt in bestimmten Teilphasen kein Fuß den Boden. Wenn ein zweibeiniges Wesen, oder ein bipedaler Roboter, effizient läuft, befindet es sich in einem andauernden Zustand des Vorwärtsfallens. Dies wird nur durch das stets wiederholte Selbstauffangen zum richtigen Zeitpunkt verhindert. Der fast unausweichliche Fall wird nur für die Dauer eines weiteren Schritts aufgeschoben und damit eine relativ gleichmäßige Bewegung aufrechterhalten.

15.6.2 Neue Lösungsansätze

Viele Ansätze, sich auf zwei Beinen fortbewegende Roboter zu entwickeln, zeigten zunächst nicht die erhofften Erfolge. Erste Modelle konnten nur statisch gehen, d. h. verlagerten ihr Gewicht auf einen Fuß und setzten dann den anderen nach vorne. Dieser Bewegungsablauf war sehr unbeholfen und langsam. Für einen Schritt wurden mehrere Sekunden benötigt. Bei späteren Ansätzen konnte der Roboter bereits dynamisch gehen wie ein Mensch, der sein Gewicht nach vorne verlagert und dann ein Bein nachzieht, bevor er umfällt. Inzwischen beschreiten die Forscher neue Wege. Sie konstruieren Roboter, die den Gang des Menschen nicht nur äußerlich nachzuahmen versuchen, sondern simulieren auch die Steuerung der Bewegungen durch das menschliche Gehirn und die peripheren Nervenzellen. Dabei sollen die Roboter den aufrechten Gang auf ähnliche Weise erlernen, wie es Kleinkinder tun. Auch sie beginnen die ersten Schritte auf ähnlich simple und ungelenke Art wie ein Roboter und entwickeln erst nach und nach immer komplexere Bewegungsmuster. Man hofft, in Zukunft besser zu verstehen, welche neurophysiologischen Prozesse den Körperbewegungen des Menschen zugrunde liegen, um dann den menschlichen Gehapparat durch die Steuerung zu simulieren. In den durch Antriebe nachgebildeten „Muskeln“ übernehmen eingebaute Lastsensoren die Funktion des sogenannten „Golgi-Sehnenorgans“, einer Art Nervengeflecht, das zur Regelung der Muskelspannung dient. Es befindet sich am Übergang zwischen Muskel und Sehne und erzeugt Informationen über den Spannungszustand der jeweiligen Muskeln. Der Roboter wird dadurch quasi zu einem „neuro-mechatronischen“ Modell des menschlichen Originals.

Mustergenerator – ZMG

In weiteren Experimenten hat man auch versucht, den sogenannten „Zentralen Mustergenerator – ZMG“ nachzuahmen. Unter diesem, auch als „Central Pattern Generator – CPG“ bezeichneten Komplex versteht man in der Neuroanatomie spezielle Ansammlungen von Nervenzellen im Rückenmark, die selbstständig bestimmte rhythmische Muskelbewegungen auslösen können und eine wichtige Rolle bei kontinuierlichen Bewegungen wie dem Gehen spielen. Zentrale Mustergeneratoren dienen somit der Erzeugung sich wiederholender oder oszillierender Muskelaktivitäten zur Ausführung stereotyper Verhaltensmuster. Ihre Besonderheit liegt darin, dass sie nicht wie andere Nervenzellen stets von einem übergeordneten Hirnzentrum (bzw. zentralen Prozessor) bewusst aktiviert werden müssen, sondern nach einer Startaktivierung eigenständig in der Lage sind, in regelmäßiger Abfolge Signale an die Muskeln abzugeben. Typische Beispiele für Bewegungen, deren unbewusster automatischer Ablauf durch ZMGs gesteuert werden, sind das Gehen, Laufen oder Schwimmen. Versuche bestätigten, dass die Wirkungen eines künstlichen ZMG-Reflexsystems auf die Körperbewegungen den ausbalancierten Lauf des Roboters so optimierten, dass er auf dynamische Veränderungen reagieren konnte und der Gang sich als wesentlich unempfindlicher gegenüber externen Störungen erwies. Im Vergleich zu einer Maschine, die, ungeachtet aller äußeren Einflüsse, nur geradeaus zu laufen versucht, ist das ein klarer Fortschritt. Während frühere Modelle die menschlichen Bewegungen lediglich äußerlich imitierten, ahmen neue robotische Modelle mit einem künstlichen innovativen Nervensystem die den menschlichen Bewegungen zugrunde liegenden Kontrollmechanismen nach.

Laufmaschine „JOHNNIE“

Im Rahmen eines DFG-Schwerpunktprogramms „Autonomes Laufen“ wurde am Lehrstuhl für Angewandte Mechanik der Technischen Universität München die zweibeinige, autonome Laufmaschine „JOHNNIE“ entwickelt. Dieser bipedale Roboter kann auf ebenem wie unebenem Boden gehen sowie Kurven folgen. Primäres Entwicklungsziel war die Realisierung eines schnellen und dennoch dynamisch stabilen Gangs. Dies stellte erhebliche Anforderungen an Antriebe, Sensorik, Regelungstechnik und Informationsverarbeitung. Zusammen mit dem Sichtsystem des Münchner Lehrstuhls für Steuerungs- und Regelungstechnik ist JOHNNIE in der Lage, auch Hindernisse zu erkennen und geeignete Schrittsequenzen zu planen, um diese zu überwinden oder ihnen auszuweichen.

Der aus hochfesten Aluminiumlegierungen aufgebaute 180 cm große Hominide verfügt über einen menschenähnlichen Aufbau mit 17 durch Servomotoren angetriebenen Gelenken. Jedes Bein ist mit sechs Gelenken ausgestattet, davon drei in der Hüfte, eines im Knie sowie zwei im Sprunggelenk. Die Arme werden zum dynamischen Drallausgleich eingesetzt, weshalb auch die Schultern über je zwei Freiheitsgrade verfügen. Alle Gelenke werden über Gleichstrommotoren mit Harmonic-Drive-Leichtbaugetrieben bewegt. Eine Ausnahme bilden die Sprunggelenke, die als Parallelmechanismus mit Kugelgewindetrieben realisiert wurden. Um JOHNNIE ein hohes Maß an Autonomie zu verleihen, wurden Sensorik, Elektronik und Rechner (ein Onboard-PC am Oberkörper) in den Roboter integriert. Die Ermittlung der Standkräfte übernehmen zwei in die Füße integrierte sechsachsige Kraftsensoren. Ein Orientierungssensor aus Beschleunigungs- und Kreiselsensoren erfasst die räumliche Drehlage des Oberkörpers. Bild 15.6 vermittelt einen Eindruck vom Aufbau des Laufroboters.

Die Regelung des Roboters ist hierarchisch in zwei Ebenen gegliedert. Auf oberster Ebene erfolgt die globale Gangkoordination einschließlich des Übergangs zwischen den verschiedenen Gangmustern, wie Stehen, Gehen oder Treppensteigen. Das jeweilige Gangmuster wird auf die einzelnen Gelenke abgebildet, deren resultierende Bewegungen auf der unteren Ebene unabhängig geregelt werden. Läuft JOHNNIE autonom mit Hilfe des Sichtsystems, so übernimmt eine zusätzliche, übergeordnete Regelungsebene die vorausschauende Adaption der Gangmuster an die aktuellen Gegebenheiten der Umwelt.

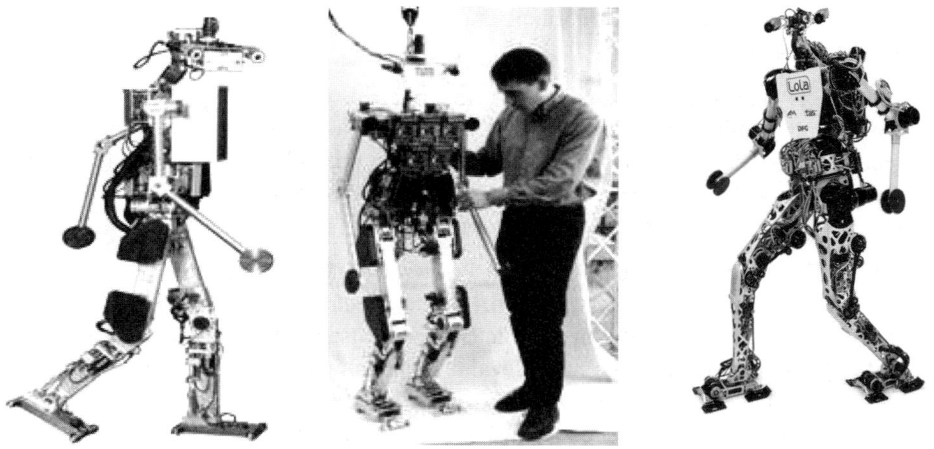

Bild 15.6: Der Laufroboter „JOHNNIE“ (links und Mitte) und Nachfolger „Lola“ (rechts) (*Quelle:* TU München)

Jedes der genannten Gangmuster setzt sich zusammen aus unterschiedlichen Phasen, wie Standphase, Schwungphase etc. Dabei darf der vorausberechnete Schritt nicht zu einem unbeabsichtigten Abheben oder Kippen des Standfußes führen. Unter Einhaltung dieser dynamischen Randbedingungen bleibt der Roboter solange im Gleichgewicht, wie die Gelenkwinkel den vorgegebenen Referenzpfaden exakt folgen. Im Versuch konnte „JOHNNIE“ eine maximale Geschwindigkeit von 2,4 km/h bei einer Schrittlänge von 55 cm erreichen.

Nachfolger „LOLA“

Basierend auf den im Projekt „JOHNNIE“ gewonnenen Erfahrungen konnte eine wesentliche Steigerung von Laufgeschwindigkeit, Geschicklichkeit und Autonomie nur durch eine Neukonstruktion unter Einsatz modernster Technologien erzielt werden. Daher wurde im Rahmen des DFG-Forschungsprojekts „Natur und Technik intelligenten Laufens“ der humanoide Laufroboter „LOLA“ als Nachfolger entwickelt, um dem Ziel des menschlichen Gangbilds und der Ganggeschwindigkeit noch etwas näher zu kommen. Zugleich konnte man durch eine engere Integration von visueller Wahrnehmung auch die Autonomie des Systems erweitern. Erhöhte Autonomie stellt auch höhere Anforderung an Robustheit und Flexibilität der Regelung, um die Stabilität des Roboters über einen möglichst großen Bereich an Laufsituationen zu garantieren.

„LOLA“ ist ebenfalls 180 cm groß, wiegt zirka 55 kg und entspricht so den anthropometrischen Proportionen eines durchschnittlichen Erwachsenen (Bild 15.6, rechts). Der schnelle zweibeinige Gang ist mit sehr hohen Anforderungen verbunden und lässt sich nur durch eine sorgfältige Auslegung des mechatronischen Gesamtsystems erreichen. Die bei „LOLA“ zur Bewältigung des Laufens eingesetzten 25 angetriebenen Freiheitsgrade bilden eine kinematisch redundante Konfiguration. So verfügt jedes Bein über jeweils sieben Gelenke, einschließlich eines elektrisch angetriebenen Zehengelenks. Damit hat der Roboter zum Laufen mehr Gelenke, als eigentlich benötigt werden. Das Beckensegment hat zwei weitere Freiheitsgrade und die Arme jeweils drei. Simulationen haben gezeigt, dass sich mit zusätzlichen, redundanten Freiheitsgraden die Gangmuster natürlicher und flexibler realisieren lassen.

Um eine hohe Dynamik des Gesamtsystems zu erreichen, wurde die Massenverteilung in den Beinen mit minimalen Massenträgheitsmomenten der Beinsegmente aufeinander abgestimmt. Hierzu dienen neue Antriebsmechanismen mit hoher Leistungsdichte für die Knie- und Sprunggelenke. Diese ermöglichen es, schwere Komponenten wie Motoren nahe der Drehachse des Hüftgelenks zu platzieren.

Die zentrale Steuerung auf einem Onboard-PC wird ergänzt durch mehrere dezentrale Reglermodule für hardwarenahe Aufgaben. Somit ähneln die dezentralen Steuerungs-Subkomponenten den in der Natur beobachteten hierarchischen Strukturen zur dezentralen Verarbeitung von Sensordaten, die nur relevante Daten an die überlagerte Steuerungsebene weiterleiten. Schnelleres Laufen erfordert auch eine verbesserte Planung der Bewegungsbahnen. Hierzu werden stets die nächsten drei Schritte im Voraus berücksichtigt und geplant. In Versuchen konnte „LOLA" eine Laufgeschwindigkeit von ca. 3.4 km/h erreichen und etwa 4 cm hohe Hindernisse überwinden, was allerdings zum Treppensteigen wohl noch nicht ganz genügt.

15.7 Autonomie humanoider Roboter

Da sich das Kapitel 4 „Autonomie bei mobilen Robotern" bereits ausführlich mit dem Thema „Autonomie" befasst, sollen hier nur einige Aspekte der Autonomie betrachtet werden, die in unmittelbarem Zusammenhang mit humanoiden Robotern stehen. Unter Autonomie versteht man generell den Zustand der Selbstständigkeit, Unabhängigkeit oder auch Entscheidungsfreiheit. Sie ist gewissermaßen die Fähigkeit eines Wesens oder einer Maschine, aus dieser Freiheit heraus selbstbestimmt zu handeln. Das Spektrum der Autonomie deckt eine Vielzahl von Funktionen ab, die ein mobiler Roboter für seinen Einsatz beherrschen muss, die jedoch für uns alltäglich und selbstverständlich erscheinen. Eine wichtige Funktion ist die Kognition, die einen Roboter in die Lage versetzt, seine Umgebung richtig zu erkennen und zu deuten, denn es geht schlichtweg darum, sich in der erfassten Umgebung zu bewegen und mit ihr, einschließlich der sich im Nahbereich befindlichen Personen, angemessen zu interagieren.

15.7.1 Autonome Roboter

Zur Erzielung autonomen Verhaltens müssen Konzepte der künstlichen Intelligenz und der Neuroinformatik aus ihren biologischen Vorbildern abgeleitet werden. Denn die bemerkenswerte sensor-motorische Lernfähigkeit des Menschen, die es ihm erlaubt, in einer komplexen, veränderlichen Umwelt zurechtzukommen, übertrifft nach wie vor bei Weitem die Flexibilität und Autonomie heutiger Roboter. Zur Erlangung derartiger Fähigkeiten sind noch eine Reihe von Problemen zu lösen, von der Implementierung der erforderlichen Kommunikationskanäle bis hin zum Einsatz neuartiger Sensoren und Aktoren sowie dem koordinierten Zusammenspiel einzelner mobiler Plattformen. Die Entwicklung mobiler autonomer Roboter wird unter anderem durch Wettbewerbe wie der „DARPA" Grand Challenge („Defense Advanced Research Projects Agency" des US-Verteidigungsministeriums) oder den Robocup-Veranstaltungen (Fußball für mobile Roboter, gibt es seit 1997) vorangetrieben.

15.7.2 Realisierung

Zur Realisierung autonomen Verhaltens mobiler Roboter existieren verschiedene Softwareansätze mit entsprechenden Architekturen, wie verhaltensbasierte, funktionsorientierte, kognitive oder hybride Architekturen als Kombination verschiedener Modelle (siehe auch Tabelle 4.1 „Steuerungsarchitekturen mobiler Roboter"). Es gibt wiederum viele Abwandlungen dieser Architekturen, die verschiedene Elemente der künstlichen Intelligenz beinhalten können. In der Praxis werden häufig Kombinationen aus diversen Techniken verwendet, verbunden mit Verfahren aus den Bereichen der neuronalen Netze bzw. der Neuro-Fuzzy-Methoden.

Kognitive Architekturen

Recht aussichtsreich erscheinen die „kognitiven" Architekturen. Bei diesen stehen die Lernfähigkeit des Roboters und das Hinzufügen von neuem Handlungswissen im Vordergrund. Vorbild hierfür sind kognitive Prozesse des Menschen zur Modellierung von Eigendynamik, Umgebungsstruktur, Selbstorganisation und Generalisierung. Mit wachsender Komplexität und Autonomie moderner Roboter gewinnt auch eine natürliche Interaktion zwischen Robotern und Menschen immer mehr an Bedeutung. Der Bereich der autonomen intelligenten Roboter gehört mit zu den spannendsten Wissenschaftsgebieten der Gegenwart. Daher wird an allen Spitzenuniversitäten der Welt in diesem Bereich intensiv geforscht. Hierbei stellt sich die grundsätzliche Frage: Kann man passende Vorbilder aus der Natur kopieren und gibt es weitere Alternativen zur Modellierung und Implementierung künstlicher Systeme, die in einer realen Welt agieren sollen?

Selbstständig ausprobieren

Die klassische Robotik hatte bereits um 1980 einen relativ hohen Reifegrad erreicht. Dennoch haben moderne Serviceroboter oder humanoide Roboter nur selten die Fabrikgelände verlassen und einen Platz als „Robot Companion" an der Seite des Menschen eingenommen. Ein entscheidender Grund hierfür ist, dass es nach wie vor schwerer fällt, Roboter zu programmieren als normale Computer. Könnten Roboter ihre Aufgaben durch eine Mischung aus Imitation und Ausprobieren selbstständig lernen, dann würden sich völlig neue Perspektiven eröffnen. Das könnte zu Robotern führen, die den Menschen Aufgaben eigenständig abnehmen, oder zu humanoiden Robotern, die selbstständig lernen, ihre Beine und Füße mit verbesserter Lauftechnik zu bewegen.

Beispiel: „Armar 3"

Armar 3 ist ein vom Karlsruher Institut für Technologie (KIT) entwickelter, völlig autonom handelnder und lernfähiger humanoider Haushaltsroboter, der sich in einer beliebigen Küche zurechtfindet und dort alltägliche, dem Menschen lästige Alltagsarbeiten erledigen soll (Bild 15.7). Das Ziel eines vom kooperierenden IOSB (Fraunhofer-Institut für Optronik, Systemtechnik und Bildauswertung) geleiteten Teilprojekts „Humanoide Roboter" besteht darin, auf der Grundlage von Neuro-Fuzzy-Methoden ein intelligentes Überwachungs- und Regelungskonzept zu entwickeln. Armar 3 wurde erstmals auf der Cebit 2012 vorgestellt.

Armar sieht mit zwei Augen, in die jeweils zwei Kameras integriert sind (ein Kamerapaar dient für das Sehen in der Nähe, das andere für den Fernbereich). Zum Hören hat er sechs Mikrofone, die in den „Ohren“ sowie vorne und hinten am Kopf angebracht sind. Zudem besitzt der Roboter drei 3D-Flächen-Laserscanner, mit deren Hilfe er ein 3-dimensionales Bild seiner Umgebung erstellt. Die drei Scanner sind je um 120° versetzt in einer Höhe von etwa 15 cm im Fahrgestell eingebaut, damit sie selbst die Fußspitzen einer im Raum befindlichen Person wahrnehmen. Dank des Erfassungswinkels jedes Scanners von 180° ist der Roboter in der Lage, seine komplette Umgebung bis auf eine Entfernung von etwa 50 m zu „sehen“. Mit Hilfe der Flächenscanner und der Kameras bleibt Armars 3D-Modell der Küche immer aktuell.

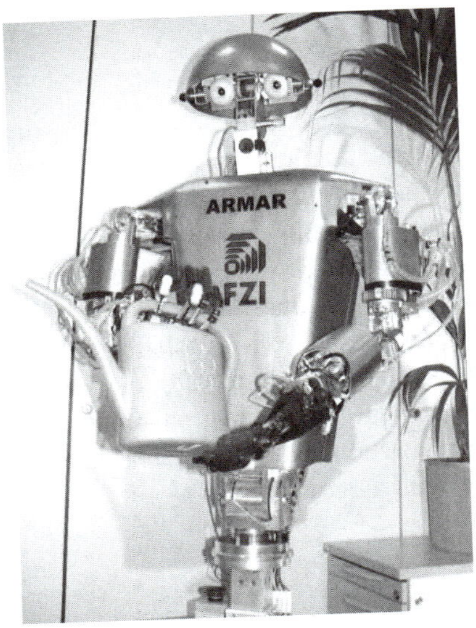

Bild 15.7: Der humanoide Haushaltsroboter „Armar 3“ (*Quelle:* KIT)

Kommunikation

Armar versteht und reagiert auf Sprachkommandos, die ihm mitteilen, was er zu tun hat. In einer Art Datenbank sind für den Roboter sämtliche Objekte, wie Tassen, Becher, Packungen etc., zusammen mit ihren Bezeichnungen, den wesentlichen Eigenschaften und der Art, wie sie zu behandeln sind, abgespeichert. Mit einem Datenhandschuh wurden bestimmte Bewegungen mit den Objekten demonstriert. Man ergreift z. B. eine Tasse mit dem Datenhandschuh und führt mit dieser alle möglichen Bewegungen aus. Dabei kann man die Tasse im maximalen Neigungswinkel halten oder bewegt sie mit Maximalbeschleunigung in eine bestimmte Richtung. Anhand dieser Daten weiß Armar stets, wie er mit dem gegriffenen Objekt umzugehen hat. Der Roboter ist auch in der Lage, die ihm vom Menschen vorgeführten Bewegungsabläufe nachzuahmen, sie zu speichern und dann auch wieder in den entsprechenden Situationen auszuführen. Durch dieses Vorführen (Teachen) der Bewegungen durch Menschen wird zusätzlich erreicht, dass sich der Roboter menschenähnlicher bewegt. All diese multisensorisch erfassten Daten und „Erfahrungen“ werden in einer mehrschichtigen Systemarchitektur dynamisch verarbeitet, um daraus die für eine erkannte Situation am besten passende Aktionsfolge auszuwählen und sie mit lokalen Reglern optimal durchzuführen. Der Nachfolger aus dem Karlsruher Institut, Armar 4, läuft auf zwei Beinen und besitzt 63 Freiheitsgrade. Die einfacheren Steuerfunktionen werden durch 76 Mikrocontroller ausgeführt.

Weitere Forschungen

Wie durch zahlreiche Berichte und sonstige Dokumentationen belegt, konnte die Forschung an humanoiden Robotern in den letzten Jahrzehnten insbesondere in Bereichen der autonomen mobilen Fortbewegung beachtliche Fortschritte erzielen. Trotzdem werden humanoide Roboter voraussichtlich für lange Zeit eine Plattform zur weiteren Erforschung wichtiger Fragen der Wahrnehmung, Bewegungsplanung, Kognition etc. bleiben. Daher darf man auf diesem Gebiet noch viele spannende Neuentwicklungen und Fortschritte erwarten.

15.8 Bekannte humanoide Roboter

In diesem Abschnitt sollen beispielhaft einige bekannte humanoide Roboter etwas näher vorgestellt werden.

ASIMO

ASIMO (ein Akronym für „**A**dvanced **S**tep in **I**nnovative **Mo**bility“) ist ein vom japanischen Konzern Honda entwickelter humanoider Roboter, der sich bipedal, also auf zwei Beinen fortbewegen kann und dabei Bewegungen ausführt, die dem menschlichen Gang sehr ähnlich sind (siehe Bild 15.8). Inzwischen gibt es viele Versionen dieses humanoiden Alleskönners. Die erste Version wurde bereits vor mehr als 15 Jahren im November 2000 der Öffentlichkeit vorgestellt. Seine immer noch aktuelle Version wurde erstmals im Dezember 2004 gezeigt. Verbesserungen in der Steuerung, Sensorik und in anderen Bereichen wurden von Jahr zu Jahr bekannt gegeben. ASIMO gilt nach wie vor als der modernste zweibeinige humanoide Roboter der Welt. Er kann laufen, auch rückwärts, rennen, tanzen, auf einem und zwei Beinen hüpfen oder einen Fußball kicken. Er kann auch Gegenstände entgegen nehmen und tragen, einen Wagen schieben, auf einen Menschen reagieren und dessen Hand schütteln sowie zu einem gewissen Grad auch hören und sprechen. Ziel von interdisziplinären Forschergruppen ist es, Roboter wie ASIMO mit kognitiven und sozialen Fähigkeiten auszustatten und sie damit zu alltagstauglichen Assistenten für den Menschen zu machen. Inzwischen beantwortet ASIMO Fragen, erkennt Haltungen, Gesten und sogar Gesichter. Er kooperiert auch mit Roboterkollegen, um Ziele zu erreichen. ASIMO ist somit auf dem besten Weg, ein völlig autonomes Wesen zu werden, anstatt nur eine vom Menschen gesteuerte Maschine. Wer sich gerne eine bessere visuelle Vorstellung von ASIMO machen möchte, dem seien einige Videos auf „youtube“ empfohlen, z. B. unter:

- https://www.youtube.com/watch?v=ReN2l816L8k oder
- https://www.youtube.com/watch?v=QRB7kpduzUw

Die Version von ASIMO aus dem Jahr 2011 weist folgende technische Daten auf:

- Höhe: 130 cm, Tiefe: 44 cm und Breite: 45 cm,
- Gesamtgewicht: je nach Version ca. 50 kg,
- maximale Betriebszeit/Akkulaufzeit (gehend): 40 min,
- maximale Geschwindigkeit: gehend: 2,7 km/h, rennend: 9 km/h,
- Freiheitsgrade: Kopf: 3, Arme: 14 (je 7), Hände: 26 (je 13), Hüfte: 2, Beine: 12 (je 6), Gesamtsumme der Freiheitsgrade also: 57.

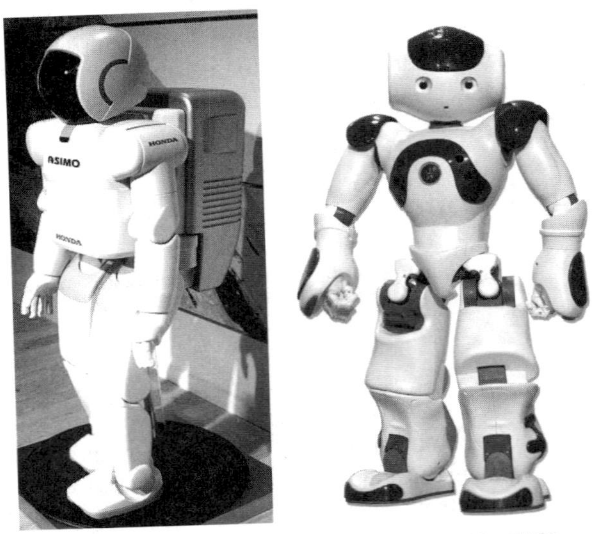

Bild 15.8: Roboter „ASIMO" und der kleine humanoide „NAO"

Roboter NAO

Der Roboter NAO ist ein voll autonom agierender humanoider Lehr-Roboter des französischen Herstellers Aldebaran Robotics, der neben der Vermittlung von Sachthemen, wie Programmieren, Robotik, Steuer- und Regeltechnik, auch Kreativität, Problemlösungsfähigkeiten sowie die Ausbildung von Kooperations- und Teamkompetenzen unterstützt. In Verbindung mit lehrplanbezogenen Unterrichtsmaterialien ist NAO somit eine optimale Plattform für Schule und Ausbildung, um Inhalte der MINT-Fächer in allen Altersklassen zu vermitteln. Auch im Hochschulbereich eröffnen sich für NAO Einsatzgebiete, die über die nahe liegenden Möglichkeiten Mechatronik, Informatik oder Maschinenbau hinausgehen. So lässt sich mit NAO z. B. die Interaktion von Robotern und Menschen erforschen. Möglich wird dies durch das integrierte Spracherkennungs-/Sprachausgabesystem mit insgesamt 9 Sprachen. Es gibt verschiedene Ausprägungen des NAO-Roboters mit unterschiedlichen Freiheitsgraden und verschiedenen integrierten Sensoren. Am 23. Dezember 2015 meldete die Süddeutsche Zeitung, dass der 60 cm große Roboter Einwandererkinder als Sprachtrainer beim Deutschlernen unterstützen soll. Die für Robocup-Wettkämpfe eingesetzte NAO-Version ist 57 cm groß und wiegt ca. 5 kg.

Geminoid

Humanoide Roboter werden immer menschenähnlicher, so wie der „Geminoid“ DK (abgeleitet von „Gemini“ – die Zwillinge) an der Universität Aalborg in Dänemark (Bild 15.9). Der ferngesteuerte Android sieht exakt so aus wie sein Entwickler: grau-schwarze Haare, grauer Bart, grauer Anzug – nur sein Blick ist etwas merkwürdig starr. Er ist ein Roboter, den sein Entwickler, der dänische Wissenschaftler Professor Henrik Schärfe, in Japan nach seinem Ebenbild hat bauen lassen. Die frappierende Ähnlichkeit des Robotergesichts mit seinem Original wird nicht zuletzt durch einen Überzug mit Silikonhaut erreicht. Der Roboter sitzt an der Universität Aalborg in „seinem“ Büro, als sei er Henrik Schärfe selbst. Der jedoch befindet sich im Nebenzimmer und bedient den Roboter. Dabei nimmt eine Webcam Schärfes Mimik auf und überträgt sie auf das Gesicht des Roboters. Mikrofone und Lautsprecher zeichnen die Stimme auf. Schärfe beobachtet gespannt, wie Versuchspersonen auf den Roboter reagieren. Gehen oder die Arme bewegen kann dieser Android allerdings (noch) nicht.

Bild 15.9: Geminoid DK und sein Schöpfer (links) sowie Geminoid F (rechts)

Geminoid F

Auch der bekannte japanische Robotiker Hiroshi Ishiguro hat einen neuen Roboter nach menschlichem Muster konstruiert: Er wurde nach dem Vorbild einer jungen Frau modelliert und heißt „Geminoid F“ („F“ für female). Hergestellt wurde Geminoid F vom japanischen Roboterhersteller Kokoro. Geminoid F ist etwa 1,40 m groß und wiegt 30 kg. Sie kann ihren Kopf und vor allem ihr Gesicht bewegen. Sie lächelt, nickt, zwinkert mit den Augen oder schaut auch mal böse drein. Dazu nimmt eine Kamera die Gesichtsausdrücke einer realen Dame auf und überträgt diese mit Hilfe eines Computers auf den Roboter. Das Mienenspiel wird von zwölf pneumatischen Aktoren erzeugt, die über Servoventile und einen kleinen Kompressor gesteuert werden. Allerdings kann die Roboterdame nur ihre Gesichtsausdrücke ändern, jedoch weder aufstehen noch gehen.

Die Geminoid-Modelle will Prof. Ishiguro soweit verbessern, dass sie nicht nur als Menschen wahrgenommen, sondern auch wie Menschen wertgeschätzt werden. Irgendwann, so glaubt der Leiter des Labors für intelligente Robotik an der Universität Osaka, könnten Menschen auch mit Robotern befreundet sein. Studien zeigten bereits, dass Menschen grundsätzlich bereit sind, auch Maschinen als Wesen zu respektieren. Und letztlich gehe es dabei nicht nur um Technik, sondern auch um die Geisteshaltung einer Gesellschaft. Schließlich spielen Roboter in Kultur und Kunst insbesondere in Japan eine viel wichtigere Rolle als im Rest der Welt. Die Wissenschaft hat es sich dort zum Ziel gesetzt, die besten menschenähnlichen Roboter auf dem Globus zu produzieren. Die Sorge, Maschinen könnten den Menschen im Arbeitsalltag ersetzen, ist in Japan weit weniger verbreitet, als in westlichen Ländern.

15.9 Roboterethik

Roboterethik lässt sich als Anwendung von ethischen Grundsätzen auf die Robotik verstehen. Um sich mit diesen Kunstwesen zu arrangieren, müsste man bei ihrer Erschaffung strenge ethische Grundregeln aufstellen und ihnen diese auch einpflanzen. Diese Grundregeln betreffen sowohl Entwicklung und Herstellung als auch die Verwendung von Robotern. Umgekehrt muss man auch überlegen, welche Rechte man ihnen zugestehen kann. Sollten Roboter in jeder Beziehung frei und unabhängig agieren? Könnten sich menschenähnliche Roboter zu Wesen mit einer eigenen Zivilisation entwickeln, die eventuell sogar die Menschenrechte einfordern? Dürfen wir sie andererseits als Maschinen behandeln, die zum Feierabend nach Belieben abgeschaltet werden? Ist es moralisch legitim, sie als Kampfroboter in Kriege zu schicken oder dürften wir sie als Gladiatoren in einem neuen „Circus Maximus" missbrauchen?

Mit der Zunahme von Robotern in menschlichen Lebensbereichen und der Einsicht, dass es sich bei Robotern nicht nur mehr um reine Werkzeuge oder Maschinen handelt, sondern um Agenten, Begleiter oder Avatare[15], stellt sich die Frage nach einer Einschätzung der ethischen Herausforderungen. 2004 wurde daher in San Remo das erste internationale Symposion zur Roboterethik abgehalten und an dieser Stelle auch der Begriff „Roboterethik" bzw. „Roboethics" geprägt. Bereits zuvor wurde das Thema ausführlich behandelt, beispielsweise von Science-Fiction-Autor Isaac Asimov, der 1942 seine entwickelten Robotergesetze als „Grundregeln des Roboterdienstes" beschrieb (siehe hierzu Kapitel 5 „Die Robotergesetze").

Ethische Bewertungen

Je nachdem, wie die Fähigkeiten der Roboter eingeschätzt werden, ergeben sich unterschiedliche ethische Bewertungen von Robotern:

- Roboter sind nichts als Maschinen: In diesem Fall ist Roboethics vergleichbar mit der Ethik jeder anderen mechanischen Disziplin.
- Roboter haben eine ethische Dimension: Hierbei geht man davon aus, dass Roboter über eine innerliche (intrinsische) ethische Dimension verfügen, da sie als menschliche Produkte auch die Fähigkeit des Menschen zu ethischem Handeln erweitern und verbessern können.
- Roboter sind künstliche moralische Agenten und können somit als Objekte moralischen Handelns auftreten. Dazu ist es nach Meinung der meisten Roboethiker nicht notwen-

[15] Avatare sind künstliche Personen oder Grafikfiguren (Icons), die einem Internetbenutzer in der virtuellen Welt zugeordnet werden, z. B. in einem Computerspiel.

dig, dass sie unbedingt über einen freien Willen verfügen müssen, um ethisch zu handeln.

- Roboter sind eine neue Spezies, denn nach dieser Ansicht werden sie zukünftig nicht nur über Bewusstsein verfügen, sondern in der Moral und Intelligenz menschliche Dimensionen erreichen oder sogar überschreiten.

Prognose von EURON

Laut einer Prognose des EURON[16] werden in näherer Zukunft unterschiedliche Roboterarten für folgende Bereiche entwickelt und eingesetzt:

- als humanoide Roboter bzw. Androiden mit menschenähnlicher Intelligenz und Emotionsfähigkeit. Hierzu benennt EURON drei programmatische Punkte:
  - Roboter der nächsten Generation werden als Partner mit Menschen koexistieren,
  - Roboter der nächsten Generation werden Menschen sowohl physisch als auch psychisch unterstützen,
  - Roboter der nächsten Generation werden zur Realisierung einer sicheren und friedvollen Gesellschaft beitragen;
- moderne Produktionsanlagen in Fabriken aber auch in Kleinbetrieben;
- anpassungsfähige (humanoide) Serviceroboter in Wohnräumen, die vollkommen rechner- und sensorgesteuert sowie vernetzt sind;
- „Netzwerkrobotik" als Weiterentwicklungen der KI im Internet, wie sie jetzt schon ansatzweise in Suchmaschinen zu beobachten ist;
- Außenweltroboter in der Raumfahrt, aber auch im Bergbau, der Lagerhaltung und der Landwirtschaft. Hier zeichnen sich in naher Zukunft weitere Innovationen ab;
- Gesundheitswesen und Lebensqualität: Hier hat bereits eine „Robotisierung" der Medizin und Chirurgie eingesetzt. Rechnergestütze Diagnoseverfahren, Therapieroboter und chirurgische Assistenten sind in Europa seit dem Jahr 2000 im Gesundheitswesen zugelassen;
- Militärroboter als integrierte Verteidigungssysteme, autonome Fahrzeuge und Flugzeuge sowie „intelligente Munition";
- Edutainment im Unterricht, in der Spielwaren- und Unterhaltungsindustrie.

Kritik

In den letzten Jahren ist jedoch vermehrt Kritik an der sehr optimistischen Sicht der zukünftigen Rolle von Robotern in der Gesellschaft laut geworden. Es wird hier zunehmend

---

[16] Im European Robotics Research Network (EURON) sind mehr als 230 europäische Robotik-Forschungszentren in Universitäten und Unternehmen zusammengeschlossen. Erklärtes Ziel des Netzwerks ist die Förderung von Forschung, Ausbildung und Handel rund um die Robotik innerhalb Europas. Außerdem nimmt es als zentrale Anlaufstelle zur Europäischen Kommission eine wichtige internationale Funktion innerhalb der Gemeinschaft wahr, denn aus dem Netzwerk gehen Vorschläge zu Forschungsvorhaben für Themenstellungen der Robotik hervor.

die Gefahr gesehen, dass Menschen immer weniger in realen Lebensbezügen stehen werden, da die Artefakte nur eine Illusion von Leben vermitteln können. Die Auswirkungen des dauernden Interagierens mit pseudomenschlichen Wesen auf die Psyche der Menschen werden zumindest als potenziell problematisch angesehen. Die zukünftigen ethischen Herausforderungen werden somit vielmehr den Umgang mit der kommenden Realität einer robotisierten Gesellschaft betreffen.

16 Künstliche Intelligenz

Künstliche oder maschinelle Intelligenz wurde bereits im Jahr 1953 vom britischen Mathematiker Alan Turing wie folgt definiert. Er stellte sich eine Situation vor, in der man mit jemandem in einem anderen Raum spricht, den man nicht sieht. Wenn nun dieser Jemand eine Maschine wäre und man sie nicht als Maschine erkennen würde, dann, so sagte Turing, hätte man es mit einer Art künstlicher Intelligenz zu tun (siehe Abschnitt 16.7 „Pioniere der künstlichen Intelligenz", Alan Turing). Einige visionäre Erfinder und Wissenschaftler, wie Elon Musk, der Unternehmer und Firmenchef von Tesla Motors, Space X, OpenAI und Solar City, oder der an den Rollstuhl gefesselte inzwischen verstorbene Physiker Stephen Hawking, warnen jedoch eindringlich vor einer möglichen Dominanz der Maschinen und der Vorherrschaft künstlicher Intelligenzen. Sie warnen insbesondere vor einem Wettrüsten mit Kampfrobotern ähnlich dem Wettlauf bei der Entwicklung der Atombombe.

16.1 Was ist Intelligenz?

Wir sollten daher zunächst der Frage nachgehen, was man unter Intelligenz versteht. Das Wort „Intelligenz" hat seine Wurzeln im lateinischen Verb „intellegere" (inter = zwischen; legere = auswählen) und bedeutet somit „auswählen können zwischen verschiedenen verfügbaren Möglichkeiten". Lernende biologische Systeme reichen vom einfachen Fadenwurm mit seinen rund 300 Nervenzellen bis zum Gehirn eines erwachsenen Menschen mit ca. 100 Milliarden Neuronen und 10.000 bis 100.000 Synapsen pro Neuron. Bereits primitive Nervensysteme, z. B. jene von Nesseltieren, sind zu einfachen Lernprozessen befähigt. Sie alle verarbeiten und übermitteln lebenswichtige Informationen. Um Gefahren zu vermeiden und den Erfolg des eigenen Überlebens zu maximieren, müssen alle Organismen lernen, ihre Umwelt wahrzunehmen und auf sie zu reagieren. Von der biologischen Evolution her betrachtet sind Primaten und Menschen von allen Lebewesen am wenigsten „fest verdrahtet" und müssen daher alle ihre körperlichen und geistigen Fähigkeiten erst erlernen. Sie brauchen daher viele Jahre für ihre Entwicklung. Insekten lernen zwar auch, doch ein Großteil ihres Verhaltens ist bereits durch die Evolution festgelegt und damit auch eng begrenzt: Sie befinden sich somit in einer evolutionären Sackgasse. Somit ist Lernen zumindest einer der Wege zur Intelligenz und zudem eine Voraussetzung für das Überleben in der Natur. Was aber Intelligenz wirklich ist, das zu erforschen ist derzeit eine der größten Herausforderungen der Wissenschaft. Der Kern des Phänomens „Intelligenz" liegt wohl in der abgestimmten Integration verschiedener Aspekte, wie dem Hör- und Sehvermögen, der Mustererkennung, der Sprache, des „gesunden Menschenverstands" und anderer Leistungen des Gehirns. Derzeit sind biologische Systeme vermutlich (noch) die einzigen wirklich intelligenten Systeme, doch sie sind für den Menschen nicht einfach zu verstehen. Um herauszufinden, wie all diese Faktoren zusammenwirken, bedarf es noch grundlegender interdisziplinärer Forschungen in der Informatik, der Biologie und im Verbund mit den Neuro- und Kognitionswissenschaften. Wenn Intelligenz heißt, den Turing-Test zu bestehen, dann ist es auf jeden Fall nützlich, zuerst unser menschliches Gehirn besser zu verstehen. Hierbei ist die Neurowissenschaft eine große Hilfe, denn sie hat sich in den letzten Jahrzehnten enorm weiterentwickelt. Es ist nur noch eine Frage der Zeit, bis unser Wissen über die Funktionsweise des Gehirns direkt in Anwendungen der künstlichen Intelligenz, wie verbesserte Sprach- und Bilderkennung oder maschinelles Lernen, umgesetzt werden kann.

16.2 Künstliche Intelligenz

Wenn sich ein humanoider Roboter ähnlich wie sein menschliches Vorbild verhalten soll, so muss er auch über ein gewisses Maß an Intelligenz verfügen. Nur dann lassen sich komplizierte manipulative Aufgaben oder gefährliche Tätigkeiten erfolgreich von Robotern selbstständig durchführen. Die Aufgabenstellung hierzu lautet, technische Systeme zu schaffen, die intelligentes Verhalten nachvollziehen bzw. nachahmen können. Dies führt zu „Künstlicher Intelligenz – KI" oder *englisch* „Artificial Intelligence – AI". Der Begriff entstand 1956 in den USA, als man begann, mit Computern die menschliche Intelligenz zu simulieren und Programme zu entwickeln, die versuchten, Probleme nach Art des menschlichen Denkens zu lösen. Ein wichtiges Ergebnis dieser Forschungen war die ernüchternde Erkenntnis, dass man menschliches Wissen nicht einfach auf logische Denksysteme übertragen kann.

Die KI ist heute keine klassische Ingenieursdisziplin. Sie ist vielmehr ein multidisziplinäres Forschungsgebiet, das sich generell mit der Automatisierung intelligenten Verhaltens befasst und in das neben der Informatik selbst auch Forschungsergebnisse der Psychologie, Neurologie, Neurowissenschaften, der Mathematik und Logik sowie der Kommunikationswissenschaften, sogar der Philosophie und Linguistik einfließen. Der Begriff ist insofern nicht eindeutig abgrenzbar, da es, wie bereits zuvor festgestellt, an einer eindeutigen Definition von Intelligenz mangelt. Dennoch findet KI in Forschung und Entwicklung zunehmend Anwendungen und zählt derzeit zu den Disziplinen mit den schnellsten und spektakulärsten Fortschritten. Allgemein könnte man unter KI den Versuch verstehen, menschenähnliche Intelligenz und intelligentes Verhalten von Lebewesen so nachzubilden, dass Systeme (Computer, Roboter) eigenständig in menschlicher Denkweise Probleme bearbeiten und lösen und wie der Mensch kreativ nachdenken können. Oftmals wird aber auch nur eine effektvoll nachgeahmte Intelligenz vorgetäuscht, die, insbesondere bei Computerspielen, durch meist relativ einfache Algorithmen ein intelligentes Verhalten lediglich simuliert.

Starke und schwache KI

Im Verständnis künstlicher Intelligenz spiegelt sich oft die klassische Vorstellung vom „Menschen als Maschine" wider, dessen Nachahmung sich die so genannte „starke KI" zum Ziel gesetzt hat. Dabei geht es darum, eine Intelligenz zu erschaffen, die wie der Mensch kreativ nachdenken sowie Probleme lösen kann. Hierzu wären Maschinen mit unbegrenztem Zugriff auf Ressourcen erforderlich, die zudem eine Art von eigenem höherem Bewusstsein entwickeln und sich durch das Vorhandensein von Emotionen auszeichnen. Diese Ziele der „starken KI" muss man jedoch auch nach jahrzehntelanger Forschung derzeit und vermutlich weiterhin als rein visionär betrachten. Der anfängliche Optimismus, dies in naher Zukunft zu erreichen, ist mittlerweile fast verflogen.

Im Gegensatz zur starken KI handelt es sich bei der so genannten „schwachen KI“ darum, konkrete Problemlösungen zu finden. Dabei sind insbesondere solche Anwendungen interessant, zu deren Lösung nach allgemeinem Verständnis eine Form von „Intelligenz“ notwendig zu sein scheint. Letztlich geht es somit um die Nachbildung intelligenten Verhaltens mit Mitteln der Mathematik und der Informatik, jedoch nicht um die Schaffung eines höheren Bewusstseins oder um ein tieferes Verständnis von Intelligenz. Ein wesentliches Ziel der schwachen KI ist es, vielfältige digitale Assistenzsysteme zur Unterstützung der Menschen zu schaffen. Während die starke KI an ihrer philosophischen Fragestellung bisher scheiterte, konnten auf dem Gebiet der „schwachen KI“ mittlerweile doch erhebliche Fortschritte erzielt werden.

16.3 Maschinelles Sehen

Insbesondere das „maschinelle Sehen“ (Machine Vision) im Verbund mit den Verfahren der Bildverarbeitung und der Mustererkennung als Teilgebiete der Informatik knüpft an das an, was man als „Künstliche Intelligenz“ bezeichnet. Der Ausdruck „Maschinelles Sehen“ beschreibt die computergestützte Lösung von Aufgaben, die sich an den Fähigkeiten des menschlichen visuellen Systems, also des Gesichtssinns, orientieren. Am maschinellen Sehen sind zahlreiche Forschungsdisziplinen beteiligt, wie klassische Optik, digitale Bildverarbeitung oder die Mustererkennung. Ein Schwerpunkt liegt dabei auf dem Bildverstehen mit dem Ziel, die Bedeutung von Bildern zu ermitteln und, ausgehend vom Bild, auf dessen Inhalt zu schließen.

Um etwas maschinell „sehen“ zu können, bedarf es zunächst spezieller Sensoren, der Bildsensoren. Darunter versteht man Vorrichtungen zur Aufnahme und Umwandlung von optischen Bildern in elektrische Signale. In der Regel werden hierzu halbleiterbasierte Bildsensoren in zweidimensionalen Anordnungen, sogenannten Arrays, verwendet, deren Signale sich elektronisch auslesen lassen. Als Sensoren kommen entweder CCD-Sensoren („charge-coupled devices“), lichtempfindliche, auf dem inneren Photoeffekt beruhende elektronische Bauelemente zum Einsatz oder „APS-Sensoren“ (Active Pixel Sensor), in CMOS-Technik gefertigte Halbleiterdetektoren. Bei beiden Sensorarten sind die computerlesbaren Daten des Bilds aus einer zweidimensionalen Rastergrafik vieler digitaler Bildpunkte oder Bildelemente, den sogenannten Pixel, in Matrixform zusammengesetzt. Ein elektronisch erzeugtes Bild ist somit ein Array aus Elementen (Pixel), denen diskret codierte Helligkeits- bzw. Grauwerte und Farbwerte zugeordnet sind. Aus der Bildgröße, der Breite (Spalten) und Höhe (Zeilen), gemessen in der Anzahl von Pixel, lässt sich die Bildauflösung und damit die Wiedergabequalität ableiten.

Datenstrom

Bei der Auswertung der Informationen von Bildsensoren fallen sehr große Datenmengen an, insbesondere dann, wenn es sich um bewegte Bilder handelt. Da es derzeit massiv parallel verarbeitende Rechner (Massively Parallel Processing) mit entsprechend hoher Rechenleistung fast nur im Bereich der Supercomputer gibt, kann eine herkömmliche CPU immer nur einzelne Pixel eines Bilds gleichzeitig verarbeiten. Bedenkt man, dass auf diese Art mehrere Bilder pro Sekunde auszuwerten sind, so werden die hohen Anforderungen der Bildverarbeitung an die Rechnerleistung offenbar. Dennoch lassen sich mit heutiger Technik, auch unter Einsatz der auf Grafikberechnungen spezialisierten und mit einem hohen Maß an Parallelisierung ausgestatteten GPU-Bausteine („graphics processing unit“), wesentliche Eigenschaften der visuellen Umwelt in Echtzeit aus dem von einer Kamera gelieferten Datenstrom extrahieren. Wegen der großen Datenmengen ist jedoch eine frühe Selektion, Reduktion und Kompression der Daten erforderlich. Fokussiert man zudem die Auswertung der Bilddaten auf spezielle Ziele, so wird die Auswertung in Echtzeit möglich.

Biologische Systeme

Biologische visuelle Systeme, wie das des Menschen, tun sich hinsichtlich der Bildauswertung schon etwas leichter. Bereits in der Retina, der Netzhaut des Auges, werden die Sehzellen untereinander verschaltet und an einen abführenden Sehnerv angebunden. In der Retina befinden sich neben den ca. 6 Millionen Zapfen für die Farberkennung allein etwa 120 Millionen „Stäbchen“, die für die Wahrnehmung von Hell und Dunkel zuständig sind. Hier erfolgt eine erste Vorverarbeitung der erhaltenen Lichtsignale, deren Ergebnis zur weiteren Verarbeitung über den Sehnerv zum Gehirn übertragen wird. Dieses Verfahren einer frühen Datenkompression dient unter anderem dazu, die Übertragungsbandbreite zu minimieren, da „nur“ etwa 1 Million Nervenbahnen zum Gehirn führen. Zur Datenreduktion werden Informationen von mehreren benachbarten Sinneszellen gebündelt und über je einen Nerv an das Gehirn weitergeleitet. Aufnahme und Verarbeitung der visuellen Reize erfolgen massiv parallel und in mehreren Stufen: zuerst werden sie in der Retina vorverarbeitet, dann zum Gehirn geleitet und dort zu einem Gesamtbild zusammengefügt. Viele „Rechenschritte“ finden dabei gleichzeitig statt, wobei zur Auswertung der immensen Datenflut alles berücksichtigt wird, was der Mensch schon über seine Umwelt gelernt hat. Nur so ist es möglich, dass wir auf visuelle Eindrücke so schnell reagieren und durch parallel im Gehirn ablaufende Vergleiche mit gespeicherten Mustern die Bildinhalte auch sofort interpretieren können. Schließlich beschäftigt sich der Hauptteil der Großhirnrinde mit nichts anderem, als mit der Wahrnehmung von Sinnesreizen, denn die Sinne sind die Fenster zur Realität.

Bilder interpretieren

Bilder technisch zu erfassen und zu verarbeiten heißt noch lange nicht, automatisch ihren Inhalt zu erkennen Doch Forscher sind zuversichtlich, dass es bald technische Systeme geben wird, die auch interpretieren können, was auf einem Bild zu sehen ist: ein Mensch, ein Baum oder ein Vogel. Es gibt aber noch viel komplexere Fragestellungen zu lösen, etwa zu verstehen, was die erkannten Menschen auf einem Bild gerade tun. Derzeit gibt es vermutlich noch keine Computer, die hierzu fähig wären. Menschen hingegen profitieren von einer riesigen Menge an gespeichertem (Welt-)Wissen und Erfahrungen. So können sie leicht erkennen, dass eine Person gerade in ein Gespräch verwickelt ist und eine weitere ein Buch liest. Doch für so etwas bedarf es weitaus mehr, als nur des reinen Sehvermögens: Man braucht eben genau das, was wir unter Intelligenz verstehen. Es stellt sich die Frage: Werden Maschinen in einigen Jahren über diese Art von Intelligenz verfügen? Diese Fähigkeit, das Geschehen auf einem Bild zu interpretieren und zu beschreiben, ist aktuell eine der größten intellektuellen Herausforderungen für maschinelles Sehen. Doch um solche Aufgaben lösen zu können, wird noch viel interdisziplinäre Grundlagenforschung nötig sein, und das dürfte vermutlich noch etliche Jahre dauern.

16.4 Mustererkennung

Musteranalyse und Mustererkennung (*englisch:* pattern recognition) ist eine Form visueller Intelligenz, die es ermöglicht, z. B. in Bildern oder Klangmustern menschlicher Sprache bestimmte Merkmale, Muster oder Formen zu erkennen, sie zu analysieren und zu interpretieren. Das wesentliche Ziel der Mustererkennung besteht wiederum darin, die Wahrnehmungsleistungen des Menschen nachzubilden. Als Einsatzbeispiele seien hier zunächst Handschriften- und Gesichtserkennung, Identifikation von Personen anhand biometrischer Daten, wie Abgleich von Fingerabdrücken oder der Iris- und Retinastruktur, genannt. Aber auch die maschinelle Spracherkennung, die Identifikation von Unterschriften oder die industrielle Qualitätskontrolle bei der Fertigungsautomation durch optische Inspektion von Bauteilen fallen unter diese kognitive Disziplin. Die Mustererkennung, etwa von Sprache und Bildern vereinfacht zunehmend die Kommunikation zwischen Mensch und Maschinen. Sie erleichtert aber auch technischen Systemen, wie mobilen Robotern, die Orientierung in einer menschengerechten Umwelt.

Kognitive Leistung

Insbesondere die optische Mustererkennung als eine Fähigkeit, mit Hilfe von Bildverarbeitungssystemen in einer Datenmenge aus Regelmäßigkeiten, Wiederholungen, Ähnlichkeiten oder sonstigen Gesetzmäßigkeiten Bilder, Muster oder Formen herauszufiltern und zu interpretieren, ist ein Leistungsmerkmal höherer kognitiver Systeme und damit letztlich von (künstlicher) Intelligenz. Während das kognitive System des Menschen in der Lage ist, aufgrund seines „Weltwissens", über das ein Rechner normalerweise nicht verfügt, selbst komplexe Muster auch in gestörten oder verrauschten Signalen intuitiv zu erfassen, muss diese Fähigkeit einem maschinellen System in der Regel erst in einem problemangepassten Lernverfahren beigebracht werden.

Von den Kognitionswissenschaften wird die Mustererkennung für die menschliche Wahrnehmung, von der Neuroinformatik hingegen zum Einsatz für rein technische Zwecke bei Maschinen erforscht. Die visuelle Intelligenz zur Mustererkennung ermöglicht humanoiden Robotern beispielsweise die Erkennung von Gesichtern und damit die Identifikation von Personen durch Abgleich mit abgespeicherten Mustern. Weitere typische kognitive Leistungen sind (maschinelle) Sprach- oder Texterkennung, also Aufgaben, die von der menschlichen Wahrnehmung andauernd und offensichtlich mühelos erledigt werden. Die hierzu erforderliche Fähigkeit zur Klassifizierung von Objekten ist jedoch auch die Basis von Begriffsbildung, Abstraktion und induktivem Denken und damit letztlich von Intelligenz. Somit ist die Mustererkennung auch für Gebiete der KI von zentraler Bedeutung. Die Verfahren hierzu befähigen Roboter und andere Maschinen, statt präzisen Ein- und Vorgaben zu folgen, auch weniger exakte Signale einer natürlichen Umgebung zielgerecht zu verarbeiten und zu interpretieren.

Merkmalsextraktion

Merkmale dienen der Beschreibung charakteristischer Eigenschaften von Objekten und Klassen. Sie werden aus den erfassten Mustern extrahiert. Bei einer Merkmalsextraktion bestimmt man lokale Bildeigenschaften, die in besonderer Weise dominant sind Ziel ist die Repräsentation charakteristischer Mustereigenschaften zum Zweck der Unterscheidung von Musterklassen bzw. Kategorien. Die hierzu ermittelten Bildmerkmale eignen sich für eine anschließende Schätzung von Modellparametern der in der Musterklasse enthaltenen Objekte. Bildmerkmale können z. B. Eckpunkte, Kanten, Kontursegmente, Diskontinuitäten etc. sein. Diese Merkmale dienen zur Festlegung der mutmaßlichen Klassenzugehörigkeit von Objekten. Zur Extraktion von Merkmalen werden in verschiedenen Extraktionsphasen mathematische Methoden, statistische Verfahren und Transformationen eingesetzt. Die damit gewonnenen Merkmalsvektoren werden mit verschiedenen Klassifikationsmethoden behandelt, um eine Zuordnung zu verschiedenen Klassen zu erreichen.

Neurowissenschaften

In umgekehrter Richtung beeinflusst die KI ihrerseits wiederum Forschungsgebiete aus Bereichen der Neurowissenschaften. Die mathematische Modellierung von Bestandteilen des Nervensystems, wie Nervenzellen, Synapsen, Neurotransmitter und ganzer neuronaler Netze, ist inzwischen zu einem wichtigen Werkzeug für die biologieorientierte Neuroinformatik geworden. Die interdisziplinäre Wissenschaftsrichtung „Computational Neuroscience“ beschäftigt sich mit der Informationsverarbeitung des Nervensystems. Aufgrund ihrer Komplexität erfolgen die Modellierungen der Hirnfunktionen meist anhand von Computersimulationen. Bei diesen Forschungsansätzen ist die enge Kooperation von Praktikern aus den Disziplinen Biologie, Medizin und kognitiver Psychologie mit Theoretikern aus der Mathematik, Physik und Informatik gefordert. Die Modelle wiederum bieten die Möglichkeit, durch mathematische Analyse und Simulation komplexe Zusammenhänge im Spektrum der Hirnfunktionen bei der Verarbeitung von Sinneseindrücken bis hin zu kognitiven Funktionen, wie Lernen, Gedächtnis, Entscheidungsfindung und komplexen Netzwerkstrukturen, in realen Nervennetzen zu erkennen und zu verstehen.

16.5 Künstliche neuronale Netze

Die im vorhergehenden Abschnitt bereits erwähnten künstlichen neuronalen Netze und insbesondere deren mathematische Modellierung zum Verständnis komplexer Netzwerkstrukturen sollen nachfolgend etwas näher vorgestellt werden. Allerdings würde ein vertieftes Eingehen auf all die verschiedenen damit verbundenen Verfahren, Strukturen und Anwendungen den Rahmen dieses Kapitels weit überschreiten. Mit künstlichen neuronalen Netzen (KNN) wird versucht, die Informationsarchitektur des Nervensystems von Mensch und Tier nachzubilden. KNN sind den menschlichen Nervenzellen nachempfunden und stellen eine stark vereinfachte Abstraktion der im menschlichen Gehirn ablaufenden Vorgänge dar. Sie bestehen aus vielen kleinen Einheiten, den künstlichen Neuronen, die untereinander Signale austauschen können. Als Vorbilder dienen biologische Neuronen, die in Art eines komplexen Netzes miteinander verknüpft sind. Zwischen ihnen findet auf elektro-chemischem Weg über Billionen von Kontaktstellen, den Synapsen, ein alle

Vorstellungen übertreffender Informationsaustausch statt. Die Untersuchung der biochemischen und physiologischen Eigenschaften sowie der Funktionen neuronaler Netze ist ein Forschungsgegenstand der Neurophysiologie.

In der Neuroinformatik wird versucht, neuronale Netze auf Rechnerbasis zu simulieren. Als Resultat erhält man Einsichten in typische Eigenschaften dieser Netze, die gleichermaßen für natürliche als auch für künstliche „neuronale Systeme" gelten. Künstliche neuronale Netze sind demnach Netzwerke aus Nachbildungen biologischer Neuronen. Sie bilden einen weiteren Zweig der KI und sind prinzipieller Forschungsgegenstand der Neuroinformatik. Es hat sich gezeigt, dass die Hard- und Softwarestrukturen der KNN begrenzt lernfähig und zur Erkennung komplexer Muster geeignet sind. Das Vorbild für die KNN sowie für künstliche Neuronen, liefert die Biologie. Man stellt hierzu die technischen Nachbildungen den natürlichen neuronalen Netzen mit ihren komplexen Vernetzungen in Gehirn und Rückenmark gegenüber. Insgesamt handelt es sich bei der Modellbildung jedoch mehr um eine Abstraktion der neuronalen Informationsverarbeitung und weniger um exakte Nachbildungen biologischer neuronaler Netze. Letzteres wäre eher Gegenstand der zuvor erwähnten „Computational Neuroscience".

„Schaltungstechnik"

Wie im Bild 16.1 angedeutet, umfasst die „Schaltungstechnik" eines künstlichen Neurons üblicherweise mehrere Eingangssignale, die individuell gewichtet und aufsummiert werden, sowie eine Ausgangsverbindung, die „Aktivierung". Überschreitet die gewichtete Summe der Eingangsreize einen gewissen einstellbaren Schwellenwert s, der wiederum von einer Inhibitor-Leitung beeinflusst sein kann, so erfolgt eine ausgangsseitige Aktivierung: das Neuron „feuert". Damit wird ein elektrisches Aktionspotential ausgelöst und entlang eines „Nervenzellfortsatzes" (dem Axon im Gehirn entsprechend) wieder als Eingangssignal an weitere Neuronen des Netzwerks geleitet.

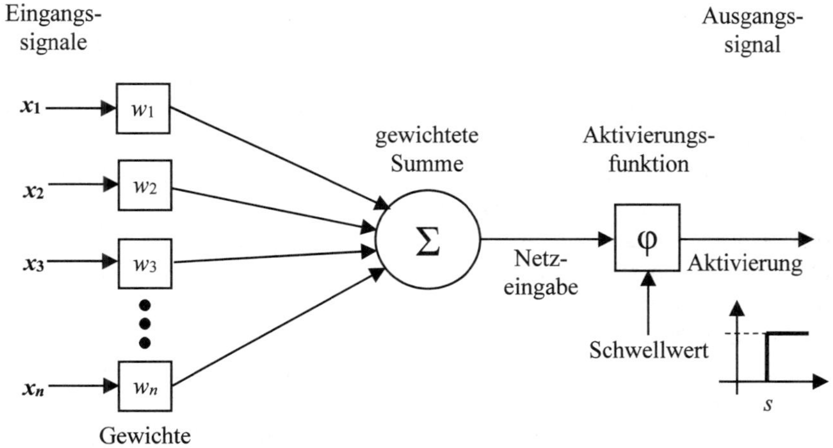

Bild 16.1: Schaltungsschema eines künstlichen Neurons

Topologie

Als Topologie bezeichnet man die Netzstruktur, also die Anordnung und Verbindungen der künstlichen Neuronen. Diese können in nahezu beliebiger Weise zu einem Netz verschaltet werden. Bei vielen Modellen werden die Neuronen in hintereinander liegenden Schichten („layers") angeordnet (siehe Bild 16.2). Die hinterste (sichtbare) Schicht des Netzes wird als Ausgabeschicht (output layer) bezeichnet und davor liegende Schichten dementsprechend als verdeckte Schichten (hidden layers). Manche einfachere Netzversionen kommen auch ohne hidden layers aus.

Die Netze lassen sich als Graphen darstellen. Dabei entsprechen die Knoten (Kreise) den Neuronen und die Kanten (Linien) ihren Verbindungen im Netz, den Synapsen des Gehirns entsprechend. Die Eingabe in ein KNN nennt man Eingangsmuster – entsprechend ist das Ergebnis das Ausgangsmuster. Jedes Bit des Eingangsmusters wird auf die Eingangskante eines Knotens im „input layer" geführt. Die Ausgangskanten von Knoten des „output layers" repräsentieren die Bits des Ausgangsmusters.

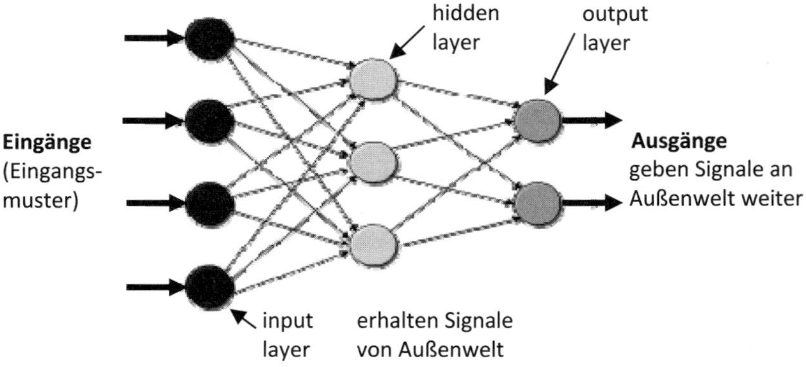

Bild 16.2: Topologie eines künstlichen neuronalen Netzes

Derzeit werden neuronale Netze noch überwiegend per Software simuliert. Ein verbreiteter leistungsstarker Editor und Simulator zur Erstellung neuronaler Netze für Microsoft Windows ist „MemBrain". Hiermit lassen sich KNN beliebiger Größe, Topologie und mit unterschiedlichen Lernalgorithmen simulieren und grafisch darstellen. Der Nachteil dabei ist, dass hiermit ein großer Vorteil biologischer neuronaler Netze, nämlich die parallele Informationsverarbeitung, aufgegeben wird. Die im menschlichen Gehirn stattfindende massive Parallelverarbeitung wird durch die langsame serielle Verarbeitung im Rechner ersetzt. Durch zukünftigen Einsatz parallel arbeitender Hardware ließe sich die Verarbeitungsleistung neuronaler Netze jedoch um einige Zehnerpotenzen vervielfachen. Es existieren bereits diverse Ansätze und Prototypen neuronaler Rechnerarchitekturen („neuromorphe" Chips) zur Implementierung von KNN in Hardware. Neuromorphe Prozessoren sollen künftig die Arbeit mit KNN erleichtern und vor allem deutlich beschleunigen.

Training

Wie ein menschliches Gehirn muss ein KNN vor seinem Einsatz anhand von genügend Beispielen „lernen". Erst dann kann es die gewonnenen Erfahrungen nutzen, um sie auf andere Fälle anzuwenden. Diesen Lernprozess bezeichnet man als Training. Die Trainingsphase folgt nach dem Aufbau bzw. der Programmierung eines KNN. Die Topologie des Netzwerks mit seinen trainierbaren Neuronenschichten hängt direkt mit dem jeweils verwendeten Lernverfahren zusammen. Theoretisch kann ein Netz durch folgende Methoden trainiert werden:

- durch Entwicklung neuer bzw. Löschen bestehender Verbindungen (Kanten),
- durch Ändern der Gewichtungen w_i (Bild 16.1),
- durch Anpassen der Schwellenwerte s bei der Aktivierung der Neuronen oder
- durch Hinzufügen oder Löschen kompletter Neuronen.

Ein Netz „lernt" hauptsächlich durch Modifikation der Gewichtungen in den Neuronen. Dies geschieht mit Hilfe von Lern-Algorithmen durch iterative oder rekursive Angleichungen von vorgegebenen Eingangs- und gewünschten Ausgangsmustern. So entstehen in dem Netzwerk bestimmte Verkopplungsmuster, die Zusammenhänge zwischen den eingespeisten Informationen und den Ausgangsmustern widerspiegeln.

Rekurrente Netze

Im Gegensatz zu den so genannten Feedforward-Netzen besitzen rekurrente bzw. rückgekoppelte KNN auch rückwärts gerichtete (rekurrente) Kanten zu vorangegangenen Schichten oder zu Neuronen in derselben Schicht und ermöglichen somit eine Rückkopplung. Diese Rückkopplungen verleihen einem Netz nicht nur ein erhöhtes dynamisches Verhalten, sondern statten es auch mit einem „Gedächtnis" aus. Bei einer „vollständigen Verbindung" hat jeder Neuronenausgang eine Verbindung zu jedem anderen Neuron.

Backpropagation

Das Backpropagation-Verfahren (auch Fehlerrückführung) ist eine verbreitete Vorgehensweise für das Einlernen von KNN. Es ist eine Rechenvorschrift, mit der die Gewichte zu den hidden-layers modifiziert werden. Dabei wird für ein bestimmtes Eingangsmuster die aktuelle Ausgabe des Netzes mit einer gewünschten bzw. vorgegebenen Ausgabe verglichen. Die Differenz wird als Fehler des Netzes interpretiert. Dieser Fehler wird nun wieder über die Ausgabe- zur Eingabeschicht zurück propagiert. Dabei werden die Gewichtungen w_i der Neuronenverbindungen abhängig von ihrem Einfluss auf den Fehler modifiziert. Dies bewirkt bei erneutem Anlegen des Eingabemusters eine sukzessive Annäherung an die gewünschte Ausgabe. Zur Lösung konkreter Anwendungsprobleme mit heutigen KNN greift man gerne auf das Backpropagation-Verfahren zurück.

Anwendungen von KNN

Seine besonderen Eigenschaften machen das KNN für alle Anwendungen interessant, bei denen kein oder nur geringes explizites Wissen über die zu lösende Aufgabe vorliegt. Dies betrifft vor allem Applikationen der Mustererkennung (Texterkennung, Bild- oder Gesichtserkennung), bei denen einige Hunderttausend bis Millionen Bildpunkte in eine geringe Anzahl von erlaubten Ergebnissen überführt werden müssen.

„Deep Learning“

Vor allem in der Industrie besteht Zugang zu immer mehr Sensordaten, entweder lokal und über Netzwerke. Damit sich aus dieser Datenflut ein Nutzen ziehen lässt, muss man sie intelligent auswerten. Die hierzu eingesetzte Technik des sogenannten Deep-Learning-Verfahrens orientiert sich an der Funktionsweise des menschlichen Gehirns. Hierzu verwendet man KNN mit bis zu 100.000 simulierter Neuronen und 10 Millionen Verbindungen. Das bricht alle bisherigen Rekorde der KI und ermöglicht neue Anwendungsfelder, so in der automatischen Bilderkennung. Diese neuen Deep-Learning-Methoden arbeiten mit einer Vielzahl von Ebenen künstlicher Neuronen. Jede Ebene befasst sich mit einer Abstraktionsebene der zu lernenden Materie. Durch die Verknüpfung sehr vieler Ebenen miteinander lassen sich wesentlich detailliertere Erkenntnisse erzielen, als das mit früheren Formen der KNN möglich war. So arbeitet die Spracherkennung in allen modernen Android-Smartphones mit solchen tief geschichteten neuronalen Netzwerken. In der Forschung geht man noch weiter und modelliert mathematische Wissensnetze mit bis zu 10 Millionen Objekten. Damit lassen sich Tausende möglicher Voraussagen über die gegenseitigen Beziehungen dieser Objekte erstellen. Der Umfang derartiger Systeme entspricht dann bereits ungefähr der Anzahl von Synapsen im Gehirn eines Erwachsenen.

16.6 Kybernetik

Die Kybernetik, abgeleitet vom griechischen Wort „kybernetes”, der „Steuermann“, ist eine interdisziplinäre Wissenschaft, die sich, je nach Anwendungsgebiet, insbesondere mit der Informationsverarbeitung in dynamischen Systemen der Steuer- und Regeltechnik beschäftigt. Insofern ist Kybernetik auch eine Teildisziplin der KI und der Robotik. Nach ihrem Begründer Norbert Wiener „ist Kybernetik die Lehre von der Regulierung/Steuerung und Kommunikation in lebenden Organismen, sozialen Organisationen und in der Maschine ...“. Die Technische Kybernetik ist zwischen den Ingenieurwissenschaften und der angewandten Mathematik angesiedelt und befasst sich mit der Beschreibung, Analyse und Kontrolle von dynamischen Prozessen. Mit kybernetischen Methoden lassen sich z. B. komplexe Vorgänge in Zellorganismen beschreiben oder sie helfen, logistische Abläufe zu optimieren. Einige wesentliche Kernbegriffe und Kernfelder der Kybernetik sind:

- offene und abgeschlossene Systeme,
- Systemtheorie,
- Rückkopplung bzw. Feedback,
- Selbstregulation und -organisation,
- Adaption bzw. adaptive Regelung etc.

Denkprozesse verstehen

Die biologische Kybernetik beschäftigt sich unter anderem mit der neuronalen Signal- und Informationsverarbeitung. Unser Gehirn muss ständig eine immense Fülle an Sinneseindrücken verarbeiten, um unser Verhalten danach zu koordinieren und die Interaktion mit der Umwelt zu ermöglichen. Es ist allerdings noch wenig darüber bekannt, wie es dem Gehirn wirklich gelingt, Dinge wahrzunehmen oder wie Denk- und Lernprozesse ablaufen. In der biologischen Kybernetik geht man daher mit unterschiedlichen Ansätzen und Methoden grundlegenden Fragen der Gehirnforschung nach, um zu verstehen, welche Signale und Prozesse notwendig sind, um aus den vielfältigen Sinnesinformationen ein konsistentes Bild unserer Umwelt und das jeweils dazu passende Verhalten zu entwickeln. Aus den Ergebnissen dieser Forschungen lassen sich wiederum Prinzipien und Verfahren ableiten zur Implementierung intelligenten Verhaltens von (humanoiden) Robotern.

„Schwarmintelligenz"

Die Begriffe „Schwarmverhalten" oder „Schwarmintelligenz" wurden bereits im Abschnitt 3.14 „Schwarmroboter" eingehend erläutert. Man bezeichnet damit das Verhalten von Fischen, Vögeln oder Insekten, sich zu Verbänden (Aggregationen) von Individuen zusammenzuschließen und sich gruppenidentisch zu verhalten. Dieses Verhalten ist ein Beispiel dafür, wie sich aus recht einfachen Regeln komplexes Verhalten, also „kollektive Intelligenz" entwickeln kann. Die Schwarmintelligenz ist daher ein weiteres Forschungsfeld der KI und wird auch „Verteilte Künstliche Intelligenz" genannt. Auch in diesem Bereich führen Computersimulationen von Strategien der biologischen Vorbilder zu interessanten Erkenntnissen. Das Schwarmverhalten mit seinen sensomotorischen Interaktionen und der Kommunikation zwischen den Schwarmmitgliedern wird auch als „emergentes" Verhalten bezeichnet.

Emergenz

Unter Emergenz (von *lateinisch* „emergere" – auftauchen, emporsteigen) versteht man die spontane Herausbildung von neuen Eigenschaften oder Strukturen eines Systems infolge des Zusammenspiels vieler identischer einfacher Elemente. Dabei lassen sich die emergenten Eigenschaften des Systems offensichtlich nicht auf Eigenschaften der einzelnen Elemente zurückführen, die diese isoliert aufweisen. Kennzeichnend für emergent strukturierte Systeme ist somit, dass sie auf der Makroebene Eigenschaften entfalten, die auf der unteren Organisationsebene eindeutig noch nicht vorhanden sind. Sie entstehen erst durch komplexe synergetische Wechselwirkungen zwischen den beteiligten Elementen auf der Mikroebene (siehe auch Abschnitt 16.7 „Pioniere der künstlichen Intelligenz" – Marvin Minsky). So machen einzelne logische Verknüpfungselemente wie UND-/ODER-Gatter noch längst keinen Computer aus. Erst die komplexe Zusammenschaltung von Millionen dieser simplen Bausteine lassen ein leistungsfähiges Rechnersystem entstehen.

In der Philosophie findet man die Meinung vertreten, dass sich menschliches Bewusstsein als eine emergente Eigenschaft der Elemente des Gehirns, also der Neuronen und Synapsen, entwickelt. Das Gehirn besteht aus ungeheuer vielen, oberflächlich gesehen ähnlichen Elementen mit vergleichsweise einfachem Aufbau, den Neuronen mit ihren Synapsen, sowie weiteren Zellen, deren Funktionen teilweise noch kaum erforscht sind. Erst aus dem Zusammenspiel all dieser Bausteine „emergieren" Aktivitätsmuster, aus denen die eigentliche Tätigkeit unseres Gehirns hervorgeht. So könnte man aus einer rein technologischen Betrachtungsweise heraus die Frage stellen: Kann sich aus der Zusammenschaltung und komplexen Vernetzung einer enormen Anzahl künstlicher Neuronen auch so etwas wie maschinelles Bewusstsein entwickeln? Denn manchmal kann ein System neue emergente Eigenschaften aufweisen, die nicht vorherzusehen waren.

Wir können uns heute nur sehr schwer vorstellen, dass Computer bzw. künstliche Intelligenzen tatsächlich in die Lage kommen, alle geistigen Fähigkeiten des Menschen einschließlich des Bewusstseins derart zu simulieren, dass es schwierig wird, die mentalen Leistungen eines Menschen objektiv von denen eines Computers zu unterscheiden. Weiterhin ist es kaum denkbar, grundsätzliche Kriterien zu einer objektiven Unterscheidung der geistigen Fähigkeiten von Mensch und Maschine bis hin zu Gefühlen, Emotionen oder gar Bewusstsein aufzustellen – siehe „Turing-Test".

16.7 Pioniere der künstlichen Intelligenz

In einem kurzen Abschnitt sollen nachfolgend die Eckdaten einiger Wegbereiter der Künstlichen Intelligenz, der Informatik und Robotik vorgestellt werden.

Norbert Wiener

Norbert Wiener (1894 bis 1964) war ein US-amerikanischer Mathematiker. Er ist als Begründer der Kybernetik bekannt, ein Ausdruck, den er in seinem Werk „Cybernetics or Control and Communication in the Animal and the Machine" prägte. Wiener galt bald als „Wunderkind", denn er war schon sehr früh insbesondere an fremden Sprachen interessiert. Allerdings besaß er keine technischen Fähigkeiten und seine Aktivitäten auf Gebieten der Technik waren stets rein theoretischer Natur. Nach Studien der Mathematik, Zoologie und Philosophie begann er, Mathematik am Massachusetts Institute of Technology (MIT) zu unterrichten. Sein Arbeitsgebiet reichte über die reine und angewandte Mathematik hinaus bis hin zu Fragestellungen der Physiologie, speziell der Neurophysiologie und Genetik.

Der Name Wiener steht in engem Zusammenhang mit der Entwicklung von Rechenmaschinen. So entwickelte er 1940 ein Verfahren zur Lösung von partiellen Differentialgleichungen. Seine Beschäftigung mit der automatischen Zielsteuerung beim Abfeuern von Flugabwehrgeschützen während des Zweiten Weltkriegs führte ihn über die Weiterentwicklung der Nachrichtentechnik und Kommunikationstheorie zur Kybernetik, als deren Geburtsstunde das Jahr 1943 gilt. Dabei stieß Wiener auch auf die Problematik des Informationsgehalts und die Informationstheorie im Allgemeinen. Unter dem Begriff „Cybernetics" sollten Probleme aus den Gebieten der Regelungen und der statistischen Mechanik betrachtet werden, die sowohl in technischen Systemen als auch bei lebenden Organismen von Bedeutung sind. Wiener zeigte die Gleichwertigkeit struktureller Eigenschaften in technischen, biologischen und gesellschaftlichen Systemen auf und schuf damit die Grundbegriffe der Kybernetik. Nach dem Krieg begann Wiener seine Gedanken zusammenzufassen, was letztendlich zum Buch „Kybernetik: Regelung und Nachrichtenübertragung in Lebewesen und Maschine" führte und Wieners Wirken bis zu seinem Lebensende bestimmte.

John von Neumann

John von Neumann (1903 bis 1957) war ein Mathematiker österreichisch-ungarischer Herkunft und lieferte bedeutende Beiträge zur mathematischen Logik, Funktionalanalysis, Quantenmechanik, mathematischen Wirtschaftstheorie, Ballistik etc. Er fiel bereits früh durch seine außergewöhnliche mathematische Begabung auf und wurde zu einem der größten Mathematiker des 20. Jahrhunderts. Während eines Aufenthalts von 1930 bis 1933 in den USA war er Gastprofessor für mechanische Physik an der Universität von Princeton und damit jüngster Kollege Albert Einsteins. 1933 ging er dann endgültig in die USA und erhielt eine Professur am Institute for Advanced Study (IAS) in Princeton. Auf der Suche nach einer geeigneten Rechenhilfe für die in vielen Bereichen anfallenden enormen Datenmengen stieß er 1944 zum Team des ersten rein elektronischen Großrechners ENIAC. Bereits 1945 plante man dessen Nachfolgemodell, den EDVAC. In seinem Bericht zum EDVAC beschrieb von Neumann die nach ihm benannte Rechnerarchitektur, bestehend aus Steuerung, Rechenwerk, Speicher sowie Ein- und Ausgabe.

Durch seine Pionierleistungen auf dem Gebiet der Rechnerarchitektur gilt er als einer der Väter der Informatik und Computertechnik. Mit der nach ihm benannten „Von-Neumann-Architektur" (auch Von-Neumann-Rechner) ist John von Neumann in die Computergeschichte eingegangen. Diese Art von Rechnerarchitektur, bei dem Daten und Programme binär codiert im gemeinsamen Speicher liegen, beschreibt den logischen Aufbau von fast allen heutzutage genutzten Computern. Somit beruhen praktisch alle derzeitigen Rechner auf den Ideen von Neumanns. In seinem Buch „Die Rechenmaschine und das Gehirn" ging er den Besonderheiten des „Computers" im menschlichen Kopf nach.

Alan Turing

Alan Turing (1912 bis 1954) war ein britischer Logiker, Mathematiker und Kryptoanalytiker. Er gilt heute als einer der einflussreichsten Theoretiker der frühen Computerentwicklung und Informatik. Alan Turing wurde 1912 in London geboren und wuchs zusammen mit seinem älteren Bruder in England auf. Turing schuf einen großen Teil der theoretischen Grundlagen für die moderne Informations- und Computertechnologie. 1936 beschrieb Turing in einer Arbeit zur mathematischen Logik das Gedankenmodell einer sehr einfachen Maschine, die in ihren Programmen nicht zwischen Daten und Befehlen unterschied. Fast zehn Jahre vor der eigentlichen Erfindung des Universalrechners hatte Turing mit seiner „Turingmaschine" ein abstraktes, mathematisches Modell für eine universelle Rechenmaschine gefunden. Alan Turing hat mit seinen theoretischen wie praktischen Konzepten die Erfindung des Computers mit elektronischem Programmspeicher in den 1940er- und 1950er-Jahren stark beeinflusst. Die Turingmaschine ist noch heute eine wichtige Grundlage für Untersuchungen in der theoretischen Informatik.

In seinem Werk „Computing machinery and intelligence" (Oktober 1950) griff Turing die Problematik der künstlichen Intelligenz auf. Der von ihm zur Beantwortung der Frage „Können Maschinen denken?" vorgeschlagene „Turing-Test" als Kriterium, ob eine Maschine mit dem Menschen vergleichbar denkfähig ist, stimulierte die Entwicklung der KI. Turing stellte sich bei diesem Gedankenexperiment eine Situation vor, in der man mit jemandem in einem anderen Raum spricht, den man weder kennt noch sieht. Wenn nun dieser Jemand eine Maschine wäre, und man sie nicht als solche erkennen würde, dann – so sagte er – hätte man es mit einer Art künstlicher Intelligenz zu tun. Durch diese und andere Veröffentlichungen beeinflusste Alan Turing maßgeblich die Forschungen zur KI.

Marvin Minsky

Marvin Lee Minsky, Jahrgang 1927, war ein amerikanischer Forscher und Pionier auf dem Gebiet der künstlichen Intelligenz. Gemeinsam mit J. McCarthy, N. Rochester und Claude Shannon begründete er 1956 auf der Dartmouth Conference den Begriff der künstlichen Intelligenz. Später waren er und Seymour Papert Begründer des Labors für KI am MIT. Minsky konstruierte viele Elemente der Robotertechnologie. 1951 baute er einen neuronalen Netzcomputer „SNARC" (Stochastic Neural Analog Reinforcement Calculator), der das Verhalten einer Maus in einem Labyrinth simulierte. Minsky veröffentlichte zahlreiche Texte zu diesen Fachgebieten sowie über verwandte Themen der Philosophie. Weitere Erfindungen sind mechanische Hände und andere Teile für Roboter. Er baute die erste Logo-Schildkröte gemeinsam mit Seymour Papert. In den 1960er-Jahren wurde auch viel an Modellen neuronaler Netzwerke, den „Perceptrons", geforscht. Minsky war seit 1958 am MIT, wo er bis kurz vor seinem Tod 2016 forschte und lehrte.

In seinem Buch „The Society of Mind" stellte Minsky 1986 die These auf, dass Intelligenz aus einem verwobenen Netz von unintelligenten „Agenten" bestehe. Erst durch die Zusammenarbeit dieser relativ einfachen Agenten entstehe die Intelligenz. Er versucht den Leser von der Vorstellung abzubringen, dass das menschliche Gehirn ein einzelnes, großes monolithisches Wesen ist, das an etwas denkt oder auch nicht denkt. Stattdessen entwirft er ein Modell, bei dem das Gehirn aus unzähligen und verschiedenartigen dieser relativ einfachen Agenten mit einfachen Aufgaben und Zielen besteht. Erst aus der intensiven Kommunikation untereinander über die Bedürfnisse der einzelnen Agenten entstehen Denken und Handeln (→Emergenz).

Hans Peter Moravec

Der 1948 in Österreich geborene Dr. Hans Peter Moravec ist ein bekannter Wissenschaftler und Autor vieler Veröffentlichungen zur Robotik. Er promovierte 1980 an der Stanford University mit der Entwicklung eines Roboters, der durch einen Computer ferngesteuert wurde. Moravec ist seit den 1970er-Jahren ein Vorreiter in der Roboterentwicklung mit zahlreichen Veröffentlichungen zur KI, Futurologie, zu Transhumanismus und verwandten Gebieten. Er war Mitbegründer der SEEGRID Corporation, einem Roboter-Unternehmen, das die Entwicklung von völlig autonomen Robotern zum Ziel hat. Seine bekanntesten populärwissenschaftlichen Bücher in deutscher Sprache sind:

- Mind Children – Der Wettlauf zwischen menschlicher und künstlicher Intelligenz. Hierin wird die Entwicklung vom Roboter zu einer intelligenten Spezies vorhergesagt, auch unter Bezug auf die Ideen Isaac Asimovs und des Moore'schen Gesetzes.
- Computer übernehmen die Macht. Das Buch beschreibt mögliche Entwicklungen in der Robotik und deren Implikationen auf die menschliche Gesellschaft.

Ausgehend von der derzeit stürmischen Entwicklung der Computertechnik kommt der Roboterexperte zu der Schlussfolgerung, dass innerhalb der nächsten 40 Jahre Computer die Leistungsfähigkeiten des Menschen allseitig überflügeln werden und als Kinder der Menschheit die Weiterführung der Evolution übernehmen könnten.

17 Ausblick: Zukünftige Entwicklungen

Es ist sicher recht aufschlussreich darüber nachzudenken, wohin sich die Robotik wohl fortentwickeln könnte und möglicherweise auch schon bald entwickeln wird. Doch vorher sollte man vielleicht erst einmal der Frage nachgehen, wo stehen wir eigentlich derzeit mit unserer Technik und welcher Abstand trennt die Robotik einschließlich der gesamten Informations- und Datentechnik von den Errungenschaften der belebten Natur?

Eine kleine Beobachtung soll hier als eindrucksvolles Beispiel dienen: Besonders in tropischen Ländern begegnet man sehr kleinen Ameisen[17], quasi organischen „Naniten". Diese kaum 1 mm langen und mit bloßem Auge nur als längliche Punkte auszumachenden Winzlinge kann man manchmal auf Tischen oder leeren (auch vollen) Tellern im Zickzack nach Nahrung suchend herumflitzen sehen. Sie legen pro Sekunde geschätzte 10 cm zurück, also etwa das 100-fache ihrer Körperlänge. Im Verhältnis dazu müsste ein großer Hund mit einem Meter Länge 100 m/s oder 360 km/h schnell laufen, also mit etwa 1/3 der Schallgeschwindigkeit (natürlich „hinkt" dieser Vergleich im Hinblick auf die Skalierung).

Man kann sich kaum vorstellen, wie rasend schnell sich die sechs Miniaturbeinchen dieser Insekten wohlkoordiniert bewegen müssen. Auch die Leistung des dahinter stehenden, für unsere Begriffe doch sehr einfachen, mikroskopisch kleinen steuernden Nervensystems ist erstaunlich. Das alles läuft ausschließlich auf biologischer, also hauptsächlich organisch-chemischer Basis ab. Winzige Zellen und schnellste durch Enzyme gesteuerte Antriebselemente, also Muskeln, aktiviert durch den Energie liefernden Treibstoff der Biologie: ATP (Adenosintriphosphat) – reine Chemie, also Umwandlung chemischer in mechanische Energie, was sonst? Kann Chemie so schnell reagieren? Ja, sie kann es offenbar.

Man könnte viele solcher Beispiele in der belebten Natur finden, wie die winzigen bekannten Fruchtfliegen (Drosophila) oder andere kleine Insekten mit einem Flucht-Reaktionsvermögen, das jeden Fangversuch verspottet. Winzige Augen und Nervensysteme, die wiederum allein auf elektro-chemischen Mechanismen beruhen und doch so schnell „schalten". Wo sind die elektronischen Schaltkreise, die künstlichen Neuronen, die sich mit diesen Leistungen innerhalb so winziger Volumen messen lassen? Und wo sind die Nano-Antriebe mit diesen Ergebnissen? Nun, die Evolution hat sich dazu viele hundert Millionen Jahre Zeit gelassen, wohingegen elektronische Rechner und Robotik erst seit einigen Jahrzehnten existieren und in dieser kurzen Zeitspanne doch recht beachtliche Fortschritte erzielen konnten und weiterhin erzielen werden.

Zukunft der Robotik

In welche Richtungen wird sich die Robotik wohl in Zukunft fortentwickeln? Was sollen Roboter alles können und wie werden sie aussehen? Ein Blick zurück lehrt uns, dass das Wachstum technischer Entwicklungen exponentiell ansteigt. Es hat sich von Jahrzehnt zu Jahrzehnt beschleunigt und wird in den Jahrzehnten vor uns noch schneller ansteigen. Das

---

[17] Weltweit gibt es mehr als 10.000 Ameisenarten und dies seit mehr als 100 Millionen Jahren. Die kleinsten Ameisen messen nur ca. 0,8...1 mm. Die schnellsten Ameisen können mit ihren 4 mm langen Beinchen einen Meter in der Sekunde zurücklegen.

liegt nicht zuletzt daran, dass weltweit immer mehr Wissenschaftler, Ingenieure und Techniker noch mehr Wissen „produzieren" und dies weitergeben, sodass sich technische Neuerungen immer rasanter entwickeln können. Bisherige Erfahrungen zeigen zudem, dass alle wissenschaftlich und technologisch denkbaren Phantasien, Erfindungen und Entdeckungen auch tatsächlich realisiert und angewendet wurden und werden.

Forschungsziele und Voraussagen

Im Bereich der Robotik wird nach wie vor interdisziplinär in vielen verschiedenen Fachrichtungen entwickelt und geforscht. So versucht man Robotern beizubringen, dass sie die natürliche Sprache nicht nur erkennen, sondern auch die semantische Bedeutung gesprochener Sätze verstehen und danach handeln bzw. die dazu passenden Antworten geben. Sie werden die Gestik des Menschen wie Handzeichen deuten oder gar Mimik interpretieren können. Zukünftige Roboter sollen lernen, eigene Entscheidungen zu fällen und Reflexionen im Sinne von prüfendem Nachdenken anzustellen. Sie werden auch eigenständig Dinge ausprobieren, daraus selbstständig lernen und das Gelernte anwenden. Dazu müssen sie natürlich auch Sinn und Zweck ihrer Aktionen bewerten können.

Weitere wichtige Forschungsfelder sind die Kommunikation und Kooperation mit Menschen und untereinander. Bisher zielen die durchgeführten Entwicklungen vor allem auf Anwendungen in der Automatisierung, aber zunehmend auch auf Entertainment und weitere Anwendungsfelder ab. Wohin uns Roboterprogrammierung und KI in Zukunft führen werden, bleibt jedoch noch überwiegend spekulativ. Vielleicht werden Ideen aus der Science-Fiction in der einen oder anderen Weise eines Tages verwirklicht, wie es sich in der Technikgeschichte in vielen Fällen erwiesen hat. Ob jedoch Roboter eines Tages wirklich so intelligent oder gar noch intelligenter als Menschen werden können und ob es überhaupt möglich ist, dass ein Roboter oder ein Programm intelligent ist, das muss hier zunächst offen gelassen werden. Vermutlich muss man erst lernen, das Original, das menschliche Gehirn, weit besser zu verstehen, um darauf basierend künstliche Intelligenz bzw. „elektronische Gehirne" effizienter zu gestalten.

Viele namhafte Wissenschaftler beschäftigen sich mit diesen Fragen und haben unterschiedlichste, teilweise sehr spekulative Thesen zur zukünftigen Entwicklung von Robotern aufgestellt. Manche sagen, dass Roboter nie über eine Intelligenz verfügen werden, die der des Menschen vergleichbar ist. Andere sind fest davon überzeugt, dass Roboter in Zukunft friedlich und harmonisch mit den Menschen zusammen leben werden. Je vollkommener die KI wird, umso klüger werden auch die Roboter sein. So geht Hans Peter Moravec davon aus, dass nach 2040 Roboter intelligenter und leistungsfähiger als Menschen sein werden. Sie können schließlich auch jederzeit auf das gesamte Wissen in der „Cloud" zurückgreifen. Roboter werden sogar ihre eigenen „Nachkommen" konstruieren, die immer besser und den Menschen weit überlegen sein werden. Der Wissenschaftsautor und Schachmeister David Levy geht davon aus, dass etwa um 2050 Roboter ein dem Menschen ähnliches Bewusstsein sowie Gefühle entwickeln werden. „Emotionen" können immer besser vermittelt werden, da sie von typischen Gesichtsausdrücken begleitet werden. So können derzeit bereits Wut, Liebe oder Freude täuschend ähnlich simuliert werden. Wenn sich Roboter wie Personen verhalten, so können Menschen den Androiden gegenüber auch Gefühle empfinden.

Ein bekanntes negatives Bild über die Entwicklung von Robotern ist jedoch das in unzähligen Sciene-Fiction-Filmen und -Büchern dargestellte Horrorszenario: Roboter entwickeln eine eigenständige Intelligenz, sind dem Mensch feindlich gesinnt und betrachten ihn als Konkurrenten. Dieses Szenario ist nicht ganz von der Hand zu weisen. Da diese neue Form von Intelligenz, ob in Gestalt von Robotern, Maschinen oder einfach einer Art Programm, in den weltweit vernetzten Computersystemen vom Menschen erschaffen wurde, könnte sie ein ähnliches Verhalten zeigen, wie ihr Schöpfer selbst, der Mensch. Die Geschichte der Menschheit ist seit Urzeiten leider geprägt von Kriegen und Gewalt. Deshalb ist es durchaus nicht ganz auszuschließen, dass der Mensch als Konkurrent betrachtet und genauso verdrängt wird, wie wir möglicherweise einst den Neandertaler verdrängt haben.

In Zukunft werden sich die bereits in den letzten Jahren begonnenen Entwicklungen in der Robotik weiter fortsetzen, so dass Roboter immer mehr Tätigkeitsbereiche von Menschen übernehmen können. Dies ist vor allem dank der Fortschritte in der KI, des maschinellen Sehens und generell in der Sensorik möglich. Wenn sich Sensorik und KI weiter im Tempo der letzten Jahre entwickeln, wachsen auch die potenziellen Möglichkeiten des Einsatzes von Robotern und ihrer Interaktionen mit Menschen. Doch bis Roboter selbstständig genug werden, um etwa hilfsbedürftige Menschen zu unterstützen, wird es sicher noch eine ganze Weile dauern. An vielen Stellen im Zyklus aus Wahrnehmung, selbstständigem Lernen und dem entsprechenden Handeln muss die Robotik noch kräftig nachlegen. Ob und in welchem Maße all diese Voraussagen in Zukunft eintreffen, hängt jedoch nicht allein von den technischen Fortschritten ab. Auch die gesellschaftliche Akzeptanz und nicht zuletzt die Kosten der Roboter spielen eine entscheidende Rolle und könnten bei allem technischen Fortschritt dennoch verhindern, dass sich die Geschichte der Robotik im gleichen Tempo wie in den letzten Jahren fortsetzt.

Vergleich mit der Kfz-Industrie

Die Weiterentwicklung der Robotik lässt sich zunächst in etwa mit den Fortschritten in der Automobilbranche vergleichen. Ohne Elektronik käme heute kaum ein Auto mehr vom Fleck. Unzählige Mikroprozessoren, Sensoren oder Servomotoren verstecken sich in Zündung, Motorsteuerung, Sicherheitssystemen, wie ABS und ESP, oder Komfort-Extras, wie Parkassistent und Satellitennavigation. Nahezu alle wesentlichen Funktionen in modernen Fahrzeugen werden von elektronischen Helfern gesteuert. Elektronik ist für die Kfz-Hersteller längst zur Schlüsseltechnologie geworden und in ihr steckt das weitaus größte Potenzial für gewinnträchtige Neuerungen. Das (elektrisch angetriebene) Auto der Zukunft fährt nicht nur von alleine, quasi autonom; es ist intern und extern total vernetzt, auch mit anderen Fahrzeugen. Über Feldbusse (CAN-Bus) werden massenweise Daten intern übertragen und verarbeitet und mit der Außenwelt wird übers Internet kommuniziert. Im Zusammenspiel mit den elektronischen Komponenten wird auch Software zunehmend der Entwicklungsfaktor Nummer eins im Automobilbau.

Diese Tendenzen im Kfz-Bau lassen sich nahezu direkt auf die Robotik übertragen. Am mechanischen Aufbau und der äußeren Erscheinung wird sich auch bei Robotern nicht allzu viel ändern. Mit besseren und leichteren Werkstoffen lassen sich IR ebenso wie humanoide Roboter jedoch flexibler, sicherer und eleganter gestalten. Kompakte neuartige Antriebs-/Getriebeeinheiten können die Dynamik der Bewegungen verbessern. Mobile autonome Roboter müssen dank neuartiger, noch in Entwicklung befindlicher Energiespeicher mit wesentlich höherer Energiedichte und Speicherkapazität nicht mehr so viel Gewicht mit sich herumschleppen. Neue Aktoren für die Feinmotorik in menschenähnlichen feingliedrigen Roboterhänden oder für die Gesichtsmimik humanoider Roboter werden die bislang üblichen rein elektrischen Antriebe ersetzen. Dies können getriebelose hochgenaue Piezo-Ultraschallmotoren oder Werkstoffe mit Formgedächtnis sein. Auch „künstliche Muskeln", z. B. auf pneumatischer Basis oder aus Kunststoffen, die sich auf elektrische Anregung hin zusammenziehen, kommen hierzu infrage. Das größte und wichtigste Fortschrittspotenzial liegt jedoch in der Weiterentwicklung zukünftiger Rechner und damit der Mikroelektronik, doch da zeichnen sich mittlerweile Grenzen ab.

Mikroelektronik der Zukunft

Es sind gut fünfzig Jahre her, dass Dr. Gordon Moore, ein Mitbegründer des Chipherstellers Intel, voraussagte, wie schnell sich die Mikroelektronik und damit die Computertechnik entwickeln würden. Und er behielt Recht, bis auf den heutigen Tag. Was später unter dem Namen „Moore'sches Gesetz" bekannt wurde, ist eigentlich kein wissenschaftliches Naturgesetz, eher eine auf empirischen Beobachtungen beruhende „Gesetzmäßigkeit". Sie besagt, dass sich die Komplexität bzw. Integrationsdichte von elektronischen Schaltkreisen in regelmäßigen Abständen, nämlich etwa alle 18 bis 24 Monate, verdoppeln werde. Dieser Steigerungsprozess wird nicht durch eine Vergrößerung der Chipflächen ermöglicht, sondern allein durch Verkleinerung bzw. Schrumpfung (Skalierung) der Bauteilstrukturen auf der Siliziumfläche.

Inzwischen verwendet man mit Hilfe trickreicher Herstellungsverfahren zur Abbildung der Schaltkreisstrukturen in der Foto-Lithografie optische Wellenlängen, die weit unterhalb der des sichtbaren Lichts und selbst der von extrem kurzwelliger UV-Strahlung liegen. Die derzeitige Strukturbreite zur Fertigung von Prozessoren neuester Generationen beträgt 7 nm. Für noch kleinere Strukturen sind jedoch komplett neue Belichtungsverfahren erforderlich. Unter Experten gelten Strukturen unter 5 nm als ultimative magische Grenze. Damit wären Transistoren kleiner als menschliche DNA-Stränge und in den Strukturen liegen nur noch wenige Siliziumatome nebeneinander. Es gibt viele berechtigte Zweifel daran, ob sich dies tatsächlich noch realisieren lässt. Was sich nach 5 nm als Technik noch durchsetzen kann, ist bisher unklar, denn jenseits dieser Dimensionen werden sich ernste physikalische Schranken wegen zunehmend quantenmechanicher Effekte bemerkbar machen. Wie lange die Industrie noch von Moore's Law zehren kann, vermag niemand zuverlässig vorherzusagen. Doch ist etwa für die kommenden 5 Jahre ein voraussichtliches Ende der weiteren Fortschreibung des Gesetzes von Moore in Sicht.

Doch wie könnte es weitergehen, nachdem Transistoren die Größenordnung von wenigen Atomlagen erreicht haben? Für die zukünftige Hardware zeigen einige alternative Techniken gute Perspektiven:

- Zunächst könnte man in die dritte Dimension gehen und dreidimensionale Schaltkreise mit Tausenden von Schichten aufbauen.
- Optische Rechner für schnellste Parallelverarbeitung und mit holografischen Datenspeichern haben sehr gute Aussichten auf Verwirklichung.

- Langfristige Hoffnungen ruhen auf Quantencomputern, die zunehmend in den Fokus der Forschung rücken. Sie basieren auf der Idee, Elektronen in eine Vielzahl von Quantenzuständen zu bringen, die dann parallele Verknüpfungen ermöglichen. Damit ließen sich unglaublich schnelle Berechnungen realisieren. Bereits im Jahr 2012 hat die Firma D-Wave-Systems mit „D-Wave-One" den ersten kommerziellen Quantencomputer gebaut, der nicht mehr mit den digitalen Bits „1" und „0" arbeitet, sondern mit „Qbits", die sich gleichzeitig in mehreren Zuständen befinden können.
- Viele Wissenschaftler lassen sich durch die Bionik, wie z. B. das neuronale Netzwerk des Gehirns oder die Speicherfähigkeit des genetischen Codes in der DNS, inspirieren, um eine „neuromorphologische Architektur" auf total anderen Bausteinen unterzubringen. Denkbar wäre eine „molekulare Elektronik", mit Rechenwerken auf der Basis organischer Makromoleküle, wie Enzymen und Nukleinsäuren. Strukturen ähnlich dem Erbmolekül DNS erscheinen hierzu als besonders aussichtsreich. Es dient der Natur als äußerst leistungsfähiger Informationsspeicher, indem es Daten durch die Reihenfolge der Tripelkombinationen einzelner Basen codiert. Damit ließen sich DNA-Computer realisieren, die heutige Hardware an Speicherdichte, optimaler Energienutzung und vor allem Rechengeschwindigkeit wegen ihrer massiven Parallelverarbeitung um viele Größenordnungen übertreffen könnten.
- In manchen Labors der Nanotechnik arbeitet man mit winzigen sechseckigen Anordnungen von Kohlenstoffatomen, den so genannten Nanoröhren. Es heißt, ein Schaltkreis aus leitfähigen Nanoröhren mit einem Volumen von einigen Kubikzentimetern sei 1.000.000-fach leistungsfähiger als das menschliche Gehirn.

Leistungsfähige Rechner

Als Muster für leistungsfähige Computer – Träger für die KI – bietet sich das menschliche Gehirn an, dessen Struktur und Funktionsweise immer detaillierter untersucht und simuliert wird, weil es die derzeit beste aller verfügbaren intelligenten Einheiten darstellt. Wenn es noch gelingt, die technisch simulierten Strukturen in parallel arbeitender Hardware aufzubauen, sind mit deren enorm hoher Arbeitsgeschwindigkeit zukünftig wesentlich höhere Rechnerleistungen zu erwarten als es ein organisches Gehirn vermag. Doch das Funktionieren derartig intelligenter Systeme baut auf Wissen auf, das erst in die Rechner eingebaut oder eingespeichert werden müsste. KNN können dieses Wissen ähnlich dem Menschen bis zu einem gewissen Grad durch Lernen und Training erwerben. Während aber der Mensch sein Wissen nicht von Mitmenschen direkt übernehmen und einspeichern kann, sondern es immer von Schritt zu Schritt neu erwerben muss, lassen sich KNN so konstruieren, dass ihr erworbenes Wissen abgerufen und in andere neuronale Netze kopiert werden kann. Das Wissen künstlicher Intelligenz kann deshalb sehr viel schneller anwachsen und sich verbreiten als das der Menschen. Dies ist ein weiterer Grund anzunehmen, dass intelligente Maschinen in absehbarer Zeit die Leistungsfähigkeit menschlicher Gehirne bei weitem überflügeln könnten. Doch nach wie vor übersteigt die nahezu grenzenlose Komplexität unseres Gehirns alles, was ein noch so genial aufgebauter Superrechner derzeit leisten kann.

Rechnerleistung versus kognitive Fähigkeiten

In Tabelle 17.1 wird versucht, die derzeitigen und für zukünftige Jahrzehnte geschätzten typischen Rechnerleistungen mit den kognitiven, motorischen und sensorischen Fähigkeiten verschiedener Tiergattungen in der Hierarchie biologischer Systeme zu vergleichen. Kognition (aus dem lateinischem „cognoscere“ – erkennen) bedeutet geistige Wahrnehmung. Unter kognitiven Fähigkeiten versteht man gemeinhin jede Aktivität zwischen Sensorik und Motorik, die zur Schaffung und Verarbeitung von Wissen genutzt wird. Dazu zählen Wahrnehmen, Erinnern, Denken, Urteilen, Gedächtnis, Lernen und der Einsatz von Sprache. Dabei wird die Rechnerleistung in der Maßeinheit „MIPS“ spezifiziert, also in Millionen Instruktionen pro Sekunde. Diese Einheit zur Beschreibung der Rechenleistung von Prozessoren gibt an, wie viele Maschinenbefehle oder Instruktionen ein Mikroprozessor pro Sekunde ausführen kann. 1 MIPS bedeutet demnach, er kann eine Million Befehle pro Sekunde (IPS – Instructions Per Second) verarbeiten. Der ständig zunehmenden Rechenleistung entsprechend werden auch die Vielfachen GIPS (GigaIPS = 10^9 IPS) und TIPS (TeraIPS = 10^{12} IPS) verwendet, letztere jedoch eher für Hochleistungs- oder Superrechner. Ein weiteres Maß für die Leistungsfähigkeit von Prozessoren ist die Anzahl der Gleitkomma-Operationen (Additionen oder Multiplikationen), die pro Sekunde ausgeführt werden. Dies wird in Floating Point Operations Per Second (*englisch* für Gleitkomma-Operationen pro Sekunde), kurz FLOPS bzw. den Vielfachen GFLOPS = 10^9 FLOPS oder TeraFLOPS = 10^{12} FLOPS ausgedrückt.

Zum Vergleich hier die Leistungen diverser Generationen von INTEL-Prozessoren:

- Intel 486DX (1992): ca. 54 MIPS
- Intel Pentium III (1999): ca. 1.400 MIPS
- Intel Core i7 5960X (2014, mit 8 CPU-Kernen): ca. 330.000 MIPS (330 GIPS)
- Intel Core i9 9900K (2019, mit 8 CPU-Kernen): ca. 461 GFLOPS

Tabelle 17.1: Rechnerleistung und kognitive Fähigkeiten in der Biologie

Jahrzehnt	Rechnerleistung	Tiergattung, Intelligenzniveau	technische Leistungsmerkmale
2010	3.000 MIPS	Intelligenz von Reptilien, z. B. Eidechsen	universelle Wahrnehmung, Manipulation und Mobilität
2020	100.000 MIPS	Säugetiere, Intelligenz einer Maus	Anpassungs- und Lernfähigkeit, teilweise selbstständig, (lernfähige Programme)
2030	3.000.000 MIPS	Primaten, Intelligenzniveau von Affen bzw. Menschenaffen	lernfähige Programme durch Simulation und Nachahmung der Handlungen, Gestaltung der Umwelt, inneres Weltmodell wird an Realität angepasst
2040	100.000.000 MIPS (100 TIPS)	Menschen, menschl. Intelligenzniveau Bewusstsein	logisches Denken, nachdenken, zielorientiertes Planen, eine Art Bewusstsein durch Simulation, gesprochene Anweisungen in Programme umsetzen

Der bekannte Roboterforscher Hans Moravec schätzte die Rechenleistung des menschlichen Gehirns auf 100 TeraFLOPS, der KI-Forscher und Futurist Raymond Kurzweil spricht gar von 10.000 TeraFLOPS.

Gedächtniskapazität

Bis vor rund zehn Jahren hieß es noch, das menschliche Gedächtnis sei viel größer als das von Computern. Heute stimmt das nicht mehr ganz so. Erstens weiß man heute deutlich mehr über Aufbau, Struktur und Funktionsweise von Nervensystemen und sodann haben die Speicherkapazitäten von leistungsstarken Rechnern mittlerweile ganz andere Dimensionen angenommen. Es gilt als erwiesen, dass der Gedächtnisinhalt eines Gehirns in den Verbindungen der Nervenzellen (Neuronen) und den Synapsen, also den Koppelstellen im Gehirn, niedergelegt ist. Etwas präziser bezeichnet man dies als „synaptische Effizienz" der biologischen neuronalen Netze. Auf dieser Basis sei vereinfachend angenommen, dass unsere Gedächtniskapazität, in Bit bemessen, mit der Anzahl der Synapsen korreliert sein sollte. Jedes Neuron im menschlichen Gehirn ist über durchschnittlich 1.000 bis 10.000 Synapsen mit anderen Nervenzellen verkoppelt. Bei derzeit geschätzten 10^{11} (100 Milliarden) Neuronen kann man daher von bis zu einer Billiarde (10^{15} = 1.000.000.000.000.000) Synapsen im Gehirn ausgehen. Würde man den Synapsen ein rein binäres Ein-/Aus-Schaltverhalten unterstellen, so entspräche dies einem Datenspeicher mit der Kapazität von 10^{15} Bit oder 1 Petabit = 1000 Terabit. In Byte = 8 Bit (gerundet 10 Bit) ausgedrückt, erhält man ca. 100 Terabyte, was 100 Festplatten zu je einem Terabyte entspricht. Solche 1-Terabyte-Festplatten, auch in SSD-Ausführung (also ohne drehende Scheiben, sondern nur noch mit Flash-Speichertechnik), bekommt man derzeit schon für gut 100 Euro. Bereits im März 2018 hat das Unternehmen Nimbus Data mit dem Data ExaDrive DC100 die erste SSD mit einer Kapazität von 100 Terabyte vorgestellt. Entwickler neuer Speichertechnologien sind fest davon überzeugt, dass sich auch Festplatten mit weit höheren Kapazitäten in absehbarer Zeit realisieren lassen. Maschinen sind also nicht mehr weit entfernt von einer angenommenen Speicherkapazität des Gehirns. Was „nur" noch fehlt, sind die Algorithmen, um diese Rechenleistung bzw. Speicherkapazität in etwas umzuwandeln, was wir als Intelligenz bezeichnen würden.

Entwicklung menschlicher Intelligenz

Es stellt sich schon lange die Frage, was beim menschlichen Gehirn zu Intelligenz führt bzw. führte. Das Gehirn ist keineswegs ein statisches Organ, sondern in ihm vollzieht sich ein stetiger Neuaufbau und Umbau von Nervenverbindungen, wobei stets nur ein Teil des einmal angelegten Verbindungsnetzes erhalten bleibt. Das Gehirn eines Neugeborenen besitzt noch keine Intelligenz; es ist zum Zeitpunkt der Geburt nahezu ein „unbeschriebenes Blatt", also noch sehr unreif. Nur die Basisfunktionen, die für die Aufrechterhaltung wichtiger Lebensprozesse benötigt werden, sind schon in tieferen Hirnabschnitten ausgeprägt. Doch alles, was ab Geburt auf die Sinnesorgane des Kindes einwirkt, nimmt jetzt und zukünftig Einfluss auf die weitere Entwicklung und Gestaltung seines Gehirns. Der Selbstorganisationsprozess als Wechselspiel zwischen Signalen aus der Umgebung und den steuernden Genen wird nun von Aktivitätsmustern bestimmt, die von der Umwelt mitgeprägt werden. Berücksichtigt man ferner, dass sich diese aktivitätsabhängigen Entwicklungsprozesse des Gehirns bis zur Pubertät und darüber hinaus fortsetzen, wird deutlich, welch prägenden Einfluss frühe Erfahrungen auf die strukturelle Entwicklung des Gehirns nehmen. Das bedeutet, dass die Ausbildung der funktionellen Architektur der Großhirnrinde – und damit der Bereich, in dem man Intelligenz lokalisiert – in erheblichem Umfang von Sinneseindrücken und damit von Erfahrungen beeinflusst wird. Genetische und epigenetische Faktoren kooperieren in untrennbarer Wechselwirkung, weshalb eine strenge Unterscheidung zwischen genetisch Angeborenem und im weiteren Entwicklungsverlauf Erworbenem absolut nicht möglich ist.

Wollte man diese komplexen Vorgänge in einem künstlichen Gehirn nachbilden, so müsste es sich wie ein Kleinkind in einer bestimmten natürlichen und sozialen Umwelt entwickeln und diese nach Kriterien bewerten wie Lust, Erfolg, Unlust, Misserfolg etc. Doch was bedeutet einem Roboter Lust, was Erfolg? Beim Menschen sind Erfolg und Misserfolg eng an die Kriterien „überlebensfördernd" oder „überlebenshindernd" gekoppelt. Überlebensfördernd sind für uns zu allererst elementare Bedürfnisbefriedigungen durch Nahrung, Wärme, Sicherheit und Geborgenheit. Dies waren die Urbedürfnisse, nach denen die Evolution in Jahrmillionen das Gehirn des Menschen und seiner Vorfahren gestaltet und selektiert hat. Es ist daher primär gar nicht dafür eingerichtet, in möglichst kurzer Zeit viele Datenmengen zu transportieren und zu verrechnen oder gar über die Ursprünge des Kosmos nachzudenken. Diese Art von Intelligenz lässt sich keineswegs allein auf den Begriff Rechenleistung reduzieren. Seine Stärke ist vielmehr die kreative und soziale Intelligenz, die den Menschen befähigt, in einer komplizierten sozialen Situation mit vielfach vernetzten Individuen intuitiv und schnell abzuschätzen, welche Entscheidungen am besten zu treffen sind. Somit muss Maschinenintelligenz zwingend eine ganz andere sein als die menschliche, denn Mensch als auch Maschine sind das Ergebnis ihrer Entstehungs- und Entwicklungsgeschichte. Daher gibt es zumindest derzeit auch keine allgemeine künstliche Intelligenz, die wie ein Mensch denken oder gar fühlen könnte. Keine noch so gut trainierte heutige Maschine kann so etwas wie Bewusstsein, Gefühle oder den „gesunden Menschenverstand" entwickeln und zeigen.

Bewusstsein

Bewusstsein, unsere Selbstwahrnehmung als eigenständig denkende Lebewesen, ist hinsichtlich seiner komplizierten und weitgehend unbekannten biochemischen, biophysikalischen, und physiologischen Bedingungen sowie seiner anatomischen Grundlagen ein derzeit noch unfassbar komplexes Phänomen. Höchstwahrscheinlich lässt sich dieser Zustand bewussten Erlebens auch annäherungsweise nicht künstlich nachbauen. Wie wollen wir auch diese Bedingungen künstlich erschaffen, da wir noch nicht einmal vermögen, eine einzige Nervenzelle vollständig und realitätsgetreu nachzubilden?

Schlusszitat

Ich möchte diese Überlegungen zu zukünftigen Robotern mit einem Zitat von Dr. Hans Peter Moravec schließen. Der bereits vorgestellte Vorreiter in der Roboterentwicklung und der künstlichen Intelligenz, hat einmal gesagt:

„Ich sehe diese Maschinen als unsere Nachkommen. Im Augenblick glaubt man das kaum, weil sie eben nur so intelligent sind wie Insekten. Aber mit der Zeit werden wir das große Potenzial erkennen, das in ihnen steckt. Und wir werden unsere neuen Roboterkinder gern haben, denn sie werden angenehmer sein als Menschen. Man muss ja nicht all die negativen menschlichen Eigenschaften, die es seit der Steinzeit gibt, in diese Maschinen einbauen. Damals waren diese Eigenschaften für den Menschen wichtig. Aggressionen etwa brauchte man, um zu überleben. Heute, in unseren großen zivilisierten Gesellschaften machen diese Instinkte keinen Sinn mehr. Diese Dinge kann man einfach weglassen – genauso wie den Wesenszug der Menschen, dass sie ihr Leben auf Kosten anderer sichern wollen. Ein Roboter hat das alles nicht. Er ist ein reines Geschöpf unserer Kultur und sein Erfolg hängt davon ab, wie diese Kultur sich weiterentwickelt. Er wird sich sehr viel besser eingliedern, als viele Menschen das tun. Wir werden sie also mögen und wir werden uns mit ihnen identifizieren. Wir werden sie als Kinder annehmen – als Kinder, die nicht durch unsere Gene geprägt sind, sondern die wir mit unseren Händen und mit unserem Geist gebaut haben".

Stichwortverzeichnis

E

F

G

H

I

N

O

P

R

U

V

W

Z

VDE
VERLAG
Technik. Wissen. Weiterwissen.
DIN VDE 0100
Schutzmaßnahmen
Normen
Kurzschlussschutz
TT-System
TN-System
Elektrische Energietechnik
Verantwortliche Elektrofachkraft
Erdung
230/400 V
Schutz gegen elektr
Helmut Maier
Grundlagen der Digitaltechnik
Wirkungsweisen, Methoden und praktische Anwendungen
Mit Technikwissen sichergehen:
Praxisnahes Lehrbuch zu den Grundlagen der Digitaltechnik!
Von Signalen, Konvertierungen und Zahlensystemen über Kryptographie und Datensicherheit bis zu Bussystemen und Schnittstellen werden die Grundlagen der Digitaltechnik anschaulich beschrieben. Mit Simulation digitaler Schaltungen und Beschreibung mit VHDL.
2018. 461 Seiten
34,– € (Buch/E-Book)
47,60 € (Kombi)
Preisänderungen und Irrtümer vorbehalten. Sowohl das E-Book als auch das Kombiangebot (Buch + E-Book) sind ausschließlich auf www.vde-verlag.de erhältlich. Dieses Buch können Sie auch in Ihrem Onlineportal für DIN-VDE-Normen, der NormenBibliothek, erwerben. Dieses Buch ist für das Studiumn geeignet.
www.
Bestellen Sie jetzt: (030) 34 80 01-222 oder www.vde-verlag.de/190959